北京高等教育精品教材
BEIJING GAODENG JIAOYU JINGPIN JIAOCAI

谨以此书纪念

清华大学教授、中国科学院院士　常　迥先生
北京大学教授、中国科学院院士　程民德先生

北京高等教育精品教材

北京大学数学教学系列丛书

数字信号处理

(第2版)

程乾生 著

图书在版编目(CIP)数据

数字信号处理/程乾生著. —2版. —北京：北京大学出版社，2010.8
(北京大学数学教学系列丛书)
ISBN 978-7-301-17594-1

Ⅰ.①数… Ⅱ.①程… Ⅲ.①数字信号-信号处理-高等学校-教材 Ⅳ.①TN911.72

中国版本图书馆 CIP 数据核字(2010)第 149676 号

书　　　名：数字信号处理(第2版)
著作责任者：程乾生　著
责　任 编 辑：刘　勇
标　准 书 号：ISBN 978-7-301-17594-1/O・0819
出　版 发 行：北京大学出版社
地　　　址：北京市海淀区成府路 205 号　100871
网　　　址：http://www.pup.cn　电子邮箱：zpup@pup.pku.edu.cn
电　　　话：邮购部 62752015　发行部 62750672　理科编辑部 62752021
　　　　　　出版部 62754962
印　刷 者：北京飞达印刷有限责任公司
经　销 者：新华书店
　　　　　　890 mm×1240 mm　A5　13.875 印张　400 千字
　　　　　　2003 年 11 月第 1 版　2010 年 8 月第 2 版
　　　　　　2016 年 11 月第 3 次印刷(总第 6 次印刷)
印　　　数：16001—19000 册
定　　　价：28.00 元

未经许可，不得以任何方式复制或抄袭本书之部分或全部内容。
版权所有，侵权必究
举报电话：010-62752024　电子邮箱：fd@pup.pku.edu.cn

内 容 简 介

本书主要讲述数字信号处理的基本概念、原理及方法,内容精简,道理明晰.全书主要内容包括:连续信号的频谱和傅氏变换,离散信号和抽样定理,滤波与褶积、Z 变换、线性时不变滤波器与系统,冲击函数——δ 函数,希尔伯特变换与实信号的复数表示,有限离散傅氏变换,相关分析,物理可实现信号、最小相位和最小能量延迟信号,有限长脉冲响应滤波器和窗函数,递归滤波器及其设计.

本书是作者集 30 余年在数字信号处理方面科研与教学实践经验,并在本书第 1 版的基础上,经过修订、补充而成. 本书第 1 版是**北京高等教育精品教材**,本书是**普通高等教育"十一五"国家级规划教材**.

本书是第一次修订版,其指导思想是在保持第 1 版的框架与内容基本不变的基础上,对教材作必要的修改与补充,以使本书更进一步贴近读者,更便于教学或自学.具体做法或新版的特点有三:(1)内容集中,为了突出数字信号处理的基本内容,去掉了原书第十二章和第十三章的内容;(2)章节的安排具有积木式结构,根据不同学校的不同要求或不同的课时,选择适当章节组成合适的教材;(3)增加了例题和问题,每章的问题都有详细解答,既便于教师教学,又便于读者自学.

1998 年,教育部颁布的普通高等学校专业目录,把信息与计算科学作为数学类的两个专业之一,另一专业是数学与应用数学. 作为信息科学重要内容之一的数字信号处理,有自己特有的内容、理论和方法,当不受学科类别的限制. 因此,本书适合大学理学的电子信息科学类、地球物理学类和大学工学的电气信息类、地矿类等相关专业.

本书可作为综合大学、理工科大学信息、无线电通讯、地球物理、自动控制、生物医学、应用数学等专业本科生"数字信号处理"课程的教材或教学参考书,同时也可作为从事信号处理工作的科技人员及有关师生的一本有价值的参考书.

读者在阅读本书时如有疑难问题,或有好的建议,请与作者联系.电子信箱:qcheng@math.pku.edu.cn

作 者 简 介

程乾生 北京大学数学科学学院教授,博士生导师,毕业于北京大学数学力学系.程乾生教授曾任中国电子学会信号处理学会副理事长,中国数学会概率统计学会常务理事,中国工业与应用数学学会常务理事,中国工业与应用数学学会信号与信息处理专业委员会主任.著作多部,论文近百篇,曾获国家教委科技进步奖和国家自然科学奖.研究领域为:信号与信息处理,时间序列分析,模式识别,金融数学等学科.

《北京大学数学教学系列丛书》编委会

名誉主编：姜伯驹
主　　编：张继平
副 主 编：李　忠
编　　委：（按姓氏笔画为序）
　　　　　　王长平　刘张炬　陈大岳　何书元
　　　　　　张平文　郑志明　柳　彬
编委会秘书：方新贵
责 任 编 辑：刘　勇

修订版前言

本书是作者集 30 余年在数字信号处理方面科研与教学实践经验,并在本书第 1 版的基础上修订而成的.本书第 1 版是北京高等教育精品教材,修订版是普通高等教育"十一五"国家级规划教材.

本书是第 1 版的修订版,其指导思想是在保持第 1 版的框架与内容基本不变的基础上,对教材作必要的修改与补充,以使本书更进一步贴近读者,更便于教学或自学.

这次修订,采取了以下做法,或有以下特色:

删去支节内容,突出主要内容,保留论述的严谨性.原书第十二章最小平方滤波和第十三章随机信号的内容,与本书所阐述的数字信号处理的基本概念、原理和方法关系不大,因此被删除了.为了使读者知其然也知其所以然,有些问题的证明也保留了,如,在讨论物理可实现的希尔伯特变换时,要用到离散单位阶跃信号的频谱公式 (6-4-24),这个公式在世界上一些最著名的教材中都要用到(如教材:A. V. Oppenhaim, R W. Schafer, J. R. Buck. Discrete-Time Signal Processing. Upper Saddle River,NJ:Prentice-Hall, Inc., 1999),但是都没有给出证明.我们给出了证明,在修订版中我们保留了证明.当然,许多读者可以不看这些内容,但对有兴趣的读者提供了难以找到的参考内容.另外,附录 A 切比雪夫递归滤波对了解递归滤波是很重要的,附录 B 信号处理中的某些代数问题对研究信号处理提供数学工具也是必要的.因此,这两个附录我们也保留了.

本书章节的安排具有积木式结构.可以根据不同学校的不同要求或不同的课时,选择适当的章节组成合适的教材.如,可以选择第一章,第二章,第三章,第四章,第七章§1—§4,第十章,第十一章,这样可以组成一个简明教程.我们把本书的每一节都当成一个基本积木块,当你垒积木时,并不是每个基本积木块都要用到.

为了让读者更好地理解概念、理论和方法,我们增加了例题,并给出了各章问题的解答. 我是北京大学上世纪五六十年代严格科班教育培养出来的大学生, 那时老师严格要求学生要做到独立钻研、独立思考, 严禁出什么习题解答. 我也一直不主张在教材中给出习题解答的. 直到有一件事情改变了我的看法. 前几年, 我的一个学生到哥伦比亚大学攻读博士学位. 他有一门必修课, 讲课的是一位美国工程院院士. 还有一名助教. 助教每周给他们上一次习题课, 内容就是解答教授上周留的作业. 学生可以在下周助教的网页上下载本周讲的习题解答. 在助教上习题课时, 如果学生对某个问题有不同的看法或不同的解法, 可以提出来, 大家在课堂上可以充分地讨论. 事实证明, 这样的教学模式并未影响哥伦比亚大学学生的独立思考. 每年的博士生资格考试至少要淘汰百分之二十的学生, 只留下基础好又善于独立思考的学生. 美国人对博士生教育之重视、对做习题作业之重视远远超出了我的想象. 有鉴于此, 我决定把习题解答和教材内容放在一本书里, 以便于读者自学和独立思考. 同时建议读者在每一章、每一节, 先看明白内容, 弄清概念、理论和方法, 再自己独立做例题、做问题, 先不要看答案. 如果自己做出来了, 再看答案, 分析一下是否还有更好的方法. 如果自己实在做不出来, 可看答案, 但一定要分析做不出来的原因, 以提高自己分析问题、解决问题的能力.

信号处理课程不仅是理论课程, 也是应用课程. 因此, 我们希望在有条件的学校, 做些模拟数据和实际数据的频谱分析和滤波试验. MATLAB 是一个包含信号处理功能的软件, 只要掌握本书的概念和方法, 查阅有关 MATLAB 手册, 就可以上机试验了.

由于水平和能力有限, 作者诚恳希望读者在发现书中错误时能直接提出来, 以便改进.

好奇心、兴趣是一切创造的原动力. 同样, 也是学习的原动力. 愿你以快乐的心情讲授或学习这本书.

程乾生
2010 年 6 月于北京大学承泽园

第 1 版前言

在当今信息科学中,信号处理是极为重要的一个分支.在生物医学、地球物理、无线电通讯、自动控制、雷达、声纳、语音处理等许多科技领域以及金融、经济、社会学等许多社会科学领域,都有大量的信号处理问题.许多领域的需要,计算机的快速发展和广泛应用以及数学方法不断地深入研究和改进,都大大促进了数字信号处理的发展.为了适应信息科学的发展和大学"数字信号处理"课程教学以及科技人员的需要,特地编写此书,作为信号处理的基础教材和入门书,旨在深入地讨论数字信号处理的基本概念、原理和方法.

本书是在我的第一部著作《信号数字处理的数学原理》(石油工业出版社,1979)及其第二版(1993)的基础上,并集我 20 余年教授"数字信号处理"课的经验而写成.1971 年,我参加了地震勘探数字技术研究课题组.当时我们并不知道有信号处理这门学科,也没有发现有关的外文书籍.只能一篇文献一篇文献的阅读、钻研,看懂了以后再对年轻的科研人员讲解,他们听懂了以后再编程序上机加以实现,对实际资料进行处理.在这个过程中,北京大学严谨的学风使我受益匪浅.这种严谨学风要求我在阅读文献时,对概念追究其来源,对结论追究其论证.在那个年代,北京大学停止订购许多外文杂志及书籍,我为了查阅文献,只能经常骑自行车往返于北京大学和北京和平里中国科技情报所之间.尽管十分劳累,但为了弄清一个概念,弄懂一个道理,心里还是十分高兴的.我的第一部关于信号处理的著作《信号数字处理的数学原理》,就是根据给年轻工程人员讲课的讲稿整理而成的.由于还有不少教师参加通信课题研究,北京大学数学系在信号与信息处理方向的教学与科研方面都有相当基础,因此,1981 年在本科生的教学中就设立了信息处理方向.从 1981 年起,北京大学数学系每年都要给本科生开设"数字信号处理"课程.已学习这门课程的本科生、硕士和博士生有好几百人,其中许多人已成为科研和教学中的骨干.由于以上原因,如果说本书有特色的话,主要表现在编写和内容阐述两方面.在编写上,力求通俗易懂、深入浅出,既适合教学,也适合自学,使具有高等数学知识的读者,能掌握本书的大部分内容.在内容上,对概念的阐述要清晰,并且力求说明其来源和意义,对于结论,在论证的时候要强调分析和解决问题的方法.我们在希尔伯特变换及其应用、δ 函数及其应用,最小相位信号,最小能量信号等章节,都做了这些方面的尝试.有些章节的内容,是根据教学经验更改的,例如,我们把 Z 变换看成离散信号频谱的简化表示,这样既避免了一般的泛泛讨论,又强调了 Z 变换的频谱意义.

本书深入地讲述数字信号处理的基本概念、原理和方法,内容比较广泛,主要包括:信号频谱和傅氏变换,离散信号和抽样定理,滤波与褶积、Z 变换,线性时不变系统,冲击函数——δ 函数,希尔伯特变换与实信号的复数表示、包络、瞬时相位和瞬时频率,相关分析,离散物理可实现信号的性质和最小相位信号、最小能量延迟信号,有限长脉冲响应滤波器和窗函数,递归滤波器的设计,最小平方滤波,随机信号的能谱与功率谱,线性随机过程的表示与 ARMA 模型.但是,并不是所有上述内容都需要在课堂上讲授.满足教学要求的基本内容为:第一章,第二章,第三章,第四章 §1~§4,第五章 §1~§2,第六章 §1~§4,第七章 §1~§4,第八章,第九章 §1~§6,第十章,第十一章.关于以上基本内容,我们要做两点说明:第一,以上所列基本内容,并不是要求教师在课堂上都讲授,可以讲授最重要的,其他可让学生自学;第二,如果教学课时比较多,可以选择除上述基本内容外书中的其他一些内容进行讲授.为了使读者掌握书中内容,希望读者能了解例题,并尽量多做一些每章后的问题.

由于水平有限,书中难免有不妥之处,敬请读者批评指正.

最后,作者要诚挚地感谢我国信息科学前辈、清华大学常迥教授和我的老师、北京大学程民德教授对我一贯的鼓励、支持和帮助,我真诚地以此书纪念他们.编辑刘勇同志为此书的出版付出了巨大心血,我在此也表示真诚的感谢.

程乾生

2003 年 6 月 30 日于

北京大学承泽园

目 录

绪论 ··· (1)
    参考文献 ·· (4)

第一章 连续信号的频谱和傅氏变换 ······················· (6)
    §1 有限区间上连续信号的傅氏级数和离散频谱 ········· (6)
    §2 傅氏变换,连续信号与频谱 ······························· (13)
    问题 ·· (24)
    参考文献 ·· (28)

第二章 离散信号和抽样定理 ······························· (29)
    §1 离散信号 ·· (29)
    §2 连续信号的离散化,正弦波的抽样问题 ··············· (35)
    §3 带限信号与奈奎斯特频率 ································· (40)
    §4 离散信号的频谱和抽样定理 ······························· (45)
    §5 由离散信号恢复连续信号的问题 ······················· (51)
    §6 抽样与假频,抽样或重抽样的注意事项 ··············· (53)
    问题 ·· (55)
    参考文献 ·· (57)

第三章 滤波与褶积,Z变换 ································· (58)
    §1 连续信号的滤波与褶积 ······································ (58)
    §2 离散信号的滤波与褶积 ······································ (62)
    §3 信号的能谱与能量等式,功率谱与平均功率等式 ··· (66)
    §4 离散信号与频谱的简化表示 ······························· (72)
    §5 离散信号的Z变换 ·· (75)
    §6 作为罗朗级数的Z变换 ···································· (82)
    问题 ·· (87)
    参考文献 ·· (90)

第四章　线性时不变滤波器与系统 ………………………………… (91)

§1　线性时不变系统及其时间响应函数 ……………………… (91)
§2　线性时不变系统的因果性和稳定性 ……………………… (95)
§3　系统的组合——串联、并联及反馈 ……………………… (99)
§4　有理系统及其时间响应函数 ……………………………… (103)
§5　差分方程的单边 Z 变换解法 …………………………… (106)
问题 …………………………………………………………… (113)
参考文献 ……………………………………………………… (115)

第五章　冲激函数——δ 函数 ……………………………………… (116)

§1　冲激函数——δ 函数的定义和频谱 …………………… (116)
§2　δ 函数的微商 …………………………………………… (122)
§3　用 δ 函数求函数的微商和频谱 ………………………… (125)
问题 …………………………………………………………… (130)
参考文献 ……………………………………………………… (130)

第六章　希尔伯特变换与实信号的复数表示 ……………………… (131)

§1　实连续信号的复信号表示和希尔伯特变换 ……………… (131)
§2　希尔伯特变换的例子 ……………………………………… (134)
§3　连续和离散实信号的包络、瞬时相位和瞬时频率 ……… (137)
§4　物理可实现信号的希尔伯特变换 ………………………… (141)
问题 …………………………………………………………… (152)
参考文献 ……………………………………………………… (154)

第七章　有限离散傅氏变换 ………………………………………… (155)

§1　有限离散傅氏变换、有限离散频谱所引起的假信号 …… (155)
§2　快速傅氏变换（FFT） …………………………………… (162)
§3　有限离散傅氏变换的循环褶积 …………………………… (169)
§4　应用快速傅氏变换进行频谱分析 ………………………… (178)
§5　有限离散哈特利变换、余弦变换和广义中值函数 ……… (183)
问题 …………………………………………………………… (192)
参考文献 ……………………………………………………… (199)

第八章 相关分析 (201)
- §1 相关的基本概念,相关与褶积的关系 (201)
- §2 相关函数的性质 (207)
- §3 循环相关和普通相关 (214)
- §4 多道相关 (220)
- 问题 (228)
- 参考文献 (232)

第九章 物理可实现信号、最小相位信号和最小能量延迟信号 (233)
- §1 物理可实现信号 (233)
- §2 能量有限的物理可实现信号、纯相位物理可实现信号和全通滤波器 (236)
- §3 相位延迟与群延迟的概念,最小相位信号 (241)
- §4 全通滤波器的能量延迟性质、最小延迟信号 (248)
- §5 Z变换为多项式和有理分式时的最小相位性质 (257)
- §6 最小相位信号和柯氏谱 (262)
- 问题 (265)
- 参考文献 (266)

第十章 有限长脉冲响应滤波器和窗函数 (268)
- §1 理想滤波器及其存在的问题 (268)
- §2 时窗函数 (274)
- §3 广义线性相位滤波器,有限长脉冲响应滤波器设计的其他方法 (289)
- 问题 (293)
- 参考文献 (296)

第十一章 递归滤波器的设计 (298)
- §1 递归滤波及其稳定性 (298)
- §2 模拟滤波器的设计 (305)
- §3 数字递归滤波器的设计 (314)
- 问题 (321)

参考文献 ·· (323)

附录 A 切比雪夫递归滤波 ·· (324)
参考文献 ·· (337)

附录 B 信号处理中的某些代数问题 ····································· (338)
§1 豪斯霍尔德变换矩阵和矩阵的 QR 分解、正交分解 ············ (338)
§2 矩阵的奇异值分解 ··· (343)
§3 广义逆矩阵 ··· (347)
§4 最小平方问题 ·· (350)
§5 阻尼方法 ·· (355)
§6 奇异值分析 ··· (359)
§7 矩阵的模、条件数和分解，矩阵的微商 ·························· (366)
问题 ··· (379)
参考文献 ··· (381)

问题解答 ·· (382)
第一章问题解答 ··· (382)
第二章问题解答 ··· (386)
第三章问题解答 ··· (389)
第四章问题解答 ··· (396)
第五章问题解答 ··· (402)
第六章问题解答 ··· (404)
第七章问题解答 ··· (409)
第八章问题解答 ··· (416)
第九章问题解答 ··· (418)
第十章问题解答 ··· (421)
第十一章问题解答 ·· (426)

绪　　论

1. 什么是信号？

信号是人人都熟悉、日常生活中常用的一个名词. 但是, 它的确切含意是什么呢？

美国最著名的一本信号处理著作称,"术语信号通常用于代表携带信息的某个东西"(见文献[1]第 8 页). 这和一本美国英语词典所说的相似,"信号是传递信息的一个行动或一个东西, 通常不用文字来表示"(见文献[2]第 1418 页). 上述说法太泛了, 以至于还是不能了解信号的确切含意.

在现代汉语词典里, 对信号的解释稍为具体些,"信号：① 用来传递消息或命令的光、电波、声音、动作等；② 电路中用来控制其他部分的电流、电压或无线电发射机发出的电波."(见文献[3]第 1272 页).

在信号处理这门学科里, 要研究的信号究竟是什么呢？我们先看一些具体的例子.

声音(见图 0-1), 心电图, 地震记录, 气象温度记录, ……——一元函数 $f(t)$；

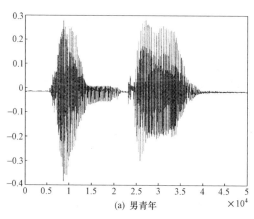

(a) 男青年

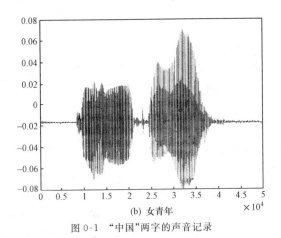

(b) 女青年

图 0-1 "中国"两字的声音记录

图像(见图 0-2),文字,……——二元函数 $f(x,y)$;

图 0-2 图像:北京大学未名湖

电视,电影,……——三元函数 $f(x,y,t)$;

地下构造,人体构造,建筑模型,地形地貌,……——三元函数 $f(x,y,z)$。

由上可知,在信号处理学科中的**信号**,指的是携带信息的一元函数或多元函数。

在信号的表达式中，自变量可以是连续的，也可以是离散的．自变量为连续的信号称为**连续信号**，通常又称作**模拟信号**．自变量为离散的信号称为**离散信号**，或称**离散信号序列**．又简称**时间序列**．除了自变量可以是连续的或离散的之外，信号取值也可以是连续的或是离散的．

数字信号是在自变量和信号取值两方面都是离散的信号．为了在计算机里能存储数字信号，要求数字信号的取值为有限长二进制数．

如何获得数字信号呢？如果原始信号是连续信号，如声音信号、心电图等，需要通过两步才能变成数字信号：(1) 将连续信号变成离散信号，即抽样(见第二章)；(2) 将离散信号的取值变为有限长二进制信号，即量化处理．整个过程称为模数转换．

在实际生活中，有许多信号本身就是数字信号．例如，某医院每天看病的人数，中国每个月新增加的艾滋病人数，太阳每年的黑子数，等等．

2. 什么是信号处理？

既然信号处理和数学分析研究的都是函数，二者又有什么区别呢？

数学分析以**极限理论**作为理论基础，研究函数的局部性质(连续性和微分)和整体性质(积分)．例如，在数学分析中常研究的一类问题是：已知物体移动的距离是时间的函数，如果已知该函数，求此物体在任意时刻的速度和加速度；反之，已知物体运动的加速度，求出速度和距离(见文献[4]第2页)．

信号处理以**傅里叶分析**(或称**频谱分析**)为理论基础，研究信号的变换、滤波和特征提取．我们要特别指出，傅里叶分析，或者频谱分析，对信号分析和信号处理是至关重要的．古诗云，"不识庐山真面目，只缘身在此山中"．信号是时间的函数，频谱分析为我们提供了新的角度来看信号，即从频率角度看信号，把时间信号变换成频率的函数．我们举几个信号处理要研究的问题：如何恢复被噪音干扰的信号？如何突出信号或图像中的细节？如何区别两个不同的信号？这些问题的解决，都和频谱分析有关．利用信号和噪音频谱的不同，特别当信号与噪音频谱是分离的时候，可用滤波方法恢复被噪音干扰的信号．信号中的细节是由频谱中的高频成分确定的，增强高频成分可以突出信号的细节．为了区别不同的信号，要从时间域、频率域或其他的变换域，提取信号的特征,利用这些特征来区分信号.

信号处理分为模拟信号处理和数字信号处理.模拟信号处理是通过电子线路实现的,而数字信号处理是通过计算机来实现的.因此,数字信号处理要灵活得多,应用也要广泛得多.

从信号处理发展的历史来看,直到 20 世纪 50 年代初,信号处理还是用模拟系统(电子线路)来完成的.同样还是在 20 世纪 50 年代,数字计算机也开始了在信号处理方面的应用.不过这种应用多是对模拟系统进行仿真.尽管可以进行数字滤波,数字信号处理仍未形成大气候.直到 1965 年,Cooley 和 Tukey 发表了快速傅里叶变换(FFT)算法[5],信号处理才形成为一个单独的学科.这是因为,有了 FFT,就可以在计算机上实时进行信号的频谱分析,进而可进行在其基础上的其他处理.数字信号处理及其应用的今后发展,一方面依赖计算机和数字信号处理(DSP)芯片速度和性能的提高完善,一方面依赖数字信号处理理论和方法的发展,例如,在傅里叶分析基础上发展了小波变换,在线性处理基础上发展了非线性处理,在随机信号二阶矩处理基础上发展了高阶累量方法.[12]

数字信号处理的产生与发展,和信号处理的应用是分不开的,而且是相互促进的.信号处理的应用,几乎包括科学技术的各个领域,例如,地震勘探[6],[7],语音信号处理[8],声纳信号处理[9],数字图像处理[10],数字通信处理[11]等.若读者对某个领域的应用感兴趣,可参看有关文献.但无论如何,本书的内容对各种应用而言,都是最重要的基本内容.

参 考 文 献

[1] Oppenheim A V and Schafer R W. Discrete-time Signal Processing. Prentice-Hall,1999.

[2] Rideout P M. 当代美国英语学习词典. 何敏智等译. 北京:外语教学与研究出版社,2000.

[3] 中国社会科学院语言研究所词典编辑室. 现代汉语词典. 北京:商务印书馆,1981.

[4] 周民强. 数学分析(第一册). 上海:上海科学技术出版社,2002.

[5] Cooley J W and Tukey J W. An Algorithm for the Machine Computation of

Complex Fouries Series. Mathematics of Computation，1965，19：297—301.
[6] 北京大学数学力学系等. 地震勘探数字技术. 北京：科学出版社,（第一册）1973,（第二册）1974.
[7] 程乾生. 信号数字处理的数学原理(第二版). 北京：石油工业出版社，1993.
[8] Rabiner I R and Schafer R W. Digital Processing of Speech Signals. Englewood Cliffs，NJ：Prentice-Hall，1978.
[9] 李启虎. 声纳信号处理引论. 北京：海洋出版社，1985.
[10] Castleman K R. Digital Image Processing. Upper Saddle River，NJ：Prentice-Hall, Inc. , 1996. （卡斯尔曼. 数字图像处理(影印版). 北京：清华大学出版社，1998.）
[11] Proakis J G. Digital Communications (Third Edition). McGraw-Hill, Inc. , 1995. （普罗克斯. 数字通信(影印版). 北京：电子工业出版社，1998.）
[12] 李宏伟，程乾生. 高阶统计量与随机信号分析. 北京：中国地质大学出版社，2002.

第一章 连续信号的频谱和傅氏变换

对信号进行分析和处理,最基本、最重要的工具是频谱分析,从数学上看,就是傅里叶级数和傅里叶变换(以下分别简称为傅氏级数和傅氏变换).其基本思想是:把一个复杂的连续信号,分解为许多简单的正弦信号的叠加.这些正弦信号的频率是已知的,相应的振幅和相位则由原始的复杂连续信号确定.这些振幅和相位,称之为**信号的频谱**.这样,我们既可以从时间域研究信号的特征,还可以从另一角度,即频率域角度来研究信号的特征.

在这一章,我们着重从工程应用角度讨论傅氏级数和傅氏变换,离散频谱和连续频谱.

§1 有限区间上连续信号的傅氏级数和离散频谱

1. 问题的提出

在工程信号的记录中,我们取其一段,即在有限时间区间 $[t_0, t_0+T]$ 上考察信号,见图 1-1(a),它往往是一种复杂的信号.

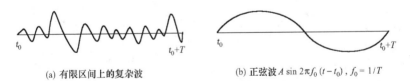

(a) 有限区间上的复杂波   (b) 正弦波 $A\sin 2\pi f_0(t-t_0)$, $f_0 = 1/T$

图 1-1 复杂波与简单波

在物理中,大家都知道,最简单的振动波是简谐波,把这个振动波记录下来,所得到的信号可以用正弦函数表示出来,即为正弦波

$$A\sin(2\pi ft + \varphi),$$

式中:A 为振幅,φ 为初相位,f 为频率,$1/f$ 为谐波的周期.

对长度为 T 的时间区间而言,最简单的频率为 $f_0 = 1/T$,因为这时正弦波的周期正好就是 T,见图 1-1(b). 再稍微简单一些的频率就是 $f_n = nf_0$,这时正弦波的周期为 $1/f_n = T/n$. 因此,对长度为 T 的时间区间而言,我们称 $f_0 = 1/T$ 为**基频**,$A\sin(2\pi f_0 t + \varphi)$ 为**基波**,$A\sin(2\pi nf_0 t + \varphi)$ 为 n **次谐波**.

当几个这样的谐波叠加在一起的时候,得到的波就比较复杂了,见图 1-2.

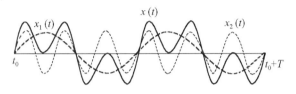

图 1-2　两个谐波的叠加 ($x(t) = x_1(t) + x_2(t)$)

我们的问题是:任一个复杂波能否分解成简谐波的叠加呢?一般地说是可以的,下面进行讨论.

2. 把有限区间上的复杂波分解为简谐波的叠加

复杂波与简谐波是有本质区别的,但它们又可以相互转化:当许多振幅、相位、频率都不同的简谐波叠加在一起的时候,可以得到一个复杂波;反过来,在一般情况下,一个复杂波又可以分解为许多简谐波的叠加. 这就是说,复杂波与简谐波是矛盾的对立统一.

在区间 $[t_0, t_0 + T]$ 上,对于一个不是十分复杂的波 $x(t)$,可以分解为有限多个简谐波的叠加

$$x(t) = A_0 + \sum_{n=1}^{N} A_n \sin(2\pi nf_0 t + \varphi_n),$$

上式右端实际上是一个常量加上 N 个谐波.

但是,对一个十分复杂的波 $x(t)$ 而言,有限个谐波的叠加是得不到它的,只有当 N 增长到无限时(记为 $N \to +\infty$),也即当无限个谐波叠加在一起时(数学上表示为 $\lim\limits_{N \to +\infty} \sum\limits_{n=1}^{N} A_n \sin(2\pi nf_0 t + \varphi_n)$),把它记做 $\sum\limits_{n=1}^{+\infty} A_n \sin(2\pi nf_0 t + \varphi_n)$,才能得到一个复杂波 $x(t)$,即

$$x(t) = A_0 + \sum_{n=1}^{+\infty} A_n \sin(2\pi n f_0 t + \varphi_n), \qquad (1\text{-}1\text{-}1)$$

其中 $f_0 = 1/T$ 为基频，A_0 称为 $x(t)$ 的**直流分量**或**常数分量**，$A_n\sin(2\pi n f_0 t + \varphi_n)$ 称为 $x(t)$ 的 n **次谐波**。特别地，把 1 次谐波称为**基波**。

关系式(1-1-1)还可改换成别的形式。把 n 次谐波变为

$$A_n \sin(2\pi n f_0 t + \varphi_n)$$
$$= A_n \cos\varphi_n \sin 2\pi n f_0 t + A_n \sin\varphi_n \cos 2\pi n f_0 t.$$

令

$$a_n = A_n\cos\varphi_n, \quad b_n = A_n\sin\varphi_n, \quad b_0 = A_0, \qquad (1\text{-}1\text{-}2)$$

则(1-1-1)式变为

$$x(t) = b_0 + \sum_{n=1}^{+\infty}(a_n \sin 2\pi n f_0 t + b_n \cos 2\pi n f_0 t). \qquad (1\text{-}1\text{-}3)$$

(1-1-1)式或(1-1-3)式都称为 $x(t)$ 的**傅氏级数展开式**，(1-1-1)式或(1-1-3)式的右端称为 $x(t)$ 的**傅氏级数**。

但是在工程中使用更方便的是复数形式的傅氏级数，下面进行讨论。

3. 复数形式的傅氏级数和离散频谱

在复数的运算中，欧拉公式

$$e^{i\varphi} = \cos\varphi + i\sin\varphi$$

起着重要作用。如果把上式中的 φ 取为 $-\varphi$，则有

$$e^{-i\varphi} = \cos\varphi - i\sin\varphi.$$

上面两式相加或相减便得

$$\begin{cases} \cos\varphi = \dfrac{1}{2}(e^{i\varphi} + e^{-i\varphi}), \\ \sin\varphi = \dfrac{1}{2i}(e^{i\varphi} - e^{-i\varphi}). \end{cases} \qquad (1\text{-}1\text{-}4)$$

把这种表示代入(1-1-3)式便得

$$x(t) = b_0 + \sum_{n=1}^{+\infty}(a_n \sin 2\pi n f_0 t + b_n \cos 2\pi n f_0 t)$$

$$= b_0 + \sum_{n=1}^{+\infty}\left[a_n \frac{-\mathrm{i}}{2}(\mathrm{e}^{\mathrm{i}2\pi nf_0 t} - \mathrm{e}^{-\mathrm{i}2\pi nf_0 t})\right.$$

$$\left. + b_n \frac{1}{2}(\mathrm{e}^{\mathrm{i}2\pi nf_0 t} + \mathrm{e}^{-\mathrm{i}2\pi nf_0 t})\right]$$

$$= b_0 + \sum_{n=1}^{+\infty}\left[\frac{1}{2}(b_n - \mathrm{i}a_n)\mathrm{e}^{\mathrm{i}2\pi nf_0 t} + \frac{1}{2}(b_n + \mathrm{i}a_n)\mathrm{e}^{-\mathrm{i}2\pi nf_0 t}\right].$$

令

$$\begin{cases} c_0 = b_0, \\ c_n = \frac{1}{2}(b_n - \mathrm{i}a_n), & n \geqslant 1, \\ c_{-n} = \frac{1}{2}(b_n + \mathrm{i}a_n), & n \geqslant 1, \end{cases} \quad (1\text{-}1\text{-}5)$$

则有

$$x(t) = c_0 + \sum_{n=1}^{+\infty} c_n \mathrm{e}^{\mathrm{i}2\pi nf_0 t} + \sum_{n=1}^{+\infty} c_{-n} \mathrm{e}^{-\mathrm{i}2\pi nf_0 t}.$$

如果我们让 n 从 -1 取到 $-\infty$, 则上式第三项就可表示为 $\sum_{n=-\infty}^{-1} c_n \mathrm{e}^{\mathrm{i}2\pi nf_0 t}$, 于是便得到 $x(t)$ 的复数形式的傅氏级数展开式

$$x(t) = \sum_{n=-\infty}^{+\infty} c_n \mathrm{e}^{\mathrm{i}2\pi nf_0 t}. \quad (1\text{-}1\text{-}6)$$

我们知道,对于 n 次谐波,它的频率是 nf_0,在实际中,频率都是正的. 但是在(1-1-6)式中, n 可取负整数, nf_0 就变成了"负频率". 那么, "负频率"是怎样出现的呢? 从实数形式的傅氏级数(1-1-3)过渡到复数形式的傅氏级数(1-1-6),关键在于用复数表示正弦与余弦(见(1-1-4)式),因此, "负频率"完全是由复数表示引起的. 但是由以后的分析可以知道,傅氏级数的复数形式应用起来方便,同时也有很明确的物理意义.

在(1-1-6)式中,我们称 c_n 为傅氏级数的**系数**. 系数 c_n 完全由 $x(t)$ 确定, 现在来求 c_n.

设 $x(t)$ 的变化范围为有限区间 $[t_0, t_0 + T]$, 用 $\mathrm{e}^{-\mathrm{i}2\pi mf_0 t}$ 同乘以 (1-1-6)式两边,并从 t_0 到 $t_0 + T$ 进行积分, 得

$$\int_{t_0}^{t_0+T} x(t) \mathrm{e}^{-\mathrm{i}2\pi mf_0 t} \mathrm{d}t = \int_{t_0}^{t_0+T} \left[\sum_{n=-\infty}^{+\infty} c_n \mathrm{e}^{\mathrm{i}2\pi(n-m)f_0 t}\right] \mathrm{d}t$$

$$= \sum_{n=-\infty}^{+\infty} c_n \int_{t_0}^{t_0+T} e^{i2\pi(n-m)f_0 t} dt.$$

我们注意到 $f_0 = \dfrac{1}{T}$,经计算知,积分 $\int_{t_0}^{t_0+T} e^{i2\pi(n-m)f_0 t} dt$,当 $n-m=0$ 时为 T,当 $n-m\neq 0$ 时为 0,因此上面等式右边的和号中只剩下 $n=m$ 那一项,即剩下 $c_m T$,所以

$$c_m = \frac{1}{T} \int_{t_0}^{t_0+T} x(t) e^{-i2\pi m f_0 t} dt, \quad m=0,\pm 1,\pm 2,\cdots.$$

我们把以上结果写成定理形式.

傅氏级数展开定理 有限区间 $[t_0, t_0+T]$ 上的函数 $x(t)$,在一定条件下,可以展成傅氏级数

$$x(t) = \sum_{n=-\infty}^{+\infty} c_n e^{i2\pi n f_0 t}, \quad t \in [t_0, t_0+T]^{①}, \tag{1-1-7}$$

式中

$$\begin{aligned} f_0 &= \frac{1}{T}, \quad i = \sqrt{-1}, \\ c_n &= \frac{1}{T} \int_{t_0}^{t_0+T} x(t) e^{-i2\pi n f_0 t} dt. \end{aligned} \tag{1-1-8}$$

这个定理在不同的条件下有不同严格、详细的数学论述,我们给出其中的一种:设 $x(t)$ 在 $[t_0, t_0+T]$ 上连续,或者只有有限个第一类间断点,并在 $[t_0, t_0+T]$ 上具有有限个极大、极小点,则有

$$\sum_{n=-\infty}^{+\infty} c_n e^{i2\pi n f_0 t} = \begin{cases} x(t), & \text{当 } t \text{ 是 } x(t) \text{ 的连续点时,} \\ \dfrac{x(t-0)+x(t+0)}{2}, & \text{当 } t \text{ 是 } x(t) \text{ 的间断点时,} \\ \dfrac{x(t_0)+x(t_0+T)}{2}, & \text{当 } t=t_0 \text{ 或 } t_0+T \text{ 时,} \end{cases}$$

其中 $f_0 = \dfrac{1}{T}$, $c_n = \dfrac{1}{T}\int_{t_0}^{t_0+T} x(t) e^{-i2\pi n f_0 t} dt$ (参看文献[1]第十九章).

由于在实际中,$x(t)$ 是连续的,或者只有个别几个间断点,因此我们就把定理写成(1-1-7)和(1-1-8)式那样的简单形式.

下面讨论系数 c_n 的物理意义.

---

① 符号"∈"表示属于的意思,$t \in [t_1, t_2]$ 表示 $t_1 \leqslant t \leqslant t_2$; $t \in [t_1, t_2)$ 表示 $t_1 \leqslant t < t_2$.

要把一个复杂波 $x(t)$ 分解成谐波的叠加,关键在于了解其中每一个谐波的成分,对于频率为 nf_0 的 n 次谐波 $A_n\sin(2\pi nf_0t+\varphi_n)$ 而言,它的成分由振幅 A_n 和相位 φ_n 确定. 而由 c_n 就可以确定 A_n 和 φ_n. 由 (1-1-5)式和(1-1-2)式知

$$\begin{cases} |c_n| = \dfrac{1}{2}A_n, & \mathrm{Arg}c_n = \varphi_n - \dfrac{\pi}{2}, & n=1,2,\cdots, \\ |c_{-n}| = \dfrac{1}{2}A_n, & \mathrm{Arg}c_{-n} = -\left(\varphi_n - \dfrac{\pi}{2}\right), & n=1,2,\cdots. \end{cases}$$

(1-1-9)

从(1-1-9)式可以看出,在复数形式的傅氏级数中,相应于负频率 $-nf_0$ 的谐波(即 $\mathrm{e}^{\mathrm{i}2\pi(-nf_0)t}$)的系数 c_{-n},也能反映频率为 nf_0 的谐波的振幅 A_n 和相位 φ_n.

由于 c_n 可以表示 n 次谐波的振幅与相位,即对一个频率为 nf_0 的谐波,c_n 可以表示出它的振幅与相位,因此,我们称 c_n 为有限区间 $[t_0,t_0+T]$ 上信号 $x(t)$ 的**离散频谱**;称 $|c_n|$ 为有限区间 $[t_0,t_0+T]$ 上信号 $x(t)$ 的**离散振幅谱**;称 $\mathrm{Arg}c_n$ 为有限区间 $[t_0,t_0+T]$ 上信号 $x(t)$ 的**离散相位谱**.

由 $x(t)$ 求出傅氏级数的系数 c_n,就称为在有限区间上对 $x(t)$ 做**频谱分析**.

例1 在 $[-T/2, T/2]$ 上有一方波

$$x(t) = \begin{cases} 0, & -T/2 \leqslant t < -\lambda, \\ 1, & -\lambda \leqslant t \leqslant \lambda, \\ 0, & \lambda < t \leqslant T/2, \end{cases}$$

见图 1-3(a),对它作频谱分析,即求出它的傅氏级数系数 c_n.

解 相应于公式(1-1-8),在这里 $t_0 = -T/2$,可求得

$$c_n = \frac{1}{T}\int_{-T/2}^{T/2} x(t)\mathrm{e}^{-\mathrm{i}2\pi nf_0t}\mathrm{d}t = \frac{1}{T}\int_{-\lambda}^{\lambda}\mathrm{e}^{-\mathrm{i}2\pi nf_0t}\mathrm{d}t.$$

当 $n=0$ 时,$c_0 = \dfrac{2\lambda}{T}$;当 $n\neq 0$ 时,可以算出 $c_n = \dfrac{\sin 2\pi nf_0\lambda}{\pi nf_0T}$. 振幅谱 $|c_n|$ 的图形见图 1-3(b).

现在我们指出函数

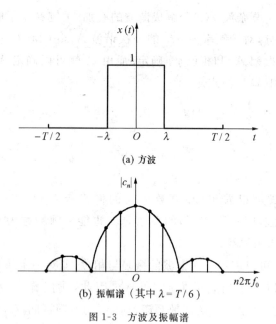

图 1-3 方波及振幅谱

$$g(t) = \frac{\sin\alpha t}{\beta t} \quad (\alpha, \beta \text{ 为常数})$$

在 $t=0$ 时的值. 由于

$$g(0) = \lim_{t \to 0} \frac{\sin\alpha t}{\beta t} = \lim_{t \to 0} \frac{\sin\alpha t}{\alpha t} \cdot \frac{\alpha}{\beta} = \frac{\alpha}{\beta},$$

因此, 在方波的系数

$$c_n = \frac{\sin 2\pi n f_0 \lambda}{\pi n f_0 T}$$

中, 把 n 看成变量, 按照上面的讨论, 则有 $c_0 = \frac{2\lambda}{T}$. 所以, 对于上例中的方波, 系数 c_n 用统一的公式就行了, 不要再分 $n=0$ 和 $n \neq 0$ 两种情况了.

4. 几点说明

1) 在公式(1-1-7)中, i 前的符号可以取负, 也可以取正, 本质上是一样的. 但在研究中, 要确定为一种符号, 否则符号混乱, 结果也会混乱.在本书中,我们用(1-1-7)式,即 i 前的符号取正.

2) 公式(1-1-7)的右边部分是以 T 为周期的周期函数.任何周期函数,在一个周期范围内,可以展成傅氏级数.

3) 关于复杂波与简单波.在本书的讨论中,简单波是指简谐波,或者说是指正弦信号.所谓复杂波就是相对简单波而言的,不是简单波就称之为复杂波了.把复杂波分解为许多正弦波的叠加,这就是**傅氏分析**.它是现代信号数字处理的理论基础.如果我们选取一系列特定的方波作为简单波,那么其他的波就是复杂波,同样可以把复杂波分解为许多简单方波的叠加.我们把它称之为**沃希函数分析**.由于方波在计算机中运算方便,沃希函数在现代信号数字处理中也得到了重要应用(参看文献[4]).这说明,复杂波与简单波是相对的,什么波才算简单波,要根据我们研究的对象和应用是否方便而定.

近几十年研究表明,无论在理论上还是在实践上,傅氏分析是最重要最基本的分析方法.

§2 傅氏变换,连续信号与频谱

在这一节,我们介绍傅里叶变换、信号的频谱、几种常见信号的频谱、频谱的基本性质.

1. 傅里叶变换,连续信号与频谱

设 $x(t)$ 为 $(-\infty,+\infty)$ 上的连续函数,在一定条件下,有如下关系:

$$X(f) = \int_{-\infty}^{+\infty} x(t) e^{-i2\pi ft} dt, \qquad (1\text{-}2\text{-}1)$$

$$x(t) = \int_{-\infty}^{+\infty} X(f) e^{i2\pi ft} df. \qquad (1\text{-}2\text{-}2)$$

公式(1-2-1)称为**傅里叶变换**,公式(1-2-2)为**逆傅里叶变换**.由(1-2-1)和(1-2-2)式知,$x(t)$ 与 $X(f)$ 一一对应.由这种一一对应,可推导出频谱唯一性,即若 $X_1(f)$ 和 $X_2(f)$ 满足

$$x(t) = \int_{-\infty}^{+\infty} X_1(f) e^{i2\pi ft} dt = \int_{-\infty}^{+\infty} X_2(f) e^{i2\pi ft} dt,$$

则 $X_1(f) = X_2(f)$. 这是因为当(1-2-2)式成立时(1-2-1)式也成立,于是 $X_1(f)$ 和 $X_2(f)$ 都可用(1-2-1)式的右边公式表示,所以它们是相同的. 同理,也可导出信号唯一性,即若 $x_1(t)$ 和 $x_2(t)$ 满足

$$X(f) = \int_{-\infty}^{+\infty} x_1(t) e^{-i2\pi ft} dt = \int_{-\infty}^{+\infty} x_2(t) e^{-i2\pi ft} dt,$$

则 $x_1(t) = x_2(t)$. 道理与频谱唯一性是类似的.

我们知道,积分也是一种求和. 公式(1-2-2)的物理意义是:在整个时间轴上的波 $x(t)$,是由频率为 f 的谐波 $X(f)e^{i2\pi ft}df$ 通过积分叠加得到的(由积分的求和表达式可知,积分也是一种叠加),其中频率 f 是从 $-\infty$ 连续变到 $+\infty$,而频率为 f 的谐波、振幅与初相位由 $X(f)df$ 确定. 由于对不同频率 f,微分 df 是一样的,所以只有 $X(f)$ 才真正反映出不同频率谐波的振幅和初相位的变化. 因此,我们称 $X(f)$ 为 $x(t)$ 的**连续频谱**,通常简称为**频谱**.

由于 $X(f)$ 是复函数,因此 $X(f)$ 可表示为

$$X(f) = A(f) e^{i\Phi(f)}, \tag{1-2-3}$$

其中

$$A(f) = |X(f)|, \tag{1-2-4}$$

$$\Phi(f) = \arg X(f). \tag{1-2-5}$$

我们称 $A(f)$ 为 $x(t)$ 的**振幅谱**,称 $\Phi(f)$ 为 $x(t)$ 的**相位谱**.

公式(1-2-1)表示了如何由信号 $x(t)$ 求出它的频谱 $X(f)$. 由信号 $x(t)$ 求出它的频谱 $X(f)$,我们就称为对 $x(t)$ **作频谱分析**.

2. 几类基本信号的频谱

在工程应用中,常要遇到几类基本信号:方波、三角波、钟形波、半余弦波、指数衰减波等. 在这一节,我们计算其中几个基本信号的频谱,其他信号的频谱由读者自己计算.

2.1 方波及其频谱

设方波为

$$s(t) = \begin{cases} 1, & |t| < \delta, \\ 0, & |t| > \delta, \end{cases}$$

它的频谱为

$$S(f) = \int_{-\infty}^{+\infty} s(t) e^{-i2\pi ft} dt = \int_{-\delta}^{\delta} e^{-i2\pi ft} dt$$
$$= \frac{1}{-i2\pi f}(e^{-i2\pi f\delta} - e^{i2\pi f\delta})$$
$$= \frac{\sin 2\pi\delta f}{\pi f}.$$

方波及其频谱图形见图 1-4.

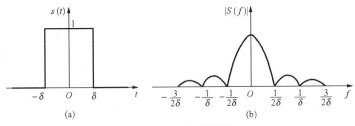

图 1-4 方波及其频谱

2.2 三角波及其频谱

设三角波为

$$s(t) = \begin{cases} 1 - \dfrac{|t|}{\delta}, & |t| \leqslant \delta, \\ 0, & |t| > \delta, \end{cases}$$

它的频谱为

$$S(f) = \int_{-\infty}^{+\infty} s(t) e^{-i2\pi ft} dt = \int_{-\delta}^{\delta} s(t) e^{-i2\pi ft} dt \ (s(t) \text{是偶函数})$$
$$= 2\int_{0}^{\delta} s(t)\cos 2\pi ft \, dt = 2\int_{0}^{\delta}\left(1 - \frac{t}{\delta}\right)\cos 2\pi ft \, dt$$
$$= \frac{1}{\pi f}\int_{0}^{\delta}\left(1 - \frac{t}{\delta}\right) d\sin 2\pi ft \ (\text{由分部积分法})$$
$$= \frac{1}{\pi f\delta}\int_{0}^{\delta}\sin 2\pi ft \, dt = \frac{1}{2\pi^2\delta f^2}(1 - \cos 2\pi\delta f)$$
$$= \frac{\sin^2 \pi\delta f}{\pi^2 \delta f^2}.$$

三角波及其频谱的图形见图 1-5.

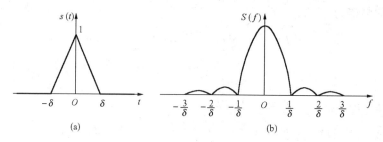

图 1-5 三角波及其频谱

2.3 钟形波及其频谱

设钟形波为

$$s(t) = e^{-\beta^2 t^2} \quad (\text{其中 } \beta > 0),$$

它的图形像钟,因此称为钟形波(见图 1-6(a)).

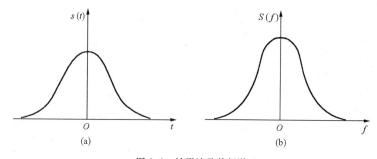

图 1-6 钟形波及其频谱

现在我们来计算钟形波的频谱 $S(f)$:

$$S(f) = \int_{-\infty}^{+\infty} s(t) e^{-i2\pi ft} dt \quad (s(t) \text{ 是偶函数})$$
$$= \int_{-\infty}^{+\infty} s(t)\cos 2\pi ft \, dt = 2\int_{0}^{+\infty} e^{-\beta^2 t^2}\cos 2\pi ft \, dt.$$

这个积分用普通的分部积分法求不出来,我们采用微分的办法,即先对 $S(f)$ 求微商,然后再求 $S(f)$ 本身.具体计算如下:

$$S'(f) = \frac{d}{df}\left(2\int_{0}^{+\infty} e^{-\beta^2 \cdot t^2}\cos 2\pi ft \, dt\right)$$
$$= 2\int_{0}^{+\infty} e^{-\beta^2 t^2} \frac{d\cos 2\pi ft}{df} dt$$

$$= 2\int_0^{+\infty} e^{-\beta^2 t^2}(-2\pi t\sin 2\pi ft)\mathrm{d}t$$

$$= \frac{2\pi}{\beta^2}\int_0^{+\infty} e^{-\beta^2 t^2}\sin 2\pi ft\, \mathrm{d}(-\beta^2 t^2)$$

$$= \frac{2\pi}{\beta^2}\int_0^{+\infty} \sin 2\pi ft\, \mathrm{d}e^{-\beta^2 t^2}$$

（由分部积分法）

$$= \frac{-4\pi^2 f}{\beta^2}\int_0^{+\infty} e^{-\beta^2 t^2}\cos 2\pi ft\, \mathrm{d}t$$

$$= \frac{-2\pi^2 f}{\beta^2}S(f),$$

由此可得
$$\frac{S'(f)}{S(f)} = \frac{-2\pi^2}{\beta^2}f.$$

将上式两边从 0 到 f 积分，左边为

$$\int_0^f \frac{S'(f)}{S(f)}\mathrm{d}f = \int_0^f \frac{1}{S(f)}\mathrm{d}S(f) = \int_0^f \mathrm{d}\ln S(f) = \ln\frac{S(f)}{S(0)},$$

右边为

$$\int_0^f \frac{-2\pi^2}{\beta^2}f\mathrm{d}f = \int_0^f \frac{-\pi^2}{\beta^2}\mathrm{d}f^2 = -\frac{\pi^2 f^2}{\beta^2},$$

因此有

$$\ln\frac{S(f)}{S(0)} = -\frac{\pi^2 f^2}{\beta^2}, \quad 即 \quad S(f) = S(0)e^{-\frac{\pi^2 f^2}{\beta^2}}.$$

为了求得钟形波的频谱 $S(f)$，我们必须确定 $S(0)$，即要计算 $\int_{-\infty}^{+\infty} e^{-\beta^2 t^2}\mathrm{d}t$. 为此我们先计算 $\int_{-\infty}^{+\infty} e^{-x^2}\mathrm{d}x$，现给出一个比较简单的计算方法.

$$\left(\int_{-\infty}^{+\infty} e^{-x^2}\mathrm{d}x\right)^2 = \int_{-\infty}^{+\infty} e^{-x^2}\mathrm{d}x\int_{-\infty}^{+\infty} e^{-y^2}\mathrm{d}y$$

$$= 2\int_0^{+\infty} e^{-x^2}\mathrm{d}x\int_{-\infty}^{+\infty} e^{-y^2}\mathrm{d}y$$

（将变量 y 用变量 t 代替，令 $y = xt$）

$$= 2\int_0^{+\infty} e^{-x^2}\cdot\left(\int_{-\infty}^{+\infty} e^{-x^2 t^2}x\mathrm{d}t\right)\mathrm{d}x$$

$$= 2\int_{-\infty}^{+\infty} dt \int_0^{+\infty} e^{-x^2(1+t^2)} x dx$$

$$= \int_{-\infty}^{+\infty} \left[\frac{e^{-x^2(1+t^2)}}{-(1+t^2)}\right]_0^{+\infty} dt = \int_{-\infty}^{+\infty} \frac{dt}{1+t^2}$$

$$= \arctan t \Big|_{-\infty}^{+\infty} = \pi,$$

所以
$$\int_{-\infty}^{+\infty} e^{-x^2} dx = \sqrt{\pi},$$

由此可知

$$S(0) = \int_{-\infty}^{+\infty} e^{-\beta^2 t^2} dt = \frac{1}{\beta} \int_{-\infty}^{+\infty} e^{-\beta^2 t^2} d(\beta t) = \frac{1}{\beta} \int_{-\infty}^{+\infty} e^{-x^2} dx = \frac{\sqrt{\pi}}{\beta},$$

因此
$$S(f) = S(0) e^{-\frac{\pi^2 f^2}{\beta^2}} = \frac{\sqrt{\pi}}{\beta} e^{-\frac{\pi^2 f^2}{\beta^2}}.$$

由上可看出,钟形波的频谱仍然是钟形,其图形见图 1-6(b)。

2.4 几类基本信号和频谱

现在我们把几类基本信号和频谱列成表 1.1。

表 1.1 信号和频谱表

信号 $s(t)$	频谱 $S(f) = \int_{-\infty}^{+\infty} s(t) e^{-i2\pi ft} dt$
方波 $s(t) = \begin{cases} 1, & \|t\|<\delta \\ 0, & \|t\|>\delta \end{cases}$	$\dfrac{\sin 2\pi\delta f}{\pi f}$
三角波 $s(t) = \begin{cases} 1-\dfrac{\|t\|}{\delta}, & \|t\|<\delta \\ 0, & \|t\|>\delta \end{cases}$	$\dfrac{\sin^2 \pi\delta f}{\pi^2 \delta f^2}$
钟形波 $s(t) = e^{-\beta^2 t^2} \ (\beta>0)$	$\dfrac{\sqrt{\pi}}{\beta} e^{-\frac{\pi^2 f^2}{\beta^2}}$
半余弦波 $s(t) = \begin{cases} \cos\dfrac{\pi t}{2\delta}, & \|t\|\leqslant\delta \\ 0, & \|t\|>\delta \end{cases}$	$\dfrac{4\delta}{\pi} \cdot \dfrac{\cos 2\pi\delta f}{1-(4\delta f)^2}$

(续表)

信号 $s(t)$	频谱 $S(f) = \int_{-\infty}^{+\infty} s(t) e^{-i2\pi ft} dt$
单边指数衰减波($\alpha>0$) $s(t) = \begin{cases} e^{-\alpha t}, & t>0 \\ 0, & t<0 \end{cases}$	$\dfrac{1}{\alpha + 2\pi i f}$
双边指数衰减波 $s(t) = e^{-\alpha\|t\|}$ ($\alpha>0$)	$\dfrac{2}{\alpha} \cdot \dfrac{\alpha^2}{\alpha^2 + (2\pi f)^2}$

3. 频谱的基本性质

现在我们讨论频谱的一些基本性质.

3.1 共轭性质

性质 1（共轭性质） 若信号 $x(t)$ 的频谱为 $X(f)$，则其共轭信号 $\overline{x(t)}$ 的频谱为 $\overline{X(-f)}$. 特别地，当 $x(t)$ 为实信号时，有
$$X(f) = \overline{X(-f)}.$$

证明 $\overline{x(t)}$ 的频谱为
$$\int_{-\infty}^{+\infty} \overline{x(t)} e^{-i2\pi ft} dt = \overline{\int_{-\infty}^{+\infty} x(t) e^{i2\pi ft} dt} = \overline{X(-f)}.$$

当 $x(t)$ 为实信号时，$x(t) = \overline{x(t)}$，因而 $X(f) = \overline{X(-f)}$.

说明 在工程中出现的实际信号 $x(t)$ 都是实值的，性质 1 告诉我们，对于这些信号的频谱 $X(f)$，只要知道 $f \geqslant 0$ 时的值就行了，因为当 $f<0$ 时，其频谱 $X(f) = \overline{X(-f)}$（注意这时 $-f>0$）.

3.2 时移性质

性质 2（时移定理） 若信号 $x(t)$ 的频谱为 $X(f)$，则信号 $x(t-t_0)$ 的频谱为 $X(f) e^{-i2\pi ft_0}$，信号 $x(t+t_0)$ 的频谱为 $X(f) e^{i2\pi ft_0}$.

证明 $x(t-t_0)$ 的频谱为
$$\int_{-\infty}^{+\infty} x(t-t_0) e^{-i2\pi ft} dt \xrightarrow{u = t - t_0} \int_{-\infty}^{+\infty} x(u) e^{-i2\pi f(u+t_0)} du$$
$$= e^{-i2\pi ft_0} \int_{-\infty}^{+\infty} x(u) e^{-i2\pi fu} du = X(f) e^{-i2\pi ft_0}.$$

只要把上式中的 t_0 换成 $-t_0$，就可得到 $x(t+t_0)$ 的频谱为 $X(f) e^{i2\pi ft_0}$.

说明 设原始信号为 $x(t)$,则 $x(t-t_0)$ 表示 $x(t)$ 在时间上延迟 t_0 后所得的信号(见图 1-7). 时移性质告诉我们, 时移 t_0 后的信号 $x(t-t_0)$ 的频谱为 $X(f)\mathrm{e}^{-\mathrm{i}2\pi ft_0}$. 由于 $X(f)=|X(f)|\mathrm{e}^{\mathrm{i}\Phi(f)}$, 其中 $\Phi(f)=\mathrm{Arg}X(f)$ 为 $X(f)$ 的相位谱,所以

$$X(f)\mathrm{e}^{-\mathrm{i}2\pi ft_0}=|X(f)|\mathrm{e}^{\mathrm{i}(\Phi(f)-2\pi ft_0)}.$$

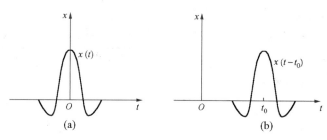

图 1-7 信号的时移

这说明,时移后的信号,其振幅谱保持不变,而相位谱 $\Phi(f)-2\pi ft_0$ 与原来的相位谱 $\Phi(f)$ 相差一个 f 的线性函数 $2\pi ft_0$.

3.3 对称性质

性质 3(对称定理) 设信号 $x(t)$ 的频谱为 $X(f)$. 若把 $x(t)$ 中的 t 换成 f, $x(f)$ 就为一频谱,则频谱 $x(f)$ 所对应的信号为 $X(-t)$.

证明 由于

$$X(f)=\int_{-\infty}^{+\infty}x(u)\mathrm{e}^{-\mathrm{i}2\pi fu}\mathrm{d}u,$$

所以 $x(f)$ 所对应的信号为

$$\int_{-\infty}^{+\infty}x(u)\mathrm{e}^{\mathrm{i}2\pi tu}\mathrm{d}u=X(-t).$$

说明 这个性质告诉我们,把信号 $x(t)$ 当成频谱 $x(f)$ 时,所对应的信号就是 $X(-t)$,而不必重新计算. 这个性质,叫做傅氏变换的**对称性**.

例 1(理想低通频谱及其信号) 已知方波

$$s(t)=\begin{cases}1, & |t|<\delta,\\ 0, & |t|>\delta\end{cases}$$

的频谱为 $\dfrac{\sin 2\pi\delta f}{\pi f}$, 根据对称性质可知, 频谱

$$s(f) = \begin{cases} 1, & |f| < \delta, \\ 0, & |f| > \delta \end{cases}$$

所对应的信号为 $\dfrac{\sin 2\pi\delta t}{\pi t}$. 这时频谱 $s(f)$, 对低于 δ 的频率 f, 其值为 1, 对高于 δ 的频率 f, 其值为 0, 所以我们称这样的频谱 $s(f)$ 为**理想低通频谱**, 见图 1-8(a).

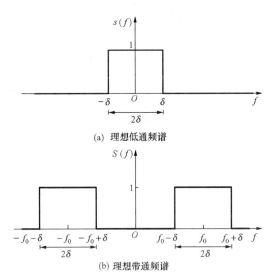

图 1-8　理想低通和带通频谱

3.4　频移性质

性质 4 (频移定理)　设信号 $x(t)$ 的频谱为 $X(f)$, 则信号 $x(t)\mathrm{e}^{\mathrm{i}2\pi f_0 t}$ 的频谱为 $X(f-f_0)$, $x(t)\mathrm{e}^{-\mathrm{i}2\pi f_0 t}$ 的频谱为 $X(f+f_0)$, $x(t)\cos 2\pi f_0 t$ 的频谱为 $\dfrac{X(f-f_0)+X(f+f_0)}{2}$, $x(t)\sin 2\pi f_0 t$ 的频谱为
$$\frac{X(f-f_0)-X(f+f_0)}{2\mathrm{i}}.$$

证明　信号 $x(t)\mathrm{e}^{\mathrm{i}2\pi f_0 t}$ 的频谱为
$$\int_{-\infty}^{+\infty} [x(t)\mathrm{e}^{\mathrm{i}2\pi f_0 t}]\mathrm{e}^{-\mathrm{i}2\pi f t}\,\mathrm{d}t = \int_{-\infty}^{+\infty} x(t)\mathrm{e}^{-\mathrm{i}2\pi(f-f_0)t}\,\mathrm{d}t = X(f-f_0).$$

同样可证 $x(t)\mathrm{e}^{-\mathrm{i}2\pi f_0 t}$ 的频谱为 $X(f+f_0)$.

由于

$$x(t)\cos 2\pi f_0 t = \frac{1}{2}x(t)(e^{i2\pi f_0 t} + e^{-i2\pi f_0 t})$$
$$= \frac{1}{2}x(t)e^{i2\pi f_0 t} + \frac{1}{2}x(t)e^{-i2\pi f_0 t},$$

所以相应的频谱为
$$\frac{1}{2}[X(f-f_0) + X(f+f_0)].$$

同样可证 $x(t)\sin 2\pi f_0 t$ 的频谱为
$$\frac{1}{2i}[X(f-f_0) - X(f+f_0)].$$

说明 这个性质的证明虽然很简单,但在实践中却很有用.从频谱角度看,频谱 $X(f)$ 经频移 f_0 后为 $X(f-f_0)$,它所对应的信号可直接写出为 $x(t)e^{i2\pi f_0 t}$.从信号角度看,对于形如 $x(t)\cos 2\pi f_0 t$, $x(t)\sin 2\pi f_0 t$ 的信号,要求它的频谱,首先求出 $x(t)$ 的频谱 $X(f)$,然后直接可得所要求的频谱.

例 2(理想带通频谱及其信号) 理想带通频谱为
$$S(f) = \begin{cases} 1, & |f \pm f_0| < \delta, \\ 0, & \text{其他}, \end{cases}$$

其中 $\delta > 0, f_0 - \delta > 0$,见图 1-8(b).

设理想低通频谱为
$$S_1(f) = \begin{cases} 1, & |f| < \delta, \\ 0, & |f| > \delta, \end{cases}$$

由例 1 知,它所对应的信号为 $\dfrac{\sin 2\pi\delta t}{\pi t}$.

由图 1-8(b)可知,理想带通频谱 $S(f)$ 是 $S_1(f)$ 频移的结果,即
$$S(f) = S_1(f - f_0) + S_1(f + f_0).$$

因此,理想带通频谱 $S(f)$ 所对应的信号为
$$\frac{\sin 2\pi\delta t}{\pi t}e^{i2\pi f_0 t} + \frac{\sin 2\pi\delta t}{\pi t}e^{-i2\pi f_0 t} = 2\frac{\sin 2\pi\delta t}{\pi t}\cos 2\pi f_0 t.$$

理想低通和带通频谱在滤波问题中起着重要作用(见第十章).

3.5 翻转性质

设连续信号为 $x(t)$,则我们称 $x(-t)$ 为 $x(t)$ 的**翻转信号**.所以称为翻转信号是有直观意义的:当 $x(t)$ 为实信号时,它的图形是可以画出来的,设图形上的横坐标轴为 t 轴,纵坐标轴为 x 轴.这时,$x(-t)$ 也

是实信号，$x(-t)$ 的图形就是 $x(t)$ 的图形按 x 轴翻转得到的，即把 $x(t)$ 在 x 轴右边的图形翻转到左边、把 x 轴左边的图形翻转到右边.

性质 5(翻转定理) 设信号 $x(t)$ 的频谱为 $X(f)$，则 $x(-t)$ 的频谱为 $X(-f)$.

证明 $x(-t)$ 的频谱为
$$\int_{-\infty}^{+\infty} x(-t)\mathrm{e}^{-\mathrm{i}2\pi ft}\mathrm{d}t = \int_{-\infty}^{+\infty} x(s)\mathrm{e}^{\mathrm{i}2\pi fs}\mathrm{d}s = X(-f).$$

比翻转定理更一般的定理是时间展缩定理.

性质 5′(时间展缩定理) 设信号 $x(t)$ 的频谱为 $X(f)$，a 为不等于 0 的常数，则 $x(at)$ 的频谱为 $\dfrac{1}{|a|}X\left(\dfrac{f}{a}\right)$.

证明 当 $a>0$ 时，$x(at)$ 的频谱为
$$\int_{-\infty}^{+\infty} x(at)\mathrm{e}^{-\mathrm{i}2\pi ft}\mathrm{d}t \xrightarrow{s=at} \frac{1}{a}\int_{-\infty}^{+\infty} x(s)\mathrm{e}^{-\mathrm{i}2\pi \frac{f}{a}s}\mathrm{d}s = \frac{1}{|a|}X\left(\frac{f}{a}\right).$$

当 $a<0$ 时，$x(at)$ 的频谱为
$$\int_{-\infty}^{+\infty} x(at)\mathrm{e}^{-\mathrm{i}2\pi ft}\mathrm{d}t = \frac{1}{a}\int_{-\infty}^{+\infty} x(s)\mathrm{e}^{-\mathrm{i}2\pi \frac{f}{a}s}\mathrm{d}s$$

$$\xrightarrow{s=at} -\frac{1}{a}\int_{-\infty}^{+\infty} x(s)\mathrm{e}^{-\mathrm{i}2\pi \frac{f}{a}s}\mathrm{d}s = \frac{1}{|a|}X\left(\frac{f}{a}\right).$$

3.6 频谱的基本性质

频谱的基本性质参见表 1.2. 信号和频谱的基本关系式见 (1-2-1),(1-2-2) 式.

关于线性叠加原理、时域微分定理和频域微分定理的证明，见本章问题第 10 和第 12 题.

表 1.2 频谱的基本性质

	时间函数(信号)	频谱
	$x(t)$	$X(f)$
	$y(t)$	$Y(f)$
线性叠加原理	$ax(t)+by(t)$	$aX(f)+bY(f)$
共轭定理	$\overline{x(t)}$	$\overline{X(-f)}$
	$x(t)$ 为实信号时	$\overline{X(-f)}=X(f)$
时移定理	$x(t-t_0)$	$\mathrm{e}^{-\mathrm{i}2\pi ft_0}X(f)$

(续表)

	时间函数（信号）	频谱
	$x(t)$	$X(f)$
	$y(t)$	$Y(f)$
对称定理	$X(-t)$	$x(f)$
频移定理	$x(t)e^{i2\pi f_0 t}$	$X(f-f_0)$
	$x(t)\cos 2\pi f_0 t$	$\frac{1}{2}[X(f-f_0)+X(f+f_0)]$
	$x(t)\sin 2\pi f_0 t$	$\frac{1}{2i}[X(f-f_0)-X(f+f_0)]$
时间展缩定理	$x(at), a\neq 0$	$\frac{1}{|a|}X\left(\frac{f}{a}\right)$
翻转定理	$x(-t)$	$X(-f)$
时域微分定理	$\dfrac{d^n x(t)}{dt^n}$	$(2\pi i f)^n X(f)$
频域微分定理	$(-2\pi i t)^n x(t)$	$\dfrac{d^n X(f)}{df^n}$

问　题

1. 简谐波为 $s(t)=A\sin(2\pi ft+\varphi)$.

(1) 当频率 $f=0$ 时，问 $s(t)=?$

(2) 画出 $A=\dfrac{1}{2}, \varphi=\dfrac{\pi}{2}, f=0$ 时 $s(t)$ 的图形.

(由这个习题可知，当 $f=0$ 时，简谐波就退化成一条直线，我们称它为直流量. 当 t 从 $-\infty$ 变到 $+\infty$ 时，它为一常量，实际上没有产生任何振动.)

2. 如图 1-9 所示，将周期为 T 的半波整流波

$$x(t)=\begin{cases} a\sin\dfrac{2\pi}{T}t, & 0\leqslant t\leqslant T/2, \\ 0, & -T/2\leqslant t<0 \end{cases}$$

展成傅氏级数.

提示：可直接计算，也可把 $\sin\dfrac{2\pi}{T}t$ 表示为

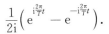

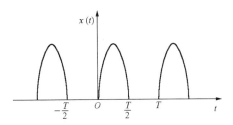

图 1-9 周期为 T 的半波整流波的图形

3. 将周期为 T、振幅为 E 的方波展成傅氏级数,见图 1-10(a).
4. 将周期为 T、高为 h 的锯齿波展成傅氏级数,见图 1-10(b).

提示:用分部积分法计算 c_n.

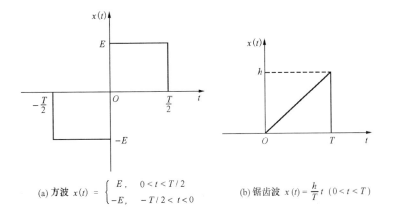

(a) 方波 $x(t) = \begin{cases} E, & 0 < t < T/2 \\ -E, & -T/2 < t < 0 \end{cases}$

(b) 锯齿波 $x(t) = \dfrac{h}{T}t \ (0 < t < T)$

图 1-10 两个以 T 为周期的波

5. 把信号
$$x(t) = \begin{cases} -t, & -\pi \leqslant t \leqslant 0, \\ t, & 0 < t \leqslant \pi \end{cases}$$
展成傅氏级数,见图 1-11.

6. 把信号
$$x(t) = t, \quad -\pi \leqslant t \leqslant \pi$$
展成傅氏级数,见图 1-12.

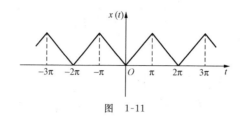

图 1-11

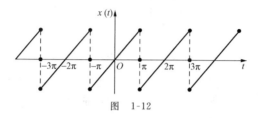

图 1-12

7. 已知方波 $s(t)=\begin{cases}1, & |t|<\delta,\\ 0, & |t|>\delta\end{cases}$（其中 $\delta>0$）的频谱为

$$S(f)=\frac{\sin 2\pi\delta f}{\pi f},$$

利用 $s(t)=\int_{-\infty}^{+\infty}S(f)\mathrm{e}^{\mathrm{i}2\pi ft}\mathrm{d}f$，证明

$$\int_{-\infty}^{+\infty}\frac{\sin 2\pi\delta f}{\pi f}\mathrm{d}f=1\quad(\delta>0),$$

并由此证明

$$\int_{-\infty}^{+\infty}\frac{\sin 2\pi\delta f}{\pi f}\mathrm{d}f=\begin{cases}1, & \delta>0,\\ 0, & \delta=0,\\ -1, & \delta<0.\end{cases}$$

8. 求单边指数衰减波 $s(t)=\begin{cases}\mathrm{e}^{-\alpha t}, & t>0,\\ 0, & t<0\end{cases}$（其中 $\alpha>0$）的频谱 $S(f)$.

9. 求双边指数衰减波 $s(t)=\mathrm{e}^{-\alpha|t|}$（其中 $\alpha>0$）的频谱 $S(f)$.

10. (1) 证明频谱线性叠加原理：若 $x_1(t),x_2(t)$ 的频谱分别为 $X_1(f),X_2(f)$，则 $ax_1(t)+bx_2(t)$ 的频谱为 $aX_1(f)+bX_2(f)$，其中 a，b 为常数.

(2) 利用频谱线性叠加原理计算图 1-13 中信号的频谱.

11. 利用频移定理计算下列信号的频谱：

(1) 半余弦波
$$s(t) = \begin{cases} \cos\dfrac{\pi t}{2\delta}, & |t| < \delta \\ 0, & |t| > \delta \end{cases} \quad (\delta > 0).$$

(2) 单边指数衰减正弦波
$$s(t) = \begin{cases} e^{-\alpha t}\sin 2\pi f_0 t, & t > 0 \\ 0, & t < 0 \end{cases} \quad (\alpha > 0).$$

(3) 钟形余弦波
$$s(t) = e^{-\beta t^2}\cos 2\pi f_0 t \quad (\beta > 0).$$

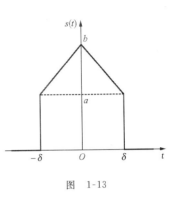

图 1-13

12. (1) 证明时域微分定理：设 $x(t)$ 的频谱为 $X(f)$，则 $\dfrac{\mathrm{d}^n x(t)}{\mathrm{d}t^n}$ 的频谱为 $(2\pi \mathrm{i}f)^n X(f)$.

(2) 证明频域微分定理：设 $x(t)$ 的频谱为 $X(f)$，则 $\dfrac{\mathrm{d}^n X(f)}{\mathrm{d}f^n}$ 所对应的信号为 $(-2\pi \mathrm{i}t)^n x(t)$.

(3) 用频域微分定理求信号
$$x(t) = \begin{cases} t^2 e^{-\alpha t}, & t > 0, \\ 0, & t < 0 \end{cases} \quad (\alpha > 0)$$
的频谱.

(4) 用时域微分定理把下面信号关系式
$$a\frac{\mathrm{d}^2 x(t)}{\mathrm{d}t^2} + b\frac{\mathrm{d}x(t)}{\mathrm{d}t} + cx(t) = g(t)$$
转换成频谱关系式.

提示：(1) 对(1-2-2)式两边求微商即得.(2) 对(1-2-1)式两边求微商即得.(3) 令 $s(t) = \begin{cases} e^{-\alpha t}, & t > 0, \\ 0, & t < 0, \end{cases}$ 则 $x(t) = t^2 s(t)$，$x(t)$ 的频谱为 $\dfrac{1}{-4\pi^2} \cdot \dfrac{\mathrm{d}^2 S(f)}{\mathrm{d}f^2}$.

参 考 文 献

[1] 华罗庚. 高等数学引论(第一卷第二分册). 北京：科学出版社，1963.
[2] Oppenheim A V and Schafer R W. Digital Signal Processing. Upper Saddle River, NJ: Prentice-Hall, Inc., 1975.
[3] Papoulis A. Signal Analysis. New York: McGraw-Hill Book Company, 1977.
[4] Ahmed N and Rao K R. Orthogonal Transforms for Digital Signal Processing. Heidelberg: Springer-Verlag, 1975.
[5] Orfanidis S J. Introduction to Signal Processing. Upper Saddle River, NJ: Prentice-Hall, Inc., 1996.

第二章 离散信号和抽样定理

数字信号处理要处理的是离散信号. 离散信号可以直接测量得到,例如某城市每天乘地铁的人次,但是大多数离散信号是由连续信号经过离散化即抽样以后得到的. 本章将比较系统、详细地讨论由连续信号的离散化所引起的抽样问题,给出在不同情况下的抽样定理,这些定理对信号的数字处理,无论在理论上还是在实践上都有着重要意义.

§1 离散信号

1. 离散信号

离散信号是自变量取离散值的函数. 对于一维自变量的离散值,我们用整数 n 来表示. 在不同问题里, n 表示不同的意义,例如, n 可以表示时间或距离等等. 这时,离散信号是整数 n 的函数 $x(n)$,有时又称它为离散时间信号或离散时间序列. 当 $x(n)$ 取实值时, $x(n)$ 的图形如图 2-1 所示.

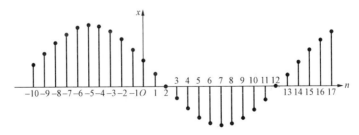

图 2-1 离散时间信号 $x(n)$ 的图形表示

当 n 在某个有界区间之外使 $x(n)$ 恒为零时,称 $x(n)$ 为有限长信号. 例如,当 n 在 $[0, N-1]$ 之外 $x(n)$ 为零时,称 $x(n)$ 是长度为 N 的离散信号,记为 $x(n) = (x(0), x(1), \cdots, x(N-1))$.

自变量为二维离散值的函数,称为二维离散信号.二维离散值通常用二个整数(m,n)来表示,因此,二维离散信号可表示为$x(m,n)$.数码相机所照出来的图像就是二维离散信号.

2. 几种基本离散信号

这里我们介绍几种基本离散信号,它们可用来表示与描述一些更复杂的信号.

2.1 离散 δ 函数

离散 δ 函数又称离散单位脉冲函数、克罗内克(Kronecker)函数,还称为单位抽样函数. 离散 δ 函数表示为 $\delta(n)$,定义如下:

$$\delta(n) = \begin{cases} 1, & n = 0, \\ 0, & n \neq 0. \end{cases} \quad (2\text{-}1\text{-}1)$$

$\delta(n)$ 的图形见图 2-2.

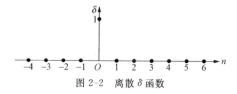

图 2-2 离散 δ 函数

用离散 δ 函数,可以表示离散信号.

例1 写出 $\delta(n-3)$ 的数学表达式.

解 按照公式(2-1-1),$\delta(n-3)$ 的数学表达式为

$$\delta(n-3) = \begin{cases} 1, & n = 3, \\ 0, & n \neq 3. \end{cases}$$

例2 写出 $x(n) = 3\delta(n) + 2\delta(n-1) + 2\delta(n+1) + \delta(n-2) + \delta(n+2)$ 的数学表达式.

解 按照公式(2-1-1),$x(n)$ 的数学表达式为

$$x(n) = \begin{cases} 3, & n = 0, \\ 2, & n = 1, -1, \\ 1, & n = 2, -2, \\ 0, & \text{其他}. \end{cases}$$

任何一个离散信号 $x(n)$ 都可用 $\delta(n)$ 表示成

$$x(n) = \sum_{k=-\infty}^{+\infty} x(k)\delta(n-k). \quad (2\text{-}1\text{-}2)$$

在上式的右边,只有当 $k=n$ 时才有 $x(k)\delta(n-k)=x(n)$,而当 $k\neq n$ 时 $x(k)\delta(n-k)=0$,所以,上式的右边等于上式右边.

2.2 离散单位阶跃信号

离散单位阶跃信号表示为 $u(n)$,定义为

$$u(n) = \begin{cases} 1, & n \geqslant 0, \\ 0, & \text{其他.} \end{cases} \quad (2\text{-}1\text{-}3)$$

$u(n)$ 的图形见图 2-3.

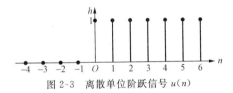

图 2-3 离散单位阶跃信号 $u(n)$

离散单位阶跃信号 $u(n)$ 和离散 δ 函数 $\delta(n)$ 可以互为表示. 按 (2-1-2),

$$u(n) = \sum_{k=0}^{+\infty} u(k)\delta(n-k) = \sum_{k=0}^{+\infty} \delta(n-k)$$
$$= \sum_{m=-\infty}^{n} \delta(m). \quad (2\text{-}1\text{-}4)$$

由此还知

$$\delta(n) = u(n) - u(n-1). \quad (2\text{-}1\text{-}5)$$

例 3 写出 $x(n)=u(n)-u(n-3)$ 的数学表达式.

解 为了更直观,我们用 $\delta(n)$ 表示 $u(n)$,由 (2-1-4) 知

$$x(n) = \sum_{m=-\infty}^{n} \delta(m) - \sum_{m=-\infty}^{n-3} \delta(m)$$
$$= \sum_{m=n-2}^{n} \delta(m) = \delta(n-2) + \delta(n-1) + \delta(n).$$

由上式知,$x(n)$ 的数学表达式为

$$x(n) = \begin{cases} 1, & n = 0,1,2, \\ 0, & \text{其他.} \end{cases}$$

2.3 指数信号

指数信号定义为

$$x(n) = a^n, \qquad (2\text{-}1\text{-}6)$$

其中 a 可以是一个实数,也可以是一个复数 $a = \rho e^{i\omega_0}$,其中 ρ 是一个正数,ω_0 是一个实数,这时指数信号为

$$\begin{aligned}x(n) &= \rho^n e^{in\omega_0}\\ &= \rho^n(\cos n\omega_0 + i\sin n\omega_0).\end{aligned} \qquad (2\text{-}1\text{-}7)$$

复指数信号在傅氏级数和信号频谱分析中有重要应用.

3. 离散周期信号

设 $x(n)$ 为离散信号,若存在非零整数 N,有 $x(n) = x(n+N)$,对任何 n 都成立,则称 $x(n)$ 为**离散周期信号**,N 为**周期**. 由离散周期信号定义可知,对任何非零整数 k,kN 仍是 $x(n)$ 的周期. 在 $x(n)$ 的周期中,绝对值最小的正整数称为 $x(n)$ 的最小周期,简称周期.

例 4 试判断下列离散信号是否为周期信号,若为周期信号,确定其周期:

(1) $x(n) = A\sin(5\pi n/11 - \pi/7)$;

(2) $x(n) = B\cos(n/7 - \pi/3)$;

(3) $x(n) = e^{i(2\pi n/9 - \pi/3)}$.

其中 A, B 为正常数.

解 (1) 若 $x(n)$ 为周期信号,则 $x(n+N) = x(n)$,其中 N 为某个非零整数. 由于正弦函数以 $2k\pi$ 为周期,k 为整数,于是有

$$5\pi(n+N)/11 - \pi/7 = 5\pi n/11 - \pi/7 + 2k\pi,$$
$$5\pi N/11 = 2k\pi,$$
$$N = 22k/5.$$

N 为非零整数,取 $k=5$,有 $N=22$. $x(n)$ 为周期信号,周期为 22.

(2) 若 $x(n)$ 是以 N 为周期的信号,由于余弦函数以 $2k\pi$ 为周期,于是有

$$(n+N)/7 - \pi/3 = n/7 - \pi/3 + 2k\pi,$$
$$N/7 = 2k\pi,$$
$$N = 14k\pi.$$

当 k 为非零整数时,由于 π 为无理数,上面的 N 也为无理数.因此,$x(n)$ 不是离散周期函数.

(3) 由于 e^{ix} 是以 $2k\pi$ 为周期的,再由 $x(n+N)=x(n)$ 可得
$$2\pi(n+N)/9 - \pi/3 = 2\pi n/9 - \pi/3 + 2k\pi,$$
$$2\pi N/9 = 2k\pi,$$
$$N = 9k.$$
取 $k=1$,知 $x(n)$ 为周期信号,周期为 9.

例 5 设 $x(n)=\sin(2\pi\beta n+\varphi)$,其中 φ 为一实数,β 为一正有理数
$$\beta = \frac{q}{p}.$$
p,q 为正整数,没有公因子.试分析 $x(n)$ 的周期性.

解 若 $x(n)$ 以 N 为周期,由于正弦函数以 $2k\pi$ 为周期,于是有
$$2\pi\beta(n+N) + \varphi = 2\pi\beta n + \varphi + 2k\pi,$$
$$2\pi\beta N = 2k\pi,$$
$$N = k/\beta = kp/q.$$
取 $k=q$,于是 $x(n)$ 为周期信号,周期为 $N=p$.

由例 5 知,当 $x(n)=\sin(2\pi\beta n+\varphi)$ 中的 β 为无理数时,$x(n)$ 不是周期函数.当 n 在某一个区间内取值时,可用一个有理数近似 β,于是由例 5 知,可用一个周期函数近似 $x(n)$.

现在讨论由两个离散周期信号合成的离散周期信号.设 $x_1(n)$ 是周期为 N_1 的周期信号,$x_2(n)$ 是周期为 N_2 的周期信号,$x(n)$ 是由 $x_1(n)$ 和 $x_2(n)$ 合成的一个信号,如
$$x(n) = x_1(n) + x_2(n), \quad x(n) = x_1(n) \cdot x_2(n),$$
更一般地,
$$x(n) = g(x_1(n), x_2(n)),$$
g 为一个二元函数.由于 N_1 乘任何整数仍是 $x_1(n)$ 的周期,N_2 乘任何整数仍是 $x_2(n)$ 的周期,因此,$N_1 N_2$ 既是 $x_1(n)$ 的周期也是 $x_2(n)$ 的周期.为了求得较小周期,我们要在 $N_1 N_2$ 中去掉 N_1 和 N_2 的最大公约数 $\gcd(N_1, N_2)$,于是得到 $x(n)$ 的周期
$$N = \frac{N_1 N_2}{\gcd(N_1, N_2)}. \tag{2-1-8}$$

例 6 设 $x_1(n)=\sin(5\pi n/11-\pi/7), x_2(n)=\mathrm{e}^{\mathrm{i}\pi n}, x(n)=x_1(n) \cdot x_2(n)$. 求 $x(n)$ 的周期.

解 由例 4 知, $x_1(n)$ 的周期 $N_1=22$. 易知 $x_2(n)$ 的周期 $N_2=2$. 由(2-1-8)知, $x(n)$ 的周期为

$$N=\frac{22\times 2}{2}=22.$$

4. 离散对称信号

设 $x(n)$ 为实离散信号. 如果对任何 n 有

$$x(n)=x(-n), \tag{2-1-9}$$

则称 $x(n)$ 为**偶信号**. 如果对任何 n 有

$$x(n)=-x(-n), \tag{2-1-10}$$

则称 $x(n)$ 为**奇信号**.

任何离散信号 $x(n)$ 都可分解为一个偶信号 $x_\mathrm{e}(n)$ 与一个奇信号 $x_\mathrm{o}(n)$ 之和

$$x(n)=x_\mathrm{e}(n)+x_\mathrm{o}(n). \tag{2-1-11}$$

利用偶信号与奇信号的性质知

$$x_\mathrm{e}(n)=\frac{1}{2}(x(n)+x(-n)), \tag{2-1-12}$$

$$x_\mathrm{o}(n)=\frac{1}{2}(x(n)-x(-n)). \tag{2-1-13}$$

由上述几个公式知,公式(2-1-11)的分解是唯一的,即偶信号 $x_e(n)$ 必为(2-1-12),奇信号 $x_\mathrm{o}(n)$ 必为(2-1-13).

设 $x(n)$ 为复离散信号. 如果对任何 n 有

$$x(n)=x^*(-n), \tag{2-1-14}$$

则称 $x(n)$ 为**共轭对称信号**,其中星号 $*$ 表示复共轭. 如果对任何 n 有

$$x(n)=-x^*(-n), \tag{2-1-15}$$

则称 $x(n)$ 为**共轭反对称信号**.

任何一个复信号 $x(n)$ 都可表示为一个共轭对称信号 $x_\mathrm{e}(n)$ 与一个共轭反对称信号 $x_\mathrm{o}(n)$ 之和

$$x(n)=x_\mathrm{e}(n)+x_\mathrm{o}(n). \tag{2-1-16}$$

利用上式,我们考虑 $x(n)$ 和 $x^*(-n)$,以及利用共轭对称信号与共轭

反对称信号的性质,我们可得到

$$x_e(n) = \frac{1}{2}(x(n) + x^*(-n)), \qquad (2\text{-}1\text{-}17)$$

$$x_o(n) = \frac{1}{2}(x(n) - x^*(-n)). \qquad (2\text{-}1\text{-}18)$$

例 7 设 $x(n) = u(n)$. 求 $x(n)$ 的偶信号 $x_e(n)$ 和奇信号 $x_o(n)$.

解 由(2-1-12)和(2-1-13)知

$$x_e(n) = \frac{1}{2}(u(n) + u(-n)) = \begin{cases} 1, & n = 0, \\ \frac{1}{2}, & n \neq 0 \end{cases} = \frac{1}{2} + \frac{1}{2}\delta(n),$$

$$x_o(n) = \frac{1}{2}(u(n) - u(-n)) = \begin{cases} \frac{1}{2}, & n > 0, \\ 0, & n = 0, \\ -\frac{1}{2}, & n < 0. \end{cases}$$

§2 连续信号的离散化,正弦波的抽样问题

1. 连续信号的离散化

在工程中的许多信号,实际上都是连续信号,或者称连续时间函数,我们记为 $x(t)$, t 的取值从 $-\infty$ 连续变化到 $+\infty$. 但是,用计算机处理这些信号,必须首先对连续信号抽样,即按一定的时间间隔 Δ 进行取值,得到 $x(n\Delta)$ ($n = \cdots, -2, -1, 0, 1, 2, \cdots$),见图 2-4. 我们称 Δ 为**抽样间隔**(或采样间隔),称 $x(n\Delta)$ 为**离散信号**或**时间序列**.

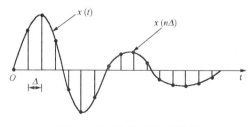

图 2-4 连续信号及其离散信号

下面我们举两个简单的例子.

例 1　连续信号为
$$s(t) = \begin{cases} 0, & t < 0, \\ q^t, & t \geq 0 \end{cases} (0 < q < 1),$$
则相应的离散信号为
$$s(n\Delta) = \begin{cases} 0, & n < 0, \\ q^{n\Delta}, & n \geq 0. \end{cases}$$

例 2　连续信号为
$$s(t) = e^{-\beta t^2} \cos\alpha t \quad (\beta > 0),$$
则相应的离散信号为
$$s(n\Delta) = e^{-\beta n^2 \Delta^2} \cos\alpha n\Delta.$$

离散信号 $x(n\Delta)$ 是从连续信号 $x(t)$ 上取出的一部分值,因此,离散信号 $x(n\Delta)$ 与连续信号 $x(t)$ 的关系,是局部与整体的关系. 但是,这个局部能否反映整体呢? 即能否由 $x(n\Delta)$ 唯一确定或恢复出连续信号 $x(t)$ 呢? 一般地说是不行的,因为连接两个点 $x(n\Delta)$ 与 $x[(n+1)\Delta]$ 的曲线是非常多的,所以由 $x(n\Delta)$ 可以给出许许多多连续信号. 但是,在一定条件下,离散信号 $x(n\Delta)$ 可以按一定的方式恢复出原来的连续信号 $x(t)$,这就是下面要讨论的内容.

2. 正弦波的抽样问题

由傅氏分析知道,任何一个连续信号都可以表示为无限多个谐波(或正弦波)的叠加,因此要讨论一般连续信号的抽样问题,我们可以先从简单的、特殊的正弦波的抽样问题谈起,由此给我们以启发,进而能解决复杂的、一般的连续信号的抽样问题.

设正弦波为
$$s(t) = A\sin(2\pi f t + \varphi), \quad f > 0, \tag{2-2-1}$$

式中 A——正弦波的振幅;

f——正弦波的频率;

φ——正弦波的初相位.

对正弦波离散化,设抽样间隔为 Δ,则正弦波的离散信号为
$$s(n\Delta) = A\sin(2\pi f n\Delta + \varphi),$$

由 $s(n\Delta)$ 能否恢复出正弦波 $s(t)$ 呢？由 (2-2-1) 式知，要恢复 $s(t)$，就是要唯一地确定出 A, f, φ，只要这三个数确定了，正弦波就恢复出来了. 现在我们用初等数学方法来讨论这个问题.

我们知道，抽样间隔 Δ 是一个时间间隔，而在时间方向上，正弦波 (2-2-1) 式是以 $T=\dfrac{1}{f}$ 为周期的，因此，$s(n\Delta)$ 能否恢复出正弦波 $s(t)$，和抽样间隔 Δ 与正弦波周期 $T=\dfrac{1}{f}$ 的关系有密切联系. 下面按 Δ 和 $\dfrac{1}{f}$ 的关系分三种情况进行讨论.

1) 抽样间隔 Δ 等于正弦波 $s(t)$ 的半个周期 $\dfrac{T}{2}=\dfrac{1}{2f}$

这时 $\Delta=\dfrac{1}{2f}$，于是离散信号为
$$s(n\Delta) = A\sin(n\pi + \varphi) = (-1)^n A\sin\varphi.$$
由上知 $s(0)=A\sin\varphi$. 我们可以取不同于 A, φ 的 A_1, φ_1，使 $A_1\sin\varphi_1 = s(0)$. 于是对不同于 (2-2-1) 式的正弦波
$$s_1(t) = A_1\sin(2\pi ft + \varphi_1),$$
它的离散信号 $s_1(n\Delta)$ 与 $s(t)$ 的离散信号 $s(n\Delta)$ 是一样的，因为：
$$s_1(n\Delta) = A_1\sin\left(2\pi fn\dfrac{1}{2f} + \varphi_1\right) = A_1\sin(n\pi + \varphi_1)$$
$$= (-1)^n A_1\sin\varphi_1 = (-1)^n A\sin\varphi = s(n\Delta).$$
这说明，当 $\Delta=\dfrac{1}{2f}$ 时，由 $s(n\Delta)$ 不能唯一地确定正弦波 $s(t)$.

2) 抽样间隔 Δ 大于正弦波 $s(t)$ 的半个周期 $\dfrac{T}{2}=\dfrac{1}{2f}$

这时 $\Delta>\dfrac{1}{2f}$，或者 $f>\dfrac{1}{2\Delta}$.

在这种情况下，我们可以找到大于 $\dfrac{1}{2\Delta}$ 的频率 f_1，如 $f_1=f+\dfrac{\mu}{\Delta}$（其中 μ 为大于 0 的整数），使正弦波 $s_1(t)=A\sin(2\pi f_1 t+\varphi)$ 的离散信号 $s_1(n\Delta)$ 和 $s(t)$ 的离散信号 $s(n\Delta)$ 是一样的（这点请读者验证）.

同时，我们还可以找到小于或等于 $\dfrac{1}{2\Delta}$ 的频率 f_1，使正弦波 $s_1(t)=$

$A\sin(2\pi f_1 t+\varphi_1)$ 的离散信号 $s_1(n\Delta)$ 和 $s(t)$ 的离散信号 $s(n\Delta)$ 是一样的,下面我们进行分析.

由于 $f>\dfrac{1}{2\Delta}$,我们总可以找到一个正整数 $m(m\geqslant 1)$ 使 $\dfrac{-1}{2\Delta}+\dfrac{m}{\Delta}<f\leqslant\dfrac{1}{2\Delta}+\dfrac{m}{\Delta}$,即有

$$\dfrac{-1}{2\Delta}<f-\dfrac{m}{\Delta}\leqslant\dfrac{1}{2\Delta}.$$

下面再分两种情形讨论.

当 $f-\dfrac{m}{\Delta}\geqslant 0$ 时,取 $f_1=f-\dfrac{m}{\Delta}$,$\varphi_1=\varphi$. 则正弦波 $s_1(t)=A\sin(2\pi f_1 t+\varphi)$ 和 $s(t)$ 的离散信号是一样的(请读者验证).

当 $f-\dfrac{m}{\Delta}<0$ 时,取 $f_1=\dfrac{m}{\Delta}-f$,$\varphi_1=\pi-\varphi$. 由于 $\dfrac{-1}{2\Delta}<f-\dfrac{m}{\Delta}<0$,所以 $\dfrac{1}{2\Delta}>\dfrac{m}{\Delta}-f>0$,即 $0<f_1<\dfrac{1}{2\Delta}$. 则正弦波 $s_1(t)=A\sin(2\pi f_1 t+\varphi_1)$ 的离散信号为

$$\begin{aligned}s_1(n\Delta)&=A\sin(2\pi f_1 n\Delta+\varphi_1)\\&=A\sin(2\pi mn-2\pi fn\Delta+\pi-\varphi)\\&=A\sin(\pi-2\pi fn\Delta-\varphi)=A\sin(2\pi fn\Delta+\varphi)\\&=s(n\Delta).\end{aligned}$$

这说明,不同的正弦波 $s_1(t)$ 和 $s(t)$ 有相同的离散信号.

综上所述,当 $f>\dfrac{1}{2\Delta}$ 时,由离散信号 $s(n\Delta)$ 不能唯一地确定正弦波 $s(t)$.

3) 抽样间隔 Δ 小于正弦波 $s(t)$ 的半个周期 $\dfrac{T}{2}=\dfrac{1}{2f}$

这时 $\Delta<\dfrac{1}{2f}$,或 $f<\dfrac{1}{2\Delta}$.

在条件 $f<\dfrac{1}{2\Delta}$ 之下,由离散信号 $s(n\Delta)$ 可唯一地确定正弦波 $s(t)$,实际上由离散信号 $s(n\Delta)$ 三个点上的值就可唯一确定正弦波 $s(t)$ 的三个参数 A,f,φ.

首先要注意 $0 < 2\pi f \Delta < \pi$.

计算 $s(0) = s(0 \cdot \Delta) = A\sin\varphi$,于是对 $s(n\Delta)$ 有
$$s(n\Delta) = A\sin(2\pi fn\Delta + \varphi)$$
$$= A\sin 2\pi fn\Delta \cdot \cos\varphi + A\cos 2\pi fn\Delta \cdot \sin\varphi$$
$$= A\sin 2\pi fn\Delta \cdot \cos\varphi + s(0)\cos 2\pi fn\Delta.$$

下面分两种情形讨论.

当 $s(0) \neq 0$ 时. 由于 $s(-\Delta) + s(\Delta) = 2s(0)\cos 2\pi f\Delta$,因此可唯一地确定 $2\pi f\Delta$(因为 $0 < 2\pi f\Delta < \pi$),因而 f 也就唯一地被确定. 再由
$$s(0) = A\sin\varphi \quad 和 \quad s(\Delta) - s(-\Delta) = 2A\cos\varphi\sin 2\pi f\Delta$$
$\left(即 \dfrac{s(\Delta) - s(-\Delta)}{2\sin 2\pi f\Delta} = A\cos\varphi\right)$,可唯一地确定 A 和 φ. 这样,A, f, φ 就被 $s(-\Delta), s(0), s(\Delta)$ 三点上的值唯一地确定了.

当 $s(0) = 0$ 时,表明初相位 φ 为 0 或为 π. 在 $s(\Delta) = A\cos\varphi\sin 2\pi f\Delta$ 中,由于 $0 < 2\pi f\Delta < \pi, \sin 2\pi f\Delta > 0$,所以由 $s(\Delta)$ 的正负号可确定 $\varphi = 0$ 还是 $\varphi = \pi$. 由于 $s(2\Delta) = A\cos\varphi\sin 2 \cdot 2\pi f\Delta = 2A\cos\varphi\sin 2\pi f\Delta\cos 2\pi f\Delta = 2s(\Delta)\cos 2\pi f\Delta$,即 $s(2\Delta) = 2s(\Delta)\cos 2\pi f\Delta$,所以 f 可以唯一地确定. 当 φ 和 f 确定之后,由 $s(\Delta) = A\cos\varphi \cdot \sin 2\pi f\Delta$ 就可唯一地确定 A. 这样,A, f, φ 就被 $s(0), s(\Delta), s(2\Delta)$ 三点上的值唯一地确定了.

这说明,当 $f < \dfrac{1}{2\Delta}$ 时,由离散信号 $s(n\Delta)$ 可唯一地确定正弦波 $s(t)$.

把上面的讨论总结一下,得到如下定理.

正弦波抽样定理 对正弦波 $s(t) = A\sin(2\pi ft + \varphi)$,其中 $f > 0$,按抽样间隔 Δ 抽样得离散信号 $s(n\Delta)$,则

当 $f < \dfrac{1}{2\Delta}$ 时,由离散信号 $s(n\Delta)$ 可以唯一地确定正弦波 $s(t)$;

当 $f \geqslant \dfrac{1}{2\Delta}$ 时,由离散信号 $s(n\Delta)$ 不能唯一地确定正弦波 $s(t)$,亦即不能确切地恢复原始正弦波 $s(t)$.

以上我们是采用初等数学方法证明正弦波抽样定理的,当 $f < \dfrac{1}{2\Delta}$ 时,可以按照上面 3)中介绍的简单方法,由离散信号 $s(n\Delta)$ 来唯一地确

定正弦波 $s(t)$.

最后指出,正弦波抽样定理研究的是单个频率信号的抽样问题,这对正确理解奈奎斯特频率和奈奎斯特抽样定理是很重要的(见下节).

§3 带限信号与奈奎斯特频率

1. 带限信号的抽样定理

连续信号 $x(t)$ 和它的频谱 $X(f)$ 有如下关系:

$$\begin{cases} X(f) = \int_{-\infty}^{+\infty} x(t) e^{-i2\pi ft} dt, \\ x(t) = \int_{-\infty}^{+\infty} X(f) e^{i2\pi ft} df. \end{cases} \quad (2\text{-}3\text{-}1)$$

如果频谱 $X(f)$ 满足

$$X(f) = 0, \quad \text{当 } f \leqslant f_0 \text{ 或 } f \geqslant f_0 + L \text{ 时}, \quad (2\text{-}3\text{-}2)$$

其中 f_0 为一实数,L 为正数,则称 $x(t)$ 为**带限信号**.

由(2-3-2)式知,我们只要研究 $[f_0, f_0+L]$ 上的频谱 $X(f)$ 就行了.按照第一章§2的公式(1-2-1)和(1-2-2),$X(f)$ 的傅氏变换为

$$\begin{cases} X(f) = \int_{-\infty}^{+\infty} x(t) e^{-i2\pi ft} dt, \\ x(t) = \int_{f_0}^{f_0+L} X(f) e^{i2\pi ft} df. \end{cases} \quad (2\text{-}3\text{-}3)$$

按照第一章§1的傅氏级数展开定理的公式(1-1-7)和(1-1-8),$[f_0, f_0+L]$ 上的频谱 $X(f)$ 可以展成级数

$$\begin{cases} X(f) = \sum_{n=-\infty}^{\infty} d_n e^{-i2\pi \frac{n}{L} f}, \quad f \in [f_0, f_0+L], \\ d_n = \frac{1}{L} \int_{f_0}^{f_0+L} X(f) e^{i2\pi \frac{n}{L} f} df. \end{cases} \quad (2\text{-}3\text{-}4)$$

比较(2-3-3)式和(2-3-4)式得

$$d_n = \frac{1}{L} x\left(\frac{n}{L}\right).$$

令

§ 3 带限信号与奈奎斯特频率　41

$$\Delta = \frac{1}{L}, \quad (2\text{-}3\text{-}5)$$

则得到

$$d_n = \Delta x(n\Delta). \quad (2\text{-}3\text{-}6)$$

由(2-3-6)式和(2-3-4)式知

$$X(f) = \Delta \sum_{n=-\infty}^{\infty} x(n\Delta) e^{-i2\pi n\Delta f}, \quad f \in [f_0, f_0+L], \quad (2\text{-}3\text{-}7)$$

把上式代入(2-3-3)得

$$x(t) = \Delta \sum_{n=-\infty}^{+\infty} x(n\Delta) \frac{e^{i2\pi(t-n\Delta)f_0}\left[e^{i2\pi(t-n\Delta)L}-1\right]}{i2\pi(t-n\Delta)}. \quad (2\text{-}3\text{-}8)$$

由上述分析,我们得到下面的关于带限信号的抽样定理.

带限信号抽样定理　设 $x(t)$ 为带限信号(见(2-3-2)式),则由信号 $x(t)$ 的离散值 $x(n\Delta)$ 可以恢复频谱 $X(f)$ (见(2-3-7)式)和信号 $x(t)$ (见(2-3-8)式),其中 Δ 的意义见(2-3-5)式.

2. 实信号的奈奎斯特频率和抽样定理

设 $x(t)$ 为实的连续信号,它的频谱为 $X(f)$. 由于 $x(t)$ 是实信号,所以 $X(f)$ 满足

$$\overline{X(f)} = X(-f).$$

设

$$X(f) = |X(f)| e^{i\Phi_x(f)}.$$

由上面关系得

$$|X(f)| = |X(-f)|, \quad 偶函数,$$
$$\Phi_x(-f) = -\Phi_x(f), \quad 奇函数.$$

由于振幅谱 $|X(f)|$ 是偶函数,一个实信号是带限的,频谱非零的区域必是以 0 为中心的区间.因此,实信号 $x(t)$ 为带限的,可用**截频** f_c 表示:

$$X(f) = 0, \quad |f| > f_c. \quad (2\text{-}3\text{-}9)$$

比较(2-3-9)和(2-3-2)式知

$$f_0 = -f_c, \quad L = 2f_c.$$

取抽样间隔 Δ 满足 $L_1 = \dfrac{1}{\Delta} > 2f_c$,即 $\dfrac{1}{2\Delta} > f_c$,则由(2-3-9)式知

$$X(f) = 0, \quad f \notin [-1/(2\Delta), 1/(2\Delta)]. \qquad (2\text{-}3\text{-}10)$$

上式相当于带限信号(2-3-2)式中的 $f_0 = -1/(2\Delta), L = 1/\Delta$. 于是由带限信号抽样定理得到下面的奈奎斯特抽样定理.

奈奎斯特抽样定理 设信号 $x(t)$ 有截频 f_c(见(2-3-9)式),取抽样间隔 Δ 满足 $1/(2\Delta) > f_c$,则由离散信号 $x(n\Delta)$ 可恢复频谱 $X(f)$ 和 $x(t)$,它们的表达式为

$$X(f) = \Delta \sum_{n=-\infty}^{+\infty} x(n\Delta) e^{-i2\pi n\Delta f}, \quad |f| \leqslant \frac{1}{2\Delta}, \qquad (2\text{-}3\text{-}11)$$

$$x(t) = \sum_{n=-\infty}^{+\infty} x(n\Delta) \frac{\sin(t-n\Delta)\dfrac{\pi}{\Delta}}{(t-n\Delta)\dfrac{\pi}{\Delta}}. \qquad (2\text{-}3\text{-}12)$$

称 $1/\Delta$ 为**抽样频率**,称 f_c 为**奈奎斯特频率**. 实际上,比截频 f_c 大的任何频率也是截频,因此,奈奎斯特频率应指最小的截频. 当然在应用中,很多情况下无需这样严格,因为只要把 Δ 取小点就行了.

奈奎斯特频率 f_c 是以(2-3-9)式来定义的. 以文献[4]为代表的许多教科书中,都以下式来定义奈奎斯特频率(如[4]p146),

$$X(f) = 0, \quad |f| \geqslant f_c. \qquad (2\text{-}3\text{-}13)$$

公式(2-3-9)和(2-3-13)哪一个更合理呢?请看下例.

例 1 设连续信号 $x(t) = \sin 2\pi f_0 t$,其中 f_0 为一正实数. 按公式(2-3-9)和(2-3-13)分别确定奈奎斯特频率.

解 $x(t)$ 只在频率 f_0 有信号,因此,按照(2-3-9),可知 $f_c = f_0$. 但是,当取 $f_c = f_0$ 时,公式(2-3-13)就不满足了. 为了满足(2-3-13),必须取 $f_c = f_0 + \varepsilon$,其中 ε 为一正数.

由上例知,按照公式(2-3-13),奈奎斯特频率只有含一个参数的变量. 从这个简单的例子可以看出,用公式(2-3-9)确定奈奎斯特频率是合适的.

按照文献[4]的奈奎斯特抽样定理(p146),抽样间隔 Δ 和奈奎斯特频率 f_c 要满足

$$1/2\Delta \geqslant f_c. \qquad (2\text{-}3\text{-}14)$$

而在我们上面的定理中,条件是

$$1/2\Delta > f_c. \qquad (2\text{-}3\text{-}15)$$

上述两个条件哪一个更合适呢？这和奈奎斯特频率如何定义有关. 以例 1 为例, 按 (2-3-9) 确定奈奎斯特频率 $f_c = f_0$. 由 §2 的正弦波抽样定理知, 只有在条件 (2-3-15) 下才能恢复信号, 而条件 (2-3-14) 是不能恢复信号的.

在现有国内外的教科书中, 对奈奎斯特频率没有严格的定义. 我们用最大频率和最小截频的概念来定义奈奎斯特频率 f_N:

$$f_N = \sup\{f_0 : X(f_0) \neq 0, f_0 \geqslant 0\}, \qquad (2\text{-}3\text{-}16)$$

或者

$$f_N = \inf\{f_c : X(f) = 0, 0 \leqslant f_c < f\}, \qquad (2\text{-}3\text{-}17)$$

其中 sup 为上确界, inf 为下确界, 参看 [5]p40, [6]p27.

上面两个定义是等价的. 为此, 我们给出奈奎斯特频率定理.

奈奎斯特频率定理:

$$\sup\{f_0 : X(f_0) \neq 0, f_0 \geqslant 0\} = \inf\{f_c : X(f) = 0, 0 \leqslant f_c < f\}. \qquad (2\text{-}3\text{-}18)$$

证明 令

$$a = \sup\{f_0 : X(f_0) \neq 0, f_0 \geqslant 0\},$$
$$b = \inf\{f_c : X(f) = 0, 0 \leqslant f_c < f\}.$$

由 f_0 和 f_c 的性质知

$$f_0 \leqslant f_c.$$

在上式中, 对 f_0 取上确界有

$$a = \sup\{f_0 : X(f_0) \neq 0\} \leqslant f_c.$$

在这个结果中, 再对 f_c 取下确界有

$$a \leqslant \inf\{f_c : X(f) = 0, f_c < f\} = b.$$

按照下确界 b 的定义, 对任意 $\varepsilon > 0$, 存在 f_0 使

$$b - \varepsilon < f_0,$$

其中 f_0 满足 $X(f_0) \neq 0$. 由于 a 是 f_0 的上确界, 因此 $f_0 \leqslant a$, 于是有

$$b - \varepsilon < a.$$

令 $\varepsilon \to 0$ 得

$$b \leqslant a,$$

因此, $a = b$. 定理证毕.

要理解上述证明, 读者需了解上确界 sup 和下确界 inf 的含义. 不

过,读者了解定理的结论也就可以了.

我们给出了两个简单的求奈奎斯特频率的例子.

例 2 求下面两个信号的奈奎斯特频率.

(1) $x(t)=3\sin(2\pi f_1 t+0.2), f_1>0$;

(2) $x(t)$ 的频谱 $X(f)$ 为

$$X(f) = \begin{cases} 1-|f|, & |f|<1, \\ 0, & |f| \geqslant 1. \end{cases}$$

解 (1) 信号 $x(t)$ 只有一个正频率 f_1,因此

$$\{f_0: X(f_0) \neq 0, f_0 \geqslant 0\} = \{f_1\},$$

所以,奈奎斯特频率为

$$f_N = \sup\{f_1\} = f_1.$$

(2) 由 $X(f)$ 的定义知

$$\{f_0: X(f_0) \neq 0, f_0 \geqslant 0\} = \{f_0: 0 \leqslant f_0 < 1\},$$

因此

$$f_N = \sup\{f_0: 0 \leqslant f_0 < 1\} = 1.$$

从第一个例子知 $X(f_N) \neq 0$,从第二个例子知 $X(f_N)=0$. 这表明,频谱 $X(f)$ 在奈奎斯特频率上的值可为零、也可不为零,但当 $f>f_N$ 时,总有 $X(f)=0$.

有了奈奎斯特频率的定义之后,带限信号的抽样定理可以重新叙述如下.

奈奎斯特抽样定理 设带限信号 $x(t)$ 的奈奎斯特频率为 f_N,当抽样频率大于奈奎斯特频率两倍时,即 $\dfrac{1}{\Delta} > 2f_N$,其中 Δ 为抽样间隔,则由离散信号 $x(n\Delta)$ 可恢复 $x(t)$ 及其频谱 $X(f)$,并有关系式(2-3-11)(2-3-12).

我们强调指出,按上述定理,抽样频率必须大于奈奎斯特频率的两倍,而不能等于奈奎斯特频率的两倍.

许多教科书给出了与上述相同的抽样定理,然而国内外还有许多教科书,甚至是知名的教科书,都给出了错误的抽样定理. 文献[7](p130)、[8](p84)给出如下的抽样定理:

设 $x(t)$ 是带限信号,频谱 $X(f)$ 满足

$$X(f) = 0, \quad f_m < |f|.$$

如果抽样间隔满足

$$\frac{1}{\Delta} \geqslant 2f_m,$$

则由 $x(n\Delta)$ 可以恢复 $x(t)$.

该定理的错误在于 $\frac{1}{\Delta}$ 不应等于 $2f_m$，只能大于 $2f_m$. 例如，对信号 $x(t) = 3\sin(2\pi f_m t + 0.3)$，满足上述定理的条件，但当取 Δ 满足 $\frac{1}{\Delta} = 2f_m$ 时，由 $x(n\Delta) = 3\sin(n\pi + 0.3)$ 恢复不了 $x(t)$.

国内许多教材都有上面同样的错误，例如：[9]p158，[10]p117，[11]p31，[12]p21，[13]p96，[14]p29，[15]p91，[16]p14，[17]p21，[18]p170，[19]p62，[20]p14，[21]p167，[22]p11. 这么多教材所出现的问题，正说明我们需要正确认识和阐述抽样定理.

最后我们指出，如果 $x(t)$ 的频谱 $X(f)$ 在 f_m 的取值为零或有限数，即 $|X(f_m)| < C$，其中 C 为一正数，则当 $\frac{1}{\Delta} \geqslant 2f_m$ 时，由 $x(n\Delta)$ 可恢复 $x(t)$. 这是因为，当 $X(f_m)$ 取有限值时，信号 $x(t)$ 所包含的频率为 f_m 的分量为 $X(f_m)e^{i2\pi f_m t}df$，因为 df 在积分过程中为无穷小量，它实际上为 0，这表明此时的单个频率 f_m 的分量对信号 $x(t)$ 已无意义，$x(t)$ 由小于 f_m 的频率成分所决定，因此，当 $\frac{1}{\Delta} = 2f_m$ 时 $x(n\Delta)$ 也可恢复 $x(t)$.

§4 离散信号的频谱和抽样定理

1. 离散信号的频谱

对于任意离散信号 $x(n\Delta)$，如何定义它的频谱？由 (2-3-7) 式右边我们得到启发，我们定义 $x(n\Delta)$ 的频谱为

$$X_\Delta(f) = \Delta \sum_{n=-\infty}^{+\infty} x(n\Delta) e^{-i2\pi n \Delta f}, \tag{2-4-1}$$

由此知 $X_\Delta(f)$ 是周期为 $1/\Delta$ 的周期函数，且

$$x(n\Delta) = \int_{-1/(2\Delta)}^{1/(2\Delta)} X_\Delta(f) e^{i2\pi n\Delta f} df. \qquad (2\text{-}4\text{-}2)$$

由(2-4-1)式和(2-4-2)式知，$x(n\Delta)$ 和它的频谱 $X_\Delta(f)$ 是一一对应的. 这意味着，如果有一个频谱 $X_0(f)$，满足

$$x(n\Delta) = \int_{-1/(2\Delta)}^{1/(2\Delta)} X_0(f) e^{i2\pi n\Delta f} df, \qquad (2\text{-}4\text{-}3)$$

则有

$$X_\Delta(f) = X_0(f). \qquad (2\text{-}4\text{-}4)$$

连续信号 $x(t)$ 完全确定了离散信号 $x(n\Delta)$，因此，连续信号 $x(t)$ 的频谱 $X(f)$ 也完全确定了离散信号 $x(n\Delta)$ 的频谱 $X_\Delta(f)$. 我们知道，当抽样间隔 Δ 满足(2-3-10)式时，$X_\Delta(f)$ 等于 $X(f)$，$f \in [-1/(2\Delta), 1/(2\Delta)]$. 但是，当 Δ 不满足(2-3-10)式时，$X(f)$ 如何表示 $X_\Delta(f)$ 呢？

2. 抽样定理

按照信号与频谱的关系，我们有

$$x(n\Delta) = \int_{-\infty}^{+\infty} X(f) e^{i2\pi f n\Delta} df.$$

我们要把上面的无穷积分转换成(2-4-2)式右边形式的积分，做法是把区间 $(-\infty, +\infty)$ 分解成可列个小区间 $[m/\Delta - 1/2\Delta, m/\Delta + 1/2\Delta]$ ($m=0, \pm 1, \cdots$)之和，于是有

$$\begin{aligned}
x(n\Delta) &= \int_{-\infty}^{+\infty} X(f) e^{i2\pi n\Delta f} df = \sum_{m=-\infty}^{+\infty} \int_{m/\Delta - 1/(2\Delta)}^{m/\Delta + 1/(2\Delta)} X(f) e^{i2\pi n\Delta f} df \\
&= \sum_{m=-\infty}^{+\infty} \int_{-1/(2\Delta)}^{1/(2\Delta)} X\left(f + \frac{m}{\Delta}\right) e^{i2\pi n\Delta f} df \\
&= \int_{-1/(2\Delta)}^{1/(2\Delta)} \left(\sum_{m=-\infty}^{+\infty} X\left(f + \frac{m}{\Delta}\right)\right) e^{i2\pi n\Delta f} df. \qquad (2\text{-}4\text{-}5)
\end{aligned}$$

按照(2-4-3)和(2-4-4)式的关系，由(2-4-5)式得

$$X_\Delta(f) = \sum_{m=-\infty}^{+\infty} X\left(f + \frac{m}{\Delta}\right). \qquad (2\text{-}4\text{-}6)$$

我们把上面的结果写成抽样定理.

抽样定理 设连续信号 $x(t)$ 的频谱为 $X(f)$，离散信号 $x(n\Delta)$ 的频谱为 $X_\Delta(f)$（见(2-4-1)式），则 $X_\Delta(f)$ 和 $X(f)$ 有关系式(2-4-6).

§4 离散信号的频谱和抽样定理　47

现在说明(2-4-6)式的直观意义. 我们把 $X(f)$ 分成许多小段,以 $[-1/(2\Delta),1/(2\Delta)]$ 为基础, 每隔 $1/\Delta$ 取一段(见图 2-5(a)), 然后将各段叠加起来, 最后得到 $X_\Delta(f)$ (见图 2-5(b)).

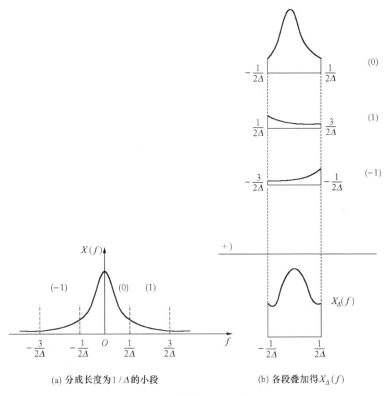

(a) 分成长度为 $1/\Delta$ 的小段　　(b) 各段叠加得 $X_\Delta(f)$

图 2-5　抽样定理 2 的示意图

3. 重抽样定理

以抽样间隔 Δ 抽样得到离散信号 $x(n\Delta)$. 有时我们会觉得抽样间隔 Δ 太小,以至于离散信号 $x(n\Delta)$ 的数据过大. 这时就需要重抽样, 取抽样间隔为 $\Delta_1 = m\Delta$, 其中 m 为正整数. 重抽样后的离散信号为 $x(n\Delta_1) = x(nm\Delta)$. 当 $m=2$ 时, 离散信号的数据量就可减少一半.

我们关心的问题是, 重抽样前的离散信号 $x(n\Delta)$ 的频谱 $X_\Delta(f)$ 和重抽样后的离散信号 $x(n\Delta_1)$ 的频谱 $X_{\Delta_1}(f)$ 有什么关系?

我们给出两种形式的答案,它们都是建立在抽样定理的基础之上的.

首先,我们将重抽样问题转化为对连续信号抽样的问题. 我们先构造连续信号 $\tilde{x}(t)$,它的频谱 $\tilde{X}(f)$ 为

$$\tilde{X}(f) = \begin{cases} X_\Delta(f), & \dfrac{-1}{2\Delta} \leqslant f \leqslant \dfrac{1}{2\Delta}, \\ 0, & \text{其他}. \end{cases} \quad (2\text{-}4\text{-}7)$$

因此,$\tilde{x}(n\Delta) = x(n\Delta)$. 所谓重抽样,也就是以 $\Delta_1 = m\Delta$ 为间隔对 $\tilde{x}(t)$ 进行抽样. 按照抽样定理,有如下定理.

重抽样定理 1 设原始离散信号 $x(n\Delta)$ 的频谱为 $X_\Delta(f)$,重抽样后的离散信号 $x(n\Delta_1)$ 的频谱为 $X_{\Delta_1}(f)$,则两个频谱有如下关系:

$$X_{\Delta_1}(f) = \sum_{n=-\infty}^{+\infty} \tilde{X}\left(f + \frac{n}{\Delta_1}\right), \quad (2\text{-}4\text{-}8)$$

其中 $\tilde{X}(f)$ 由(2-4-7)式确定.

重抽样定理中公式(2-4-8)的直观意义与图 2-6 相类似,不过这时要注意,把图 2-5 上的 Δ 换成 Δ_1,把 $X(f)$ 换成 $\tilde{X}(f)$. 按照(2-4-7)式, $\tilde{X}(f)$ 在区间 $[-1/(2\Delta), 1/(2\Delta)]$ 之外全为 0,因此只要有限段相加就得到 $X_{\Delta_1}(f)$. 这说明在(2-4-8)式中,仅有有限项相加,只是为了避免繁琐起见,我们没有写出应该是哪些项相加. 然而利用图 2-5 的做法,却是十分简易、直观可行的. 下面举一例说明.

例 设 $x(n\Delta)$ 的频谱 $X_\Delta(f)$ 在 $[-1/(2\Delta), 1/(2\Delta)]$ 上的图形如图 2-6(a)所示,取重抽样间隔 $\Delta_1 = 2\Delta$,求重抽样信号 $x(m\Delta_1)$ 的频谱 $X_{\Delta_1}(f)$.

在图 2-6(a)中,把区间 $[-1/2\Delta, 1/2\Delta]$ 以外变成 0,就得到 $\tilde{X}(f)$,见图 2-3(b). 再以区间 $[-1/(2\Delta_1), 1/(2\Delta_1)]$ 为基础,以 $1/\Delta_1$ 为长度进行分段,除中间三段外其他皆为 0. 将这几段相加就得到 $X_{\Delta_1}(f)$,见图 2-6(c).

在区间 $[-1/(2\Delta_1), 1/(2\Delta_1)]$ 上把 $X_\Delta(f)$ 与 $X_{\Delta_1}(f)$ 比较,发现 $X_{\Delta_1}(f)$ 的图形上方多出一块. $X_{\Delta_1}(f)$ 与 $X_\Delta(f)$ 的这种差异,是由重抽样带来的. 当原始离散信号的频谱 $X_\Delta(f)$ 在区间 $[-1/(2\Delta_1), 1/(2\Delta_1)]$ 外不为 0 时,这种情形就发生了.

§4 离散信号的频谱和抽样定理　49

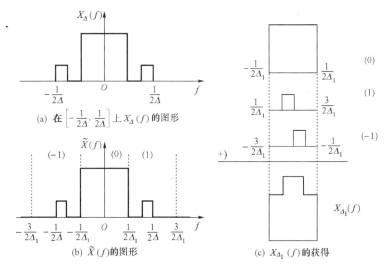

图 2-6　重抽样后的频谱 $X_{\Delta_1}(f)$

下面的重抽样定理 2 是直接根据抽样定理中的(2-4-6)式推导出来的.

重抽样定理 2　设原始离散信号 $x(n\Delta)$ 的频谱为 $X_\Delta(f)$，重抽样后的离散信号 $x(n\Delta_1)$ 的频谱为 $X_{\Delta_1}(f)$，其中 $\Delta_1 = m\Delta$，则两个频谱有如下关系：

$$X_{\Delta_1}(f) = \sum_{l=0}^{m-1} X_\Delta\left(f + \frac{l}{m\Delta}\right). \quad (2\text{-}4\text{-}9)$$

证明　设产生离散信号的原始连续信号为 $x(t)$，相应的频谱为 $X(f)$. 或构造 $x(t)$，使其频谱 $X(f)$ 由(2-4-7)式确定. 按抽样定理，由(2-4-6)式知

$$\begin{aligned} X_\Delta(f) &= \Delta \sum_{n=-\infty}^{+\infty} x(n\Delta) \mathrm{e}^{-\mathrm{i}2\pi n\Delta f} \\ &= \sum_{n=-\infty}^{+\infty} X\left(f + \frac{n}{\Delta}\right), \end{aligned} \quad (2\text{-}4\text{-}10)$$

$$X_{\Delta_1}(f) = \Delta_1 \sum_{n=-\infty}^{+\infty} x(n\Delta_1) \mathrm{e}^{-\mathrm{i}2\pi n\Delta_1 f}$$

$$= \sum_{n=-\infty}^{+\infty} X\left(f + \frac{n}{m\Delta}\right). \qquad (2\text{-}4\text{-}11)$$

我们把从 $-\infty$ 到 $+\infty$ 的 n，分成长度为 m 的可列个小段 $\{n=km+l, l=0,\cdots,m-1\}, k=0,\pm 1,\cdots$. 这样(2-4-11)式的和就变为

$$\sum_{n=-\infty}^{+\infty} X\left(f+\frac{n}{m\Delta}\right) = \sum_{k=-\infty}^{+\infty}\sum_{l=0}^{m-1} X\left(f+\frac{km+l}{m\Delta}\right)$$

$$= \sum_{l=0}^{m-1}\sum_{k=-\infty}^{+\infty} X\left(f+\frac{l}{m\Delta}+\frac{k}{\Delta}\right)$$

$$= \sum_{l=0}^{m-1} X_\Delta\left(f+\frac{l}{m\Delta}\right), \qquad (2\text{-}4\text{-}12)$$

由(2-4-11)和(2-4-12)式就得到(2-4-9)式. 证毕.

注意，在(2-4-9)式中，$X_\Delta(f)$ 和 $X_{\Delta_1}(f)$ 分别是以 $1/\Delta$ 和 $1/\Delta_1$ 为周期的周期函数，只不过我们关心的只是 $X_{\Delta_1}(f)$ 在 $[-1/(2\Delta_1), 1/(2\Delta_1)]$ 上的值. 图 2-6 所示的例子，也可根据(2-4-9)式求出 $X_{\Delta_1}(f)$.

有时我们会觉得抽样间隔 Δ 太大，以至于离散信号 $x(n\Delta)$ 过于稀疏. 这时需要把信号密度加大，把抽样间隔变小，取抽样间隔 $\Delta_1 = \Delta/m$，其中 m 为正整数. 加密重抽样的离散信号为 $x(n\Delta_1) = x(n\Delta/m)$. 当 $m=2$ 时，离散信号的数据量可增加一倍.

如何求加密重抽样信号 $x(n\Delta_1)$ 呢？请注意，我们的出发点是原始信号 $x(n\Delta)$. 因此，我们可构造一个对应于 $x(n\Delta)$ 的连续信号 $\tilde{x}(t)$，它的频谱 $\widetilde{X}(f)$ 为(2-4-7)式. 按照本章 §3 的奈奎斯特抽样定理，有如下定理.

加密重抽样定理 3 设原始离散信号 $x(n\Delta)$ 的频谱为 $x_\Delta(f)$，加密重抽样后的离散信号 $x(n\Delta_1)$ 的频谱为 $X_{\Delta_1}(f)$，其中 $\Delta_1=\Delta/m, m$ 为正整数，则 $X_{\Delta_1}(f)$ 和 $X_\Delta(f), x(n\Delta_1)$ 和 $x(n\Delta)$ 的关系为

$$X_{\Delta_1}(f) = \begin{cases} X_\Delta(f), & |f| \leqslant \dfrac{1}{2\Delta}, \\ 0, & \dfrac{1}{2\Delta} < |f| \leqslant \dfrac{1}{2\Delta_1}. \end{cases} \qquad (2\text{-}4\text{-}13)$$

$$x(n\Delta_1) = \sum_{k=-\infty}^{+\infty} x(k\Delta) \frac{\sin(n\Delta_1 - k\Delta)\dfrac{\pi}{\Delta}}{(n\Delta_1 - n\Delta)\dfrac{\pi}{\Delta}}. \qquad (2\text{-}4\text{-}14)$$

在实际应用中,我们还可利用快速傅里叶变换进行数据加密,见第七章问题 15.

§5 由离散信号恢复连续信号的问题

1. 由离散信号恢复连续信号的方法

现在我们讨论一般地由离散信号变成连续信号的方法.

设 $g(t)$ 为一连续信号,它的频谱为 $G(f)$. 由 $g(t)$ 可以把离散信号 $x(n\Delta)$ 变成连续信号 $\tilde{x}(t)$.

$$\tilde{x}(t) = \sum_{n=-\infty}^{+\infty} x(n\Delta) g(t-n\Delta), \qquad (2\text{-}5\text{-}1)$$

它的频谱 $\tilde{X}(f)$ 为

$$\tilde{X}(f) = \int_{-\infty}^{+\infty} \tilde{x}(t) e^{-i2\pi tf} dt = \sum_{n=-\infty}^{+\infty} x(n\Delta) \int_{-\infty}^{+\infty} g(t-n\Delta) e^{-i2\pi tf} dt$$

$$= \sum_{n=-\infty}^{+\infty} x(n\Delta) e^{-i2\pi n\Delta f} G(f),$$

即
$$\tilde{X}(f) = \frac{1}{\Delta} X_\Delta(f) G(f), \qquad (2\text{-}5\text{-}2)$$

其中 $X_\Delta(f)$ 为 $x(n\Delta)$ 的频谱.

(2-5-1)和(2-5-2)式为离散信号变为连续信号的基本公式.

如果对任何离散信号 $x(n\Delta)$,都要求由(2-5-1)式确定的连续信号 $\tilde{x}(t)$ 满足

$$\tilde{x}(n\Delta) = x(n\Delta), \qquad (2\text{-}5\text{-}3)$$

那么这时对 $g(t)$ 或 $G(f)$ 有何要求呢?

我们考虑一个特殊的离散信号 $x(n\Delta)$:

$$x(n\Delta) = \delta(n) = \begin{cases} 1, & n=0, \\ 0, & n \neq 0. \end{cases} \qquad (2\text{-}5\text{-}4)$$

由(2-5-1)式知,$\tilde{x}(t) = g(t)$. 再由(2-5-3)、(2-5-4)式可得

$$g(n\Delta) = \delta(n) = \begin{cases} 1, & n=0, \\ 0, & n \neq 0. \end{cases} \qquad (2\text{-}5\text{-}5)$$

由上面讨论可知,对任何 $x(n\Delta)$,要求 $\tilde{x}(t)$ 满足(2-5-3)式,则

$g(t)$ 必满足 (2-5-5) 式. 反之, 若 $g(t)$ 满足 (2-5-5) 式, 则由 (2-5-1) 式可知, (2-5-3) 式必然成立.

我们把上述分析讨论写成下面的定理.

连续化定理 设离散信号为 $x(n\Delta)$, 它的频谱为 $X_\Delta(f)$, $g(t)$ 为连续信号, $g(t)$ 的频谱为 $G(f)$. 由 $x(n\Delta)$ 和 $g(t)$ 按照 (2-5-1) 式可构造一个连续信号 $\tilde{x}(t)$, 则 $\tilde{x}(t)$ 的频谱 $\tilde{X}(f)$ 由 (2-5-2) 式确定. 如果对任何 $x(n\Delta)$ 都要求 $\tilde{x}(n\Delta) = x(n\Delta)$, 则充分必要条件是要求 $g(t)$ 满足 (2-5-5) 式.

2. 两个例子

例 1 取 $g(t)$ 为

$$g(t) = \frac{\sin \frac{\pi}{\Delta} t}{\frac{\pi}{\Delta} t}, \qquad (2\text{-}5\text{-}6)$$

这时 $\tilde{x}(t)$ 如 (2-3-12) 式所示, $\tilde{X}(f)$ 如 (2-4-7) 式所示.

例 2 取 $g(t)$ 为

$$g(t) = \begin{cases} 1 - \dfrac{|t|}{\Delta}, & |t| \leqslant \Delta, \\ 0, & |t| > \Delta, \end{cases} \qquad (2\text{-}5\text{-}7)$$

$g(t)$ 的图形见图 2-7(b). 设离散信号 $x(n\Delta)$ 如图 2-7(a) 所示, 则按 (2-5-1) 式, 连续信号 $\tilde{x}(t)$ 如图 2-7(c) 所示. 实际上, $\tilde{x}(t)$ 是用折线把 $x(n\Delta)$ 连接起来的结果. 对应于 (2-5-7) 式的频谱为

$$G(f) = \frac{\sin^2 \pi \Delta f}{\pi^2 \Delta f^2}$$

(见第一章 §2), 按照 (2-5-2) 式, $\tilde{x}(t)$ 的频谱为

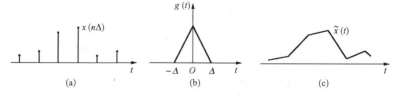

图 2-7 把离散信号变成连续信号

$$\widetilde{X}(f) = \frac{1}{\Delta}X_\Delta(f)G(f) = \frac{\sin^2\pi\Delta f}{\pi^2\Delta f^2}\sum_{n=-\infty}^{+\infty}x(n\Delta)\mathrm{e}^{-\mathrm{i}2\pi n\Delta f}. \quad (2\text{-}5\text{-}8)$$

(2-5-7)式表示的 $g(t)$ 是三角波. 当然我们还可以把 $g(t)$ 取成简单的方波, 这可参看本章问题第 8 题.

§6 抽样与假频, 抽样或重抽样的注意事项

1. 抽样与假频

抽样定理和图 2-5 在理论上和直观上告诉我们, 对连续信号 $x(t)$ 以 Δ 间隔进行抽样, 当 $x(t)$ 的频谱 $X(f)$ 有大于频率 $f_N=1/(2\Delta)$ 的高频成分时, 抽样后, 这些高频成分就要加到频率范围 $[-1/(2\Delta),1/(2\Delta)]$ 上去, 见图 2-5(b). 因此, 抽样后离散信号的频谱 $X_\Delta(f)$ 在 $[-1/(2\Delta),1/(2\Delta)]$ 上与原来的频谱 $X(f)$ 就不一样了, 得到的是假频谱 $X_\Delta(f)$. 这种现象称为**假频现象**. 原来频谱 $X(f)$ 中大于频率 $f_N=1/(2\Delta)$ 的高频成分称为**假频**. 假频现象正是由于假频引起的.

同样的问题在重抽样中也出现. 当 $x(n\Delta)$ 的频谱 $X_\Delta(f)$ 有大于 $1/(2\Delta_1)$ 的高频成分时(Δ_1 为重抽样间隔, $1/(2\Delta_1)$ 为重抽样频率), 重抽样后, 这些高频成分就要加到低的频率范围 $[-1/(2\Delta_1),1/(2\Delta_1)]$ 上去, 致使重抽样后的频谱 $X_{\Delta_1}(f)$ 与原来的频谱 $X_\Delta(f)$ 在 $[-1/(2\Delta_1),1/(2\Delta_1)]$ 上不一样. 这种现象称为**假频现象**, 原始频谱 $X_\Delta(f)$ 中大于重抽样频率 $f_N=1/(2\Delta_1)$ 的高频成分称为**假频**.

在抽样中, 如果发生假频现象, 则抽样后得到的离散信号就不能反映原始信号的性质, 因而也就失去了由抽样进行数字处理的意义. 所以, 在抽样中, 去假频是十分重要的. 去假频可以通过低通滤波来实现, 参看第十章和第十一章.

2. 抽样或重抽样的注意事项

2.1 对连续信号抽样的注意事项

如果我们对某种连续信号的性质一无所知, 为了进行抽样, 可以选择几个比较小的抽样间隔进行试验, 如以 Δ_1, Δ_2 ($\Delta_1 > \Delta_2$) 为抽样间隔

进行抽样,然后对这两个离散信号分别作频谱分析(具体做法参看第七章).在频率范围$[-1/(2\Delta_1), 1/(2\Delta_1)]$内比较这两个离散信号的频谱,如果差别不大,则可近似地认为截频 f_c(参看抽样定理1)$\leqslant 1/(2\Delta_1)$,这时根据频谱在$[-1/(2\Delta_1), 1/(2\Delta_1)]$范围内取值的情况,看能否把抽样间隔取得再大些.如果在$[-1/(2\Delta_1), 1/(2\Delta_1)]$内两个离散信号的频谱差别比较大,再取第三个抽样间隔 Δ_3 ($\Delta_3 < \Delta_2$),抽样后得到第三个离散信号,在频率范围$[-1/(2\Delta_2), 1/(2\Delta_2)]$内比较第二个和第三个离散信号的频谱,比较分析方法与上面所述相同.

如果我们知道某种连续信号包括两种成分:有效信号和干扰信号,而有效信号的频率成分在$[-1/(2\Delta), 1/(2\Delta)]$之内,这时,以 Δ 为间隔抽样的步骤如下:首先要去假频,即把大于 $1/(2\Delta)$ 的高频成分去掉,这可通过电滤波器或数字滤波器来实现;其次是对去假频后的连续信号以 Δ 为间隔进行抽样.

我们知道,在自然界和工程中出现的许多连续信号是用电子仪器记录的,这种仪器可称为模拟信号记录仪(也可谓连续信号记录仪).这种仪器的缺点是信号振幅值的精度不高.为了更好地利用计算机处理信号,现在大量采用数字信号记录仪,它的特点是:记录到的是离散信号,信号振幅值是用数字表示的(数字的精度根据研究对象的不同而有所不同).数字信号记录仪中的抽样间隔 Δ 的选取原则前面已介绍过,在实际中,可取得稍小些,这样,对以后的处理可留有余地.

2.2 对离散信号重抽样的注意事项

对离散信号 $x(n\Delta)$ 重抽样(设重抽样间隔 $\Delta_1 = \mu\Delta$),其步骤分为三步:

1) 检查原始信号中有效信号的频率成分是否被包含在区间 $[-1/(2\Delta_1), 1/(2\Delta_1)]$ 之内,若在,则进行第二步,若不在,则不能以 Δ_1 为间隔进行重抽样.

2) 检查是否有假频,即原始信号 $x(n\Delta)$ 是否有大于 $1/(2\Delta_1)$ 的高频成分.若没有,则进行第三步,若有,则要去假频,即把 $x(n\Delta)$ 中大于 $1/(2\Delta_1)$ 的高频成分变为0(这可通过数字滤波实现,见第十章),去假频后再进行第三步.

3) 以 Δ_1 为间隔重抽样.

例 在地震勘探资料处理过程中,地震记录以 $\Delta=2\,\text{ms}$ 抽样,为了减少记录数据,提高处理速度,现在想以 $\Delta_1=4\Delta=8\,\text{ms}$ 重抽样,应如何处理这个问题?

按上面介绍的三步考虑:

1) 检查以 $\Delta_1=8\,\text{ms}$ 抽样是否合理. 计算 $1/(2\Delta_1)=62.5\,\text{Hz}$. 由于地震波的频率成分一般小于 $62.5\,\text{Hz}$ 的,因此认为以 Δ_1 抽样是合理的.

2) 由于在地面直接接收到的地震记录总是包含有大于 $62.5\,\text{Hz}$ 的干扰频率成分,因此必须检查现有地震记录(以 $\Delta=2\,\text{ms}$ 抽样)是否已作过滤波,即是否已把大于 $62.5\,\text{Hz}$ 的频率成分变为 0 了. 若已做过,转入第三步,若没做过,则做完这种滤波后转入第三步.

3) 以 $\Delta_1=8\,\text{ms}$ 进行重抽样.

问 题

1. 设 $\delta(n)$ 为离散 δ 函数,$u(n)$ 为单位阶跃信号. 写出信号 $x(n)=u(n)+u(-n)-\delta(n)$ 的数学表示式.

2. 写出 $x(n)=\text{e}^{-\alpha n}u(n)+\text{e}^{\beta n}u(-n)$ 的数学表达式,其中 α 和 β 为两个正数.

3. 试判断下列离散信号是否为周期信号,若为周期信号,确定其周期:

(1) $x(n)=\sin(0.4\pi n)$;

(2) $x(n)=\cos(0.3n+0.5)$;

(3) $x(n)=\sin(n\pi/7)+\cos(n\pi/15)$.

4. 设 $x(n)=a^n u(n)$. 求 $x(n)$ 的偶信号 $x_e(n)$ 和奇信号 $x_o(n)$.

5. 设 $x(n)=\text{i}\text{e}^{\text{i}n\omega}$. 求 $x(n)$ 的共轭对称信号 $x_e(n)$ 和共轭反对称信号.

6. 对某种时间信号,取样间隔 Δ 分别取为 $1\,\text{ms},2\,\text{ms},4\,\text{ms},8\,\text{ms}$. 按照抽样定理 1,则分别要求这种信号的截频 f_c 在多少 Hz 以外?($1\,\text{Hz}=1/\text{s}$,ms 为毫秒,$1\,\text{ms}=0.001\,\text{s}$)

7. 设连续信号 $x(t)$ 的频谱 $X(f)$ 为一理想低通,即

$$X(f) = \begin{cases} 1, & |f| < f_1, \\ 0, & |f| > f_1, \end{cases}$$

其中 $f_1 > 0$. 取抽样间隔为 $\Delta = 1/(2f_1)$. 求离散信号 $x(n\Delta)$ 与相应的频谱 $X_\Delta(f)$.

8. 设连续信号 $x(t)$ 的频谱如图 2-8(a) 所示, 其中频率 f 的单位为 Hz. 取抽样间隔 $\Delta = \dfrac{1}{400}$ s $= 2.5$ ms, 求 $x(n\Delta)$ 的频谱 $X_\Delta(f)$.

提示: 按图 2-5 的方法做. $x(n\Delta)$ 的频谱 $X_\Delta(f)$ 见图 2-8(b).

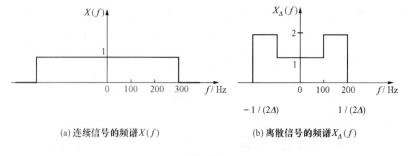

(a) 连续信号的频谱 $X(f)$ (b) 离散信号的频谱 $X_\Delta(f)$

图 2-8

9. 设连续信号 $x(t)$ 的频谱 $X(f)$ 为 $X(f) = e^{-a|f|}$ (其中 $a > 0$). 现以 Δ 间隔抽样得到离散信号 $x(n\Delta)$, 它的频谱为 $X_\Delta(f)$. 试对 $X(f)$ 和 $X_\Delta(f)$ 在区间 $[-1/(2\Delta), 1/(2\Delta)]$ 上的平均误差

$$\int_{-1/(2\Delta)}^{1/(2\Delta)} |X(f) - X_\Delta(f)| \, df$$

做一估计.

提示: 利用 §4 的公式 (2-4-6).

10. 什么是假频? 在抽样中应注意什么问题?

11. 设 $x(n\Delta)$ 为离散信号, 连续信号

$$\tilde{x}(t) = \sum_{n=-\infty}^{+\infty} x(n\Delta) g(t - n\Delta),$$

其中 $g(t)$ 是由下式确定的方波:

$$g(t) = \begin{cases} 1, & |t| \leq \delta \ (\delta \leq \Delta/2), \\ 0, & |t| > \delta. \end{cases}$$

(1) 证明 $\tilde{x}(t)$ 为如下的阶梯函数:

$$\widetilde{x}(t) = \begin{cases} x(n\Delta), & |t - n\Delta| \leqslant \delta, n = 0, \pm 1, \cdots, \\ 0, & \text{其他}. \end{cases}$$

(2) 求 $\widetilde{x}(t)$ 的频谱 $\widetilde{X}(f)$.

参 考 文 献

[1] Oppenheim A V and Schafer R W. Digital Signal Processing. Upper Saddle River, NJ: Prentice-Hall, Inc., 1975.
[2] Papoulis A. Signal Analysis, New York: McGraw-Hill Book Company, 1977.
[3] Orfanidis S J. Introduction to Signal Processing. Upper Saddle River, NJ: Prentice-Hall, Inc., 1996.
[4] Oppenheim A V, Schafer R W with Buck J R. Discrete-Time Signal Processing. Upper Saddle River, NJ: Prentice-Hall, Inc., 1999.
[5] 周民强. 数学分析(第一册). 上海:上海科技出版社,2002.
[6] 张筑生. 数学分析新讲(第一册). 北京:北京大学出版社,1990.
[7] Mitra S K. Digital Signal Processing. New York: The McGraw-Hill Companies, Inc., 2005.
[8] Hayes M H. Digital Signal Processing. New York: The McGraw-Hill Companies, Inc., 1999.
[9] 郑君里,应启珩,杨为理. 信号与系统(上册). 北京:高等教育出版社,2001.
[10] 胡广书. 数字信号处理(第二版). 北京:清华大学出版社,2005.
[11] 姚天仁,江太辉. 数字信号处理(第二版). 武汉:华中科技大学出版社,2004.
[12] 丁玉美,高西全. 数字信号处理(第二版). 西安:西安电子科技大学出版社,2001.
[13] 高西全,丁玉美,阔永红. 数字信号处理. 北京:电子工业出版社,2006.
[14] 王凤文,舒冬梅,赵宏才. 数字信号处理. 北京:北京邮电大学出版社,2006.
[15] 华容等. 信号分析与处理. 北京:高等教育出版社,2004.
[16] 门爱东等. 数字信号处理. 北京:科学出版社,2005.
[17] 张小虹. 数字信号处理. 北京:机械工业出版社,2005.
[18] 陈文亨等. 信息信号与系统. 成都:四川大学出版社,2003.
[19] 陈后金,薛健,胡健. 数字信号处理. 北京:高等教育出版社,2004.
[20] 吴镇扬. 数字信号处理. 北京:高等教育出版社,2005.
[21] 华容,隋晓红. 信号与系统. 北京:北京大学出版社,2006.
[22] 王世一. 数字信号处理. 北京:北京理工大学出版社,2006.

第三章 滤波与褶积，Z 变换

在离散信号数字处理中，滤波占有重要的地位．滤波的方法是多种多样的，但是，基本的和重要的滤波概念与方法是直接建立在频谱分析基础之上的．对原始信号的频谱，我们想通过滤波改变为所需要的频谱，这种滤波可以通过设计一个频谱（所谓滤波器频谱）直接与原始信号频谱相乘来实现．在时间域，这种滤波表现为褶积关系．关于滤波与褶积的概念和关系我们将在 §1，§2 讨论．在此基础上，在 §3 讨论信号能谱、功率谱和与它们有关的等式．为了更好地研究信号和滤波，在 §4 和 §5 讨论离散信号和频谱的简化表示以及离散信号的 Z 变换，它们在讨论研究中既简单方便，又是一种强有力的工具．

§1 连续信号的滤波与褶积

1. 滤波问题的提出

在工程技术中所接收到的信号 $x(t)$，一般都包含两个成分：一个是有效信号 $s(t)$，它是我们所需要的，它使我们能够了解要研究的对象的性质；另一个是干扰信号 $n(t)$，它是我们所不需要的，它对我们了解研究对象的性质起破坏作用．这两种成分合在一起就是我们实际得到的信号

$$x(t) = s(t) + n(t).$$

对信号进行处理的一个重要目的，就是削弱干扰 $n(t)$，增强信号或保持信号 $s(t)$．如何做到这一点呢？首先要了解信号 $s(t)$ 与干扰 $n(t)$ 的差异．根据实际资料的分析，发现在许多情况下，干扰信号 $n(t)$ 的频谱 $N(f)$ 与有效信号 $s(t)$ 的频谱 $S(f)$ 是不同的，一种特别的情况是干扰谱 $N(f)$ 与有效信号谱 $S(f)$ 是分离的（见图 3-1）：当 $S(f) \neq 0$ 时 $N(f) = 0$．在这种情况下，我们可以设计一个频率函数 $H(f)$：

$$H(f) = \begin{cases} 1, & \text{当 } S(f) \neq 0 \text{ 时,} \\ 0, & \text{当 } S(f) = 0 \text{ 时,} \end{cases}$$

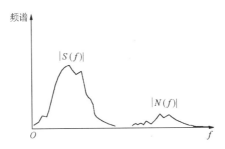

图 3-1 有效信号与干扰信号的振幅谱

将它与 $x(t)$ 的频谱 $X(f) = S(f) + N(f)$ 相乘就得到
$$Y(f) = X(f)H(f).$$
由于
$$S(f)H(f) = S(f), \quad N(f)H(f) = 0,$$
所以 $Y(f) = S(f)$. 这样, $X(f)$ 经与 $H(f)$ 相乘这一处理后, 就达到了消去干扰信号、保留有效信号的目的.

对于许多实际信号, 它的干扰成分频谱 $N(f)$ 与有效成分频谱 $S(f)$ 并不是完全分离的, 但可以近似看做是分离的, 根据干扰谱 $N(f)$ 与有效信号谱 $S(f)$ 的不同特点, 设计不同的频率函数 $H(f)$, 也可以起到削弱干扰、增强信号的作用.

用一个频率函数 $H(f)$ 与信号 $x(t)$ 的频谱 $X(f)$ 相乘得到 $Y(f) = X(f)H(f)$, 这个过程就称为**滤波**. 所谓滤波, 就是对原始信号进行过滤, 改变其频率成分, 以达到削弱干扰、突出信号的目的.

2. 连续信号的滤波与褶积

设原始信号 $x(t)$ 的频谱为 $X(f)$, 用来滤波的频谱 $H(f)$ 所对应的时间函数为 $h(t)$, 滤波后的频谱 $Y(f) = X(f)H(f)$ 所对应的时间函数为 $y(t)$. 现在我们要问: 作为滤波后的信号 $y(t)$, 它与原始信号 $x(t)$ 和用于滤波的时间函数 $h(t)$ 有什么关系呢?

我们根据信号与频谱的一一对应关系来解决这个问题. 按照第一

章§2 信号与频谱的傅氏变换公式,可进行下面的计算:

$$\begin{aligned} y(t) &= \int_{-\infty}^{+\infty} Y(f) \mathrm{e}^{\mathrm{i}2\pi ft} \mathrm{d}f \\ &= \int_{-\infty}^{+\infty} X(f) H(f) \mathrm{e}^{\mathrm{i}2\pi ft} \mathrm{d}f \\ &= \int_{-\infty}^{+\infty} X(f) \left[\int_{-\infty}^{+\infty} h(\tau) \mathrm{e}^{-\mathrm{i}2\pi f\tau} \mathrm{d}\tau \right] \mathrm{e}^{\mathrm{i}2\pi ft} \mathrm{d}f \\ &= \int_{-\infty}^{+\infty} h(\tau) \left[\int_{-\infty}^{+\infty} X(f) \mathrm{e}^{\mathrm{i}2\pi f(t-\tau)} \mathrm{d}f \right] \mathrm{d}\tau \\ &= \int_{-\infty}^{+\infty} h(\tau) x(t-\tau) \mathrm{d}\tau. \end{aligned} \qquad (3\text{-}1\text{-}1)$$

$x(t)$ 和 $h(t)$ 通过 (3-1-1) 式形成的积分得到 $y(t)$. 两个函数这种形式的积分,在滤波问题中起着重要作用.为此给予专门的名称.我们把由 (3-1-1) 式表示的 $y(t)$ 称为 $x(t)$ 与 $h(t)$ 的**褶积**[①],并记为

$$y(t) = x(t) * h(t).$$

以上的讨论可总结为两个关系式:

$$\begin{cases} Y(f) = X(f) H(f), & (3\text{-}1\text{-}2) \\ y(t) = x(t) * h(t), & (3\text{-}1\text{-}3) \end{cases}$$

其中

$$x(t) * h(t) = \int_{-\infty}^{+\infty} h(\tau) x(t-\tau) \mathrm{d}\tau. \qquad (3\text{-}1\text{-}4)$$

从数学角度看,公式 (3-1-2),(3-1-3) 的意义是:两个频谱相乘,其时间函数就是相应的两个时间函数进行褶积;反之,两个时间函数褶积,其频谱就是相应的两个频谱相乘.

从滤波角度看,公式 (3-1-2),(3-1-3) 的意义是:滤波可通过两种方式来实现.一是在频率域实现,将频谱 $H(f)$ 与 $X(f)$ 相乘得到 $Y(f)$,再由 $Y(f)$ 作反傅氏变换得到 $y(t)$.二是在时间域实现,将时间函数 $h(t)$ 与 $x(t)$ 褶积得到 $y(t)$.

整个滤波过程可用图 3-2 表示出来.

[①] 褶积也称为卷积,来自英文 convolution,见《中国大百科全书·数学卷》(中国大百科全书出版社,1988) 第 380 页和《英汉石油大辞典·地球物理勘探与测井分册》(石油工业出版社,1995) 第 60 页.

§1 连续信号的滤波与褶积

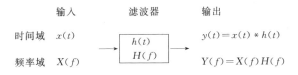

图 3-2 滤波过程示意图

我们称 $x(t)$ 为**输入信号**；$y(t)$ 为**输出信号**；$h(t)$ 为**滤波因子**，或滤波器时间函数，或脉冲响应函数；$H(f)$ 为**滤波器频谱**，或频率响应函数.

这种滤波具有线性和时不变的性质，见本章问题第1题.

最后对褶积作一说明. 由于 $Y(f)=X(f)H(f)$ 可以写为 $Y(f)=H(f)X(f)$，按照(3-1-2)式、(3-1-3)式的对应关系，$y(t)$ 也可写为
$$y(t)=h(t)*x(t)=\int_{-\infty}^{+\infty}x(\tau)h(t-\tau)\mathrm{d}\tau.$$ 这说明褶积具有交换性质：
$$h(t)*x(t)=x(t)*h(t).$$

例1 (低通滤波)设输入信号 $x(t)$ 的频谱为 $X(f)$. 滤波器为低通滤波器，即滤波器频谱为 $H(f)$.
$$H(f)=\begin{cases}1, & |f|<f_0,\\ 0, & |f|\geqslant f.\end{cases}$$
求滤波器时间函数 $h(t)$，输出 $y(t)$ 和相应的频谱 $y(f)$.

解 滤波器时间函数 $h(t)$ 为
$$h(t)=\int_{-\infty}^{+\infty}H(f)\mathrm{e}^{\mathrm{i}2\pi ft}\mathrm{d}f=\int_{-f_0}^{f_0}\mathrm{e}^{\mathrm{i}2\pi ft}\mathrm{d}f$$
$$=\frac{\sin 2\pi f_0 t}{\pi t}.$$

输出信号为
$$y(t)=x(t)*h(t)=\int_{-\infty}^{+\infty}x(\tau)\frac{\sin 2\pi f_0(t-\tau)}{\pi(t-\tau)}\mathrm{d}\tau.$$

输出信号的频谱为
$$Y(f)=X(f)H(f)=\begin{cases}X(f), & |f|<f_0,\\ 0, & |f|\geqslant f_0.\end{cases}$$

例2 (积分信号的频谱)设信号 $x(t)$ 的频谱为 $X(f)$，$x(t)$ 的积分

信号为
$$y(t) = \int_{-t_0}^{t_0} x(t-\tau)d\tau,$$
其中 t_0 为一正数. 求积分信号的频谱.

解 设积分因子 $h(t)$ 为
$$h(t) = \begin{cases} 1, & |t| \leqslant t_0, \\ 0, & |t| > t_0. \end{cases}$$
由于
$$h(t)*x(t) = \int_{-\infty}^{+\infty} h(\tau)x(t-\tau)d\tau = \int_{-t_0}^{t_0} x(t-\tau)d\tau = y(t),$$
我们才称 $h(t)$ 为积分因子. 实际上, $h(t)$ 为一方波, $h(t)$ 的频谱为
$$H(f) = \frac{\sin 2\pi t_0 f}{\pi f}.$$
由褶积信号的频谱关系知, $y(t)$ 的频谱 $Y(f)$ 为
$$Y(f) = H(f)X(f)$$
$$= \frac{\sin 2\pi t_0 f}{\pi f} X(f).$$

从滤波的关系式(3-1-2)和(3-1-3)知, 如果在频率域是相乘关系, 则在时间域是褶积关系. 反之, 如果在时间域是相乘关系, 则在频域是褶积关系吗? 答案是肯定的, 见本章问题 14.

§2 离散信号的滤波与褶积

1. 离散信号的滤波与褶积

前面我们讨论了连续信号的滤波. 对连续信号 $x(t)$ 用连续滤波因子 $h(t)$ 滤波得到 $y(t)$, 相应的频谱关系为
$$Y(f) = X(f)H(f).$$
当连续信号 $x(t)$ 和连续滤波因子 $h(t)$ 的频谱 $X(f), H(f)$ 都有截频 f_c (意即当 $|f| > f_c$ 时 $X(f) = H(f) = 0$), 并且抽样间隔 $\Delta < \frac{1}{2f_c}$ 时, 对连续信号的滤波完全可以通过对离散信号的滤波来实现.

由于 $Y(f) = X(f)H(f)$, 所以 $Y(f)$ 的截频也为 f_c. 对连续时间函

数 $x(t), h(t), y(t)$, 按 Δ 间隔抽样得离散序列 $x(n\Delta), h(n\Delta), y(n\Delta)$, 这些离散序列的频谱分别为 $X_\Delta(f), H_\Delta(f), Y_\Delta(f)$. 按照奈奎斯特抽样定理, 当频率 f 在 $[-1/(2\Delta), 1/(2\Delta)]$ 范围内时, $X_\Delta(f) = X(f)$, $H_\Delta(f) = H(f), Y_\Delta(f) = Y(f) = X(f)H(f)$. 因此, 在 $[-1/(2\Delta), 1/(2\Delta)]$ 范围内有 $Y_\Delta(f) = X_\Delta(f) H_\Delta(f)$. 这就是离散信号的频率域滤波公式. 由 $Y_\Delta(f)$ 可确定 $y(n\Delta)$, 由 $y(n\Delta)$ 按抽样定理可恢复出连续信号 $y(t)$, 这说明, 对连续信号的滤波可以通过对离散信号的滤波来实现.

设离散序列 $x(n\Delta), h(n\Delta), y(n\Delta)$ 的频谱分别为 $X_\Delta(f), H_\Delta(f), Y_\Delta(f)$, 且满足关系
$$Y_\Delta(f) = X_\Delta(f) H_\Delta(f).$$
现在我们要直接找出 $y(n\Delta)$ 与 $x(n\Delta), h(n\Delta)$ 的关系.

由离散信号与频谱的关系 (见第二章 §1) 可知
$$\begin{aligned}
y(n\Delta) &= \int_{-1/(2\Delta)}^{1/(2\Delta)} X_\Delta(f) H_\Delta(f) e^{i 2\pi n\Delta f} df \\
&= \int_{-1/(2\Delta)}^{1/(2\Delta)} X_\Delta(f) \Big(\Delta \sum_{\tau=-\infty}^{+\infty} h(\tau\Delta) e^{-i 2\pi \tau\Delta f} \Big) e^{i 2\pi n\Delta f} df \\
&= \Delta \sum_{\tau=-\infty}^{+\infty} h(\tau\Delta) \int_{-1/(2\Delta)}^{1/(2\Delta)} X_\Delta(f) e^{i 2\pi (n-\tau)\Delta f} df \\
&= \Delta \sum_{\tau=-\infty}^{+\infty} h(\tau\Delta) x[(n-\tau)\Delta],
\end{aligned}$$
即
$$y(n\Delta) = \Delta \sum_{\tau=-\infty}^{+\infty} h(\tau\Delta) x[(n-\tau)\Delta]. \tag{3-2-1}$$

离散序列 $x(n\Delta), h(n\Delta)$ 通过 (3-2-1) 式运算得到 $y(n\Delta)$, 我们称 $y(n\Delta)$ 为 $x(n\Delta)$ 与 $h(n\Delta)$ 的**褶积**, 记为
$$y(n\Delta) = x(n\Delta) * h(n\Delta).$$
以上的讨论可总结为下面的一对公式:
$$\begin{cases} Y_\Delta(f) = X_\Delta(f) H_\Delta(f), & (3\text{-}2\text{-}2) \\ y(n\Delta) = x(n\Delta) * h(n\Delta), & (3\text{-}2\text{-}3) \end{cases}$$
其中
$$y(n\Delta) = x(n\Delta) * h(n\Delta) = \Delta \sum_{\tau=-\infty}^{+\infty} h(\tau\Delta) x[(n-\tau)\Delta]. \tag{3-2-4}$$

(3-2-2)式称为离散信号的**频率域滤波公式**,(3-2-3)式称为离散信号的**时间域滤波公式**.

离散信号滤波示意图见图 3-3.

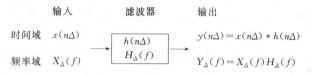

图 3-3 离散信号滤波示意图

在图 3-3 中,$x(n\Delta)$ 为输入信号,$y(n\Delta)$ 为输出信号,$h(n\Delta)$ 为滤波因子或滤波器时间序列,$H_\Delta(f)$ 为滤波器频谱.

最后指出,由于 $X_\Delta(f)H_\Delta(f) = H_\Delta(f)X_\Delta(f)$,按照(3-2-2)和(3-2-3)这一对公式有 $x(n\Delta)*h(n\Delta)=h(n\Delta)*x(n\Delta)$. 这说明褶积的次序是可交换的.

2. 褶积的直观意义

现在来说明褶积的直观意义,在公式(3-2-4)中,令 $\lambda = -\tau$,于是有

$$y(n\Delta) = x(n\Delta)*h(n\Delta)$$
$$= \Delta \sum_{\lambda=-\infty}^{+\infty} h(-\lambda\Delta)x[(n+\lambda)\Delta]. \quad (3\text{-}2\text{-}5)$$

为了说明(3-2-5)式运算的过程,我们举一例.

例 1 设 $\Delta=1$,离散序列 $x(n\Delta)$ 和 $h(n\Delta)$ 分别为

$$x(n\Delta) = x(n) = \begin{cases} 1, & n=0,1 \\ 0, & \text{其他}; \end{cases}$$

$$h(n\Delta) = h(n) = \begin{cases} 1, & n=0, \\ 1/2, & n=1, \\ 1/4, & n=2, \\ 0, & \text{其他}, \end{cases}$$

$h(n)$ 的图形见图 3-4(a),$x(n)$ 的图形见图 3-4(c),褶积公式(3-2-5)的实现步骤如下:

§2 离散信号的滤波与褶积

首先,把 $h(\lambda)$ 变成 $h(-\lambda)$,从图 3-4(a),(b)可看出,这实际上是褶的过程:以 h 轴为对称轴,把 h 轴右边的图形褶到左边去,把 h 轴左边的图形褶到右边去,于是得到 $h(-\lambda)$,见图 3-4(b). 这也就是经常把卷积称为褶积的原因.

其次,为了得到 $y(1)$,这时 $n=1$,把 $h(-\lambda)$ 与 $x(\lambda)$ 按 (3-2-5)式作运算,这个过程如图 3-4(c),(d),(e)所示:把 $h(-\lambda)$ 图上的 h 轴对准 $x(\lambda)$ 图上的 $\lambda=n=1$ 的点,见图 3-4(d)和(c),然后将上下两个图形对应的点,两两相乘,之后再加在一起就得到 $y(1)=3/2$,见图 3-4(e). 这种先做乘积然后相加的过程,我们称为积的过程,因为相加是积累,也可看做是积.

最后,取 $n=0,\pm 1,\pm 2,\cdots$,重复上述过程,就得到 $y(n)$,见图 3-4(f).

由上可知,我们把由 (3-2-4)式或(3-2-5)式确定的 $y(n\Delta)$ 称为 $x(n\Delta)$ 与 $h(n\Delta)$ 的褶积是完全合理的.

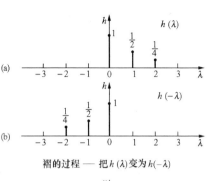

(a)

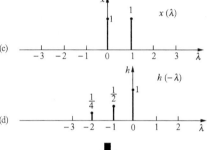

(b)

褶的过程 —— 把 $h(\lambda)$ 变为 $h(-\lambda)$

(c)

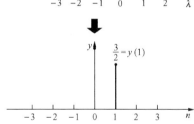

(d)

(e)

积的过程 —— $n=1$ 时 $y(1)$ 的获得

(f)

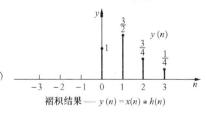

褶积结果 —— $y(n)=x(n)*h(n)$

图 3-4 褶积示意图

例 2 设 $x(n)$ 与 $h(n)$ 如下:

$$x(n) = a^n u(n),$$
$$h(n) = u(n) - u(n-11).$$

求褶积 $y(n)=x(n)*h(n)$.

解 $x(n)$ 和 $h(n)$ 可以表示为

$$x(n) = \begin{cases} \alpha^n, & n \geqslant 0, \\ 0, & n < 0, \end{cases} \quad h(n) = \begin{cases} 1, & 0 \leqslant n \leqslant 10, \\ 0, & \text{其他}. \end{cases}$$

因此

$$y(n) = x(n) * h(n) = \sum_{k=-\infty}^{+\infty} h(k) x(n-k)$$
$$= \sum_{k=0}^{10} h(k) x(n-k).$$

为了计算上式,我们分三种情况.

第一种情况:当 $n<0$ 时,由于 $0 \leqslant k \leqslant 10$,$x(n-k)=0$,所以当 $n<0$ 时,$y(n)=0$.

第二种情况:当 $0 \leqslant n \leqslant 10$ 时,由于 $0 \leqslant k \leqslant 10$,只有 $n-k \geqslant 0$,即 $k \leqslant n$ 时,$x(n-k)$ 方不为 0,此时有

$$y(n) = \sum_{k=0}^{n} \alpha^{n-k} = \sum_{l=0}^{n} \alpha^l = \frac{1-\alpha^{n+1}}{1-\alpha}.$$

第三种情况:当 $n>10$ 时,由于 $0 \leqslant k \leqslant 10$,有 $n-k>0$,所以此时有

$$y(n) = \sum_{k=0}^{10} \alpha^{n-k} = \alpha^n \frac{1-\alpha^{-11}}{1-\alpha^{-1}} = \alpha^{n-10} \frac{1-\alpha^{11}}{1-\alpha}.$$

综上所述,我们得到

$$y(n) = \begin{cases} 0, & n < 0, \\ \dfrac{1-\alpha^{n+1}}{1-\alpha}, & 0 \leqslant n \leqslant 10, \\ \alpha^{n-10} \dfrac{1-\alpha^{11}}{1-\alpha}, & 10 < n. \end{cases}$$

§3 信号的能谱与能量等式,功率谱与平均功率等式

信号的能谱、功率谱,在应用中是十分重要的概念.在这一节,我们进行讨论.

1. 连续信号的能谱与能量等式

由电学知识我们知道功率 $P=V^2/R$,其中 V 表示电压,R 表示电阻. 如果我们用实信号 $x(t)$ 表示电压,假定电阻为 1,则瞬时功率为 $x^2(t)$,总的能量就为

$$\int_{-\infty}^{+\infty} x^2(t)\mathrm{d}t, \tag{3-3-1}$$

以后我们就称(3-3-1)式为**信号的能量**.

$x(t)$ 的能量与频谱 $X(f)$ 有什么关系呢?下面进行分析.

现在给出关于两个信号相乘的积分公式.

设 $x(t)$ 和 $y(t)$ 为两个信号. 按信号与频谱的关系

$$y(t) = \int_{-\infty}^{+\infty} Y(f)\mathrm{e}^{\mathrm{i}2\pi ft}\mathrm{d}f,$$

因此有

$$\begin{aligned}\int_{-\infty}^{+\infty} x(t)y(t)\mathrm{d}t &= \int_{-\infty}^{+\infty} x(t)\left(\int_{-\infty}^{+\infty} Y(f)\mathrm{e}^{\mathrm{i}2\pi ft}\mathrm{d}f\right)\mathrm{d}t \\ &= \int_{-\infty}^{+\infty}\left(\int_{-\infty}^{+\infty} x(t)\mathrm{e}^{\mathrm{i}2\pi ft}\mathrm{d}t\right)Y(f)\mathrm{d}f \\ &= \int_{-\infty}^{+\infty} X(-f)Y(f)\mathrm{d}f.\end{aligned}$$

上式可写为

$$\int_{-\infty}^{+\infty} x(t)y(t)\mathrm{d}t = \int_{-\infty}^{+\infty} X(-f)Y(f)\mathrm{d}f = \int_{-\infty}^{+\infty} X(f)Y(-f)\mathrm{d}f. \tag{3-3-2}$$

同样可以得到

$$\begin{aligned}\int_{-\infty}^{+\infty} x(t)\overline{y(t)}\mathrm{d}t &= \int_{-\infty}^{+\infty} x(t)\left(\int_{-\infty}^{+\infty} \overline{Y(f)}\mathrm{e}^{-\mathrm{i}2\pi ft}\mathrm{d}f\right)\mathrm{d}t \\ &= \int_{-\infty}^{+\infty}\left(\int_{-\infty}^{+\infty} x(t)\mathrm{e}^{-\mathrm{i}2\pi ft}\mathrm{d}t\right)\overline{Y(f)}\mathrm{d}f \\ &= \int_{-\infty}^{+\infty} X(f)\overline{Y(f)}\mathrm{d}f,\end{aligned}$$

即

$$\int_{-\infty}^{+\infty} x(t)\overline{y(t)}\mathrm{d}t = \int_{-\infty}^{+\infty} X(f)\overline{Y(f)}\mathrm{d}f. \tag{3-3-3}$$

当 $y(t)$ 为实信号时,用(3-3-3)式比用(3-3-2)式更方便.

在(3-3-3)式中,取 $y(t)=x(t)$,即得

$$\int_{-\infty}^{+\infty}|x(t)|^2\mathrm{d}t=\int_{-\infty}^{+\infty}|X(f)|^2\mathrm{d}f. \qquad (3\text{-}3\text{-}4)$$

(3-3-4)式称为**能量等式**,也称为**帕塞瓦尔等式**.

(3-3-4)式表明,$x(t)$ 的能量可通过 $|X(f)|^2$ 表示出来,因此,$|X(f)|^2$ 也称为 $x(t)$ 的**能谱**.

2. 连续信号的功率谱与平均功率等式

当连续信号 $x(t)$ 的总能量(3-3-1)式为无限时,我们就要考虑平均功率和功率谱.

我们称

$$\frac{1}{T_2-T_1}\int_{T_1}^{T_2}|x(t)|^2\mathrm{d}t$$

为 $x(t)$ 在区间 $[T_1,T_2]$ 上的**平均功率**.

现在我们讨论 $x(t)$ 在区间 $[T_1,T_2]$ 上的功率谱.为此,我们设

$$x_{[T_1,T_2]}(t)=\begin{cases}x(t), & T_1\leqslant t\leqslant T_2,\\ 0, & \text{其他},\end{cases} \qquad (3\text{-}3\text{-}5)$$

它的频谱为

$$X_{[T_1,T_2]}(f)=\int_{-\infty}^{+\infty}x_{[T_1,T_2]}(t)\mathrm{e}^{-\mathrm{i}2\pi ft}\mathrm{d}t=\int_{T_1}^{T_2}x(t)\mathrm{e}^{-\mathrm{i}2\pi ft}\mathrm{d}t.$$

按照能量等式,$x_{[T_1,T_2]}(t)$ 的能量和能谱有关系

$$\int_{-\infty}^{+\infty}|x_{[T_1,T_2]}(t)|^2\mathrm{d}t=\int_{-\infty}^{+\infty}|X_{[T_1,T_2]}(f)|^2\mathrm{d}f.$$

把(3-3-4)式、(3-3-5)式代入上式,并在两边除以 T_2-T_1,便得

$$\frac{1}{T_2-T_1}\int_{T_1}^{T_2}|x(t)|^2\mathrm{d}t=\int_{-\infty}^{+\infty}\frac{1}{T_2-T_1}\left|\int_{T_1}^{T_2}x(t)\mathrm{e}^{-\mathrm{i}2\pi ft}\mathrm{d}t\right|^2\mathrm{d}f.$$

$$(3\text{-}3\text{-}6)$$

(3-3-6)式左边为 $x(t)$ 在区间 $[T_1,T_2]$ 上的平均功率,它可通过 $\dfrac{1}{T_2-T_1}\left|\int_{T_1}^{T_2}x(t)\mathrm{e}^{-\mathrm{i}2\pi ft}\mathrm{d}t\right|^2$ 表示出来.为此,我们称

$$\frac{1}{T_2-T_1}\left|\int_{T_1}^{T_2}x(t)\mathrm{e}^{-\mathrm{i}2\pi ft}\mathrm{d}t\right|^2$$

为 $x(t)$ 在区间 $[T_1,T_2]$ 上的**功率谱**.

§3 信号的能谱与能量等式，功率谱与平均功率等式　69

通常，我们把在整个时间轴 $(-\infty,+\infty)$ 上的平均功率

$$P = \lim_{T \to +\infty} \frac{1}{2T} \int_{-T}^{T} |x(t)|^2 \mathrm{d}t \quad (3\text{-}3\text{-}7)$$

称为实信号 $x(t)$ 的**平均功率**.

把

$$G(f) = \lim_{T \to +\infty} \frac{1}{2T} \left| \int_{-T}^{T} x(t) \mathrm{e}^{-\mathrm{i}2\pi ft} \mathrm{d}t \right|^2 \quad (3\text{-}3\text{-}8)$$

称为 $x(t)$ 的**功率谱**.

在(3-3-6)式中，取 $T_2 = T, T_1 = -T$，并令 $T \to +\infty$，便可得

$$P = \int_{-\infty}^{+\infty} G(f) \mathrm{d}f,$$

或

$$\lim_{T \to +\infty} \frac{1}{2T} \int_{-T}^{T} |x(t)|^2 \mathrm{d}t = \int_{-\infty}^{+\infty} \lim_{T \to +\infty} \frac{1}{2T} \left| \int_{-T}^{T} x(t) \mathrm{e}^{-\mathrm{i}2\pi ft} \mathrm{d}t \right|^2 \mathrm{d}f.$$

$$(3\text{-}3\text{-}9)$$

(3-3-9)式称为**平均功率等式**.

3. 离散信号的能谱与能量等式

类似于连续实信号 $x(t)$ 的能量(3-3-1)式，我们称

$$\Delta \sum_{n=-\infty}^{+\infty} |x(n\Delta)|^2 \quad (3\text{-}3\text{-}10)$$

为离散信号 $x(n\Delta)$ 的能量.

现在讨论 $x(n\Delta)$ 的能量与它的频谱 $X_\Delta(f)$ 的关系.

我们给出两个信号相乘的求和公式.

设 $x(n\Delta)$ 和 $y(n\Delta)$ 为两个信号. 按照信号和频谱的关系，$y(n\Delta)$ 和它的频谱 $Y_\Delta(f)$ 有如下关系：

$$Y_\Delta(f) = \Delta \sum_{n=-\infty}^{+\infty} y(n\Delta) \mathrm{e}^{-\mathrm{i}2\pi n\Delta f},$$

$$y(n\Delta) = \int_{-1/(2\Delta)}^{1/(2\Delta)} Y_\Delta(f) \mathrm{e}^{\mathrm{i}2\pi n\Delta f} \mathrm{d}f,$$

因此

$$\Delta \sum_{n=-\infty}^{+\infty} x(n\Delta) y(n\Delta) = \Delta \sum_{n=-\infty}^{+\infty} x(n\Delta) \int_{-1/(2\Delta)}^{1/(2\Delta)} Y_\Delta(f) \mathrm{e}^{\mathrm{i}2\pi n\Delta f} \mathrm{d}f$$

$$= \int_{-1/(2\Delta)}^{1/(2\Delta)} Y_\Delta(f) X_\Delta(-f) \mathrm{d}f. \qquad (3\text{-}3\text{-}11)$$

同样有

$$\Delta \sum_{n=-\infty}^{+\infty} x(n\Delta)\overline{y(n\Delta)} = \Delta \sum_{n=-\infty}^{+\infty} x(n\Delta) \int_{-1/(2\Delta)}^{1/(2\Delta)} \overline{Y_\Delta(f)} \mathrm{e}^{-\mathrm{i}2\pi n\Delta f} \mathrm{d}f$$

$$= \int_{-1/(2\Delta)}^{1/(2\Delta)} X_\Delta(f) \overline{Y_\Delta(f)} \mathrm{d}f. \qquad (3\text{-}3\text{-}12)$$

当 $y(n\Delta)$ 为实信号时,用(3-3-12)式比(3-3-11)式更方便.

在(3-3-12)式中,令 $y(n\Delta) = x(n\Delta)$ 便得

$$\Delta \sum_{n=-\infty}^{\infty} |x(n\Delta)|^2 = \int_{-1/(2\Delta)}^{1/(2\Delta)} |X_\Delta(f)|^2 \mathrm{d}f. \qquad (3\text{-}3\text{-}13)$$

称(3-3-13)式为**离散信号** $x(n\Delta)$ **的能量等式**,称 $|X_\Delta(f)|^2$ 为**离散信号的能谱**.

4. 离散信号的功率谱与平均功率等式

当离散信号 $x(n\Delta)$ 的能量(3-3-10)式为无限时,我们就要考虑平均功率和功率谱.

我们称

$$\frac{1}{2N+1} \sum_{n=-N}^{N} |x(n\Delta)|^2$$

为 $x(n\Delta)$ 在 $[-N, N]$ 范围内的**平均功率**.

为了研究相应的功率谱,我们设

$$x_N(n\Delta) = \begin{cases} x(n\Delta), & -N \leqslant n \leqslant N, \\ 0, & \text{其他}, \end{cases} \qquad (3\text{-}3\text{-}14)$$

它的频谱为

$$X_{N\Delta}(f) = \Delta \sum_{n=-\infty}^{+\infty} x_N(n\Delta) \mathrm{e}^{-\mathrm{i}2\pi n\Delta f}$$

$$= \Delta \sum_{n=-N}^{N} x(n\Delta) \mathrm{e}^{-\mathrm{i}2\pi n\Delta f}, \qquad (3\text{-}3\text{-}15)$$

按照离散信号的能量等式,我们有

$$\Delta \sum_{n=-\infty}^{+\infty} |x_N(n\Delta)|^2 = \int_{-1/(2\Delta)}^{1/(2\Delta)} |X_{N\Delta}(f)|^2 \mathrm{d}f.$$

§3 信号的能谱与能量等式,功率谱与平均功率等式　71

把(3-3-14)式,(3-3-15)式代入上式,并在两边除以$(2N+1)\Delta$,于是可得

$$\frac{1}{2N+1}\sum_{n=-N}^{N}|x(n\Delta)|^2$$
$$=\int_{-1/(2\Delta)}^{1/(2\Delta)}\frac{1}{(2N+1)\Delta}\left|\Delta\sum_{n=-N}^{N}x(n\Delta)e^{-i2\pi n\Delta f}\right|^2 df. \quad (3\text{-}3\text{-}16)$$

由于在(3-3-16)式中,左边代表$x(n\Delta)$在$[-N,N]$范围内的平均功率,因此,我们就把右边的被积函数

$$\frac{1}{(2N+1)\Delta}\left|\Delta\sum_{n=-N}^{N}x(n\Delta)e^{-i2\pi n\Delta f}\right|^2$$

称为$x(n\Delta)$在$[-N,N]$范围内的**功率谱**.

通常,我们称

$$\lim_{N\to+\infty}\frac{1}{2N+1}\sum_{n=-N}^{N}|x(n\Delta)|^2$$

为$x(n\Delta)$的**平均功率**,称

$$\lim_{N\to+\infty}\frac{1}{(2N+1)\Delta}\left|\Delta\sum_{n=-N}^{N}x(n\Delta)e^{-i2\pi n\Delta f}\right|^2$$

为$x(n\Delta)$的**功率谱**.

按照(3-3-16)式,在两边取极限,得

$$\lim_{N\to+\infty}\frac{1}{2N+1}\sum_{n=-N}^{N}|x(n\Delta)|^2$$
$$=\int_{-1/(2\Delta)}^{1/(2\Delta)}\lim_{N\to+\infty}\frac{1}{(2N+1)\Delta}\left|\Delta\sum_{n=-N}^{N}x(n\Delta)e^{-i2\pi n\Delta f}\right|^2 df.$$
$$(3\text{-}3\text{-}17)$$

(3-3-17)式称为**离散信号$x(n\Delta)$的平均功率等式**.

例　求$x(n)=\cos n$的平均功率.

解　由于

$$\sum_{n=-N}^{N}\cos^2 n=\sum_{n=-N}^{N}\frac{1}{4}(e^{in}+e^{-in})^2$$
$$=\sum_{n=-N}^{N}\frac{1}{4}(e^{i2n}+e^{-i2n}+2)$$

$$= \frac{1}{4}\left(2(2N+1) + \sum_{n=-N}^{N} e^{i2n} + \sum_{n=-N}^{N} e^{-i2n}\right)$$

$$= \frac{1}{4}\left(2(2N+1) + \frac{e^{-i2N} - e^{i2(N+1)}}{1 - e^{i2}} + \frac{e^{i2N} - e^{-i2(N+1)}}{1 - e^{-i2}}\right),$$

其中

$$\left|\frac{e^{-i2N} - e^{i2(N+1)}}{1 - e^{i2}}\right| = \frac{|e^{-i2N} - e^{i2(N+1)}|}{((1-\cos 2)^2 + \sin^2 2)^{1/2}}$$

$$\leqslant \frac{2}{(2 - 2\cos 2)^{1/2}} = \left(\frac{2}{1 - \cos 2}\right)^{1/2}.$$

同样有

$$\left|\frac{e^{i2N} - e^{-i2(N+1)}}{1 - e^{-i2}}\right| \leqslant \left(\frac{2}{1 - \cos 2}\right)^{1/2}.$$

因此,可得 $x(n)$ 的平均功率

$$\lim_{N\to\infty} \frac{1}{2N+1} \sum_{n=-N}^{N} \cos^2 n = \frac{1}{2}.$$

§4 离散信号与频谱的简化表示

以后讨论的主要是离散信号,为了方便,我们对离散信号、频谱及褶积采用一些简化表示.

1. 离散信号与频谱的简化表示

在第二章,我们已经知道,离散信号 $x(n\Delta)$ 的频谱为

$$X_\Delta(f) = \Delta \sum_{n=-\infty}^{+\infty} x(n\Delta) e^{-i2\pi n\Delta f}.$$

由于在实际处理中,抽样间隔 Δ 事先已确定好,它是已知常数,因此我们可用 $x(n)$ 表示 $x(n\Delta)$,用

$$X(f) = \sum_{n=-\infty}^{+\infty} x(n) e^{-i2\pi n\Delta f}$$

表示离散信号 $x(n)$ 的频谱. 要注意的是,过去用 $X(f)$ 表示连续信号 $x(t)$ 的频谱,由于现在讨论的是离散信号 $x(n)$,所以这里的 $X(f)$ 表示的是离散信号 $x(n)$ 的频谱,注意到这点,符号的意义就不会混淆.

若令 $\omega=2\pi\Delta f$,则有
$$X(\omega) = \sum_{n=-\infty}^{+\infty} x(n)\mathrm{e}^{-\mathrm{i}n\omega},$$
我们也称 $X(\omega)$ 为离散信号 $x(n)$ 的**频谱**.特别指出,$X(\ \ )$ 的含义,由括号( )内的符号确定,这样就不至于混淆.

下面我们列出离散信号 $x(n)$ 与以上介绍的三种频谱之间的一一对应关系:

$$\begin{cases} X_\Delta(f) = \Delta \sum_{n=-\infty}^{+\infty} x(n)\mathrm{e}^{-\mathrm{i}2\pi n\Delta f}, \\ x(n) = \int_{-1/(2\Delta)}^{1/(2\Delta)} X_\Delta(f)\mathrm{e}^{\mathrm{i}2\pi n\Delta f}\,\mathrm{d}f; \end{cases} \quad (3\text{-}4\text{-}1)$$

$$\begin{cases} X(f) = \sum_{n=-\infty}^{+\infty} x(n)\mathrm{e}^{-\mathrm{i}2\pi n\Delta f}, \\ x(n) = \Delta \int_{-1/(2\Delta)}^{1/(2\Delta)} X(f)\mathrm{e}^{\mathrm{i}2\pi n\Delta f}\,\mathrm{d}f; \end{cases} \quad (3\text{-}4\text{-}2)$$

$$\begin{cases} X(\omega) = \sum_{n=-\infty}^{+\infty} x(n)\mathrm{e}^{-\mathrm{i}n\omega}, \\ x(n) = \frac{1}{2\pi}\int_{-\pi}^{\pi} X(\omega)\mathrm{e}^{\mathrm{i}n\omega}\,\mathrm{d}\omega. \end{cases} \quad (3\text{-}4\text{-}3)$$

离散信号 $x(n)$ 的三种频谱 $X_\Delta(f), X(f), X(\omega)$ 之间的关系为

$$\begin{cases} X_\Delta(f) = \Delta X(f), \\ X(f) = X(\omega)|_{\omega=2\pi\Delta f}, \\ X(\omega) = X(f)|_{f=\frac{\omega}{2\pi\Delta}}. \end{cases} \quad (3\text{-}4\text{-}4)$$

离散信号 $x(n)$ 的能量与各种谱频的关系为

$$\begin{cases} \sum_{n=-\infty}^{+\infty} |x(n)|^2 = \frac{1}{\Delta}\int_{-1/(2\Delta)}^{1/(2\Delta)} |X_\Delta(f)|^2\,\mathrm{d}f, \\ \sum_{n=-\infty}^{+\infty} |x(n)|^2 = \Delta\int_{-1/(2\Delta)}^{1/(2\Delta)} |X(f)|^2\,\mathrm{d}f, \\ \sum_{n=-\infty}^{+\infty} |x(n)|^2 = \frac{1}{2\pi}\int_{-\pi}^{\pi} |X(\omega)|^2\,\mathrm{d}\omega. \end{cases} \quad (3\text{-}4\text{-}5)$$

2. 离散信号褶积的简化表示

现在讨论褶积的简化表示. 在本章 §2，我们已经知道离散信号 $x(n\Delta)$ 与 $h(n\Delta)$ 的褶积和频谱关系为

$$\begin{cases} y(n\Delta) = x(n\Delta) * h(n\Delta) = \Delta \sum_{\tau=-\infty}^{+\infty} h(\tau\Delta)x[(n-\tau)\Delta], \\ Y_\Delta(f) = X_\Delta(f)H_\Delta(f). \end{cases}$$

(3-4-6)

在 (3-4-6) 式中褶积公式的和号前面，有一常数 Δ，在褶积的简化表示中，这个 Δ 被去掉了.

离散序列 $x(n)$ 与 $h(n)$ 的褶积简化表示为

$$g(n) = x(n) * h(n) = \sum_{\tau=-\infty}^{+\infty} h(\tau)x(n-\tau). \quad (3\text{-}4\text{-}7)$$

注意，(3-4-7) 式中的 $g(n)$ 和 (3-4-6) 式中的 $y(n\Delta)$ 是不同的，对照两式可看出

$$y(n\Delta) = \Delta g(n). \quad (3\text{-}4\text{-}8)$$

因此，$Y_\Delta(f) = \Delta G_\Delta(f)$. 由 (3-4-6) 式得

$$\Delta G_\Delta(f) = X_\Delta(f)H_\Delta(f). \quad (3\text{-}4\text{-}9)$$

根据关系式 (3-4-4)，我们有 $G_\Delta(f) = \Delta G(f)$，$X_\Delta(f) = \Delta X(f)$，$H_\Delta(f) = \Delta H(f)$，所以由 (3-4-9) 式可得

$$G(f) = X(f)H(f).$$

在上式中令 $f = \dfrac{\omega}{2\pi\Delta}$，根据关系式 (3-4-4) 可得

$$G(\omega) = X(\omega)H(\omega).$$

由上讨论可知，对褶积 (3-4-7) 式，相应的频谱关系式为

$$\begin{cases} g(n) = x(n) * h(n) = \sum_{\tau=-\infty}^{+\infty} h(\tau)x(n-\tau), \\ G(f) = X(f)H(f); \end{cases} \quad (3\text{-}4\text{-}10)$$

$$\begin{cases} g(n) = x(n) * h(n) = \sum_{\tau=-\infty}^{+\infty} h(\tau)x(n-\tau), \\ G(\omega) = X(\omega)H(\omega). \end{cases} \quad (3\text{-}4\text{-}11)$$

现在把以上讨论总结如下:

离散信号 $x(n\Delta)$(或记为 $x(n), x_n$)的频谱有三种,这三种频谱及与信号的关系见公式(3-4-1),(3-4-2),(3-4-3). 这三种频谱之间的关系见(3-4-4)式.

离散信号的褶积有两种,这两种褶积与频谱的关系见公式(3-4-6)和(3-4-10),或(3-4-11).

实际应用中,用哪一种频谱、哪一种褶积式,要看具体问题而定. 在问题讨论中,用简化表示比较方便. 我们要指出的是,频谱 $X_\Delta(f)$ (3-4-1)是由抽样定理引起的(见(2-3-7)式).

§5 离散信号的 Z 变换

现在我们讨论离散信号(或离散序列)的 Z 变换. 因为 Z 变换形式简单,在应用中比较方便. 由于信号数字处理的基本原理是建立在频谱和频谱分析基础之上,因此,在这里,我们把离散信号的 Z 变换作为离散信号频谱的一种简化表示来讨论,这样讨论既简单直观又反映了问题的实质.

1. 离散序列的频谱与 Z 变换

设 x_n 为离散序列,由以前的讨论可知(见(3-4-2)式),x_n 的频谱为

$$X(f) = \sum_{n=-\infty}^{+\infty} x_n \mathrm{e}^{-\mathrm{i}2\pi n\Delta f}. \tag{3-5-1}$$

如果已知频谱 $X(f)$,则可知 x_n 为

$$x_n = \Delta \int_{-1/(2\Delta)}^{1/(2\Delta)} X(f) \mathrm{e}^{\mathrm{i}2\pi n\Delta f} \mathrm{d}f. \tag{3-5-2}$$

在(3-5-1)式中,$\mathrm{e}^{-\mathrm{i}2\pi n\Delta f}$ 可表示为 $(\mathrm{e}^{-\mathrm{i}2\pi\Delta f})^n$. 我们令

$$Z = \mathrm{e}^{-\mathrm{i}2\pi\Delta f}, \tag{3-5-3}$$

则(3-5-1)式就变为

$$X(f) = \sum_{n=-\infty}^{+\infty} x_n Z^n \bigg|_{Z=\mathrm{e}^{-\mathrm{i}2\pi\Delta f}}.$$

这种表示显然比(3-5-1)式要简单些.

我们记
$$X(Z) = \sum_{n=-\infty}^{+\infty} x_n Z^n, \qquad (3\text{-}5\text{-}4)$$
$X(Z)$ 称为 x_n 的 **Z 变换**.

在上式中,Z 也可以看成一个复自变量,这样 Z 变换就是一个复变函数. 当我们把离散信号的 Z 变换作为离散信号频谱的一种简化表示的时候,也即要求 Z 变换 $X(Z)$ 在包含单位圆的圆环 $1-\delta<|Z|<1+\delta$ 内解析,其中 δ 为一正数,具体内容可参看下节.

我们把 Z 变换记为 $X(Z)$,如同符号 $X(f),X(\omega)$,由符号 Z,f,ω 所区别,是不至于引起混淆的.

Z 变换与频谱的关系是:把频谱 $X(f)$ 中的 $e^{-i2\pi\Delta f}$ 换成 Z 就得到 $X(Z)$;反之,把 Z 变换 $X(Z)$ 中的 Z 换成 $e^{-i2\pi\Delta f}$ 就得到频谱 $X(f)$. 由于频谱与 Z 变换之间只是一种符号的代换,而其实质并未改变,因此,由频谱的性质就可立即得出 Z 变换相应的性质. 下面举褶积、相关的性质来说明.

1.1 褶积的 Z 变换

设离散序列 x_n 与 h_n 的褶积为 $y_n = h_n * x_n = \sum_{\tau=-\infty}^{+\infty} h_\tau x_{n-\tau}$,则相应的频谱关系为 $Y(f)=H(f)X(f)$,具体写出来就是

$$\sum_{n=-\infty}^{+\infty} y_n e^{-i2\pi n\Delta f} = \sum_{n=-\infty}^{+\infty} h_n e^{-i2\pi n\Delta f} \sum_{n=-\infty}^{+\infty} x_n e^{-i2\pi n\Delta f}.$$

在上面的关系式中,用 Z 代换 $e^{-i2\pi\Delta f}$,就得到

$$\sum_{n=-\infty}^{+\infty} y_n Z^n = \sum_{n=-\infty}^{+\infty} h_n Z^n \sum_{n=-\infty}^{+\infty} x_n Z^n.$$

按 Z 变换的符号表示,上式可写为

$$Y(Z) = H(Z)X(Z). \qquad (3\text{-}5\text{-}5)$$

这说明,两个信号褶积的 Z 变换,等于两个信号 Z 变换的乘积.

1.2 翻转信号的 Z 变换

设 y_n 为离散序列,我们称 $g_n = y_{-n}$ 为 y_n 的翻转信号,因为从图形上看,g_n 的图形是 y_n 的图形以 $n=0$ 为中心翻转的结果,参见

图 3-4(a),(b).

翻转信号的频谱

$$G(f) = \sum_{m=-\infty}^{+\infty} g_m \mathrm{e}^{-\mathrm{i}2\pi m\Delta f} = \sum_{n=-\infty}^{+\infty} y_n \mathrm{e}^{\mathrm{i}2\pi n\Delta f}$$
$$= \sum_{n=-\infty}^{+\infty} y_n \left(\frac{1}{\mathrm{e}^{-\mathrm{i}2\pi\Delta f}}\right)^n.$$

在 $G(f)$ 中用 Z 代换 $\mathrm{e}^{-\mathrm{i}2\pi\Delta f}$,就得到

$$G(Z) = \sum_{n=-\infty}^{+\infty} y_n \left(\frac{1}{Z}\right)^n.$$

而 y_n 的 Z 变换为 $Y(Z) = \sum_{n=-\infty}^{+\infty} y_n Z^n$,所以

$$G(Z) = Y\left(\frac{1}{Z}\right). \tag{3-5-6}$$

1.3 相关的 Z 变换

实离散序列 x_n 与 y_n 的相关 $r_{xy}(n)$,实际上也是一种褶积 $r_{xy}(n) = x_n * y_{-n}$. 按照褶积和翻转信号的 Z 变换性质,可得相关序列 $r_{xy}(n)$ 的 Z 变换为

$$R_{xy}(Z) = X(Z)Y\left(\frac{1}{Z}\right). \tag{3-5-7}$$

特别地,自相关序列 $r_{xx}(n) = x_n * x_{-n}$ 的 Z 变换为

$$R_{xx}(Z) = X(Z)X\left(\frac{1}{Z}\right). \tag{3-5-8}$$

例 1 设离散信号为

$$g_n = \begin{cases} 1, & n = 0, \\ q_1, & n = \alpha, \quad \alpha \text{ 为一正整数}, \\ 0, & \text{其他}, \end{cases}$$

则 g_n 的 Z 变换为

$$G(Z) = \sum_{n=-\infty}^{+\infty} g_n Z^n = 1 + q_1 Z^\alpha,$$

g_n 的自相关函数 $r_{gg}(n)$ 的 Z 变换为

$$R_{gg}(Z) = G(Z)G\left(\frac{1}{Z}\right)$$

$$= (1+q_1 Z^a)\left(1+q_1 \frac{1}{Z^a}\right)$$
$$= (1+q_1^2) + q_1 Z^{-a} + q_1 Z^a.$$

2. 频谱与 Z 变换展开式的唯一性

离散序列 x_n 的频谱为 $X(f)$，Z 变换为 $X(Z)$，我们称公式 (3-5-1) 为 x_n 的**频谱展开式**(也可称为频谱三角级数展开式)，称公式 (3-5-4) 为 x_n 的 **Z 变换展开式**(也可称为 Z 变换幂级数展开式). 频谱和 Z 变换展开式有一个重要的性质，即

频谱和 Z 变换展开式的**唯一性**：设离散序列 x_n 的频谱为 $X(f)$，Z 变换为 $X(Z)$，若 $X(f)$, $X(Z)$ 有展开式

$$X(f) = \sum_{n=-\infty}^{+\infty} c_n \mathrm{e}^{-\mathrm{i}2\pi n \Delta f}, \qquad (3\text{-}5\text{-}9)$$

或

$$X(Z) = \sum_{n=-\infty}^{+\infty} c_n Z^n, \qquad (3\text{-}5\text{-}10)$$

则离散序列 x_n 和 c_n 相等，即 $x_n = c_n$，或者可以说，在展开式中，$\mathrm{e}^{-\mathrm{i}2\pi n \Delta f}$ 或 Z^n 前的系数就是 x_n.

现在来说明. 如果已知 (3-5-9) 式成立，在该式两边乘上 $\mathrm{e}^{\mathrm{i}2\pi m \Delta f}$，再从 $-1/(2\Delta)$ 积分到 $1/(2\Delta)$，便得

$$c_m = \Delta \int_{-1/(2\Delta)}^{1/(2\Delta)} X(f) \mathrm{e}^{\mathrm{i}2\pi m \Delta f} \mathrm{d}f.$$

把这个式子与 (3-5-2) 式比较，便得 $x_n = c_n$. 如果已知 (3-5-10) 式成立，取 $Z = \mathrm{e}^{-\mathrm{i}2\pi \Delta f}$，便得 (3-5-9) 式成立，由 (3-5-9) 式成立则可知 $x_n = c_n$.

利用唯一性，我们可以从频谱或 Z 变换的展开式中直接求得相应的离散序列.

例 2 已知 x_n 的 Z 变换为

$$X(Z) = 7 + 3Z + 8Z^2,$$

求 x_n.

在展开式 $7+3Z+8Z^2$ 中，常数项 7 是 Z 的 0 次方即 Z^0 前的系

数,所以 $x_0=7$;3 是 Z 的 1 次方即 Z^1 前的系数,所以 $x_1=3$;8 是 Z 的 2 次方即 Z^2 前的系数,所以 $x_2=8$. 在展开式中 Z 的其他次方皆不出现,表示它们前面的系数为 0,也即相应的 x_n 为 0. 综上所述有

$$x_n = \begin{cases} 7, & n=0, \\ 3, & n=1, \\ 8, & n=2, \\ 0, & \text{其他}. \end{cases}$$

例 3 由例 1, g_n 的自相关函数 $r_{gg}(n)$ 的 Z 变换为

$$R_{gg}(Z) = (1+q_1^2) + q_1 Z^{-\alpha} + q_1 Z^{\alpha},$$

由唯一性可知 $r_{gg}(n)$ 为

$$r_{gg}(n) = \begin{cases} 1+q_1^2, & n=0, \\ q_1, & n=-\alpha, \\ q_1, & n=\alpha, \\ 0, & \text{其他}. \end{cases}$$

例 4 已知 b_n 的 Z 变换为 $B(Z)=Z-\alpha$,由唯一性知

$$b_n = \begin{cases} -\alpha, & n=0, \\ 1, & n=1, \\ 0, & \text{其他}, \end{cases}$$

或写成 $b_n=(b_0,b_1)=(-\alpha,1)$.

例 5 已知 a_t 的 Z 变换为 $A(Z)=\dfrac{1}{Z-\alpha}$,求 a_t.

我们要把 $A(Z)$ 表示成展开式,这里要用到等比级数公式[①],并要

---

① 等比级数公式. 对任何 p 皆有

$$\sum_{n=0}^{N} p^n = \frac{1-p^{N+1}}{1-p} = \frac{1}{1-p} - \frac{p^{N+1}}{1-p}.$$

当 $|p|<1$ 时,在 $N \to +\infty$ 时有 $\dfrac{p^{N+1}}{1-p} \to 0$,因此由上式得等比级数公式

$$\sum_{n=0}^{+\infty} p^n = \frac{1}{1-p},$$

对上式两边求微商便得

$$\sum_{n=0}^{+\infty} (n+1)p^n = \frac{1}{(1-p)^2}.$$

对 α 分不同情况讨论.

当 $|\alpha|>1$ 时,
$$A(Z) = \frac{1}{Z-\alpha} = \frac{1}{-\alpha} \cdot \frac{1}{1-\frac{1}{\alpha}Z}.$$

令 $p = \frac{1}{\alpha}Z$, $|p| = \left|\frac{1}{\alpha}Z\right| = \left|\frac{1}{\alpha}e^{-i2\pi\Delta f}\right| = \frac{1}{|\alpha|} < 1$,按等比级数有
$$A(Z) = \frac{-1}{\alpha}\left(1 + \frac{1}{\alpha}Z + \frac{1}{\alpha^2}Z^2 + \cdots\right).$$

由这个展开式可知,相应的 a_t 为
$$a_t = (a_0, a_1, a_2, \cdots, a_n, \cdots)$$
$$= \left(\frac{-1}{\alpha}, \frac{-1}{\alpha^2}, \frac{-1}{\alpha^3}, \cdots, \frac{-1}{\alpha^{n+1}}, \cdots\right).$$

当 $|\alpha|<1$ 时,
$$A(Z) = \frac{1}{Z-\alpha} = \frac{1}{Z}\frac{1}{1-\alpha Z^{-1}}$$
$$= Z^{-1}(1 + \alpha Z^{-1} + \alpha^2 Z^{-2} + \alpha^3 Z^{-3} + \cdots),$$

所以这时相应的 a_t 为
$$a_t = (\cdots, a_{-4}, a_{-3}, a_{-2}, a_{-1})$$
$$= (\cdots, \alpha^3, \alpha^2, \alpha^1, 1).$$

当 $|\alpha|=1$ 时,在 $[-1/(2\Delta), 1/(2\Delta)]$ 之间一定有一点 f_0 使 $e^{-i2\pi\Delta f_0} - \alpha = 0$,频谱 $A(f)$ 在 f_0 的值为
$$A(f_0) = \frac{1}{e^{-2\pi\Delta f_0} - \alpha} = \infty.$$

在一般情况下,我们认为这时的频谱 $A(f)$ 没有意义,因而相应的 a_t 也就不存在. 如果把 $|\alpha|=1$ 看成是 $|\alpha|\to 1$ 的结果,则

当 $|\alpha|\to 1_+$ 时,a_t 可写为
$$a_t = (a_0, a_1, \cdots) = \left(\frac{-1}{\alpha}, \frac{-1}{\alpha^2}, \cdots\right);$$

当 $|\alpha|\to 1_-$ 时,a_t 可写为
$$a_t = (\cdots, a_{-2}, a_{-1}) = (\cdots, \alpha, 1).$$

3. 离散序列的时移与滤波

3.1 离散序列的时移与时移定理

离散序列 x_n，其中 n 表示时间，x_n 反映的是离散信号．延迟时间 τ 发出这个信号，便得到 $x_{n-\tau}$．我们称 $x_{n-\tau}$ 为 x_n 的时移信号．时移信号的频谱和 Z 变换与原来信号有什么关系？这正是时移定理要回答的问题．

时移定理　设 x_n 的频谱为 $X(f)$，Z 变换为 $X(Z)$，则时移信号 $x_{n-\tau}$ 的频谱为 $\mathrm{e}^{-\mathrm{i}2\pi\tau\Delta f}X(f)$，$Z$ 变换为 $Z^{\tau}X(Z)$；反之，$\mathrm{e}^{-\mathrm{i}2\pi\tau\Delta f}\cdot X(f)$ 或 $Z^{\tau}X(Z)$ 所对应的信号是 $x_{n-\tau}$．

证明　$x_{n-\tau}$ 的频谱为

$$\sum_{n=-\infty}^{+\infty} x_{n-\tau}\mathrm{e}^{-\mathrm{i}2\pi n\Delta f} = \sum_{m=-\infty}^{+\infty} x_m \mathrm{e}^{-\mathrm{i}2\pi(m+\tau)\Delta f}$$

$$= \mathrm{e}^{-\mathrm{i}2\pi\tau\Delta f}\sum_{m=-\infty}^{+\infty} x_m \mathrm{e}^{-\mathrm{i}2\pi m\Delta f}$$

$$= \mathrm{e}^{-\mathrm{i}2\pi\tau\Delta f}X(f). \tag{3-5-11}$$

在 (3-5-11) 式中，用 Z 代替 $\mathrm{e}^{-\mathrm{i}2\pi\Delta f}$，就得到时移信号 $x_{n-\tau}$ 的 Z 变换 $Z^{\tau}X(Z)$．由于频谱和 Z 变换以及和离散信号的关系都是一一对应的，所以 $\mathrm{e}^{-\mathrm{i}2\pi\tau\Delta f}X(f)$ 或 $Z^{\tau}X(Z)$ 所对应的信号是 $x_{n-\tau}$．

例 6　设 y_n 的 Z 变换为 $Y(Z)$．求 $Z^3Y(Z)$，$Y(Z)+6ZY(Z)+7Z^5Y(Z)$ 所对应的信号．

按时移定理，$Z^3Y(Z)$ 所对应的信号为 y_{n-3}．$Y(Z)$，$6ZY(Z)$，$7Z^5Y(Z)$ 所对应的信号分别为 y_n，$6y_{n-1}$，$7y_{n-5}$．所以 $Y(Z)+6ZY(Z)+7Z^5Y(Z)$ 所对应的信号为 $y_n+6y_{n-1}+7y_{n-5}$．

3.2 离散信号的时移与滤波

我们知道，离散信号 x_n 经过滤波因子 h_n 滤波后得到 y_n，y_n 实际上就是 h_n 与 x_n 褶积的结果：

$$y_n = \sum_{\tau=-\infty}^{+\infty} h_\tau x_{n-\tau}. \tag{3-5-12}$$

在上式和号中，$h_\tau x_{n-\tau}$ 为时移信号 $x_{n-\tau}$ 乘上一个系数 h_τ．因此，从

(3-5-12)式可看出,对 x_n 滤波就是把 x_n 的不同时移信号 $x_{n-\tau}$ 乘上系数 h_τ 然后叠加起来,反过来,把 x_n 的不同时移信号 $x_{n-\tau}$ 乘上一定的系数叠加起来,这就是滤波,而且 $x_{n-\tau}$ 前的系数就是 h_τ.

例7 设 x_n 和 y_n 为离散信号, $y_n = 3x_{n+4} + 2x_{n-1} + 5x_{n-5}$. y_n 是 x_n 的不同的时移信号乘上一定系数的叠加,因此 y_n 是 x_n 经滤波后的结果. 现在来求滤波因子 h_τ. 由于 $x_{n-\tau}$ 前的系数就是 h_τ,所以 $x_{n+4} = x_{n-(-4)}$ 前的系数为 $h_{-4} = 3$, x_{n-1} 前的系数为 $h_1 = 2$, x_{n-5} 前的系数为 $h_5 = 5$,对于其他的 τ,在 y_n 的表示中不出现 $x_{n-\tau}$,这表明 $h_\tau = 0$. 综上所述,滤波因子 h_τ 为

$$h_\tau = \begin{cases} 3, & \tau = -4, \\ 2, & \tau = 1, \\ 5, & \tau = 5, \\ 0, & \text{其他}. \end{cases}$$

例8 设 x_n 和 y_n 为离散信号,且

$$y_n = \frac{1}{2N+1}(x_{n-N} + x_{n-N+1} + \cdots + x_n + x_{n+1} + \cdots + x_{n+N}).$$

由于 y_n 是 x_n 的不同时移信号乘上一定系数的叠加,因此 y_n 是 x_n 经滤波后的结果. 求滤波因子.

解 由信号的时移与滤波的关系知

$$h_\tau = \begin{cases} \dfrac{1}{2N+1}, & \tau = N, \\ \cdots\cdots & \cdots \\ \dfrac{1}{2N+1}, & \tau = 0, \\ \cdots\cdots & \cdots \\ \dfrac{1}{2N+1}, & \tau = -N, \\ 0, & \text{其他}. \end{cases}$$

§6 作为罗朗级数的 Z 变换

当离散信号有频谱时, Z 变换可以看成是频谱的一种简化表示. 此

时 Z 变换在包含单位圆的圆环内解析. 当离散信号不存在频谱时, 如离散单位阶跃信号 $u(n)$ 就没有通常意义下的频谱(参见文献[5]p118公式(6-4-24)), 信号的 Z 变换却可能在某个圆环内是解析的.

为了更好地了解 Z 变换, 我们在这里介绍和温习复变函数中的罗朗(Laurent)级数[6].

1. 离散信号的罗朗级数和 Z 变换

设离散信号为 $x(n)$, 令

$$X(Z) = \sum_{n=-\infty}^{+\infty} x(n) Z^n. \tag{3-6-1}$$

在复变函数中, 称 $X(Z)$ 为 $x(n)$ 的罗朗级数, 在信号处理中, 称 $X(Z)$ 为 $x(n)$ 的 Z 变换. 我们要指出, 在许多信号处理书中(如文献[1]), 把翻转信号 $x(-n)$ 的罗朗级数定义为 Z 变换 $\hat{X}(Z)$

$$\hat{X}(Z) = \sum_{n=-\infty}^{+\infty} x(-n) Z^n = \sum_{n=-\infty}^{+\infty} x(n) Z^{-n}. \tag{3-6-2}$$

由(3-6-1)和(3-6-2)知, 两个 Z 变换的关系为

$$\hat{X}(Z) = X\left(\frac{1}{Z}\right). \tag{3-6-3}$$

我们选择(3-6-1)式为 Z 变换的定义, 因为这个定义与复变函数的罗朗级数相一致.

我们把(3-6-1)式的 $X(Z)$ 表示成两个幂级数之和

$$X(Z) = \varphi(Z) + \psi(Z), \tag{3-6-4}$$

其中

$$\varphi(Z) = \sum_{n=0}^{+\infty} x(n) Z^n, \tag{3-6-5}$$

$$\psi(Z) = \sum_{n=1}^{+\infty} x(-n) Z^{-n}. \tag{3-6-6}$$

级数(3-6-5)为幂级数, 设其收敛半径为 R, 则级数 $\varphi(Z)$ 在 $|Z| < R$ 内绝对收敛. 这里的幂级数为复幂级数, 但关于收敛半径的讨论, 和实幂级数是相仿的, 见文献[7]p33.

对于级数(3-6-6), 我们作变换 $W = \dfrac{1}{Z}$, 这样级数(3-6-6)就变成

幂级数
$$\sum_{n=1}^{+\infty} x(-n)W^n. \qquad (3\text{-}6\text{-}7)$$
设该级数收敛半径为 ρ，则级数(3-6-7)在 $|W|<\rho$ 内绝对收敛．回到原变量 Z，由 $\frac{1}{|Z|}=|W|<\rho$ 知，$|Z|>\frac{1}{\rho}$ 时级数(3-6-6)绝对收敛．令 $r=\frac{1}{\rho}$．则在 $|Z|>r$ 内级数 $\psi(Z)$ 绝对收敛．

综上所述，对罗朗级数 $X(X)$（见(3-6-1)和(3-6-4)），只有下面两种情况：

1) $r\geqslant R$，这时级数 $X(Z)$ 要么处处发散（$r>R$），要么除 $|Z|=R$（$r=R$）外处处发散．总之，级数没有收敛域；

2) $r<R$，这时级数 $X(Z)$ 在圆环 $r<|Z|<R$ 内绝对收敛，该圆环称为级数(3-6-1)的收敛圆环．这里的 r 可以为零，R 可以为 $+\infty$．

上述讨论可总结成下面的定理．

定理 1 离散信号 $x(n)$ 的罗朗级数为
$$\sum_{n=-\infty}^{+\infty} x(n)Z^n.$$
级数若有收敛域，则其收敛域为圆环 $D:r<|Z|<R$．级数在 D 内绝对收敛，级数表示的函数 $X(Z)$ 在 D 内解析，且可分解为
$$X(Z)=\varphi(Z)+\psi(Z),$$
其中 $\varphi(Z)$ 在 $|Z|<R$ 内解析，$\psi(Z)$ 在 $|Z|>r$ 内解析．

例 1 求离散单位阶跃信号 $u(n)$ 的 Z 变换的收敛域．

解 $u(n)$ 的 Z 变换为
$$U(Z)=\sum_{n=0}^{+\infty} Z^n.$$
这是一个幂级数，由幂级数的性质知，该级数的收敛域为 $|Z|<1$．在该收敛域内，Z 变换 $U(Z)$ 可表示为
$$U(Z)=\frac{1}{1-Z}.$$
由定理 1 知，$x(n)$ 的 Z 变换 $X(Z)=\sum_{n=-\infty}^{+\infty} x(n)Z^n$ 在圆环 D 内解

析,因此可求微商,于是有

$$X'(Z) = \sum_{n=-\infty}^{+\infty} nx(n) Z^{n-1}$$

$$= \sum_{n=-\infty}^{+\infty} (n+1)x(n+1) Z^n,$$

$$ZX'(Z) = \sum_{n=-\infty}^{+\infty} nx(n) Z^n.$$

由上知,我们有 Z 变换的微商性质:

信号 $x(n)$ 的 Z 变换为 $X(Z)$,则信号 $nx(n)$ 的 Z 变换为 $ZX'(Z)$,延迟信号 $(n+1)x(n+1)$ 的 Z 变换为 $X'(Z)$.

当然,我们还可应用高阶微商求 $n^2 x(n), n^3 x(n)$ 等的 Z 变换. 例如,对 $ZX'(Z)$ 求微商得

$$X'(Z) + ZX''(Z) = \sum_{n=-\infty}^{+\infty} n^2 x(n) Z^{n-1},$$

$$ZX'(Z) + Z^2 X''(Z) = \sum_{n=-\infty}^{+\infty} n^2 x(n) Z^n.$$

这表明,$n^2 x(n)$ 的 Z 变换为 $ZX'(Z) + Z^2 X''(Z)$.

例 2 求信号 $x(n) = n\left(\dfrac{1}{2}\right)^n u(n)$ 的 Z 变换.

解 先求 $g(n) = \left(\dfrac{1}{2}\right)^n u(n)$ 的 Z 变换

$$G(Z) = \sum_{n=0}^{+\infty} \left(\frac{1}{2}\right)^n Z^n = \frac{1}{1-\dfrac{1}{2}Z}, \quad G'(Z) = \frac{1}{2} \cdot \frac{1}{\left(1-\dfrac{1}{2}Z\right)^2}.$$

由微商的性质知,$x(n)$ 的 Z 变换为

$$X(Z) = ZG'(Z) = \frac{1}{2} \cdot \frac{Z}{\left(1-\dfrac{1}{2}Z\right)^2}.$$

2. 解析函数的罗朗级数展开,由 Z 变换求信号

定理 1 表示,由离散信号构成的罗朗级数在收敛域内为一解析函数. 现在讨论该定理的逆定理,即一个在某圆环内的解析函数如何展开罗朗级数,或用信号处理的语言来说,如何由一个 Z 变换求离散信号.

定理 2 若函数 $C(Z)$ 在圆环 $D: r<|Z|<R(0\leqslant r<R\leqslant +\infty)$ 内解析,则

$$C(Z) = \sum_{n=-\infty}^{+\infty} c_n Z^n, \qquad (3\text{-}6\text{-}8)$$

其中
$$c_n = \frac{1}{2\pi i}\int_{|\zeta|=\rho} \frac{C(\zeta)}{\zeta^{n+1}} d\zeta, \quad r<\rho<R, \qquad (3\text{-}6\text{-}9)$$

并且展式(3-6-8)是唯一的. 我们称(3-6-8)式为 $C(Z)$ 在 D 内的罗朗展式.

在信号处理中,函数 $C(Z)$ 的形式大多是有理函数,因此通常不用(3-6-9)式的柯西(Cauchy)型积分计算 c_n,只要利用有理函数分解和等比级数(见本章§5 例 5)就行了.

例 3 求 Z 变换

$$X(Z) = \frac{Z^2 - 2Z + 5}{(Z-2)(Z^2+1)}$$

在(1) $1<|Z|<2$;(2) $2<|Z|<+\infty$ 内的罗朗展示及相应的信号.

解 把 $X(Z)$ 进行分解

$$X(Z) = \frac{1}{Z-2} - \frac{2}{Z^2+1}.$$

当 $1<|Z|<2$ 时

$$X(Z) = -\frac{1}{2}\cdot\frac{1}{1-\frac{Z}{2}} - \frac{2}{Z^2}\cdot\frac{1}{1+\frac{1}{Z^2}}$$

$$= -\frac{1}{2}\sum_{n=0}^{+\infty}\left(\frac{1}{2}\right)^n Z^n - \frac{2}{Z^2}\sum_{n=0}^{+\infty}\frac{(-1)^n}{Z^{2n}}$$

$$= -\sum_{n=0}^{+\infty}\frac{1}{2^{n+1}}Z^n + 2\sum_{n=1}^{+\infty}\frac{(-1)^n}{Z^{2n}},$$

相应的信号为

$$x(n) = \begin{cases} -\dfrac{1}{2^{n+1}}, & n\geqslant 0, \\ 2(-1)^k, & n=-2k, k=1,2,\cdots, \\ 0, & n=-2k+1, k=1,2,\cdots. \end{cases}$$

当 $2<|Z|<+\infty$ 时,

$$X(Z) = \frac{1}{Z} \cdot \frac{1}{1-\frac{2}{Z}} - \frac{1}{Z^2} \cdot \frac{1}{1+\frac{1}{Z^2}}$$

$$= \sum_{n=1}^{+\infty} \frac{2^{n-1}}{Z^n} + 2\sum_{n=1}^{+\infty} \frac{(-1)^n}{Z^{2n}}$$

$$= \sum_{n=1}^{+\infty} \frac{2^{n-1} + 2\cos\frac{n}{2}\pi}{Z^n}.$$

相应的信号为

$$x(n) = \begin{cases} 0, & n \geqslant 0, \\ 2^{-n-1} + 2\cos\frac{n}{2}\pi, & n \leqslant -1. \end{cases}$$

从这个例子知道,同一个函数 $X(Z)$,在不同区域对应不同的信号. 因此,我们可得到结论:离散信号与 Z 变换函数并不一一对应,而与 Z 变换函数的某个解析区域一一对应. 当解析区域包含单位圆 $|Z|=1$ 时,Z 变换与频谱一一对应,与信号一一对应.

我们特别指出,在本书中,离散信号 $x(n)$ 的 Z 变换定义为 $x(n)$ 的罗朗级数 $X(Z) = \sum_{n=-\infty}^{+\infty} x(n)Z^n$. 而在其他一些书中,$x(n)$ 的 Z 变换定义为 $x(n)$ 的翻转信号 $x(-n)$ 的罗朗级数,即 $\sum_{n=-\infty}^{+\infty} x(-n)Z^n = \sum_{n=-\infty}^{+\infty} x(n)Z^{-n} = X(Z^{-1})$. 实际上这只是一种习惯记法,并没有太多好处.

问 题

1. 线性滤波和时不变滤波.

设有一滤波器,对任一输入信号便对应有一输出信号.

设输入信号为 $x_1(t)$ 和 $x_2(t)$,相应输出信号分别为 $y_1(t)$ 和 $y_2(t)$. 当输入信号为 $ax_1(t)+bx_2(t)$ 时,若输出信号为 $ay_1(t)+by_2(t)$ (其中 a,b 为常数),则称这种滤波为**线性滤波**.

设输入信号为 $x(t)$ 时输出信号为 $y(t)$,当输入信号为 $x(t-t_0)$ 时,若输出信号为 $y(t-t_0)$,则称这种滤波为**时不变滤波**. 它的物理意义是：当输入信号延迟时间 t_0 时,输出信号也只延迟时间 t_0 而波形并不改变,因而称时不变滤波.

求证：设滤波由下列方式确定,对输入信号 $x(t)$,输出信号
$$y(t) = x(t) * h(t)$$
$$= \int_{-\infty}^{+\infty} h(\tau) x(t-\tau) d\tau \quad (\text{其中 } h(t) \text{ 为滤波因子}),$$
则这种滤波是线性和时不变的.

说明：当滤波具有线性和时不变性质时,则这种滤波必是褶积滤波,即输入 $x(t)$ 和输出 $y(t)$ 必有关系 $y(t) = x(t) * h(t)$. 在第四章,我们将对离散信号证明这一性质.

2. 证明：若连续信号 $x(t)$ 是带宽有限的,即当 $|f| \geq f_c$ 时 $X(f) = 0$ ($X(f)$ 为 $x(t)$ 的频谱),则当 $f_1 \geq f_c$ 时,
$$x(t) * \frac{\sin 2\pi f_1 t}{\pi t} = x(t).$$

提示：利用褶积与频谱的关系证明.

3. 利用上述结果证明
$$\frac{\sin 2\pi f_1 t}{\pi t} * \frac{\sin 2\pi f_2 t}{\pi t} = \frac{\sin 2\pi f_3 t}{\pi t},$$
其中 $f_1 > 0, f_2 > 0, f_3 = \min(f_1, f_2)$.

4. 若函数系列 $g_n(t)$ $(n = 0, \pm 1, \cdots)$ 满足
$$\int_{-\infty}^{+\infty} g_m(t) g_n(t) dt = \begin{cases} a, & m = n \ (a > 0), \\ 0, & m \neq n, \end{cases}$$
则称 $g_n(t)$ 为正交系. 证明：函数系
$$g_n = \frac{\sin \frac{\pi}{\Delta}(t - n\Delta)}{t - n\Delta}$$
是正交系.

提示：利用第 3 题结果证明,在这里取 $f_1 = f_2 = \frac{1}{2\Delta}$.

说明：在第二章 §3 的抽样定理,有个重要的关系式 (2-3-12). (2-1-12)式表示,当信号 $x(t)$ 的截频 $f_c \leq \frac{1}{2\Delta}$ 时,信号 $x(t)$ 可按照正交系 $g_n(t)$ 展开.

5. （积分信号的抽样）设连续信号 $x(t)$ 的频谱为 $X(f)$，$x(t)$ 的积分信号为
$$y(t) = \int_{-t_0}^{t_0} x(t-\tau) d\tau,$$
其中 t_0 为一正数. 求抽样信号 $y(n\Delta)$ 的频谱，Δ 为一正数.

6. 设 $x(n) = \alpha^n u(n)$，$h(n) = \beta^n u(n)$，其中 α 和 β 为非零的常数. 求褶积 $y(n) = h(n) * x(n)$.

7. 设 $x(n) = \alpha^n u(n)$，$|\alpha| < 1$. 求 $x(n)$ 与 $x(n)$ 的相关信号 $r_{xx}(n) = x(n) * x(-n)$. 称 $r_{xx}(n)$ 为 $x(n)$ 的自相关信号.

8. 求信号 $x(n) = \cos\lambda\omega_0$ 的平均功率，ω_0 为一常数.

9. 利用能量公式求 $\int_{-\infty}^{+\infty} \left(\dfrac{\sin 2\pi f_1 t}{\pi t}\right)^2 dt$.

10. 利用本章 §5 中讨论的延迟与滤波的关系，做下列问题：

（1）当输入为 $x(n)$，输出为
$$y(n) = \frac{1}{4}x(n-1) + \frac{1}{2}x(n) + \frac{1}{4}x(n+1)$$
时，求滤波因子 $h(n)$；

（2）当输入为 $x(n)$，输出为
$$y(n) = x(n) - 2qx(n-\alpha) + q^2 x(n-2\alpha)$$
时，求滤波因子 $h(n)$（其中 α 为一整数）.

11. 利用本章 §5 中讨论的谱展开式或 Z 变换展开式的唯一性，求下列各频谱所对应的时间序列：

（1）$H(f) = 1 + (\sin 2\pi\Delta f)^2$；　　（2）$H(f) = 1 + (\sin 2\pi\Delta f)^{2N}$；

（3）$H(f) = (\cos 2\pi\Delta f)^3$.

提示：利用
$$\sin 2\pi\Delta f = \frac{-1}{2i}(e^{-i2\pi\Delta f} - e^{i2\pi\Delta f}) = \frac{-1}{2i}\left(Z - \frac{1}{Z}\right),$$
$$\cos 2\pi\Delta f = \frac{1}{2}(e^{-i2\pi\Delta f} + e^{i2\pi\Delta f}) = \frac{1}{2}\left(Z + \frac{1}{Z}\right)$$
代入以上各式.

12. 设 Z 变换为
$$H(Z) = \frac{1}{1-3Z},$$

求相应的离散信号 $h(n)$.

13. 求下列信号的 Z 变换：
(1) $x(n)=\cos n\omega_0 u(n)$;　　(2) $x(n)=(1/3)^n u(n+2)$;
(3) $x(n)=3^n u(-n-1)$;　　(4) $x(n)=a^{|n|}$;
(5) $x(n)=(1/2)^n \cos n\omega_0 u(n)$.

14. 对于两个时间函数或序列相乘的频谱.
(1) 证明：设连续时间函数 $x(t), y(t)$ 的频谱分别为 $X(f), Y(f)$，则 $x(t)y(t)$ 的频谱为
$$X(f)*Y(f)=\int_{-\infty}^{+\infty}X(\lambda)Y(f-\lambda)\mathrm{d}\lambda;$$
(2) 证明：设两个序列 $x(n)$ 和 $y(n)$ 的频谱分别为 $X(\omega)$ 和 $Y(\omega)$（其定义见(3-4-3)式），则 $g(n)=x(n)y(n)$ 的频谱 $G(\omega)$ 为
$$G(\omega)=\frac{1}{2\pi}\int_{-\pi}^{\pi}X(\lambda)Y(\omega-\lambda)\mathrm{d}\lambda.$$

15. 利用第14题(1)的结论,求 $\left(\dfrac{\sin 2\pi f_1 t}{\pi t}\right)^2$ 的频谱.

参 考 文 献

[1] Oppenheim A V and Schafer R W. Discrete-time Signal Processing. Englewood Cliffs, NJ: Prentice Hall, 1989. （中译本：黄建国、刘树棠译. 离散时间信号处理. 北京：科学出版社，1998.）

[2] Oppenheim A V and Schafer R W. Digital Signal Processing. Englewood Cliffs, NJ: Prentice-Hall, Inc, 1975. （中译本：董士嘉、杨耀增译. 数字信号处理. 北京：科学出版社，1981.）

[3] Rabiner L R and Gold B. Theory and Application of Digital Signal Processing. Englewood Cliffs, NJ: Prentice Hall, 1975. （中译本：史令启译. 数字信号处理的原理与应用. 北京：国防工业出版社，1982.）

[4] Roberts R A and Mullis C T. Digital Signal Processing. MA: Addison-Wesley, Reading, 1987.

[5] 程乾生. 数字信号处理. 北京：北京大学出版社，2005.

[6] 方企勤. 复变函数教程. 北京：北京大学出版社，1996.

[7] 樊映川. 高等数学讲义（下册）. 北京：高等教育出版社，2005.

第四章 线性时不变滤波器与系统

系统可以看做是一种装置或一个盒子,但它不是封闭的,有输入和输出.当输入和输出为连续时间信号时,系统称为**连续时间系统**.当输入和输出为离散时间信号时,系统称为**离散时间系统**.从数学角度看,系统就是一种信号的变换.从滤波角度看,系统就是一个滤波器.因此,有时我们就把系统看成一个滤波器,无论它是简单的或复杂的滤波器,线性的或非线性的滤波器.

信号、电路和系统有密切的关系.对连续时间系统的研究已有相当长的历史,并已建立了相应的理论.对离散时间系统的研究,虽然时间也很悠长,特别在 20 世纪 40 和 50 年代,抽样数据控制系统的研究取得重大进展,但是,在 20 世纪 60 年代以后,随着信号处理形成一门学科,人们开始以数字信号处理作为工具研究离散时间系统的问题.用数字信号处理的观点研究离散时间系统,视野大大开阔了,手段大大增强了.利用数字信号处理手段,无论是简单的还是复杂的滤波,无论是线性的还是非线性滤波,都可在计算机里进行,而无需用电阻、电容等电子元件实现.由于可以通过计算机实现,这为充分发挥数学的作用提供了舞台.

对系统进行研究包含两方面内容:系统分析和系统设计(或综合).本章将对线性时不变系统进行分析,包括系统的定义、稳定性、组合、有理系统和差分方程.在第十章和第十一章将对两种形式线性时不变系统(滤波器)的设计进行讨论.

§1 线性时不变系统及其时间响应函数

在这一节,我们介绍线性时不变系统的基本概念.

第四章 线性时不变滤波器与系统

1. 系统的一般定义

一个系统就是信号到信号的一个变换.

设 S 是信号全体, T 是一个系统. 对任何一个信号 $x(n) \in S$, 通过系统 T, 有一个信号 $y(n) \in S$ 与之相对应. 我们把 $y(n)$ 记为 $y(n) = Tx(n)$, 称 $x(n)$ 为系统的**输入信号**, $y(n)$ 为系统的**输出信号**.

我们也可以把系统 T 看成一个滤波器 T, 对任何信号 $x(n)$, 通过滤波器 T, 把 $x(n)$ 滤波改造成一个新的信号 $y(n) = Tx(n)$.

上面关于系统的定义是非常一般的, 它包含线性系统和非线性系统, 时不变系统和时变系统, 等等. 这里要注意, 我们所讨论的系统不是封闭的, 即它有输入信号和相应的输出信号. 系统好比一个黑盒子, 我们正是通过研究输入和输出信号的关系, 来研究这个盒子本身的性质和特点.

2. 线性时不变系统

如果对任何输入信号 $x_1(n)$ 和 $x_2(n)$, 以及任何常数 a 和 b, 有
$$T[ax_1(n) + bx_2(n)] = aTx_1(n) + bTx_2(n)$$
$$= ay_1(n) + by_2(n),$$
则称系统 T 为**线性系统**.

我们注意到, 当我们讨论的信号为实信号时, a 和 b 取为实数, 当我们讨论的信号为复信号时, a 和 b 取为复数.

如果对任何输入信号 $x(n)$ 和任何整数 k, 以及输出信号 $y(n) = Tx(n)$, 有
$$y(n-k) = Tx(n-k),$$
则称系统 T 为**时不变系统**.

时不变性质表示: 输出信号的波形不随输入信号的延迟而改变, 同时, 输出信号的延迟和输入信号的延迟是同步的, 即延迟时间都是 k.

如果一个系统 T 既是线性的, 又是时不变的, 则称该系统 T 为**线性时不变系统**.

我们可以证明, 滤波器(见图 3-2)是一个线性时不变系统, 因此,

我们把由(3-1-2)和(3-1-3)式所确定的滤波称为**线性时不变滤波**. 下面我们将证明,线性时不变系统和线性时不变滤波在本质上乃至形式上是一致的. 通过这一章,我们可以从系统的角度来了解滤波.

3. 线性时不变系统的时间响应函数

离散 δ 函数定义为
$$\delta(n) = \begin{cases} 1, & n = 0, \\ 0, & n \neq 0. \end{cases}$$
在数学中, $\delta(n)$ 称为**克罗内克(Kronecker)函数**.

$\delta(n)$ 的频谱为
$$\Delta(\omega) = \sum_{n=-\infty}^{+\infty} \delta(n) e^{-in\omega} = 1, \quad \omega = 2\pi\Delta f \in [-\pi, \pi].$$
对任何信号 $x(n)$,有
$$x(n) * \delta(n) = \sum_{k=-\infty}^{+\infty} x(k)\delta(n-k) = x(n).$$
这表示,对褶积运算而言, $\delta(n)$ 像是一个单位信号,任何信号与它褶积,其结果仍是原信号.

线性时不变系统 T 的时间响应函数或滤波因子是输入为 δ 函数时系统的输出函数,即为 $h(n)$,
$$h(n) = T\delta(n).$$
相应地,线性时不变系统 T 的频率响应函数 $H(\omega)$ 和其 Z 变换 $H(Z)$ 分别为
$$H(\omega) = \sum_{n=-\infty}^{+\infty} h(n) e^{-in\omega},$$
$$H(Z) = \sum_{n=-\infty}^{+\infty} h(n) Z^n.$$

4. 线性时不变系统的输出信号

设线性时不变系统 T 的输入信号为 $x(n)$,输出信号为 $y(n)$, T 的时间响应函数为 $h(n)$. 现在我们讨论 $y(n)$ 与 $x(n)$ 及 $h(n)$ 的关系.
$$y(n) = Tx(n) = Tx(n) * \delta(n)$$
$$= T \sum_{k=-\infty}^{+\infty} x(k) \delta(n-k)$$

$$= \sum_{k=-\infty}^{+\infty} x(k) T\delta(n-k)$$

$$= \sum_{k=-\infty}^{+\infty} x(k) h(n-k)$$

$$= x(n) * h(n).$$

这表明,与输入信号 $x(n)$ 褶积的信号 $h(n)$ 为系统的时间响应函数. 上式还表明,线性时不变系统实际上是对输入信号 $x(n)$ 用 $h(n)$ 进行线性滤波,即

$$y(n) = x(n) * h(n).$$

上式的 Z 变换关系为

$$H(Z) = \frac{Y(Z)}{X(Z)}.$$

即线性时不变系统 T 的 Z 变换 $H(Z)$ 为输出信号 Z 变换 $Y(Z)$ 与输入信号 Z 变换 $X(Z)$ 之比.

例1 设系统 T 的输入信号 $x(n)$ 和输出信号 $y(n)$ 的关系为

$$y(n) = Tx(n) = \sum_{k=-\infty}^{n} x(k),$$

试说明该系统的线性时不变性质,求出系统的时间响应函数.

解 设 $x_1(n)$ 和 $x_2(n)$ 为两个输入信号,a 和 b 为两个常数. 由于

$$T(ax_1(n) + bx_2(n)) = \sum_{k=-\infty}^{n} (ax_1(k) + bx_2(k))$$

$$= a \sum_{k=-\infty}^{n} x_1(k) + b \sum_{k=-\infty}^{n} x_2(k)$$

$$= aTx_1(n) + bTx_2(n),$$

该系统为线性的. 设输入信号 $x(n)$ 的输出为 $y(n) = Tx(n)$. 考虑时移信号 $x(n-m)$,其中 m 为一整常数. 由于

$$Tx(n-m) = \sum_{k=-\infty}^{n} x(k-m) = \sum_{l=-\infty}^{n-m} x(l) = y(n-m),$$

该系统为时不变系统. 对线性时不变系统,系统的时间响应函数为

$$h(n) = T\delta(n) = \sum_{k=-\infty}^{n} \delta(k) = \begin{cases} 1, & n \geq 0, \\ 0, & n < 0, \end{cases}$$

也即 $h(n) = u(n)$.

例2 设线性时不变系统 T 的输入信号为 $x(n) = u(n)$,输出信

号为
$$y(n) = n\left(\frac{1}{2}\right)^n u(n),$$
求系统的 Z 变换 $H(Z)$ 和时间响应函数 $h(n)$.

解 输入信号 $x(n)$ 的 Z 变换为
$$X(Z) = \sum_{n=0}^{+\infty} Z^n = \frac{1}{1-Z},$$
按照第三章§6例2,输出信号 $y(n)$ 的 Z 变换为
$$Y(Z) = \frac{1}{2} \frac{Z}{\left(1-\frac{1}{2}Z\right)^2},$$
线性时不变系统的 Z 变换为
$$H(Z) = \frac{Y(Z)}{X(Z)} = Y(Z) - ZY(Z) = \frac{1}{2} \cdot \frac{Z - Z^2}{\left(1-\frac{1}{2}Z\right)^2}.$$
相应的系统时间响应函数为
$$\begin{aligned}
h(n) &= y(n) - y(n-1) \\
&= n\left(\frac{1}{2}\right)^n u(n) - (n-1)\left(\frac{1}{2}\right)^{n-1} u(n-1) \\
&\quad (u(n) = \delta(n) + u(n-1)) \\
&= n\left(\frac{1}{2}\right)^n \delta(n) + n\left(\frac{1}{2}\right)^n u(n-1) - (n-1)\left(\frac{1}{2}\right)^{n-1} u(n-1) \\
&= (2-n)\left(\frac{1}{2}\right)^n u(n-1).
\end{aligned}$$
在上面推导中要用到
$$n\left(\frac{1}{2}\right)^n \delta(n) = \begin{cases} 0, & n = 0, \\ 0, & n \neq 0. \end{cases}$$

§2 线性时不变系统的因果性和稳定性

线性时不变系统的因果性和稳定性是两个重要的性质,下面我们分别介绍.

1. 因果性

若线性时不变系统的时间响应函数 $h(n)$ 满足

$$h(n) = 0, \quad n < 0, \qquad (4-2-1)$$

则称线性时不变系统为**因果的**,或**物理可实现的**.

关于因果性的判别和详细性质,我们将在第九章讨论.

2. 稳定性

对一个系统而言,我们希望该系统是稳定的,即当输入信号为有限的时候,希望输出信号也是有限的.所谓信号是有限的,通常有两种含义:或者信号本身是有界的,或者信号的能量是有限的.我们讨论有界输入有界输出的稳定性.

对一个离散信号 $x(n)$,如果存在一个正数 C,使得 $|x(n)| \leqslant C(-\infty < n < +\infty)$,则称 $x(n)$ 是**有界的**.

对一个系统或滤波器,当输入信号 $x(n)$ 是有界的,输出信号 $y(n)$ 也是有界的,则称这个系统或滤波器具有**有界输入有界输出(BIBO)稳定性**.

对线性时不变系统,它的时间响应函数为 $h(n)$,满足什么条件时,该系统才具有有界输入有界输出稳定性呢?下面的定理回答了这个问题.

定理 1 线性时不变系统 $h(n)$ 具有有界输入有界输出(BIBO)稳定性的充分必要条件是

$$\sum_{n=-\infty}^{+\infty} |h(n)| < +\infty. \qquad (4-2-2)$$

证明 **必要性** 对任何输入信号 $x(n)$,输出信号 $y(n)$ 为

$$y(n) = x(n) * h(n) = \sum_{\tau=-\infty}^{+\infty} h(\tau) x(n-\tau).$$

在上式中,取 $n=0$,并令

$$x(-\tau) = \begin{cases} 1, & \text{当 } h(\tau) \geqslant 0, \\ -1, & \text{当 } h(\tau) < 0. \end{cases}$$

此时的 $x(n)$ 为有界信号,按有界输入有界输出的性质有

$$\sum_{\tau=-\infty}^{+\infty} |h(\tau)| = \sum_{\tau=-\infty}^{+\infty} h(\tau) x(-\tau) = y(0) < +\infty.$$

充分性 对任何一个有界输入信号 $x(n)$,存在一个正数 C,使 $|x(n)| \leqslant C (-\infty < n < +\infty)$.对输出信号 $y(n)$,有

§2 线性时不变系统的因果性和稳定性

$$|y(n)| = \left|\sum_{\tau=-\infty}^{+\infty} h(\tau)x(n-\tau)\right|$$

$$\leqslant \sum_{\tau=-\infty}^{+\infty} |h(\tau)| \cdot |x(n-\tau)|$$

$$\leqslant C \sum_{\tau=-\infty}^{+\infty} |h(\tau)| < +\infty.$$

这表明系统具有有界输入、有界输出性质. 证毕.

上面讨论了有界输入有界输出的稳定性，我们再介绍能量有限稳定性.

对一个信号 $x(n)$，它的能量为 $\sum\limits_{n=-\infty}^{+\infty} x^2(n)$. 所谓能量有限是指

$$\sum_{n=-\infty}^{+\infty} x^2(n) < +\infty.$$

对一个系统或滤波器，当输入信号是能量有限时，输出信号也是能量有限的，则称该系统或滤波器具有**能量有限稳定性**.

下面定理给出了线性时不变系统具有能量有限稳定性的必要充分条件.

定理 2 线性时不变系统 $h(n)$ 具有能量有限稳定性的充分必要条件是：$h(n)$ 的频谱 $H(\omega)$ 是有限的，即存在一正数 C，使

$$|H(\omega)| = \left|\sum_{n=-\infty}^{+\infty} h(n)\mathrm{e}^{-\mathrm{i}n\omega}\right| \leqslant C.$$

定理 2 的证明参看文献[3]和[4].

由定理 1 和定理 2 可知，具有有界输入有界输出稳定性，则一定具有能量有限稳定性，反之则不然. 以后我们说系统的稳定性，指的是有界输入有界输出稳定性.

例 1 判断下列系统是否是稳定的：

(1) $y(n) = \mathrm{e}^{x(n)}$；

(2) $y(n) = \sum\limits_{k=-\infty}^{n} x(k)$；

(3) $y(n) = x(n) * \cos(n\pi/7)$.

解 (1) 我们有

$$|y(n)| = \mathrm{e}^{x(n)} \leqslant \mathrm{e}^{|x(n)|}.$$

当 $|x(n)| \leqslant M$ 时, $|y(n)| \leqslant e^M$. 因此,这个系统是稳定的.

(2) 取 $x(n)=1$,对任何 n,这时有

$$y(n) = \sum_{k=-\infty}^{n} 1 = +\infty,$$

这表明该系统是不稳定的.

(3) 这个系统的时间响应函数为 $h(n)=\cos(n\pi/7)$. 由于

$$\sum_{n=-\infty}^{+\infty} |h(n)| = \sum_{n=-\infty}^{+\infty} |\cos(n\pi/7)|$$

（整体大于局部）

$$\geqslant \sum_{N=14m} |\cos(n\pi/7)|$$

$$= \sum_{m=-\infty}^{+\infty} |\cos(2m\pi)|$$

$$= \sum_{m=-\infty}^{+m} 1 = +\infty.$$

按照定理1,该系统是不稳定的.

例 2 设线性时不变系统的 Z 变换为

$$H(Z) = \frac{3}{1-2.5Z+Z^2}.$$

若系统是物理可实现的,求该系统的时间响应函数 $h(n)$,并判断该系统是否为稳定的.

解 Z 变换 $H(Z)$ 可作如下分解

$$H(Z) = \frac{4}{1-2Z} - \frac{1}{1-0.5Z}.$$

又系统是物理可实现的,$H(Z)$ 可展成正向单边级数

$$H(Z) = \sum_{n=0}^{+\infty} h(n) Z^n.$$

这表明 $H(Z)$ 的收敛域为包含零点的某个圆. 将 $H(Z)$ 在零点附近展开得

$$H(Z) = \frac{4}{1-2Z} - \frac{1}{1-0.5Z}$$

$$= 4\sum_{n=0}^{+\infty} 2^n Z^n - \sum_{n=0}^{+\infty} (0.5)^n Z^n$$

$$= \sum_{n=0}^{+\infty}(2^{n+2}-(0.5)^n)Z^n.$$

因此,相应的时间响应函数 $h(n)$ 为
$$h(n)=(2^{n+2}-(0.5)^n)u(n).$$

由于
$$\sum_{n=0}^{+\infty}|h(n)|=\sum_{n=0}^{+\infty}(2^{n+2}-(0.5)^n)$$
$$\geqslant \sum_{n=0}^{+\infty}2^n=+\infty,$$

这表明,该系统是不稳定的.

§3 系统的组合——串联、并联及反馈

在工程应用中,我们常看到,一些系统或滤波器组合在一起可以构成一个新的系统或滤波器,或者一个较复杂的系统或滤波器可以分解为一系列较简单的系统或滤波器的组合.系统组合的方式主要是串联、并联和反馈.由于系统与滤波器、线性时不变系统与线性时不变滤波器都是等价的概念,因此,我们说系统的组合或滤波器的组合都是一样的意思.

1. 串联

滤波器的串联是指将一个滤波器的输出与另一个滤波器的输入相连接.图 4-1 表示的是两个滤波器的串联.

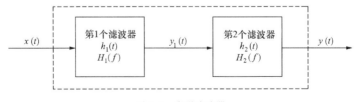

图 4-1 串联滤波器

由图 4-1 知
$$y(t)=y_1(t)*h_2(t)$$

$$= x(t) * h_1(t) * h_2(t)$$
$$= x(t) * [h_1(t) * h_2(t)]. \qquad (4\text{-}3\text{-}1)$$

因此,串联后的时间响应函数为

$$h(t) = h_1(t) * h_2(t). \qquad (4\text{-}3\text{-}2)$$

用 Z 变换表示,(4-3-1)式为

$$Y(Z) = X(Z)H_1(Z)H_2(Z).$$

因此,串联后系统或滤波器的 Z 变换为

$$H(Z) = \frac{Y(Z)}{X(Z)} = H_1(Z)H_2(Z). \qquad (4\text{-}3\text{-}3)$$

2. 并联

滤波器的并联是指将同一输入信号 $x(t)$ 加在各个滤波器的输入端上,而各个滤波器的输出加在一起构成总的输出. 图 4-2 表示两个滤波器的并联.

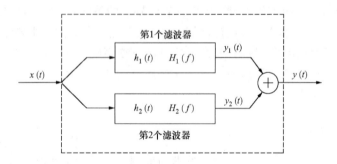

图 4-2 并联滤波器

从图 4-2 中可以看出,并联后的输出为

$$y(t) = y_1(t) + y_2(t)$$
$$= x(t) * h_1(t) + x(t) * h_2(t)$$
$$= x(t) * [h_1(t) + h_2(t)].$$

因此,并联后滤波器的滤波因子为

$$h(t) = h_1(t) + h_2(t), \qquad (4\text{-}3\text{-}4)$$

相应的 Z 变换为

$$H(Z) = H_1(Z) + H_2(Z). \qquad (4\text{-}3\text{-}5)$$

3. 反馈

滤波器的反馈,是指滤波器的输出信号在经过滤波之后又加入到输出信号上去. 反馈的一种常见形式如图 4-3 所示.

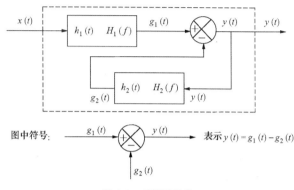

图 4-3 反馈滤波器

由图 4-3 可知

$$g_1(t) = x(t) * h_1(t), \quad g_2(t) = y(t) * h_2(t),$$

因此

$$y(t) = g_1(t) - g_2(t) = x(t) * h_1(t) - y(t) * h_2(t),$$

即

$$y(t) = x(t) * h_1(t) - y(t) * h_2(t). \tag{4-3-6}$$

相应的 Z 变换关系为

$$Y(Z) = X(Z)H_1(Z) - Y(Z)H_2(Z). \tag{4-3-7}$$

公式(4-3-6)为反馈滤波器时间域公式,公式(4-3-7)为反馈滤波器 Z 变换公式.

把(4-3-7)式中的 $Y(Z)$ 项合并,得到

$$Y(Z) = \frac{H_1(Z)}{1 + H_2(Z)} X(Z). \tag{4-3-8}$$

由此可得反馈滤波器的 Z 变换

$$H(Z) = \frac{Y(Z)}{X(Z)} = \frac{H_1(Z)}{1 + H_2(Z)}. \tag{4-3-9}$$

任何滤波器的 Z 变换如果具有(4-3-9)式的形式,都可以表示为如图 4-3 所示的反馈滤波器.

对应(4-3-9)式,反馈滤波器的时间响应函数 $h(t)$,一般不能由 $h_1(t)$ 和 $h_2(t)$ 简单地表示出来,而要根据 $H(Z)$ 与 $h(t)$ 的一一对应关系求出来. 但是,我们指出,在反馈滤波器时间域公式(4-3-6)中,并不出现 $h(t)$,也即在实际中如果用(4-3-6)式来计算,并不需要先计算出 $h(t)$.

反馈滤波器对于数字滤波极为有用,数字滤波中十分重要的递归滤波,就是一个特殊的反馈滤波. 在第十一章,我们将讨论递归滤波器的设计.

最后我们指出,为了获得组合系统或滤波器的 Z 变换,我们先要找出在时间域输出信号 $y(t)$ 与输入信号 $x(t)$ 的关系. 为此,如同分析图 4-3 反馈滤波器一样,从 $y(t)$ 出发,一层一层地找出与中间信号的关系,直至找出与输入信号 $x(t)$ 及输出信号 $y(t)$ 的关系,如公式(4-3-6)所示的那样.

例 反馈系统输入信号 $x(n)$ 与输出信号 $y(n)$ 的关系为

$$y(n) = x(n) + \frac{10}{3}y(n-1) - y(n-2).$$

求该系统的 Z 变换,频谱及相应的时间响应函数.

解 对上述关系式取 Z 变换,得相应的 Z 变换关系式

$$Y(Z) = X(Z) + \frac{10}{3}ZY(Z) - Z^2 Y(Z).$$

由此得系统的 Z 变换为

$$H(Z) = \frac{Y(Z)}{X(Z)} = \frac{1}{1 - \frac{10}{3}Z + Z^2}.$$

相应的频谱为

$$H(\mathrm{e}^{-\mathrm{i}\omega}) = \frac{1}{1 - \frac{10}{3}\mathrm{e}^{-\mathrm{i}\omega} + \mathrm{e}^{-2\mathrm{i}\omega}}.$$

为了求得与频谱相对应的时间响应函数 $h(n)$,我们令 Z 变换 $H(Z)$ 在单位圆 $|Z|=1$ 上展开:

$$H(Z) = \frac{1}{1 - \frac{10}{3}Z + Z^2} = \frac{1}{(Z-3)\left(Z - \frac{1}{3}\right)}$$

$$= \frac{3}{8}\left[\frac{1}{Z-3} - \frac{1}{Z - \frac{1}{3}}\right]$$

$$= \frac{3}{8}\left[\frac{-1}{3} \cdot \frac{1}{1 - \frac{1}{3}Z} - \frac{1}{Z} \cdot \frac{1}{1 - \frac{1}{3}Z^{-1}}\right]$$

$$= \frac{-1}{8}\sum_{n=0}^{+\infty}\left(\frac{1}{3}\right)^n Z^n - \frac{9}{8}\sum_{n=1}^{+\infty}\left(\frac{1}{3}\right)^n Z^{-n}.$$

注意在上式中 $Z = e^{-i\omega}$. 与上式对应的时间响应函数为

$$h(n) = \begin{cases} \dfrac{-1}{8}\left(\dfrac{1}{3}\right)^n, & n \geqslant 0, \\ -\dfrac{9}{8}\left(\dfrac{1}{3}\right)^{-n}, & n < 0. \end{cases}$$

上面的时间响应函数所表示的系统是稳定的.

§4 有理系统及其时间响应函数

我们研究一类重要的反馈系统或反馈滤波器,它被称之为有理系统或有理滤波器,即系统或滤波器的 Z 变换为有理函数. 有理系统或有理滤波器在系统分析和滤波器分析中起着重要作用,我们在第十一章还要讨论有理滤波器(也称递归滤波器)的设计.

1. 有理系统

在反馈系统中,见图 4-3,令

$$H_1(Z) = \sum_{k=0}^{q} b_k Z^k, \quad H_2(Z) = \sum_{k=1}^{p} a_k Z^k, \tag{4-4-1}$$

则此时的反馈系统称为**有理系统**或**有理滤波器**,也称**递归系统**或**递归滤波器**.

按(4-3-9)式,系统的 Z 变换为

$$H(Z) = \frac{H_1(Z)}{1+H_2(Z)} = \frac{\sum_{k=0}^{q} b_k Z^k}{1+\sum_{k=1}^{p} a_k Z^k}. \tag{4-4-2}$$

上式为 Z 的有理函数. 正因为此, 该系统称为**有理系统**.

由 $Y(Z) = H(Z)X(Z)$ 得

$$\begin{aligned} Y(Z) &= X(Z)H_1(Z) - Y(Z)H_2(Z) \\ &= X(Z)\sum_{k=0}^{q} b_k Z^k - Y(Z)\sum_{k=1}^{p} a_k Z^k. \end{aligned} \tag{4-4-3}$$

对应上式的信号为

$$y(n) = \sum_{k=0}^{q} b_k x(n-k) - \sum_{k=1}^{p} a_k y(n-k). \tag{4-4-4}$$

$y(n)$ 是系统或滤波器的输出, 在 (4-4-4) 式中, $y(n)$ 前面 p 个值 $y(n-1), \cdots, y(n-p)$ 又反过来参与 $y(n)$ 的计算. 正因为这个原因, 我们又称该系统为**递归系统**, 或称该滤波器为**递归滤波器**.

2. 稳定有理系统的时间响应函数

有理系统的 Z 变换为

$$H(Z) = \frac{b_0 + b_1 Z + \cdots + b_q Z^q}{1 + a_1 Z + \cdots + a_p Z^p} = \frac{B(Z)}{A(Z)}, \tag{4-4-5}$$

其中分子和分母多项式无公因子. 对稳定的有理系统而言, 系统本身的能量是有限的, 即

$$\frac{1}{2\pi}\int_{-\pi}^{\pi} |H(e^{-i\omega})|^2 d\omega < +\infty,$$

这就要求分母多项式 $A(Z)$ 在单位圆上无根.

有理分式 $H(Z)$ (见 (4-4-5) 式) 可分解为

$$H(Z) = \sum_{l=0}^{q-p} d_l Z^l + \sum_{j=1}^{m} \sum_{l_j=1}^{r_j} \frac{c_j(l_j)}{(Z-\alpha_j)^{l_j}}, \tag{4-4-6}$$

其中 α_j 为分母 $1+a_1 Z+\cdots+a_p Z^p$ 的 r_j 重根, $j=1,\cdots,m$, $\sum_{j=1}^{m} r_j = p$. 当 $q<p$ 时, (4-4-6) 式右边的第一项不存在.

在任何数学分析或高等数学的教材中,在讲到有理函数的不定积分时,都会有类似(4-4-6)式的分解式.

如何由(4-4-6)式的右边求稳定系统的时间响应函数呢？关键要用到等比级数公式(参看第三章§5 例5),将 $H(Z)$ 在包含单位圆在内的圆环解析区域表示成罗朗展示(参看第三章§6 定理2).

例1 设稳定系统的 Z 变换为

$$H(Z) = \frac{1}{(Z-\alpha)(Z-\beta)}, \quad 0 < |\alpha| < 1, |\beta| > 1, \quad (4\text{-}4\text{-}7)$$

求该系统的时间响应函数 $h(n)$.

解 对(4-4-7)式作如下分解：

$$H(Z) = \frac{1}{\beta-\alpha}\Big(\frac{1}{Z-\beta} - \frac{1}{Z-\alpha}\Big).$$

由于 $|\beta|>1$,所以

$$\frac{1}{Z-\beta} = \frac{1}{-\beta} \cdot \frac{1}{1-\frac{1}{\beta}Z} = \frac{1}{-\beta}\sum_{n=0}^{\infty}\frac{1}{\beta^n}Z^n.$$

由于 $|\alpha|<1$,所以

$$\frac{1}{Z-\alpha} = \frac{1}{Z} \cdot \frac{1}{1-\alpha Z^{-1}}$$
$$= Z^{-1}\sum_{m=0}^{\infty}\alpha^m Z^{-m} = \sum_{n=-\infty}^{-1}\alpha^{-n-1}Z^n.$$

所以

$$h(n) = \begin{cases} \dfrac{-1}{\beta-\alpha} \cdot \beta^{-n-1}, & n \geqslant 0, \\ \dfrac{-1}{\beta-\alpha} \cdot \alpha^{-n-1}, & n \leqslant -1. \end{cases} \quad (4\text{-}4\text{-}8)$$

例2 设稳定线性系统的输入信号 $x(n)$ 和输出信号 $y(n)$ 有如下关系：

$$y(n) = 4y(n-1) - 4y(n-2) + x(n), \quad (4\text{-}4\text{-}9)$$

求系统的时间响应函数.

解 用 Z^n 乘(4-4-9)式两边,再求和得 Z 变换关系式

$$Y(Z) = 4ZY(Z) - 4Z^2Y(Z) + X(Z).$$

由上得系统的 Z 变换

$$H(Z) = \frac{Y(Z)}{X(Z)} = \frac{1}{1-4Z+4Z^2} = \frac{1}{(1-2Z)^2}.$$

由于

$$\frac{1}{(1-\rho)^2} = \left(\frac{1}{1-\rho}\right)' = \left(\sum_{m=0}^{\infty}\rho^m\right)' = \sum_{n=0}^{\infty}(n+1)\rho^n, \quad |\rho|<1, \tag{4-4-10}$$

有

$$\frac{1}{(1-2Z)^2} = \frac{1}{(2Z)^2} \cdot \frac{1}{(1-(2Z)^{-1})^2}$$

$$= (2Z)^{-2}\sum_{m=0}^{\infty}(m+1)(2Z)^{-m}$$

$$= \sum_{n=-\infty}^{-2}(-n-1)2^n Z^n.$$

因此得时间响应函数

$$h(n) = \begin{cases} 0, & n \geqslant -1, \\ (-n-1)2^n, & n \leqslant -2. \end{cases} \tag{4-4-11}$$

§5 差分方程的单边 Z 变换解法

在这一节,我们要讨论如下的差分方程:

$$\begin{cases} y(n) - a_1 y(n-1) - \cdots - a_k y(n-k) = x(n), \\ 已知初始值\ y(0), y(1), \cdots, y(k-1)\ 和\ x(n), \end{cases} \quad n \geqslant k > 0. \tag{4-5-1}$$

类似的方程还有

$$\begin{cases} y(n) - a_1 y(n-1) - \cdots - a_k y(n-k) = x(n), \\ 已知初始值\ y(-1), \cdots, y(-k)\ 和\ x(n), \end{cases} \quad n \geqslant 0; \tag{4-5-2}$$

$$\begin{cases} y(n) - a_1 y(n+1) - \cdots - a_k y(n+k) = x(n), a_k \neq 0, \\ 已知初始值\ y(1), \cdots, y(k)\ 和\ x(n), \end{cases} \quad n \leqslant 0. \tag{4-5-3}$$

我们要指出,在上述三个方程中,差分方程中的系数 $a_1, \cdots, a_k$ 是已知的,差分方程(4-5-2)和(4-5-3)可以转化为方程(4-5-1).事实上,在(4-5-2)中,令 $\hat{y}(n) = y(n-k)$,则(4-5-2)就转化为(4-5-1).在(4-5-3)中,令 $\hat{y}(n) = y(-n)$,则(4-5-3)就转化为(4-5-2).

1. 有理系统和差分方程

设有理系统的输入为 $x(n)$,输出为 $y(n)$,则输出 $y(n)$ 和输入 $x(n)$ 有如下关系:
$$y(n) - a_1 y(n-1) - \cdots - a_p y(n-p)$$
$$= b_0 x(n) + \cdots + b_q x(n-q). \qquad (4\text{-}5\text{-}4)$$

(4-5-4)式作为一个有理系统,若满足一定条件,如稳定性条件,则输出 $y(n)$ 由输入 $x(n)$ 唯一确定.

若把(4-5-4)式作为一个差分方程(设 $a_p \neq 0$),则方程的解 $y(n)$ 并不仅仅由 $x(n)$ 确定.因为任给 p 个值 $y(k-1), \cdots, y(k-p)$,都可由(4-5-4)式计算出 $y(n)$,$n \geq k$ 或 $n \leq k-p-1$.这时,对 $y(n)$ 除要求满足差分方程(4-5-4)外,还要知道 p 个初始值.

因此,有理系统和差分方程是不同的.在这一节,我们讨论单向 Z 变换及其在解差分方程时的应用.单向 Z 变换是一个简单的概念,但却是一个简单有力的工具,使得解差分方程不是一件困难的事.

2. 单边 Z 变换

设离散信号为 $x(n)$,$x(n)$ 的 Z 变换定义为
$$X(Z) = \sum_{n=-\infty}^{+\infty} x(n) Z^n.$$
上面的级数求和是双向或双边的.现在我们考虑单向或单边的级数求和.$x(n)$ 的单边 Z 变换定义为
$$X(Z) = \sum_{n=0}^{+\infty} x(n) Z^n, \qquad (4\text{-}5\text{-}5)$$
(4-5-5)式也称为单边 Z 变换.至于 $X(Z)$ 表示的是 Z 变换还是单边 Z 变换,我们会事先指出.

单边 Z 变换在应用中的技巧主要是用单边 Z 变换表示单边级数求和.我们给出两个例子.

例 1 用单边 Z 变换 $X(Z)$(4-5-5)表示 $\sum_{n=0}^{+\infty} x(n-2) Z^n$.

解
$$\sum_{n=2}^{+\infty} x(n-2)Z^n = \sum_{n=0}^{+\infty} x(n-2)Z^n + x(-2) + x(-1)Z$$
$$= \sum_{m=0}^{+\infty} x(m)Z^{m+2} + x(-2) + x(-1)Z$$
$$= x(-2) + x(-1)Z + Z^2 X(Z).$$

例 2 用单边 Z 变换 $X(Z)$(4-5-5)表示 $\sum_{n=0}^{+\infty} x(n+2)Z^n$.

解
$$\sum_{n=0}^{+\infty} x(n+2)Z^n = \sum_{m=2}^{+\infty} x(m)Z^{m-2} = Z^{-2}\Big(\sum_{m=0}^{+\infty} x(m)Z^m - x(0) - x(1)Z\Big)$$
$$= Z^{-2} X(Z) - x(0)Z^{-2} - x(1)Z^{-1}.$$

3. 差分方程的单向序列解法

3.1 方程(4-5-1)的解法

为讨论方便,我们把方程(4-5-1)重写如下:

$$\begin{cases} y(n) - a_1 y(n-1) - \cdots - a_k y(n-k) = x(n), \\ \text{已知 } y(0), y(1), \cdots, y(k-1) \text{ 和 } x(n), \end{cases} \quad n \geqslant k > 0.$$
(4-5-6)

观察上面方程可知,当 $n<0$ 时,$y(n)$ 的值不影响方程的解;当 $n<k$ 时,$x(n)$ 的值也不影响方程的解. 因此,我们不妨设

$$y(n) = 0 \text{ 和 } x(n) = 0, \quad n < 0. \tag{4-5-7}$$

在上述条件下,$x(0), x(1), \cdots, x(k-1)$ 的值可由(4-5-6)式的第一个方程算出

$$\begin{cases} x(0) = y(0), \\ x(1) = y(1) - a_1 y(0), \\ \cdots\cdots\cdots\cdots\cdots\cdots\cdots\cdots\cdots \\ x(k-1) = y(k-1) - a_1 y(k-2) - \cdots - a_{k-1} y(0). \end{cases}$$
(4-5-8)

由(4-5-6)—(4-5-8)式得

$$y(n) - a_1 y(n-1) - \cdots - a_k y(n-k) = x(n). \quad (4\text{-}5\text{-}9)$$

令

$$Y(Z) = \sum_{n=0}^{+\infty} y(n)Z^n, \quad X(Z) = \sum_{n=0}^{+\infty} x(n)Z^n. \quad (4\text{-}5\text{-}10)$$

§5 差分方程的单边 Z 变换解法

由(4-5-7)知,$Y(Z)$,$X(Z)$既是 Z 变换,又是单边 Z 变换. 由(4-5-9)式得

$$Y(Z) - a_1 Z Y(Z) - \cdots - a_k Z^k Y(Z) = X(Z),$$

$$Y(Z) = \frac{X(Z)}{1 - a_1 Z - \cdots - a_k Z^k}$$

$$= \sum_{n=0}^{\infty} y(n) Z^n, \quad |Z| < \lambda. \tag{4-5-11}$$

在上式中,为求得 $Y(Z)$,常要作有理分式分解(见(4-4-5)和(4-4-6)式),但这时要注意,展成幂级数时一定要展成正单向幂级数.

例 3(斐波那契数) 13 世纪初,意大利比萨的一位数学家,名叫伦纳德,绰号斐波那契(Fibonacci (1170—1250)意思是"波那契之子")提出了一个有趣的问题:新生的兔子隔一个月后就有生育能力,每一对(一雌一雄)有生育能力的兔子每月不多不少恰好生一对小兔.设第 0 个月没有小兔,第 1 个月有一对小兔.由这对小兔开始繁衍.设第 n 个月有 $y(n)$ 对兔子,求 $y(n)$.

解 第 n 月的兔子是由第 $n-1$ 月的兔子演变而来的.我们把第 $n-1$ 月 $y(n-1)$ 对兔子分成两类,一类是没有生育能力即当月出生的兔子,显然有 $y(n-1) - y(n-2)$ 对,另一类是有生育能力的,显然有 $y(n-1) - [y(n-1) - y(n-2)] = y(n-2)$ 对. 这类有生育能力的 $y(n-2)$ 对兔子,到了第二月,即第 n 月就变为 $2y(n-2)$ 对兔子. 因此,第 n 月兔子对数 $y(n)$ 为

$$y(n) = 2y(n-2) + [y(n-1) - y(n-2)],$$

即

$$y(n) = y(n-1) + y(n-2). \tag{4-5-12}$$

(我们指出,在斐波那契去世近 400 年的时候,1634 年,数学家奇拉特才发现斐波那契数的递归关系(4-5-12).这说明,人类的知识创新在历史上经历了漫长而艰辛的过程.现代的人们应当在吸取人类已有知识的基础上加快知识创新的进程.)

由(4-5-12)式和已知条件,得到差分方程

$$\begin{cases} y(n) - y(n-1) - y(n-2) \xlongequal{\text{记为}} x(n), \\ \text{已知 } y(0) = 0, y(1) = 1, x(n) = 0, \end{cases} \quad n \geq 2. \tag{4-5-13}$$

这是方程(4-5-6)的一个特例。

按照(4-5-7)式,令 $y(n)=0$ 和 $x(n)=0, n<0$,并由(4-5-13)式得
$$\begin{cases} x(0) = y(0) = 0, \\ x(1) = y(1) - y(0) = 1. \end{cases}$$

这样就得到
$$y(n) - y(n-1) - y(n-2) = x(n).$$

作 Z 变换得
$$Y(Z) - ZY(Z) - Z^2 Y(Z) = X(Z) = Z.$$

解出
$$Y(Z) = \frac{Z}{1 - Z - Z^2}. \qquad (4\text{-}5\text{-}14)$$

令
$$\alpha_1 = \frac{1+\sqrt{5}}{2}, \quad \alpha_2 = \frac{1-\sqrt{5}}{2}, \qquad (4\text{-}5\text{-}15)$$

易知
$$\alpha_1 + \alpha_2 = 1, \quad \alpha_1 \alpha_2 = -1,$$

因此
$$1 - Z - Z^2 = (1 - \alpha_1 Z)(1 - \alpha_2 Z).$$

(4-5-14)式可作如下分解:
$$Y(Z) = \frac{Z}{1 - Z - Z^2} = \frac{c_1}{1 - \alpha_1 Z} + \frac{c_2}{1 - \alpha_2 Z},$$

参数 c_1 和 c_2 满足
$$\begin{cases} c_1 + c_2 = 0, \\ -c_1 \alpha_2 - c_2 \alpha_1 = 1, \end{cases}$$

由此得
$$c_1 = 1/\sqrt{5}, \quad c_2 = -1/\sqrt{5}. \qquad (4\text{-}5\text{-}16)$$

把正单边 Z 变换 $Y(Z)$ 展成正向幂级数
$$Y(Z) = \sum_{n=0}^{\infty} (c_1 \alpha_1^n + c_2 \alpha_2^n) Z^n.$$

由上式及(4-5-15)和(4-5-16)式得
$$y(n) = c_1 \alpha_1^n + c_2 \alpha_2^n$$

$$= \frac{1}{\sqrt{5}}\left(\frac{1+\sqrt{5}}{2}\right)^n - \frac{1}{\sqrt{5}}\left(\frac{1-\sqrt{5}}{2}\right)^n. \quad (4\text{-}5\text{-}17)$$

上式为斐波那契数的通项表达式.（18 世纪初,棣美佛才给出表达式 (4-5-17).也就是说,自斐波那契提出兔子问题以来,花了近 500 年时间才给出通项表达式.关于斐波那契数的性质和应用,请参看文献 [5].）

3.2 方程(4-5-2)的解法

为方便讨论,我们把(4-5-2)式重写如下:

$$\begin{cases} y(n) - a_1 y(n-1) - \cdots - a_k y(n-k) = x(n), \\ \text{已知初始值 } y(-1), \cdots, y(-k) \text{ 和 } x(n), \end{cases} \quad n \geqslant 0. \quad (4\text{-}5\text{-}18)$$

我们已经指出过,方程(4-5-2)可以转化为方程(4-5-1).因而,用 (4-5-1)的解法也可解(4-5-2).不过,这里我们给出形式稍有不同的解法.

令正单边 Z 变换 $Y(Z)$ 和 $X(Z)$:

$$Y(Z) = \sum_{n=0}^{+\infty} y(n) Z^n,$$
$$X(Z) = \sum_{n=0}^{+\infty} x(n) Z^n. \quad (4\text{-}5\text{-}19)$$

对于正整数 l,我们有

$$\sum_{n=0}^{+\infty} y(n-l) Z^n = \sum_{n=l}^{+\infty} y(n-l) Z^n + \sum_{n=0}^{l-1} y(n-l) Z^n$$
$$= \sum_{m=0}^{+\infty} y(m) Z^{m+l} + \sum_{n=0}^{l-1} y(n-l) Z^n$$
$$= Z^l Y(Z) + \sum_{n=0}^{l-1} y(n-l) Z^n. \quad (4\text{-}5\text{-}20)$$

将差分方程(4-5-18)第一式的两边同乘 Z^n,并对 n 由 0 到 $+\infty$ 求和,得

$$\sum_{n=0}^{+\infty} \left[y(n) - \sum_{l=1}^{k} a_l y(n-l) \right] Z^n = \sum_{n=0}^{+\infty} x(n) Z^n,$$

按照(4-5-19)式和(4-5-20)式得

$$Y(Z) - \sum_{l=1}^{k} a_l Z^l Y(Z) - \sum_{l=1}^{k} a_l \sum_{n=0}^{l-1} y(n-l) Z^n = X(Z),$$

解出

$$Y(Z) = \frac{\sum_{l=1}^{k} a_l \sum_{n=0}^{l-1} y(n-l) Z^n}{1 - \sum_{l=1}^{k} a_l Z^l} + \frac{X(Z)}{1 - \sum_{l=1}^{k} a_l Z^l}. \quad (4\text{-}5\text{-}21)$$

将上式展成形如(4-5-19)式的正向幂级数,就可得到差分方程(4-5-18)的解 $y(n)$。

我们指出,从(4-5-21)可以看出,差分方程的解有两部分组成:一部分仅由初始条件引起的((见(4-5-21)式右边第一项,有的书称为 0 输入响应或 0 输入解);一部分仅由输入引起的(见(4-5-21)式右边第二项,有的书称 0 状态响应或 0 状态解)。

例 4 已知

$$y(n) - ay(n-1) = x(n), \quad n \geqslant 0,$$

其中 $x(n) = \alpha \delta(n), y(-1) = \beta$,求 $y(n)$。

解 按照(4-5-19)定义正单向序列 Z 变换 $Y(Z)$ 和 $X(Z)$。由于

$$X(Z) = \sum_{n=0}^{\infty} x(n) Z^n = \alpha,$$

$$\sum_{n=0}^{\infty} y(n-1) Z^n = y(-1) + \sum_{n=1}^{\infty} y(n-1) Z^n$$

$$= y(-1) + ZY(Z),$$

再由差分方程得

$$Y(Z) - a(y(-1) + ZY(Z)) = \alpha,$$

解出

$$Y(Z) = \frac{a\beta + \alpha}{1 - aZ} = (a\beta + \alpha) \sum_{n=0}^{\infty} a^n Z^n.$$

由上得差分方程的解

$$y(n) = (a\beta + \alpha) a^n, \quad n \geqslant 0.$$

问　　题

1. 设线性时不变系统的输入为 $x(n)=\delta(n)-3\delta(n-1)$，相应的输出为 $y(n)=\delta(n)$。求系统的 Z 变换 $H(Z)$。又，当系统为物理可实现时，求系统的时间响应函数；当系统为稳定系统时，求系统的时间响应函数。

2. 判断下列系统是否是稳定的：
(1) $y(n)=x^3(x)$；
(2) $y(n)=\sin(x(n)+\varphi)$；
(3) $y(n)=\ln|x(n)|$；
(4) $y(n)=\ln(1+|x(n)|)$。

3. 可逆系统。设系统 T 的输入为 $x(n)$，输出为 $y(n)$，记为 $y(n)=Tx(n)$。如果有一个系统，对系统 T 的输出 $y(n)$ 可以唯一地恢复出输入 $x(n)$，则称该系统为系统 T 的逆系统，记为 T^{-1}，有 $T^{-1}y(n)=x(n)$。这时，系统 T 称为可逆的。判断下列系统是否是可逆的：
(1) $y(n)=x^2(n)$；
(2) $y(n)=\mathrm{e}^{x(n)}$；
(3) $y(n)=x(n)-x(n-1)$；
(4) $y(n)=\sum_{k=-\infty}^{n}x(k)$。

4. 可逆线性时不变系统。设线性时不变系统 T 是可逆的，系统 T 的逆系统记为 T^{-1}。证明：
(1) T^{-1} 是线性时不变系统；
(2) 设 T 的时间响应函数为 $h(n)$，T^{-1} 的时间响应函数为 $\hat{h}(n)$，则 $\hat{h}(n)*h(n)=\delta(n)$。

5. 求下列组合系统或组合滤波器的 Z 变换：
(1) 输入 $x(t)$ 与输出如图 4-4 所示；
(2) 输入 $x(t)$ 与输出如图 4-5 所示。

说明：图 4-4 所表示的滤波器是由一些滤波器并联和串联而组成的，图 4-5 所表示的是一种反馈滤波器。

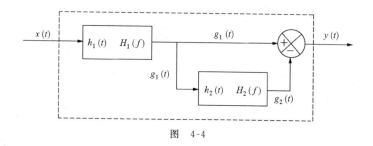

图 4-4

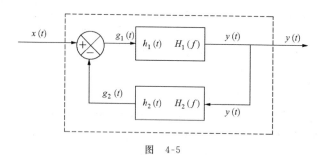

图 4-5

6. 设稳定线性系统的输入 $x(n)$ 和输出 $y(n)$ 有如下关系：
$$y(n) = \frac{1}{4}y(n-2) + \frac{1}{8}x(n),$$
求系统的时间响应函数 $h(n)$.

7. 设稳定系统的 Z 变换为
$$H(Z) = \frac{1}{(1-\alpha Z)(1-\beta Z)},$$
其中 $|\alpha|<1, |\beta|>1$. 求系统的时间响应函数 $h(n)$.

8. 设稳定系统的 Z 变换为
$$H(Z) = \frac{1}{(1-\alpha Z)(1-\beta Z)},$$
其中 $|\alpha|<1, |\beta|<1, \alpha-\beta\neq 0$. 求系统的时间响应函数 $h(n)$.

9. 设稳定线性时不变系统的输入 $x(n)$ 和输出 $y(n)$ 满足关系
$$y(n) - \frac{5}{2}y(n-1) + y(n-2) = x(n),$$
求系统的时间响应函数 $h(n)$.

10. 设稳定线性时不变系统的输入 $x(n)$ 和输出 $y(n)$ 满足关系

$$2y(n) - 5y(n-1) + 2y(n-2) = 3x(n) - 3x(n-1),$$
求系统的时间响应函数 $h(n)$。

11. 差分方程为
$$y(n) - 0.9y(n-1) = 0.5, \quad n \geqslant 0,$$
已知 $y(-1)=0$，求 $y(n)$, $n \geqslant 0$。

12. 差分方程为
$$y(n) - 0.9y(n-1) = 0.5, \quad n \geqslant 0,$$
已知 $y(-1)=1$。求 $y(n)$, $n \geqslant 0$。

13. 差分方程为
$$y(n) - 0.8y(n-1) + 0.15y(n-2) = \delta(n), \quad n \geqslant 0,$$
已知 $y(-1)=0.2, y(-2)=0.5$。求 $y(n)$, $n \geqslant 0$。

14. 差分方程为
$$y(n) = 0.25y(n-2) + x(n), \quad n \geqslant 0,$$
已知 $x(n)=\delta(n-1), y(-1)=y(-2)=1$。求 $y(n), n \geqslant 0$。

15. 差分方程为
$$y(n) = y(n-1) - y(n-2) + 0.5x(n) + 0.5x(n-1), \quad n \geqslant 0,$$
已知 $x(n)=(0.5)^n u(n), y(-1)=0.75, y(-2)=0.25$。求 $y(n), n \geqslant 0$。

参 考 文 献

[1] Oppenheim A V, Willsky A S with Nawab S H. Signals and Systems (Second edition). Prentice-Hall, 1997.

[2] Oppenheim A V, Schafer R W with Buck J R. Discrete-Time Signal Processing (Second edition). Prentice-Hall, 1999.

[3] 程乾生. 信号数字处理的数学原理. 北京：石油工业出版社, 1979.

[4] 程乾生. 信号数字处理的数学原理(第二版). 北京：石油工业出版社, 1993.

[5] 吴振奎. 斐波那契数列. 沈阳：辽宁教育出版社, 1995.

[6] Hayes M H. Digital Signal Processing. The McGraw-Hill Companies, Inc., 1999.

[7] 程乾生. 数字信号处理. 北京：北京大学出版社, 2003.

第五章 冲激函数——δ 函数

在工程应用中,冲激函数——δ 函数是一个很有用的工具.冲激函数的出现,有着很强的物理背景,它表示在一瞬间激发的脉冲.狄拉克于 1930 年在量子力学的研究中引入了冲激函数——δ 函数.然而,从数学意义上看,冲激函数完全不同于普通函数.这种函数被称为广义函数或分配函数,现在已建立了严格的数学理论,即广义函数论.另一方面,在通常的高等数学和微积分学教材中,所用的函数具有很大的局限性,如要求它们是绝对可积的,即它们的绝对值在无限区间内是可积的,这大大限制了对信号的分析研究.在这一章,我们对一种特殊的广义函数,即冲激函数——δ 函数,作一介绍和简要的讨论,以了解广义函数在信号处理中的某些应用.

§1 冲激函数——δ 函数的定义和频谱

1. δ 函数的定义

我们先从一个例子谈起.考虑在 ε 时间内激发的一个方波 $s_\varepsilon(t)$:

$$s_\varepsilon(t) = \begin{cases} \dfrac{1}{\varepsilon}, & |t| \leqslant \dfrac{\varepsilon}{2}, \\ 0, & |t| > \dfrac{\varepsilon}{2}. \end{cases}$$

它的图形见图 5-1(a).这个方波的面积为 1.

当 ε 越变越小时,方波 $s_\varepsilon(t)$ 的宽度 ε 越变越小,方波 $s_\varepsilon(t)$ 的高度 $1/\varepsilon$ 越变越大.当 ε→0 时,我们就把方波 $s_\varepsilon(t)$ 的极限称为单位冲激函数,或称 δ 函数,记为 $\delta(t)$.从函数极限角度看,$\delta(t)$ 为

$$\delta(t) = \begin{cases} +\infty, & t = 0, \\ 0, & t \neq 0, \end{cases} \tag{5-1-1}$$

见图 5-1(b).从面积角度看,则有

§1 冲激函数——δ函数的定义和频谱

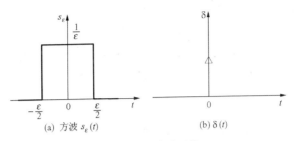

(a) 方波 $s_\varepsilon(t)$ (b) $\delta(t)$

图 5-1 方波与 δ 函数

$$\int_{-\infty}^{+\infty} \delta(t)\mathrm{d}t = \lim_{\varepsilon \to 0}\int_{-\infty}^{+\infty} s_\varepsilon(t)\mathrm{d}t = 1. \qquad (5\text{-}1\text{-}2)$$

关系式(5-1-1),(5-1-2)只反映了 δ 函数本身的两个特点.然而,按照通常的函数和积分的定义,我们还不能理解 δ 函数的含义.我们需要从 δ 函数与其他函数的关系中了解 δ 函数,即把 δ 函数看成一个系统、一个黑盒子、一个变换,用"试验函数"来测试它.试验函数具有很好的性质,在一个有限区间之外为零,有任意阶微商.设 $\varphi(t)$ 为试验函数,经 δ 函数变换后为 $\varphi(0)$ 值,我们记为

$$\langle \delta(t), \varphi(t) \rangle = \int_{-\infty}^{+\infty} \delta(t)\varphi(t)\mathrm{d}t = \varphi(0). \qquad (5\text{-}1\text{-}3)$$

定义 使(5-1-3)式成立的函数 $\delta(t)$,我们称为**单位冲激函数**,或 **δ 函数**.

由上定义可知,$\delta(-t)$ 也满足(5-1-3)式,这是因为

$$\int_{-\infty}^{+\infty} \delta(-t)\varphi(t)\mathrm{d}t \xrightarrow{\lambda = -t} \int_{-\infty}^{+\infty} \delta(\lambda)\varphi(-\lambda)\mathrm{d}\lambda = \varphi(-0) = \varphi(0),$$

所以 $\delta(-t)$ 和 $\delta(t)$ 一样也是 δ 函数,因而有

$$\delta(-t) = \delta(t). \qquad (5\text{-}1\text{-}4)$$

我们要注意的是,$\delta(t)$ 不是普通的函数,包含它的积分(见(5-1-3)式的左边的积分)也不是普通的积分,而是一种极限状态的结果.但是从上面方波 $s_\varepsilon(t)$ 的讨论中,我们已了解它们的直观意义.

现在我们进一步讨论作为普通函数广义极限的 δ 函数.

设 $g_\lambda(t)$ 为普通函数,$\varphi(t)$ 为试验函数,如果 $g_\lambda(t)$ 使

$$\lim_{\lambda \to \beta}\int_{-\infty}^{+\infty} g_\lambda(t)\varphi(t)\mathrm{d}t = \varphi(0) \qquad (5\text{-}1\text{-}5)$$

成立,则称 $\delta(t)$ 为 $g_\lambda(t)$ 当 $\lambda \to \beta$ 时的**广义极限**,记为

$$\lim_{\lambda \to \beta} g_\lambda(t) = \delta(t). \tag{5-1-6}$$

公式(5-1-5)也可以用频谱来表示,设 $g_\lambda(t)$ 的频谱为 $G_\lambda(f)$,$\varphi(t)$ 的频谱为 $\Phi(f)$。由(3-3-2)式,公式(5-1-5)可写为

$$\lim_{\lambda \to \beta} \int_{-\infty}^{+\infty} G_\lambda(-f)\Phi(f)\mathrm{d}f = \varphi(0). \tag{5-1-7}$$

对方波 $s_\varepsilon(t)$(见图 5-1)而言,我们有

$$\lim_{\varepsilon \to 0} s_\varepsilon(t) = \delta(t).$$

我们再给出下面的关系式:

$$\lim_{\lambda \to 0} \frac{1}{\sqrt{\pi\lambda}} \mathrm{e}^{-t^2/\lambda} = \delta(t), \qquad \lim_{\lambda \to +\infty} \frac{\lambda}{2} \mathrm{e}^{-\lambda|t|} = \delta(t),$$

$$\lim_{\lambda \to +\infty} \frac{\sin\lambda t}{\pi t} = \delta(t), \qquad \lim_{\lambda \to +\infty} \frac{1}{2\lambda} \left[\frac{\sin 2\pi\lambda t}{\pi t}\right]^2 = \delta(t).$$

现在我们证明其中一个公式。

例 证明

$$\lim_{\lambda \to +\infty} \frac{\sin\lambda t}{\pi t} = \delta(t).$$

证明 记 $g_\lambda(t) = \dfrac{\sin\lambda t}{\pi t}$,令

$$G_\lambda(f) = \begin{cases} 1, & |f| \leqslant \dfrac{\lambda}{2\pi}, \\ 0, & |f| > \dfrac{\lambda}{2\pi}. \end{cases}$$

易知 $G_\lambda(f)$ 是 $g_\lambda(t)$ 的频谱。设 $\varphi(t)$ 的频谱为 $\Phi(f)$。由(3-3-2)知,

$$\int_{-\infty}^{+\infty} \frac{\sin\lambda s}{\pi s} \varphi(s)\mathrm{d}s = \int_{-\lambda/(2\pi)}^{\lambda/(2\pi)} \Phi(f)\mathrm{d}f.$$

因此

$$\lim_{\lambda \to +\infty} \int_{-\infty}^{+\infty} \frac{\sin\lambda s}{\pi s} \varphi(s)\mathrm{d}s = \lim_{\lambda \to +\infty} \int_{-\lambda/(2\pi)}^{\lambda/(2\pi)} \Phi(f)\mathrm{d}f = \int_{-\infty}^{+\infty} \Phi(f)\mathrm{d}f = \varphi(0).$$

这表明要证明的等式成立。

2. δ 函数的频谱

对 δ 函数,同样可进行傅氏变换,可求频谱,频谱的性质也同样成

立,不过此时的傅氏变换只要把它理解为广义函数的傅氏变换就行了.

$\delta(t)$的频谱. 按照(5-1-3)式,有
$$\int_{-\infty}^{+\infty}\delta(t)\mathrm{e}^{-\mathrm{i}2\pi ft}\mathrm{d}t = \mathrm{e}^0 = 1,$$
因此,按照反傅氏变换公式,则有
$$\int_{-\infty}^{+\infty} 1 \cdot \mathrm{e}^{\mathrm{i}2\pi ft}\mathrm{d}f = \delta(t).$$

对时移信号$\delta(t-t_0)$,按照(5-1-3)式,它的频谱为
$$\int_{-\infty}^{+\infty}\delta(t-t_0)\mathrm{e}^{-\mathrm{i}2\pi ft}\mathrm{d}t \xrightarrow{\lambda = t - t_0} \int_{-\infty}^{+\infty}\delta(\lambda)\mathrm{e}^{-\mathrm{i}2\pi f(\lambda+t_0)}\mathrm{d}\lambda$$
$$= \mathrm{e}^{-\mathrm{i}2\pi f(0+t_0)} = \mathrm{e}^{-\mathrm{i}2\pi ft_0}.$$

因此,按照反傅氏变换公式,则有
$$\int_{-\infty}^{+\infty}\mathrm{e}^{-\mathrm{i}2\pi ft_0}\mathrm{e}^{\mathrm{i}2\pi ft}\mathrm{d}f = \delta(t-t_0),$$
即
$$\int_{-\infty}^{+\infty}\mathrm{e}^{\mathrm{i}2\pi f(t-t_0)}\mathrm{d}f = \delta(t-t_0). \tag{5-1-8}$$

若信号为$\mathrm{e}^{\mathrm{i}2\pi f_0 t}$,按照(5-1-8)式,它的频谱为
$$\int_{-\infty}^{+\infty}\mathrm{e}^{\mathrm{i}2\pi f_0 t}\mathrm{e}^{-\mathrm{i}2\pi ft}\mathrm{d}t = \int_{-\infty}^{+\infty}\mathrm{e}^{\mathrm{i}2\pi t(f_0-f)}\mathrm{d}t$$
$$= \delta(f_0 - f) = \delta(f - f_0).$$

由此可知,信号$\cos 2\pi f_0 t = \dfrac{\mathrm{e}^{\mathrm{i}2\pi f_0 t} + \mathrm{e}^{-\mathrm{i}2\pi f_0 t}}{2}$的频谱为
$$\frac{\delta(f - f_0) + \delta(f + f_0)}{2},$$
信号$\sin 2\pi f_0 t = \dfrac{\mathrm{e}^{\mathrm{i}2\pi f_0 t} - \mathrm{e}^{-\mathrm{i}2\pi f_0 t}}{2\mathrm{i}}$的频谱为
$$\frac{\delta(f - f_0) - \delta(f + f_0)}{2\mathrm{i}}.$$

把以上讨论结果总结为如下对应关系:

信号$s(t) = \int_{-\infty}^{+\infty}S(f)\mathrm{e}^{\mathrm{i}2\pi ft}\mathrm{d}f \longleftrightarrow$ 频谱$S(f) = \int_{-\infty}^{+\infty}s(t)\mathrm{e}^{-\mathrm{i}2\pi ft}\mathrm{d}t,$

$$\delta(t) \longleftrightarrow 1,$$

$$\delta(t-t_0) \longleftrightarrow e^{-i2\pi f t_0},$$

$$e^{i2\pi f_0 t} \longleftrightarrow \delta(f-f_0),$$

$$\cos 2\pi f_0 t \longleftrightarrow \frac{1}{2}[\delta(f-f_0)+\delta(f+f_0)],$$

$$\sin 2\pi f_0 t \longleftrightarrow \frac{1}{2i}[\delta(f-f_0)-\delta(f+f_0)],$$

$$1 \longleftrightarrow \delta(f).$$

3. 符号信号与单位阶跃信号的频谱

在信号分析中,符号信号与单位阶跃信号是两个很重要的信号. 现在我们给出它们的频谱.

3.1 符号信号 sgn$t$ 的频谱

信号 sgn$t$ 为

$$\text{sgn}t = \begin{cases} 1, & t>0, \\ 0, & t=0, \\ -1, & t<0. \end{cases}$$

sgn$t$ 的图形见图 5-2(a).

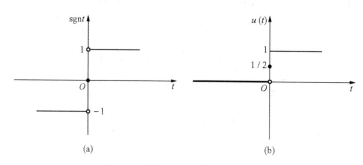

图 5-2 符号信号与单位阶跃信号

sgn$t$ 的频谱为 $\dfrac{1}{i\pi f}$. 为了证明这一点,我们只需证明 $\dfrac{1}{i\pi f}$ 的反傅氏变换为 sgn$t$ 就行了.

$$\int_{-\infty}^{+\infty} \frac{1}{i\pi f} e^{i2\pi ft} df = \int_{-\infty}^{+\infty} \frac{\cos 2\pi ft}{i\pi f} df + \int_{-\infty}^{+\infty} \frac{\sin 2\pi ft}{\pi f} df.$$

上式第一个积分由于被积函数是奇函数而等于 0,第二个积分作为 t 的

§1 冲激函数——δ函数的定义和频谱   121

函数它等于 sgn$t$(见第一章问题第 7 题). 于是 sgn$t$ 的频谱为 $\dfrac{1}{\mathrm{i}\pi f}$,即

$$\mathrm{sgn}\,t \longleftrightarrow \dfrac{1}{\mathrm{i}\pi f}. \qquad (5\text{-}1\text{-}9)$$

3.2 单位阶跃信号 $u(t)$ 的频谱

单位阶跃信号 $u(t)$(见图 5-2(b))为

$$u(t) = \dfrac{1}{2} + \dfrac{1}{2}\mathrm{sgn}\,t = \begin{cases} 1, & t > 0, \\ 1/2, & t = 0, \\ 0, & t < 0. \end{cases}$$

由于 $\dfrac{1}{2}$ 对应的频谱为 $\dfrac{1}{2}\delta(f)$,$\dfrac{1}{2}\mathrm{sgn}\,t$ 对应的频谱为 $\dfrac{1}{\mathrm{i}2\pi f}$,所以 $u(t)$ 的频谱为

$$U(f) = \dfrac{1}{2}\delta(f) + \dfrac{1}{\mathrm{i}2\pi f},$$

即

$$\dfrac{1}{2} + \dfrac{1}{2}\mathrm{sgn}\,t \longleftrightarrow \dfrac{1}{2}\delta(f) + \dfrac{1}{\mathrm{i}2\pi f}. \qquad (5\text{-}1\text{-}10)$$

4. 广义函数

1950 年左右,法国数学家施瓦兹(Schwartz)提出了广义函数理论(见文献[4]). δ 函数就是广义函数的一个例子. 这里,我们简明地介绍广义函数的基本概念,使大家对广义函数有一个初步的了解.

首先介绍基本空间. 由试验函数(在一个有限区间之外为 0,有任意阶微商)组成的函数集合称为基本空间 $\mathscr{D}$. 当然,我们还要给出 $\mathscr{D}$ 中函数收敛性的定义. 设 $\varphi_n(t), \varphi(t) \in \mathscr{D}$,如果存在一个区间使 $\varphi_n(t), \varphi(t)$ 在这个区间之外皆为 0,而且 $\varphi_n(t)$ 的任意固定阶微商函数一致收敛到 $\varphi(t)$ 的相应阶微商函数,则称 $\varphi_n(t)$ 趋于 $\varphi(t)$,或称 $\varphi_n(t)$ 在 $\mathscr{D}$ 中**收敛于** $\varphi(t)$,记为 $\varphi_n(t) \to \varphi(t)(\mathscr{D})$.

设 f 为 $\mathscr{D}$ 到实数 $\boldsymbol{R}$ 的一个变换,即 $f: \mathscr{D} \to \boldsymbol{R}$,则称 f 为 $\mathscr{D}$ 上的一个**泛函**,记为 $\langle f, \varphi \rangle, \forall \varphi \in \mathscr{D}$. 符号 $\forall$ 表示任意的意思. 如果对 $\forall \lambda_1, \lambda_2 \in \boldsymbol{R}$,有

$$\langle f, \lambda_1 \varphi_1 + \lambda_2 \varphi_2 \rangle = \lambda_1 \langle f, \varphi_1 \rangle + \lambda_2 \langle f, \varphi_2 \rangle, \quad \forall \varphi_1, \varphi_2 \in \mathscr{D},$$

则称 f 为 $\mathscr{D}$ 上的**线性泛函**. 如果对任意的 $\varphi_n, \varphi \in \mathscr{D}$, 只要 $\varphi_n \to \varphi(\mathscr{D})$, 就有 $\langle f, \varphi_n \rangle \to \langle f, \varphi \rangle$ $(n \to \infty)$, 则称 f 为 $\mathscr{D}$ 上的**连续泛函**.

$\mathscr{D}$ 上的一切线性连续泛函都称为**广义函数**.

例如 δ 函数定义为

$$\langle \delta, \varphi \rangle = \varphi(0), \quad \forall \varphi \in \mathscr{D}.$$

易知, δ 函数为 $\mathscr{D}$ 上的线性连续泛函, 即广义函数.

一切广义函数所组成的集合称为基本空间 $\mathscr{D}$ 的**共轭空间**, 记为 $\mathscr{D}'$.

设广义函数 f_n, f, 即 $f_n, f \in \mathscr{D}'$, 满足

$$\lim_{n \to \infty} \langle f_n, \varphi \rangle = \langle f, \varphi \rangle, \quad \forall \varphi \in \mathscr{D},$$

则称广义函数 f_n 在 $\mathscr{D}'$ 意义下**收敛于** f, 记为 $f_n \to f(\mathscr{D}')$.

试验函数可以是一元函数, 也可以是多元函数. 若为多元函数, 则在一个有限多维立方体之外为 0, 有任意阶偏微商. 由于试验函数有很好的性质, 所以, 对广义函数的一些运算就转移到试验函数上来. 例如, 当试验函数为多元函数 $\varphi(x_1, \cdots, x_n)$ 时, 广义函数 $f(x_1, \cdots, x_n)$ 的偏微商 $\dfrac{\partial f}{\partial x_j}$ $(j=1,2,\cdots,n)$ 定义为

$$\left\langle \frac{\partial f}{\partial x_j}, \varphi \right\rangle = (-1) \left\langle f, \frac{\partial \varphi}{\partial x_j} \right\rangle, \quad \forall \varphi \in \mathscr{D}.$$

由此定义可导出高阶偏微商的公式.

关于广义函数更详细的论述和内容, 请参看文献[4].

§2 δ 函数的微商

1. δ 函数微商的定义

和 δ 函数的定义相仿, 我们也可以定义 δ 函数的微商.

使下式成立的函数 $\delta'(t)$ 称为 δ 函数的**一阶微商**:

$$\int_{-\infty}^{+\infty} \delta'(t) \varphi(t) \mathrm{d}t = -\varphi'(0), \quad \varphi(t) \text{ 和 } \varphi'(t) \text{ 在 } t=0 \text{ 连续}.$$

对上式作一解释. 我们假定, 对 δ 函数分部积分法仍然有效, 于是有

$$\int_{-\infty}^{+\infty} \delta'(t) \varphi(t) \mathrm{d}t = \delta(t) \varphi(t) \Big|_{-\infty}^{+\infty} - \int_{-\infty}^{+\infty} \delta(t) \varphi'(t) \mathrm{d}t = -\varphi'(0).$$

这说明,对 δ 函数一阶微商作这样的定义是很自然的. 类似地,我们可给出 δ 函数 k 阶微商的定义.

满足等式
$$\int_{-\infty}^{+\infty}\delta^{(k)}(t)\varphi(t)\mathrm{d}t=(-1)^k\varphi^{(k)}(0) \qquad (5\text{-}2\text{-}1)$$
的函数 $\delta^{(k)}(t)$,称为 δ 函数的 k **阶微商**. 在(5-2-1)式中,k 为非负整数,$\varphi(t),\varphi'(t),\cdots,\varphi^{(k)}(t)$ 在 $t=0$ 时连续. 当 $k=0$ 时,令 $\delta^{(0)}(t)=\delta(t),\varphi^{(0)}(t)=\varphi(t)$.

由(5-2-1)式,我们容易得到
$$\int_{-\infty}^{+\infty}\delta^{(k)}(t-t_0)\varphi(t)\mathrm{d}t=(-1)^k\varphi^{(k)}(t_0). \qquad (5\text{-}2\text{-}2)$$

2. δ 函数微商的频谱

按照 δ 函数微商的定义,δ 函数微商的频谱为
$$\begin{aligned}\int_{-\infty}^{+\infty}\delta^{(k)}(t)\mathrm{e}^{-\mathrm{i}2\pi ft}\mathrm{d}t &= (-1)^k(\mathrm{e}^{-\mathrm{i}2\pi ft})^{(k)}\Big|_{t=0} \\ &= (-1)^k(-\mathrm{i}2\pi f)^k=(\mathrm{i}2\pi f)^k. \end{aligned} \qquad (5\text{-}2\text{-}3)$$

现在讨论 $\delta^{(k)}(-t)$ 与 $\delta^{(k)}(t)$ 的关系. 由(5-2-1)式知
$$\begin{aligned}\int_{-\infty}^{+\infty}\delta^{(k)}(-t)\varphi(t)\mathrm{d}t &\xlongequal{s=-t}\int_{-\infty}^{+\infty}\delta^{(k)}(s)\varphi(-s)\mathrm{d}s \\ &=(-1)^k(-1)^k\varphi^{(k)}(0)=\varphi^{(k)}(0).\end{aligned}$$

把上式和(5-2-1)式比较,得
$$\delta^{(k)}(-t)=(-1)^k\delta^{(k)}(t). \qquad (5\text{-}2\text{-}4)$$
这表明,当 k 为奇数时,$\delta^{(k)}(t)$ 为奇函数;当 k 为偶数时,$\delta^{(k)}(t)$ 为偶函数.

公式(5-2-4)也可由(5-2-3)式得到. 由(5-2-3)式知,$\delta^{(k)}(t)$ 的频谱为 $(\mathrm{i}2\pi f)^k$. 根据频谱的翻转性质,$\delta^{(k)}(-t)$ 的频谱为
$$[\mathrm{i}2\pi(-f)]^k=(-1)^k(\mathrm{i}2\pi f)^k.$$
由此可得(5-2-4)式.

根据(5-2-3)式和频谱翻转性质、对称性质,可得下面的对应关系($k=0$ 时令 $\delta^{(0)}(t)=\delta(t)$):

$$信号\ s(t)\longleftrightarrow 频谱\ S(\omega)=\int_{-\infty}^{+\infty}s(t)\mathrm{e}^{-\mathrm{i}2\pi ft}\mathrm{d}t,$$

$$\delta^{(k)}(t) \longleftrightarrow (\mathrm{i}2\pi f)^k,$$

$$\delta^{(k)}(-t) \longleftrightarrow (-1)^k (\mathrm{i}2\pi f)^k,$$

$$\delta^{(k)}(t-t_0) \longleftrightarrow (\mathrm{i}2\pi f)^k \mathrm{e}^{-\mathrm{i}2\pi f t_0},$$

$$\frac{1}{2}[\delta^{(k)}(t-t_0) + \delta^{(k)}(t+t_0)] \longleftrightarrow (\mathrm{i}2\pi f)^k \cos 2\pi f t_0,$$

$$\frac{1}{2}[\delta^{(k)}(t+t_0) - \delta^{(k)}(t-t_0)] \longleftrightarrow (\mathrm{i}2\pi f)^k \sin 2\pi f t_0,$$

$$(\mathrm{i}2\pi t)^k \longleftrightarrow \delta^{(k)}(-f) = (-1)^k \delta^{(k)}(f),$$

$$(\mathrm{i}2\pi t)^k \cos 2\pi f_0 t \longleftrightarrow \frac{1}{2}(-1)^k [\delta^{(k)}(f-f_0) + \delta^{(k)}(f+f_0)],$$

$$(\mathrm{i}2\pi t)^k \sin 2\pi f_0 t \longleftrightarrow \frac{1}{2}(-1)^k [\delta^{(k)}(f-f_0) - \delta^{(k)}(f+f_0)].$$

3. δ 函数微商与普通函数的乘积

设 $\beta(t)$ 在 $t=t_0$ 点有直到 k 阶的连续微商. 考虑函数 $\beta(t)\delta^{(k)}(t-t_0)$. 由(5-2-2)式知

$$\int_{-\infty}^{+\infty} \beta(t)\delta^{(k)}(t-t_0)\varphi(t)\mathrm{d}t = (-1)^k [\beta(t)\varphi(t)]^{(k)} \bigg|_{t=t_0}$$

$$= (-1)^k \sum_{l=0}^{k} C_k^l \beta^{(l)}(t_0) \varphi^{(k-l)}(t_0)$$

$$= \sum_{l=0}^{k} [(-1)^l C_k^l \beta^{(l)}(t_0)][(-1)^{k-l} \varphi^{(k-l)}(t_0)]. \quad (5\text{-}2\text{-}5)$$

考虑函数 $\sum_{l=0}^{k}(-1)^l C_k^l \beta^{(l)}(t_0) \delta^{(k-l)}(t-t_0)$. 由(5-2-2)式得

$$\int_{-\infty}^{+\infty} \Big(\sum_{l=0}^{k}(-1)^l C_k^l \beta^{(l)}(t_0) \delta^{(k-l)}(t-t_0)\Big)\varphi(t)\mathrm{d}t$$

$$= \sum_{l=0}^{k}(-1)^l C_k^l \beta^{(l)}(t_0)[(-1)^{k-l}\varphi^{(k-l)}(t_0)]. \quad (5\text{-}2\text{-}6)$$

比较(5-2-5)式和(5-2-6)式得

$$\beta(t)\delta^{(k)}(t-t_0) = \sum_{l=0}^{k}(-1)^l C_k^l \beta^{(l)}(t_0) \delta^{(k-l)}(t-t_0). \quad (5\text{-}2\text{-}7)$$

例 考虑 $t^m \delta^{(k)}(t)$, 其中 m,k 皆为非负整数. 显然

$$(t^m)^{(l)}\Big|_{t=0} = \begin{cases} 0, & l \neq m, \\ m!, & l = m \end{cases}$$
$$= m!\Delta(l-m),$$

其中
$$\Delta(l-m) = \begin{cases} 1, & l-m = 0, \\ 0, & l-m \neq 0. \end{cases}$$

由(5-2-7)式得
$$t^m \delta^{(k)}(t) = \sum_{l=0}^{k} (-1)^l C_k^l m! \Delta(l-m) \delta^{(k-l)}(t).$$

把 $\Delta(l-m)$ 值代入上式,得
$$t^m \delta^{(k)}(t) = \begin{cases} 0, & m > k, \\ (-1)^m C_k^m m! \delta^{(k-m)}(t), & m \leqslant k. \end{cases} \quad (5\text{-}2\text{-}8)$$

§3 用 δ 函数求函数的微商和频谱

1. 单位阶跃函数的微商

为了研究间断函数的微商,我们先来分析最简单的具有跳跃的函数——单位阶跃函数 $u(t)$,见图 5-2(b).

按照微积分基本定理,当 $f(t)$ 为连续可积函数时,函数
$$h(t) = \int_{-\infty}^{t} f(s) \mathrm{d}s$$
的微商 $h'(t) = f(t)$.

根据 $\delta(t)$ 的性质知
$$u(t) = \int_{-\infty}^{t} \delta(s) \mathrm{d}s = \begin{cases} 1, & t > 0, \\ 0, & t < 0. \end{cases}$$

类比微积分基本公式,我们定义
$$u'(t) = \delta(t). \quad (5\text{-}3\text{-}1)$$

对 $u(t)$ 微商的结果,是在间断点处出现一个 δ 函数.

2. 用 δ 函数表示间断函数的微商

在这里,我们的研究思路是把间断函数微商的问题转化为单位阶跃函数的微商问题.具体做法是把间断函数表示成几个特殊函数之和,

这种特殊函数是由连续可微函数与单位阶跃函数相乘所组成.

为简化起见,我们假定 $g(t)$ 只有一个间断点 t_0, $g(t)$ 在 $(-\infty, t_0)$ 和 $(t_0, +\infty)$ 上有 k 阶连续微商 $g^{(k)}(t)$, 而且在 $t=t_0$ 时左微商 $g^{(l)}(t_0-)$ 和右微商 $g^{(l)}(t_0+)$ 都存在,其中 $0 \leqslant l \leqslant k$, k 为自然数, 当 $k=0$ 时, 定义 $g^{(0)}(t) = g(t)$, 见图 5-3.

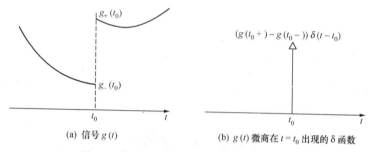

(a) 信号 $g(t)$　　　　　(b) $g(t)$ 微商在 $t=t_0$ 出现的 δ 函数

图 5-3　信号 $g(t)$ 及在 $t=t_0$ 的微商出现 δ 函数

我们构造两个函数 $g_1(t)$ 和 $g_2(t)$ 如下:

$$g_1(t) = \begin{cases} g(t), & t < t_0, \\ g(t_0-) + g'(t_0-)(t-t_0) + \cdots + \dfrac{g^{(k)}(t_0-)}{k!}(t-t_0)^k, & t \geqslant t_0; \end{cases}$$

$$g_2(t) = \begin{cases} g(t), & t > t_0, \\ g(t_0+) + g'(t_0+)(t-t_0) + \cdots + \dfrac{g^{(k)}(t_0+)}{k!}(t-t_0)^k, & t \leqslant t_0. \end{cases}$$

显然, $g_1(t)$ 和 $g_2(t)$ 在整个实轴上有 k 阶连续微商. 利用 $g_1(t)$, $g_2(t)$ 和单位阶跃信号 $u(t)$, 我们可以把 $g(t)$ 表示为

$$g(t) = u(t_0 - t) g_1(t) + u(t - t_0) g_2(t). \tag{5-3-2}$$

由 (5-3-1) 式得

$$\begin{aligned} g'(t) = & -\delta(t_0 - t) g_1(t) + \delta(t - t_0) g_2(t) \\ & + u(t_0 - t) g_1'(t) + u(t - t_0) g_2'(t). \end{aligned}$$

由 (5-2-4) 式和 (5-2-7) 式知

$$\delta(t_0 - t) = \delta(t - t_0),$$

$$\delta(t_0 - t) g_1(t) = g(t_0-)\delta(t - t_0),$$

$$\delta(t - t_0) g_2(t) = g(t_0+)\delta(t - t_0),$$

因此
$$g'(t) = [g(t_0+) - g(t_0-)]\delta(t-t_0) + u(t_0-t)g_1'(t)$$
$$+ u(t-t_0)g_2'(t). \qquad (5\text{-}3\text{-}3)$$

对上式继续微商下去,由归纳法可得
$$g^{(k)}(t) = \sum_{l=0}^{k-1}[g^{(l)}(t_0+) - g^{(l)}(t_0-)]\delta^{(k-l)}(t-t_0)$$
$$+ u(t_0-t)g_1^{(k)}(t) + u(t-t_0)g_2^{(k)}(t). \qquad (5\text{-}3\text{-}4)$$

上式的第一项是由间断点引起的,对于第二、三项,当 $t \neq t_0$ 时,有
$$u(t_0-t)g_1^{(k)}(t) = u(t_0-t)g^{(k)}(t),$$
$$u(t-t_0)g_2^{(k)}(t) = u(t-t_0)g^{(k)}(t).$$

我们指出,当 t_0 是 $g^{(k)}(t)$ 的连续点时,(5-3-4)式也是对的. 这时我们只要注意到 $0 \cdot \delta(t) = 0$ 和取 $u(0) = 1/2$ 就行了.

3. 用 δ 函数求信号的频谱

利用 δ 函数求分段线性或多项式信号的频谱是非常方便的. 具体做法是:先用作图法(比解析法简单得多)求信号的微商,直到微商全用 δ 函数或 δ 函数的微商表示为止,然后利用 δ 函数及其微商的频谱求出信号的频谱.

首先我们介绍信号和它的微商的关系.

设信号 $h(t)$ 的微商为 $g(t)$,即
$$\frac{\mathrm{d}}{\mathrm{d}t}h(t) = g(t). \qquad (5\text{-}3\text{-}5)$$

把(5-3-5)式作为方程,则通解 $y(t)$ 为
$$y(t) = h(t) + C, \qquad (5\text{-}3\text{-}6)$$
其中 C 为常数,由函数 $y(t)$ 的性质或数值确定.

设 $h(t)$ 和 $g(t)$ 的频谱分别为 $H(f)$ 和 $G(f)$,则(5-3-5)式的频谱关系为
$$\mathrm{i}2\pi f H(f) = G(f). \qquad (5\text{-}3\text{-}7)$$

由于(5-3-5)和(5-3-7)式是一一对应的,因此,(5-3-7)式也是一个方程. 由(5-3-6)和(5-3-7)式知,(5-3-6)式的通解为

$$Y(f) = \frac{G(f)}{\mathrm{i}2\pi f} + C\delta(f). \tag{5-3-8}$$

若 $h(t)$ 和 $g(t)$ 有关系

$$\frac{\mathrm{d}^n}{\mathrm{d}t^n}h(t) = g(t), \tag{5-3-9}$$

则方程(5-3-9)的通解为

$$y(t) = h(t) + c_0 + c_1 t + \cdots + c_{n-1} t^{n-1}, \tag{5-3-10}$$

其中常数 $c_0, c_1, \cdots, c_{n-1}$ 由函数 $y(t)$ 的性质或数值确定.

(5-3-9)式的频谱关系为

$$(\mathrm{i}2\pi f)^n H(f) = G(f). \tag{5-3-11}$$

(5-3-11)和(5-3-9)式是一一对应的,因此,(5-3-11)式也是一个方程. 由(5-3-10)和(5-3-11)式知,方程(5-3-11)的通解为

$$Y(f) = \frac{G(f)}{(\mathrm{i}2\pi f)^n} + c_0 \delta(f) + c_1 \delta^{(1)}(f)$$
$$+ \cdots + c_{n-1} \delta^{(n-1)}(f). \tag{5-3-12}$$

当 $y(t)$ 在有限区间以外皆为 0 时,(5-3-10)式中的 $c_0, \cdots, c_{n-1}$ 皆为 0(只要令 $t \to \infty$,就知 $c_0, \cdots, c_{n-1}$ 必须为 0),这时 $y(t)$ 的频谱为

$$Y(f) = \frac{G(f)}{(\mathrm{i}2\pi f)^n}. \tag{5-3-13}$$

我们举一个例子来说明. 若已知 $g(t)$,如何求 $G(f)$? 信号 $g(t)$ 如图 5-4(a)所示,$g(t)$ 的一阶微商 $g'(t)$ 见图 5-4(b). 二阶微商 $g''(t)$ 已全由 δ 函数表示了,见图 5-4(c).

由图 5-4(c)知

$$g''(t) = \delta^{(1)}(t+1) + \delta(t+1) - 2\delta(t) + \delta(t-2).$$

设 $g''(t)$ 的频谱为 $S(f)$. 由上式和本章 §2 中 2 的最后所得的对应关系图得

$$S(f) = \mathrm{i}2\pi f \mathrm{e}^{\mathrm{i}2\pi f} + \mathrm{e}^{\mathrm{i}2\pi f} - 2 + \mathrm{e}^{-\mathrm{i}4\pi f}.$$

设 $g(t)$ 的频谱为 $G(f)$. 根据时域微分定理有

$$S(f) = (2\pi \mathrm{i} f)^2 G(f) = -4\pi^2 f^2 G(f).$$

由于 $g(t)$ 在 $[-1, 2]$ 之外皆为 0,因此,$g(t)$ 的频谱为

§3 用δ函数求函数的微商和频谱　129

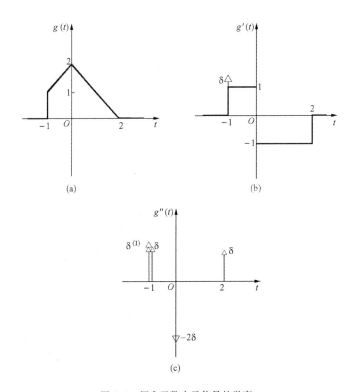

图 5-4　用δ函数表示信号的微商

$$G(f) = \frac{-1}{4\pi^2 f^2} S(f) = \frac{-1}{4\pi^2 f^2}(\mathrm{i}2\pi f \mathrm{e}^{\mathrm{i}2\pi f} + \mathrm{e}^{\mathrm{i}2\pi f} - 2 + \mathrm{e}^{-\mathrm{i}4\pi f}).$$

上述 $g(t)$ 在有限区间外皆为 0，因此，在公式(5-3-12)中 c_j 皆为 0。

现在举一个 c_j 不为 0 的例子。

现设 $y(t)$ 为 2 倍单位阶跃函数，即 $y(t)=2u(t)$，其中 $u(t)$ 为单位阶跃信号 $u(t)$（见图 5-2(b)）。用δ函数求 $y(t)$ 的频谱。对 $y(t)$ 求微商，得 $y'(t)=2\delta(t)$。按(5-3-12)式，有

$$Y(f) = \frac{2}{\mathrm{i}2\pi f} + c\delta(f).$$

把上式转换为时间域关系，由(5-1-8)式知

$$2u(t) = \mathrm{sgn}\, t + c.$$

在上式中，取 $t=1$，得 $2=1+c$，即 $c=1$。因此，$y(t)$ 的频谱为

$$Y(f) = \frac{1}{\mathrm{i}\pi f} + \delta(f).$$

问　题

1. 设 $G_\lambda(f)$ 为三角波
$$G_\lambda(f) = \begin{cases} 1-|f|/(2\lambda), & |f| \leqslant 2\lambda, \\ 0, & |f| > 2\lambda. \end{cases}$$
(1) 求相应的信号 $g_\lambda(t)$；

(2) 证明：$\lim\limits_{\lambda \to \infty} \frac{1}{2\lambda} \left(\frac{\sin 2\pi\lambda t}{\pi t} \right)^2 = \delta(t).$

2. 计算下列积分：

(1) $\int_0^{+\infty} (1 - 2t + 7t^2) \delta(t-1) \mathrm{d}t$；

(2) $\int_0^{+\infty} (5 + 4t + 9t^2 + t^3) \delta^{(3)}(t-1) \mathrm{d}t$；

(3) $\int_0^{+\infty} \delta(t/2 - 1)(1 + 3t^2 + t^4) \mathrm{d}t$；

(4) $\int_{-\infty}^{+\infty} \frac{\sin at}{at} \delta'(t) \mathrm{d}t.$

3. 用 δ 函数求信号频谱的方法，求下列信号的频谱：

(1) 方波信号 $s(t)$（见图 1-4(a)）；

(2) 三角波信号 $s(t)$（见图 1-5(a)）；

(3) $g(t) = \begin{cases} t, & 0 \leqslant t \leqslant 1, \\ 0, & \text{其他}. \end{cases}$

参 考 文 献

[1] Papoulis A. The Fourier Integral and Its Applications. McGraw-Hill Book Company, 1962.

[2] Papoulis A. Signal Analysis. McGraw-Hill Book Company, 1977.

[3] McGillem C D and Cooper G R. Continuous and Discrete Signal and System Analysis. Holt, Rinehart and Winston, Inc., 1974.

[4] 齐民友、吴方同. 广义函数与数学物理方程. 北京：高等教育出版社，1999.

第六章 希尔伯特变换与实信号的复数表示

复信号或频谱的实部与虚部的关系,通常称为希尔伯特变换关系.在信号处理中,最感兴趣的希尔伯特变换问题有两类:一是当频谱为单边时信号的实部与虚部之间的希尔伯特变换问题,实际上是讨论实信号的复数表示、包络、瞬时相位和瞬时频率,我们将在§1,§2和§3讨论这些问题;二是当信号为单边时频谱的实部与虚部之间的希尔伯特变换问题,我们将在§4讨论这类问题.

§1 实连续信号的复信号表示和希尔伯特变换

用希尔伯特变换把一个实信号表示成一个复信号(即解析信号),不仅使理论讨论很方便,而且可以由此研究实信号的包络、瞬时相位和瞬时频率.这种表示方法首先是在通信理论中引入的(参看文献[2]),现在已成为通信理论研究中的一个重要工具(参看文献[3],[4]).在其他领域,例如在地震勘探数字处理中,上述方法也有着重要应用.

希尔伯特变换,实际上是一种简单的滤波.我们在这一节讨论希尔伯特变换,既是作为滤波的一个例子,又是作为分析信号的一种工具[5].

1. 实连续信号的复信号

我们先考虑简单的余弦信号 $\cos 2\pi f_0 t$(其中 $f_0 > 0$). 它可用简单的基本的复信号 $e^{i2\pi f_0 t}$ 和 $e^{-i2\pi f_0 t}$ 表示为

$$\cos 2\pi f_0 t = \frac{1}{2}(e^{i2\pi f_0 t} + e^{-i2\pi f_0 t}). \qquad (6\text{-}1\text{-}1)$$

我们看到,在上面的和式中,复信号 $e^{i2\pi f_0 t}$ 和 $e^{-i2\pi f_0 t}$ 的虚部相互抵消了.现在我们考虑信号 $\cos 2\pi f_0 t$ 的另外一种复数表示法:要求 $\cos 2\pi f_0 t$ 表示成一个复信号的实部,很自然,$\cos 2\pi f_0 t$ 可表示为

$$\cos2\pi f_0 t = \text{Re}\{e^{i2\pi f_0 t}\} \quad \text{或} \quad \cos2\pi f_0 t = \text{Re}\{e^{-i2\pi f_0 t}\}.$$

通常我们要求复信号的频率 f 取成正的,因此 $\cos2\pi f_0 t$ 可表示为

$$\cos2\pi f_0 t = \text{Re}\{e^{i2\pi f_0 t}\}, \quad f_0 > 0. \tag{6-1-2}$$

我们称 $e^{i2\pi f_0 t}$ 为 $\cos2\pi f_0 t$ 的**复信号**.

对于一般的实连续信号 $x(t)$ 可作类似的讨论.

设实连续信号 $x(t)$ 的频谱为 $X(f)$,则 $X(f)$ 满足关系式 $X(-f) = \overline{X(f)}$,$x(t)$ 可以表示为

$$\begin{aligned} x(t) &= \int_{-\infty}^{+\infty} X(f)e^{i2\pi ft}\,df \\ &= \int_{0}^{+\infty} X(f)e^{i2\pi ft}\,df + \int_{-\infty}^{0} X(f)e^{i2\pi ft}\,df \\ &= \int_{0}^{+\infty} X(f)e^{i2\pi ft}\,df + \int_{0}^{+\infty} X(-f)e^{-i2\pi ft}\,df. \end{aligned} \tag{6-1-3}$$

由于 $X(-f) = \overline{X(f)}$,所以

$$\overline{\int_{0}^{+\infty} X(-f)e^{-i2\pi ft}\,df} = \int_{0}^{+\infty} X(f)e^{i2\pi ft}\,df. \tag{6-1-4}$$

如果要把实信号 $x(t)$ 表示成仅含正频率成分的复信号的实部,则由(6-1-3)式和(6-1-4)式知, $x(t)$ 可表示为

$$x(t) = \text{Re}\left\{\int_{0}^{+\infty} 2X(f)e^{i2\pi ft}\,df\right\}. \tag{6-1-5}$$

令

$$q(t) = \int_{0}^{+\infty} 2X(f)e^{i2\pi ft}\,df, \tag{6-1-6}$$

我们称 $q(t)$ 为 $x(t)$ 的**复信号**.

设 $q(t)$ 的频谱为 $Q(f)$,则由(6-1-6)式知

$$Q(f) = \begin{cases} 2X(f), & f > 0, \\ 0, & f < 0. \end{cases} \tag{6-1-7}$$

由上式知,复信号的频谱 $Q(f)$ 在 $f<0$ 时为 0.

2. 希尔伯特变换

现在讨论 $Q(f)$ 与 $X(f)$ 的关系. 由(6-1-7)式知, $Q(f)$ 是由 $X(f)$ 滤波得到的,滤波器频谱 $H_1(f)$ 为

§1 实连续信号的复信号表示和希尔伯特变换

$$H_1(f) = \begin{cases} 2, & f > 0, \\ 0, & f < 0. \end{cases} \quad (6\text{-}1\text{-}8)$$

由(6-1-7)式和(6-1-8)式知

$$Q(f) = H_1(f)X(f). \quad (6\text{-}1\text{-}9)$$

根据(5-1-10)式,(6-1-8)式中 $H_1(f)$ 对应的时间函数 $h_1(t)$(按照第一章§2频谱的对称性质,见表1.2)为

$$h_1(t) = \delta(t) - \frac{1}{\mathrm{i}\pi t}. \quad (6\text{-}1\text{-}10)$$

由(6-1-9)式和(6-1-10)式知,实信号 $x(t)$ 的复信号 $q(t)$ 为

$$q(t) = h_1(t) * x(t) = \left(\delta(t) - \frac{1}{\mathrm{i}\pi t}\right) * x(t)$$
$$= x(t) + \mathrm{i}\frac{1}{\pi t} * x(t). \quad (6\text{-}1\text{-}11)$$

令

$$\tilde{x}(t) = \frac{1}{\pi t} * x(t) = \frac{1}{\pi}\int_{-\infty}^{+\infty} \frac{x(\tau)}{t-\tau}\mathrm{d}\tau, \quad (6\text{-}1\text{-}12)$$

我们称 $\tilde{x}(t)$ 为 $x(t)$ 的**希尔伯特变换**.

从(6-1-12)式可以看出,对一个信号作希尔伯特变换,相当于作一次滤波,滤波因子 $h(t)$ 为 $\frac{1}{\pi t}$,根据(5-1-9)式,$h(t)$ 和它的频谱 $H(f)$ 有如下关系:

$$\begin{cases} \text{希尔伯特滤波因子 } h(t) = \dfrac{1}{\pi t}; \\ \text{希尔伯特滤波频谱 } H(f) = \begin{cases} -\mathrm{i}, & f > 0, \\ \mathrm{i}, & f < 0. \end{cases} \end{cases} \quad (6\text{-}1\text{-}13)$$

希尔伯特滤波频谱 $H(f)$ 还可表示为

$$\begin{cases} H(f) = \mathrm{e}^{\mathrm{i}\Phi(f)}, \\ \text{其中 } \Phi(f) = \begin{cases} -\pi/2, & f > 0, \\ \pi/2, & f < 0. \end{cases} \end{cases} \quad (6\text{-}1\text{-}14)$$

由上式知,一个信号经希尔伯特变换后,相位谱要做 $90°$ 相移.因此,希尔伯特变换又称为 $90°$ 相移滤波或垂直滤波.

现在讨论希尔伯特反变换公式,即由 $\tilde{x}(t)$(见(6-1-12)式)求 $x(t)$ 的公式.设 $\tilde{x}(t)$ 的频谱为 $\widetilde{X}(f)$,由(6-1-12)式知

$$\widetilde{X}(f) = H(f)X(f), \tag{6-1-15}$$

其中 $H(f)$ 由(6-1-13)式确定,由于 $H^2(f) = -1$,所以

$$X(f) = -H(f)\widetilde{X}(f). \tag{6-1-16}$$

由上式知

$$x(t) = -\frac{1}{\pi t} * \widetilde{x}(t) = -\frac{1}{\pi}\int_{-\infty}^{+\infty}\frac{\widetilde{x}(\tau)}{t-\tau}d\tau. \tag{6-1-17}$$

公式(6-1-17)称为**希尔伯特反变换公式**.有时,把公式(6-1-12)和(6-1-17)在一起统称为**希尔伯特变换公式**.由(6-1-12)和(6-1-17)式知,若 $x(t)$ 的希尔伯特变换为 $\widetilde{x}(t)$,则 $\widetilde{x}(t)$ 的希尔伯特变换为 $-x(t)$.

§2 希尔伯特变换的例子

例1 设 $x(t) = \cos 2\pi f_0 t$,求 $x(t)$ 的希尔伯特变换.

解 由第五章§1知,$\cos 2\pi f_0 t$(不妨假定 $f_0 > 0$)的频谱为

$$\frac{1}{2}[\delta(f - f_0) + \delta(f + f_0)],$$

经希尔伯特变换后,频谱变为

$$\frac{1}{2}[\delta(f - f_0) + \delta(f + f_0)]H(f)$$

$$= \begin{cases} \dfrac{-i}{2}[\delta(f - f_0) + \delta(f + f_0)], & f > 0, \\ \dfrac{i}{2}[\delta(f - f_0) + \delta(f + f_0)], & f < 0 \end{cases}$$

$$= \begin{cases} \dfrac{1}{2i}\delta(f - f_0), & f > 0, \\ \dfrac{-1}{2i}\delta(f + f_0), & f < 0 \end{cases}$$

$$= \frac{1}{2i}[\delta(f - f_0) - \delta(f + f_0)].$$

由第五章§1知,上述频谱所对应的信号为 $\sin 2\pi f_0 t$. 因此,$\cos 2\pi f_0 t$ 的希尔伯特变换为 $\sin 2\pi f_0 t$. 由希尔伯特反变换公式(6-1-17)知,

$\sin 2\pi f_0 t$ 的希尔伯特变换为 $-\cos 2\pi f_0 t$.

例 2 设 $x(t) = e^{-\beta^2 t^2} \cos(2\pi f_0 t + \varphi)$,其中 $\beta > 0, f_0 > 3\sigma, \sigma = \dfrac{\beta}{\sqrt{2}\pi}$,$\varphi$ 为常数. 求 $x(t)$ 的希尔伯特变换 $\tilde{x}(t)$.

解 由第一章§2知,$e^{-\beta^2 t^2}$ 的频谱为 $\dfrac{1}{\sigma\sqrt{2\pi}} e^{-\frac{f^2}{2\sigma^2}}$,其中 $\sigma = \dfrac{\beta}{\sqrt{2}\pi}$. 因此可直接求得信号

$$x(t) = e^{-\beta^2 t^2} \frac{1}{2} [e^{i(2\pi f_0 t + \varphi)} + e^{-i(2\pi f_0 t + \varphi)}]$$

的频谱 $X(f)$ 为

$$X(f) = \frac{1}{2} e^{i\varphi} \frac{1}{\sigma\sqrt{2\pi}} e^{-\frac{(f-f_0)^2}{2\sigma^2}} + \frac{1}{2} e^{-i\varphi} \frac{1}{\sigma\sqrt{2\pi}} e^{-\frac{(f+f_0)^2}{2\sigma^2}}.$$

$\dfrac{1}{\sigma\sqrt{2\pi}} e^{-\frac{f^2}{2\sigma^2}}$ 为概率论中正态分布密度函数,若 $f_0 > 3\sigma$ 时,有近似式

$$\frac{1}{\sigma\sqrt{2\pi}} e^{-\frac{(f-f_0)^2}{2\sigma^2}} \approx 0, \quad \text{当 } f < 0 \text{ 时,}$$

$$\frac{1}{\sigma\sqrt{2\pi}} e^{-\frac{(f+f_0)^2}{2\sigma^2}} \approx 0, \quad \text{当 } f > 0 \text{ 时.}$$

因此,对希尔伯特滤波频谱 $H(f)$(见(6-1-13)式)有
$$\widetilde{X}(f) = H(f) X(f)$$

$$\approx -i \frac{1}{2} e^{i\varphi} \frac{1}{\sigma\sqrt{2\pi}} e^{-\frac{(f-f_0)^2}{2\sigma^2}} + i \frac{1}{2} e^{-i\varphi} \frac{1}{\sigma\sqrt{2\pi}} e^{-\frac{(f+f_0)^2}{2\sigma^2}}.$$

对应于上面的频谱近似式,有信号近似式

$$\tilde{x}(t) \approx e^{-\beta^2 t^2} \frac{1}{2} [-i e^{i(2\pi f_0 t + \varphi)} + i e^{-i(2\pi f_0 t + \varphi)}],$$

即

$$\tilde{x}(t) \approx e^{-\beta^2 t^2} \sin(2\pi f_0 t + \varphi).$$

上式就是要求的希尔伯特变换 $\tilde{x}(t)$ 的近似表达式.

下面的例子表明,一个低频信号与一个高频信号相乘,相乘信号的希尔伯特变换主要取决于高频信号的希尔伯特变换.

例3 设信号 $x(t)$ 为
$$x(t) = b(t)g(t), \tag{6-2-1}$$
$b(t), g(t)$ 的频谱 $B(f), G(f)$ 满足以下关系：
$$B(f) = \begin{cases} B(f), & |f| < f_1, \\ 0, & |f| \geqslant f_1, \end{cases} \quad G(f) = \begin{cases} 0, & |f| \leqslant f_1, \\ G(f), & |f| > f_1, \end{cases}$$
$$\tag{6-2-2}$$
其中 f_1 为正常数. 设 $x(t), g(t)$ 的希尔伯特变换为 $\widetilde{x}(t), \widetilde{g}(t)$，则
$$\widetilde{x}(t) = b(t)\widetilde{g}(t). \tag{6-2-3}$$

证明 根据第三章问题第 14 题，(6-2-1)式中 $x(t)$ 的频谱为
$$X(f) = B(f) * G(f) = \int_{-\infty}^{+\infty} G(\lambda)B(f-\lambda)\mathrm{d}\lambda.$$
按照(6-2-2)第二式有
$$X(f) = \int_{f_1}^{+\infty} G(\lambda)B(f-\lambda)\mathrm{d}\lambda + \int_{-\infty}^{-f_1} G(\lambda)B(f-\lambda)\mathrm{d}\lambda.$$
由(6-2-2)第一式知

当 $f<0$ 时，$\int_{f_1}^{+\infty} G(\lambda)B(f-\lambda)\mathrm{d}\lambda = 0$；

当 $f>0$ 时，$\int_{-\infty}^{-f_1} G(\lambda)B(f-\lambda)\mathrm{d}\lambda = 0.$

因此，对希尔伯特滤波频谱 $H(f)$（见(6-1-13)式）有
$$\widetilde{X}(f) = H(f)X(f)$$
$$= H(f)\int_{f_1}^{+\infty} G(\lambda)B(f-\lambda)\mathrm{d}\lambda + H(f)\int_{-\infty}^{-f_1} G(\lambda)B(f-\lambda)\mathrm{d}\lambda$$
$$= -\mathrm{i}\int_{f_1}^{+\infty} G(\lambda)B(f-\lambda)\mathrm{d}\lambda + \mathrm{i}\int_{-\infty}^{-f_1} G(\lambda)B(f-\lambda)\mathrm{d}\lambda.$$
由于 $|\lambda| \leqslant f_1$ 时 $G(\lambda)=0$，所以上式可写为
$$\widetilde{X}(f) = \int_{-\infty}^{+\infty} H(\lambda)G(\lambda)B(f-\lambda)\mathrm{d}\lambda,$$
即
$$\widetilde{X}(f) = B(f) * (H(f)G(f)).$$
根据第三章问题第 14 题，即知(6-2-3)式成立. 证毕.

例4 设信号 $x(t)$ 为
$$x(t) = a(t)\cos[2\pi f_0 t + \varphi(t)], \tag{6-2-4}$$

$a(t)\cos\varphi(t)$ 和 $a(t)\sin\varphi(t)$ 的频谱在 $|f| \geqslant f_1$ 时为 0，则 $x(t)$ 的希尔伯特变换 $\tilde{x}(t)$ 为

$$\tilde{x}(t) = a(t)\sin[2\pi f_0 t + \varphi(t)], \qquad (6\text{-}2\text{-}5)$$

其中 $f_1 < f_0$.

证明 由 (6-2-4) 式可得

$$x(t) = [a(t)\cos\varphi(t)]\cos 2\pi f_0 t - [a(t)\sin\varphi(t)]\sin 2\pi f_0 t. \qquad (6\text{-}2\text{-}6)$$

由例 1 知，$\cos 2\pi f_0 t$ 和 $\sin 2\pi f_0 t$ 的希尔伯特变换分别为 $\sin 2\pi f_0 t$ 和 $-\cos 2\pi f_0 t$. 根据例 3，(6-2-6) 式的希尔伯特变换为

$$\tilde{x}(t) = [a(t)\cos\varphi(t)]\sin 2\pi f_0 t + [a(t)\sin\varphi(t)]\cos 2\pi f_0 t$$
$$= a(t)\sin[2\pi f_0 t + \varphi(t)].$$

此即 (6-2-5) 式，证毕.

以上关于希尔伯特变换的四个例子在工程中有着重要的应用.

§3 连续和离散实信号的包络、瞬时相位和瞬时频率

一个实连续信号 $x(t)$ 经希尔伯特变换得到 $\tilde{x}(t)$，由此可构造一个复信号 $q(t) = x(t) + \mathrm{i}\tilde{x}(t)$. 复信号 $q(t)$ 对我们了解实信号 $x(t)$ 的特点有什么帮助呢？下面我们结合窄带雷达信号来说明.

1. 一种窄带信号

窄带雷达信号可表示为

$$x(t) = a(t)\cos[2\pi f_0 t + \varphi(t)]. \qquad (6\text{-}3\text{-}1)$$

$a(t)$ 是描述振荡振幅变化的. 当 $a(t)$ 变化缓慢时，$a(t)$ 起到快速振荡函数 $\cos[2\pi f_0 t + \varphi(t)]$ 的包络作用. 因此 $a(t)$ 称为窄带信号的**包络**.

在余弦振荡函数 $\cos[2\pi f_0 t + \varphi(t)]$ 中，我们令

$$\begin{cases} \theta(t) = 2\pi f_0 t + \varphi(t), & (6\text{-}3\text{-}2) \\ \mu(t) = \dfrac{\mathrm{d}\theta(t)}{\mathrm{d}t} = 2\pi f_0 + \dfrac{\mathrm{d}\varphi(t)}{\mathrm{d}t}. & (6\text{-}3\text{-}3) \end{cases}$$

由于 $\theta(t)$ 反映了随时间变化的相位特点，因此我们称 $\theta(t)$ 为窄带信号

$x(t)$ 的**瞬时相位**. 当 $\varphi(t)$ 变化缓慢或为常数时,由(6-3-3)式可以看出 $\mu(t)=2\pi f_0$,这表明 $\mu(t)$ 反映了频率特点,因此我们称 $\mu(t)$ 为窄带信号 $x(t)$ 的**瞬时频率**.

现在讨论窄带信号 $x(t)$ 的希尔伯特变换与窄带信号的包络、瞬时相位、瞬时频率的关系. 我们假定窄带信号 $x(t)$(见(6-3-1)式)中的 $a(t),\varphi(t),f_0$ 满足 §2 例 4 中的条件,则由例 4 知,$x(t)$ 的希尔伯特变换为

$$\widetilde{x}(t)=a(t)\sin[2\pi f_0 t+\varphi(t)]. \qquad(6\text{-}3\text{-}4)$$

由(6-3-1)式和(6-3-4)式知

$$|a(t)|=\sqrt{x^2(t)+\widetilde{x}^2(t)},$$

$$\theta(t)=\arctan\frac{\widetilde{x}(t)}{x(t)}=2\pi f_0 t+\varphi(t),$$

$$\mu(t)=\frac{\mathrm{d}\theta(t)}{\mathrm{d}t}=\frac{\mathrm{d}}{\mathrm{d}t}\arctan\frac{\widetilde{x}(t)}{x(t)}=2\pi f_0+\frac{\mathrm{d}\varphi(t)}{\mathrm{d}t}.$$

由上可知,窄带信号的包络、瞬时相位和瞬时频率,可以通过窄带信号的希尔伯特变换表示出来.

2. 实连续信号的包络、瞬时相位、瞬时频率

对一般的信号 $x(t)$,它的希尔伯特变换为 $\widetilde{x}(t)$,它的解析信号为

$$q(t)=x(t)+\mathrm{i}\widetilde{x}(t). \qquad(6\text{-}3\text{-}5)$$

令

$$e(t)=|q(t)|=\sqrt{x^2(t)+\widetilde{x}^2(t)}, \qquad(6\text{-}3\text{-}6)$$

$$\theta(t)=\arctan\frac{\widetilde{x}(t)}{x(t)}, \qquad(6\text{-}3\text{-}7)$$

$$\mu(t)=\frac{\mathrm{d}\theta(t)}{\mathrm{d}t}=\frac{\mathrm{d}}{\mathrm{d}t}\arctan\frac{\widetilde{x}(t)}{x(t)}. \qquad(6\text{-}3\text{-}8)$$

根据对窄带信号的分析,我们作如下定义:

$e(t)$(见(6-3-6)式)称为 $x(t)$ 的**包络**;

$\theta(t)$(见(6-3-7)式)称为 $x(t)$ 的**瞬时相位**;

$\mu(t)$(见(6-3-8)式)称为 $x(t)$ 的**瞬时频率**.

由(6-3-5)式~(6-3-7)式知

§3 连续和离散实信号的包络、瞬时相位和瞬时频率

$$q(t) = |q(t)| \, \mathrm{e}^{\mathrm{i}\theta(t)}.$$

因而瞬时相位 $\theta(t)$ 还可表示为

$$\theta(t) = \mathrm{Im}\ln q(t). \tag{6-3-9}$$

瞬时频率 $\mu(t)$ 还可表示为

$$\mu(t) = \mathrm{Im}\,\frac{\mathrm{d}\ln q(t)}{\mathrm{d}t}$$

$$= \mathrm{Im}\,\frac{1}{q(t)}\frac{\mathrm{d}q(t)}{\mathrm{d}t} \tag{6-3-10}$$

$$\approx \mathrm{Im}\,\frac{2}{\Delta t}\cdot\frac{q(t)-q(t-\Delta t)}{q(t)+q(t-\Delta t)}. \tag{6-3-11}$$

公式(6-3-11)是瞬时频率 $\mu(t)$ 的近似计算公式.

3. 实离散信号的希尔伯特变换和实离散信号的包络、瞬时相位、瞬时频率

实连续信号 $x(t)$ 的希尔伯特变换 $\tilde{x}(t)$,实际上是对 $x(t)$ 滤波的结果(见(6-1-12)式和(6-1-13)式). 在第三章 §2 我们已指出,当 $x(t)$ 有截频 f_c、抽样间隔 Δ 满足关系 $1/(2\Delta) > f_c$ 时,为了求得 $\tilde{x}(n\Delta)$,可以通过对离散信号 $x(n\Delta)$ 进行滤波来实现. 设对连续信号滤波的滤波器频谱为 $H(f)$,则这时离散滤波器频谱 $H_\Delta(f)$ 为

$$H_\Delta(f) = H(f), \quad -1/(2\Delta) \leqslant f \leqslant 1/(2\Delta). \tag{6-3-12}$$

根据上式和(6-1-13)式,离散希尔伯特滤波频谱为

$$H_\Delta(f) = \begin{cases} -\mathrm{i}, & 0 < f \leqslant 1/(2\Delta), \\ \mathrm{i}, & -1/(2\Delta) \leqslant f < 0. \end{cases} \tag{6-3-13}$$

由上式知,离散希尔伯特滤波因子 $h(n\Delta)$ 为

$$h(n\Delta) = \Delta\int_{-1/(2\Delta)}^{1/(2\Delta)} H_\Delta(f)\mathrm{e}^{\mathrm{i}2\pi n\Delta f}\,\mathrm{d}f$$

$$= -\mathrm{i}\Delta\int_0^{1/(2\Delta)} \mathrm{e}^{\mathrm{i}2\pi n\Delta f}\,\mathrm{d}f + \mathrm{i}\Delta\int_{-1/(2\Delta)}^0 \mathrm{e}^{\mathrm{i}2\pi n\Delta f}\,\mathrm{d}f$$

$$= \begin{cases} 0, & n = 0, \\ \dfrac{1-\mathrm{e}^{\mathrm{i}\pi n}}{n\pi}, & n \neq 0 \end{cases}$$

$$= \begin{cases} 0, & n = 0, \\ \dfrac{1-(-1)^n}{n\pi}, & n \neq 0. \end{cases} \quad (6\text{-}3\text{-}14)$$

我们可以按 n 是偶数还是奇数把上式写为

$$h(n\Delta) = \begin{cases} 0, & n = 2m, \\ \dfrac{2}{\pi} \cdot \dfrac{1}{2m-1} = \dfrac{1}{\pi} \cdot \dfrac{1}{m-1/2}, & n = 2m-1, \end{cases}$$

$$(6\text{-}3\text{-}15)$$

上式中的 m 为整数.

频谱 $H_\Delta(f)$ 可以用 $h(n\Delta)$ 表示为

$$H_\Delta(f) = \sum_{n=-\infty}^{+\infty} h(n\Delta) e^{-i2\pi n\Delta f}$$

$$= \sum_{m=-\infty}^{+\infty} h[(2m-1)\Delta] e^{-i2\pi(2m-1)\Delta f}$$

$$= \dfrac{e^{i2\pi\Delta f}}{\pi} \sum_{m=-\infty}^{+\infty} \dfrac{1}{m-1/2} e^{-i4\pi m\Delta f},$$

上式也即

$$\dfrac{e^{i2\pi\Delta f}}{\pi} \sum_{m=-\infty}^{+\infty} \dfrac{1}{m-1/2} e^{-i4\pi m\Delta f} = \begin{cases} -i, & 0 < f < 1/(2\Delta), \\ i, & -1/(2\Delta) < f < 0. \end{cases}$$

$$(6\text{-}3\text{-}16)$$

设 $x(n\Delta)$ 为实离散信号,$h(n\Delta)$ 为离散希尔伯特滤波因子,见 (6-3-15)式.

令

$$\widetilde{x}(n\Delta) = h(n\Delta) * x(n\Delta)$$

$$= \sum_{\tau=-\infty}^{+\infty} h(\tau\Delta) x[(n-\tau)\Delta]$$

$$= \dfrac{2}{\pi} \sum_{m=-\infty}^{+\infty} \dfrac{1}{2m-1} x[(n-2m+1)\Delta], \quad (6\text{-}3\text{-}17)$$

$$q(n\Delta) = x(n\Delta) + i\widetilde{x}(n\Delta), \quad (6\text{-}3\text{-}18)$$

$$\theta(n\Delta) = \arctan \dfrac{\widetilde{x}(n\Delta)}{x(n\Delta)}, \quad (6\text{-}3\text{-}19)$$

$$e(n\Delta) = |q(n\Delta)| = \sqrt{x^2(n\Delta) + \tilde{x}^2(n\Delta)}. \quad (6\text{-}3\text{-}20)$$

我们作如下定义:

$\tilde{x}(n\Delta)$ (见(6-3-17)式)称为 $x(n\Delta)$ 的**希尔伯特变换**;

$q(n\Delta)$ (见(6-3-18)式)称为 $x(n\Delta)$ 的**复信号**;

$\theta(n\Delta)$ (见(6-3-19)式)称为 $x(n\Delta)$ 的**瞬时相位**;

$e(n\Delta)$ (见(6-3-20)式)称为 $x(n\Delta)$ 的**包络**.

关于实信号的瞬时频率,由(6-3-8)式知,这是一个局部微商概念. 在离散信号情况下,我们只能求得瞬时频率的近似值. 根据(6-3-11)式,我们令

$$\mu(n\Delta) = \text{Im}\,\frac{2}{\Delta} \cdot \frac{q(n\Delta) - q[(n-1)\Delta]}{q(n\Delta) + q[(n-1)\Delta]}, \quad (6\text{-}3\text{-}21)$$

我们把上式的 $\mu(n\Delta)$ 就称为 $x(n\Delta)$ 的**瞬时频率**.

最后讨论离散信号的希尔伯特反变换公式,设 $\tilde{x}(n\Delta)$ 为 $x(n\Delta)$ 的希尔伯特变换. 由于

$$h(n\Delta) * \tilde{x}(n\Delta) = h(n\Delta) * h(n\Delta) * x(n\Delta)$$
$$= -\delta(n\Delta) * x(n\Delta) = -x(n\Delta)$$

(关于 $h(n\Delta) * h(n\Delta) = -\delta(n\Delta)$,请见本章问题第 3 题),所以离散信号的希尔伯特反变换公式为

$$x(n\Delta) = -h(n\Delta) * \tilde{x}(n\Delta)$$
$$= \frac{-2}{\pi} \sum_{m=-\infty}^{+\infty} \frac{1}{2m-1} \tilde{x}[(n-2m+1)\Delta]. \quad (6\text{-}3\text{-}22)$$

如果用离散信号与频谱的简化表示(3-4-3),即取 $\omega = 2\pi\Delta f$,此时离散希尔伯特滤波频谱为

$$H(\omega) = \begin{cases} -i, & 0 < \omega \leqslant \pi, \\ i, & -\pi \leqslant \omega < 0. \end{cases} \quad (6\text{-}3\text{-}23)$$

§4 物理可实现信号的希尔伯特变换

连续信号 $x(t)$ 如果满足

$$x(t) = 0, \quad t < 0,$$

则称 $x(t)$ 为**物理可实现信号**. 类似地,对离散信号 $x(n)$,如果满足

$$x(n) = 0, \quad n < 0,$$

则称 $x(n)$ 为**物理可实现信号**. 由于在 $t<0$ 或 $n<0$ 时信号为 0, 所以物理可实现信号又称为**单边信号**.

在这一节, 我们讨论信号为单边时频谱的实部与虚部之间的希尔伯特变换问题. 由于信号与频谱是一一对应的傅里叶变换关系, 连续单边信号情形的希尔伯特变换问题, 实质上等价于频谱为单边时的希尔伯特变换问题, 这个问题在本章前三节已做过分析. 因此, 在这一节, 我们将讨论离散单边信号情况下频谱的实部与虚部之间的关系, 以及频谱的实部或虚部与整个信号的关系.

1. 物理可实现信号的希尔伯特变换

设 $x(n)$ 为物理可实现信号, $x(n)$ 可以取复值. $x(n)$ 的频谱为

$$X(\mathrm{e}^{-\mathrm{i}\omega}) = \sum_{n=0}^{+\infty} x(n) \mathrm{e}^{-\mathrm{i}n\omega}. \qquad (6\text{-}4\text{-}1)$$

设 $\mathrm{Re}X(\mathrm{e}^{-\mathrm{i}\omega})$ 和 $\mathrm{Im}X(\mathrm{e}^{-\mathrm{i}\omega})$ 分别为 $X(\mathrm{e}^{-\mathrm{i}\omega})$ 的实部和虚部, 即

$$X(\mathrm{e}^{-\mathrm{i}\omega}) = \mathrm{Re}X(\mathrm{e}^{-\mathrm{i}\omega}) + \mathrm{i}\mathrm{Im}X(\mathrm{e}^{-\mathrm{i}\omega}). \qquad (6\text{-}4\text{-}2)$$

令

$$\begin{cases} \alpha(n) = \dfrac{1}{2\pi} \displaystyle\int_{-\pi}^{\pi} \mathrm{Re}X(\mathrm{e}^{-\mathrm{i}\omega}) \mathrm{e}^{\mathrm{i}n\omega} \mathrm{d}\omega, & -\infty < n < +\infty, \\ \beta(n) = \dfrac{1}{2\pi} \displaystyle\int_{-\pi}^{\pi} \mathrm{Im}X(\mathrm{e}^{-\mathrm{i}\omega}) \mathrm{e}^{\mathrm{i}n\omega} \mathrm{d}\omega, & -\infty < n < +\infty. \end{cases} \qquad (6\text{-}4\text{-}3)$$

由于 $\mathrm{Re}X(\mathrm{e}^{-\mathrm{i}\omega})$ 和 $\mathrm{Im}X(\mathrm{e}^{-\mathrm{i}\omega})$ 都是取实值的, 所以, 由 (6-4-3) 式知

$$\overline{\alpha(n)} = \alpha(-n), \quad \overline{\beta(n)} = \beta(-n), \quad -\infty < n < +\infty. \qquad (6\text{-}4\text{-}4)$$

由 $x(n)$ 和 $X(\mathrm{e}^{-\mathrm{i}\omega})$ 的关系知

$$\begin{aligned} x(n) &= \frac{1}{2\pi} \int_{-\pi}^{\pi} X(\mathrm{e}^{-\mathrm{i}\omega}) \mathrm{e}^{\mathrm{i}n\omega} \mathrm{d}\omega \\ &= \frac{1}{2\pi} \int_{-\pi}^{\pi} [\mathrm{Re}X(\mathrm{e}^{-\mathrm{i}\omega}) + \mathrm{i}\mathrm{Im}X(\mathrm{e}^{-\mathrm{i}\omega})] \mathrm{e}^{\mathrm{i}n\omega} \mathrm{d}\omega, \end{aligned}$$

$$x(n) = \alpha(n) + \mathrm{i}\beta(n), \quad -\infty < n < +\infty. \qquad (6\text{-}4\text{-}5)$$

$x(n)$ 是物理可实现的, 因此

$$\alpha(n) + \mathrm{i}\beta(n) = 0, \quad n < 0. \qquad (6\text{-}4\text{-}6)$$

对上式取共轭,由(6-4-4)式可知
$$\overline{\alpha(n) + \mathrm{i}\beta(n)} = \overline{\alpha(n)} - \mathrm{i}\overline{\beta(n)}$$
$$= \alpha(-n) - \mathrm{i}\beta(-n) = 0, \quad n < 0. \quad (6\text{-}4\text{-}7)$$

把(6-4-6)和(6-4-7)式写成一个式子便有
$$\alpha(n) = \begin{cases} \mathrm{i}\beta(n), & n > 0, \\ -\mathrm{i}\beta(n), & n < 0, \end{cases} \quad (6\text{-}4\text{-}8)$$

或
$$\beta(n) = \begin{cases} -\mathrm{i}\alpha(n), & n > 0, \\ \mathrm{i}\alpha(n), & n < 0. \end{cases} \quad (6\text{-}4\text{-}9)$$

令
$$h(n) = \begin{cases} \mathrm{i}, & n > 0, \\ 0, & n = 0, \\ -\mathrm{i}, & n < 0. \end{cases} \quad (6\text{-}4\text{-}10)$$

由(6-4-8)式和(6-4-9)式知
$$\begin{cases} \alpha(n) = h(n)\beta(n) + \alpha(0)\delta(n), \\ \beta(n) = -h(n)\alpha(n) + \beta(0)\delta(n). \end{cases} \quad (6\text{-}4\text{-}11)$$

我们称(6-4-11)式为 $\alpha(n)$ 和 $\beta(n)$ 的**希尔伯特变换**.

现在我们研究 $\alpha(n)$ 或 $\beta(n)$ 与 $x(n)$ 的关系.

把(6-4-8)式代入(6-4-5)式得
$$x(n) = \begin{cases} 2\alpha(n), & n > 0, \\ 0, & n < 0, \end{cases} \quad (6\text{-}4\text{-}12)$$

或
$$x(n) = \begin{cases} 2\mathrm{i}\beta(n), & n > 0, \\ 0, & n < 0. \end{cases} \quad (6\text{-}4\text{-}13)$$

令
$$u(n) = \begin{cases} 1, & n \geqslant 0, \\ 0, & n < 0, \end{cases} \quad (6\text{-}4\text{-}14)$$

于是有
$$x(n) = 2u(n)\alpha(n) + [x(0) - 2\alpha(0)]\delta(n), \quad (6\text{-}4\text{-}15)$$
$$x(n) = 2\mathrm{i}u(n)\beta(n) + [x(0) - 2\mathrm{i}\beta(0)]\delta(n). \quad (6\text{-}4\text{-}16)$$

我们称(6-4-15)式为 $\alpha(n)$ 和 $x(n)$ 的希尔伯特变换,(6-4-16)式为

$\beta(n)$ 和 $x(n)$ 的希尔伯特变换.

在关系式(6-4-11)、(6-4-15)和(6-4-16)中, $n\neq 0$. 当 $n=0$ 时,我们只有一个关系式

$$x(0) = \alpha(0) + i\beta(0). \qquad (6\text{-}4\text{-}17)$$

注意, $\alpha(0), \beta(0)$ 都为实数. 仅由关系式(6-4-17),不能由 $\alpha(0)$ 确定 $\beta(0)$ 和 $x(0)$,或者由 $\beta(0)$ 确定 $\alpha(0)$ 和 $x(0)$. 这说明,对物理可实现复信号,频谱的实部不能完全决定虚部. 更确切地说,频谱的实部除相差一个常数外完全确定虚部,反之亦然.

当 $x(0)$ 为实数时,由(6-4-17)式知

$$x(0) = \alpha(0), \quad \beta(0) = 0,$$

这时,(6-4-11)式和(6-4-15)式、(6-4-16)式变为

$$\begin{cases} \alpha(n) = h(n)\beta(n) + \alpha(0)\delta(n), \\ \beta(n) = -h(n)\alpha(n) \end{cases} \quad \text{当 } \mathrm{Im}x(0) = 0 \text{ 时};$$

$$(6\text{-}4\text{-}18)$$

$$\begin{cases} x(n) = 2u(n)\alpha(n) - \alpha(0)\delta(n), \\ x(n) = 2iu(n)\beta(n) + x(0)\delta(n) \end{cases} \quad \text{当 } \mathrm{Im}x(0) = 0 \text{ 时}.$$

$$(6\text{-}4\text{-}19)$$

2. 物理可实现实信号的希尔伯特变换

设 $x(n)$ 为物理可实现实信号. 由于 $x(0)$ 为实数,物理可实现实信号的希尔伯特变换公式由(6-4-18)和(6-4-19)式给出.

现在进一步讨论 $\alpha(n)$ 和 $\beta(n)$ 的性质.

由于 $x(n)$ 是实的,由(6-4-1)式知

$$\overline{X(\mathrm{e}^{-i\omega})} = X(\mathrm{e}^{i\omega}).$$

再由(6-4-2)式知

$$\mathrm{Re}X(\mathrm{e}^{i\omega}) = \mathrm{Re}X(\mathrm{e}^{-i\omega}), \quad \mathrm{Im}X(\mathrm{e}^{-i\omega}) = -\mathrm{Im}X(\mathrm{e}^{i\omega}).$$

这表明 $\mathrm{Re}X(\mathrm{e}^{-i\omega})$ 是 ω 的偶函数, $\mathrm{Im}X(\mathrm{e}^{-i\omega})$ 是 ω 的奇函数. 由(6-4-5)式知, $\alpha(n)$ 为实数, $\beta(n)$ 为纯虚数,而且有

$$\alpha(-n) = \alpha(n), \quad \beta(-n) = -\beta(n). \qquad (6\text{-}4\text{-}20)$$

由(6-4-19)式得

$$\begin{cases} x(-n) = 2u(-n)\alpha(n) - \alpha(0)\delta(n), \\ x(-n) = -2\mathrm{i}u(-n)\beta(n) + x(0)\delta(n). \end{cases} \quad (6\text{-}4\text{-}21)$$

由(6-4-19)和(6-4-21)式得

$$\alpha(n) = \frac{1}{2}[x(n) + x(-n)], \quad (6\text{-}4\text{-}22)$$

$$\mathrm{i}\beta(n) = \frac{1}{2}[x(n) - x(-n)]. \quad (6\text{-}4\text{-}23)$$

我们称 $\frac{1}{2}[x(n)+x(-n)]$ 为 $x(n)$ 的**偶部**，称 $\frac{1}{2}[x(n)-x(-n)]$ 为 $x(n)$ 的**奇部**. 显然，$x(n)$ 为偶部与奇部之和. 由(6-4-22),(6-4-23)式知，$\alpha(n),\mathrm{i}\beta(n)$ 分别等于 $x(n)$ 的偶部和奇部.

例1 设物理可实现信号 $x_n = (x_0, x_1, x_2, x_3) = (1,3,5,7)$. 求 x_n 的频谱 $X(\mathrm{e}^{-\mathrm{i}\omega}),\mathrm{Re}X(\mathrm{e}^{-\mathrm{i}\omega}),\mathrm{Im}X(\mathrm{e}^{-\mathrm{i}\omega})$，以及 $\mathrm{Re}X(\mathrm{e}^{-\mathrm{i}\omega}),\mathrm{Im}X(\mathrm{e}^{-\mathrm{i}\omega})$ 对应的信号.

解 易知

$$X(\mathrm{e}^{-\mathrm{i}\omega}) = 1 + 3\mathrm{e}^{-\mathrm{i}\omega} + 5\mathrm{e}^{-\mathrm{i}2\omega} + 7\mathrm{e}^{-\mathrm{i}3\omega},$$

$$\mathrm{Re}X(\mathrm{e}^{-\mathrm{i}\omega}) = 1 + 3\cos\omega + 5\cos2\omega + 7\cos3\omega,$$

$$\mathrm{Im}X(\mathrm{e}^{-\mathrm{i}\omega}) = -3\sin\omega - 5\sin2\omega - 7\sin3\omega.$$

用 $\mathrm{e}^{-\mathrm{i}n\omega}$ 表示 $\mathrm{Re}X(\mathrm{e}^{-\mathrm{i}\omega})$ 得

$$\mathrm{Re}X(\mathrm{e}^{-\mathrm{i}\omega}) = 1 + \frac{3}{2}(\mathrm{e}^{-\mathrm{i}\omega} + \mathrm{e}^{\mathrm{i}\omega}) + \frac{5}{2}(\mathrm{e}^{-\mathrm{i}2\omega} + \mathrm{e}^{\mathrm{i}2\omega})$$
$$+ \frac{7}{2}(\mathrm{e}^{-\mathrm{i}3\omega} + \mathrm{e}^{\mathrm{i}3\omega}).$$

由上知，$\mathrm{Re}X(\mathrm{e}^{-\mathrm{i}\omega})$ 对应的信号 α_n 为

$$\alpha_n = (\alpha_{-3}, \alpha_{-2}, \alpha_{-1}, \alpha_0, \alpha_1, \alpha_2, \alpha_3)$$
$$= \left(\frac{7}{2}, \frac{5}{2}, \frac{3}{2}, 1, \frac{3}{2}, \frac{5}{2}, \frac{7}{2}\right).$$

类似可把 $\mathrm{Im}X(\mathrm{e}^{-\mathrm{i}\omega})$ 表示为

$$\mathrm{Im}X(\mathrm{e}^{-\mathrm{i}\omega}) = -\frac{3}{2\mathrm{i}}(\mathrm{e}^{\mathrm{i}\omega} - \mathrm{e}^{-\mathrm{i}\omega}) - \frac{5}{2\mathrm{i}}(\mathrm{e}^{\mathrm{i}2\omega} - \mathrm{e}^{-\mathrm{i}2\omega})$$
$$- \frac{7}{2\mathrm{i}}(\mathrm{e}^{\mathrm{i}3\omega} - \mathrm{e}^{-\mathrm{i}3\omega}),$$

相应的信号 β_n 为

$$\beta_n = (\beta_{-3}, \beta_{-2}, \beta_{-1}, \beta_0, \beta_1, \beta_2, \beta_3)$$
$$= \left(\frac{7}{2}i, \frac{5}{2}i, \frac{3}{2}i, 0, -\frac{3}{2}i, -\frac{5}{2}i, -\frac{7}{2}i\right).$$

在已知 x_n 的情况下,还可通过(6-4-22)和(6-4-23)式求 α_n 和 β_n.

例 2 已知物理可实现实信号 x_n 的频谱 $X(e^{-i\omega})$ 的实部为
$$\text{Re}X(e^{-i\omega}) = \sin^2 2\omega,$$
求信号 x_n,频谱 $X(e^{-i\omega})$ 和它的虚部 $\text{Im}X(e^{-i\omega})$.

解 用 $e^{-in\omega}$ 表示 $\text{Re}X(e^{-i\omega})$ 得
$$\text{Re}X(e^{-i\omega}) = \left[\frac{1}{2i}(e^{i2\omega} - e^{-i2\omega})\right]^2$$
$$= \frac{1}{4}(2 - e^{-i4\omega} - e^{i4\omega}).$$

对应的信号为
$$\alpha_n = \begin{cases} 1/2, & n = 0, \\ -1/4, & n = 4 \text{ 或 } n = -4, \\ 0, & \text{其他}. \end{cases}$$

由(6-4-19)知
$$x_n = \begin{cases} 1/2, & n = 0, \\ -1/2, & n = 4, \\ 0, & \text{其他}. \end{cases}$$

x_n 的频谱及其虚部为
$$X(e^{-i\omega}) = \frac{1}{2} - \frac{1}{2}e^{-i4\omega},$$
$$\text{Im}X(e^{-i\omega}) = \frac{1}{2}\sin 4\omega.$$

3. 频谱实部与虚部的希尔伯特变换

物理可实现信号频谱的实部和虚部构成希尔伯特变换关系. 在讨论这个关系之前,我们先给出离散单位阶跃信号(6-4-14)式的频谱
$$U(e^{-i\omega}) = \sum_{n=0}^{+\infty} e^{-in\omega}$$
的表达式

$$U(e^{-i\omega}) = \pi\delta(\omega) + \frac{1}{1-e^{-i\omega}}$$
$$= \pi\delta(\omega) + \frac{1}{2} - i\frac{1}{2}\cot\frac{\omega}{2}. \quad (6\text{-}4\text{-}24)$$

我们将在下一小节给出(6-4-24)的证明.

对(6-4-15)式两边取频谱得(这里用到(6-4-24)式的结果)

$$X(e^{-i\omega}) = \frac{1}{2\pi}\int_{-\pi}^{\pi} \text{Re}X(e^{-i\theta})2U(e^{-i(\omega-\theta)})d\theta + x(0) - 2\alpha(0)$$
$$= \frac{1}{2\pi}\int_{-\pi}^{\pi} \text{Re}X(e^{-i\theta})2\pi\delta(\omega-\theta)d\theta + \frac{1}{2\pi}\int_{-\pi}^{\pi} \text{Re}X(e^{-i\theta})d\theta$$
$$- \frac{i}{2\pi}\int_{-\pi}^{\pi} \text{Re}X(e^{-i\theta})\cot\frac{\omega-\theta}{2}d\theta + i\beta(0) - \alpha(0)$$
$$= \text{Re}X(e^{-i\omega}) - \frac{i}{2\pi}\int_{-\pi}^{\pi} \text{Re}X(e^{-i\theta})\cot\frac{\omega-\theta}{2}d\theta + i\text{Im}x(0).$$

由上式知

$$\text{Im}X(e^{-i\omega}) = -\frac{1}{2\pi}\int_{-\pi}^{\pi} \text{Re}X(e^{-i\theta})\cot\frac{\omega-\theta}{2}d\theta + \text{Im}x(0).$$
$$(6\text{-}4\text{-}25)$$

对(6-4-16)式两边取频谱得

$$X(e^{-i\omega}) = i\frac{1}{2\pi}\int_{-\pi}^{\pi} \text{Im}X(e^{-i\theta})2U(e^{-i(\omega-\theta)})d\theta + x(0) - 2i\beta(0)$$
$$= i\text{Im}X(e^{-i\omega}) + i\frac{1}{2\pi}\int_{-\pi}^{\pi} \text{Im}X(e^{-i\theta})d\theta$$
$$+ \frac{1}{2\pi}\int_{-\pi}^{\pi} \text{Im}X(e^{-i\theta})\cot\frac{\omega-\theta}{2}d\theta + \alpha(0) - i\beta(0)$$
$$= i\text{Im}X(e^{-i\omega}) + \frac{1}{2\pi}\int_{-\pi}^{\pi} \text{Im}X(e^{-i\theta})\cot\frac{\omega-\theta}{2}d\theta + \text{Re}x(0).$$

由上式知

$$\text{Re}X(e^{-i\omega}) = \frac{1}{2\pi}\int_{-\pi}^{\pi} \text{Im}X(e^{-i\theta})\cot\frac{\omega-\theta}{2}d\theta + \text{Re}x(0).$$
$$(6\text{-}4\text{-}26)$$

(6-4-25)和(6-4-26)式称为**离散希尔伯特变换关系式**,对于物理可实现复信号或实信号均成立.

在上面的推导中,关键是使用了单位阶跃信号 $u(n)$ 的频谱公式 (6-4-24). 该公式和文献[6]第 618 页上公式(8.1.13)相同. 如果注意到(6-4-24)式左边 $U(\mathrm{e}^{-\mathrm{i}\omega})$ 是以 2π 为周期的周期函数,(6-4-24)式也可写成

$$U(\mathrm{e}^{-\mathrm{i}\omega}) = \sum_{k=-\infty}^{\infty} \pi\delta(\omega - 2\pi k) + \frac{1}{1-\mathrm{e}^{-\mathrm{i}\omega}}. \qquad (6\text{-}4\text{-}27)$$

文献[1](中译本)第 629 页上的公式(11.21)就是公式(6-4-27). 然而,不论是文献[1]还是文献[6]都没有给出上述公式的证明. 我们在下面给出证明,可以作为附录,供想了解证明的读者作参考.

关于用快速傅氏变换计算有关希尔伯特变换的算法,可参看文献[7]的第八章第十节.

*4. 单位阶跃信号的频谱公式

我们要证明公式(6-4-24). 为方便起见,我们再把公式重写如下:

$$\sum_{n=0}^{+\infty} \mathrm{e}^{-\mathrm{i}n\omega} = \pi\delta(\omega) + \frac{1}{1-\mathrm{e}^{-\mathrm{i}\omega}}. \qquad (6\text{-}4\text{-}28)$$

我们考虑函数

$$\frac{1}{1-\rho\mathrm{e}^{-\mathrm{i}\omega}} = \sum_{n=0}^{+\infty} \rho^n \mathrm{e}^{-\mathrm{i}n\omega}, \quad 0 < \rho < 1. \qquad (6\text{-}4\text{-}29)$$

由于

$$\sum_{n=0}^{+\infty} \mathrm{e}^{-\mathrm{i}n\omega} = \lim_{\rho \to 1} \sum_{n=0}^{+\infty} \rho^n \mathrm{e}^{-\mathrm{i}n\omega}, \qquad (6\text{-}4\text{-}30)$$

为证明(6-4-28)式,我们只要证明

$$\lim_{\rho \to 1} \frac{1}{1-\rho\mathrm{e}^{-\mathrm{i}\omega}} = \pi\delta(\omega) + \frac{1}{1-\mathrm{e}^{-\mathrm{i}\omega}} \qquad (6\text{-}4\text{-}31)$$

就行了.

为了证明(6-4-31)式,我们把函数式(6-4-29)分成两部分,使其一部分的极限为 $\pi\delta(\omega)$,另一部分的极限为 $1/(1-\mathrm{e}^{-\mathrm{i}\omega})$. 为此,我们先定义集合的特征函数. 设集合 $E \subset [-\pi, \pi]$,则 E 的特征函数定义为

$$\chi_E(\omega) = \begin{cases} 1, & \omega \in E, \\ 0, & \omega \notin E. \end{cases}$$

§4 物理可实现信号的希尔伯特变换

令
$$\varepsilon(\rho) = \arccos(1 - \sqrt{1-\rho}), \qquad (6\text{-}4\text{-}32)$$
即
$$1 - \cos\varepsilon(\rho) = \sqrt{1-\rho}.$$
由于 $0<\rho<1$,所以
$$\varepsilon(\rho) > 0, \quad \varepsilon(\rho) \to 0 \ (\rho \to 1). \qquad (6\text{-}4\text{-}33)$$
$$1 - \cos\omega \geqslant 1 - \cos\varepsilon(\rho), \quad |\omega| \geqslant \varepsilon(\rho). \qquad (6\text{-}4\text{-}34)$$
现在把函数分成两部分:
$$\frac{1}{1 - \rho e^{-i\omega}} = f(\omega,\rho) + g(\omega,\rho), \qquad (6\text{-}4\text{-}35)$$
其中
$$g(\omega,\rho) = \frac{1}{1 - \rho e^{-i\omega}} \chi_{\{|\omega|>\varepsilon(\rho)\}}(\omega), \qquad (6\text{-}4\text{-}36)$$
$$f(\omega,\rho) = \frac{1}{1 - \rho e^{-i\omega}} \chi_{\{|\omega|\leqslant\varepsilon(\rho)\}}(\omega). \qquad (6\text{-}4\text{-}37)$$
显然有
$$g(\omega,\rho) \longrightarrow \frac{1}{1 - e^{-i\omega}} \ (\omega \neq 0), \quad \text{当} \rho \to 1 \text{时}, \qquad (6\text{-}4\text{-}38)$$
而 $g(0,\rho) \equiv 0$. 为了证明
$$f(\omega,\rho) \longrightarrow \pi\delta(\omega), \quad \text{当} \rho \to 1 \text{时}, \qquad (6\text{-}4\text{-}39)$$
我们首先证明
$$\int_{-\pi}^{\pi} f(\omega,\rho)\,d\omega \longrightarrow \pi, \quad \text{当} \rho \to 1 \text{时}. \qquad (6\text{-}4\text{-}40)$$
由(6-4-29)式知
$$\frac{1}{2\pi}\int_{-\pi}^{\pi} \frac{1}{1 - \rho e^{-i\omega}}\,d\omega = 1.$$
由上式和(6-4-35)式可得
$$\int_{-\pi}^{\pi} f(\omega,\rho)\,d\omega + \int_{-\pi}^{\pi} g(\omega,\rho)\,d\omega = 2\pi, \qquad (6\text{-}4\text{-}41)$$
而由于
$$\frac{1}{1 - \rho e^{-i\omega}} = \frac{1 - \rho\cos\omega}{1 - 2\rho\cos\omega + \rho^2} - i\frac{\rho\sin\omega}{1 - 2\rho\cos\omega + \rho^2}, \qquad (6\text{-}4\text{-}42)$$
所以

$$\int_{-\pi}^{\pi} g(\omega,\rho)\,\mathrm{d}\omega = \int_{\{|\omega|>\varepsilon(\rho)\}} \frac{1-\rho\cos\omega}{1-2\rho\cos\omega+\rho^2}\,\mathrm{d}\omega \quad (\sin\omega \text{ 是奇函数})$$

$$= \int_{\{|\omega|>\varepsilon(\rho)\}} \left(\frac{1}{2}+\frac{1}{2}\cdot\frac{1-\rho^2}{1-2\rho\cos\omega+\rho^2}\right)\mathrm{d}\omega$$

$$= [\pi-\varepsilon(\rho)] + \frac{1}{2}\int_{\{|\omega|>\varepsilon(\rho)\}} \frac{1-\rho^2}{1-2\rho\cos\omega+\rho^2}\,\mathrm{d}\omega. \tag{6-4-43}$$

由(6-4-34)和(6-4-32)式知

$$\frac{1-\rho^2}{1-2\cos\omega+\rho^2} = \frac{1-\rho^2}{(1-\rho)^2+2\rho(1-\cos\omega)} \leqslant \frac{1-\rho^2}{1-\cos\varepsilon(\rho)}$$

$$\leqslant 2\sqrt{1-\rho}, \quad |\omega|\geqslant \varepsilon(\rho),\ \rho>\frac{1}{2}. \tag{6-4-44}$$

由(6-4-33),(6-4-43)和(6-4-44)式知

$$\int_{-\pi}^{\pi} g(\omega,\rho)\,\mathrm{d}\omega \longrightarrow \pi, \quad \text{当 } \rho\to 1 \text{ 时}. \tag{6-4-45}$$

由(6-4-41)和(6-4-45)式知,(6-4-40)式成立.

由(6-4-42)式,以及由于 $\sin\omega$ 是奇函数,(6-4-40)式可以写为

$$\int_{-\pi}^{\pi} f(\omega,\rho)\,\mathrm{d}\omega = \int_{-\varepsilon(\rho)}^{\varepsilon(\rho)} \frac{1-\rho\cos\omega}{1-2\rho\cos\omega+\rho^2}\,\mathrm{d}\omega \to \pi, \quad \rho\to 1. \tag{6-4-46}$$

要证明(6-4-39)式,只要证明,对任何试验函数 $\varphi(\omega)$（在一个有限区间之外为 0,有任意阶微商,参见第五章§1),有

$$\lim_{\rho\to 1}\int_{-\pi}^{\pi} \varphi(\omega)f(\omega,\rho)\,\mathrm{d}\omega = \pi\varphi(0). \tag{6-4-47}$$

由(6-4-46)式知

$$\lim_{\rho\to 1}\int_{-\varepsilon(\rho)}^{\varepsilon(\rho)} \varphi(0)f(\omega,\rho)\,\mathrm{d}\omega = \pi\varphi(0).$$

因此,要证明(6-4-47)式成立,只要证明

$$\int_{-\pi}^{\pi} [\varphi(\omega)-\varphi(0)]f(\omega,\rho)\,\mathrm{d}\omega$$

$$= \int_{-\varepsilon(\rho)}^{\varepsilon(\rho)} [\varphi(\omega)-\varphi(0)]\frac{1}{1-\rho e^{-i\omega}}\,\mathrm{d}\omega \to 0, \quad \rho\to 1. \tag{6-4-48}$$

由于

$$|\varphi(\omega)-\varphi(0)| = |\varphi'(\xi)||\omega| \quad (|\omega|\leqslant \varepsilon(\rho),\ |\xi|\leqslant |\omega|)$$

§4 物理可实现信号的希尔伯特变换   151

$$\leqslant \max_{|\xi|\leqslant\varepsilon(\rho)} |\varphi'(\xi)| \varepsilon(\rho), \qquad (6\text{-}4\text{-}49)$$

以及(6-4-42)式可得

$$\left| \int_{-\varepsilon(\rho)}^{\varepsilon(\rho)} [\varphi(\omega)-\varphi(0)] \frac{1}{1-\rho e^{-i\omega}} d\omega \right|$$

$$\leqslant \max_{|\xi|\leqslant\varepsilon(\rho)} |\varphi'(\xi)| \varepsilon(\rho) \left(\int_{-\varepsilon(\rho)}^{\varepsilon(\rho)} \frac{1-\rho\cos\omega}{1-2\rho\cos\omega+\rho^2} d\omega \right.$$

$$\left. + \int_{-\varepsilon(\rho)}^{\varepsilon(\rho)} \frac{\rho|\sin\omega v|}{1-2\rho\cos\omega+\rho^2} d\omega \right), \qquad (6\text{-}4\text{-}50)$$

其中

$$\int_{-\varepsilon(\rho)}^{\varepsilon(\rho)} \frac{\rho|\sin\omega|}{1-2\rho\cos\omega+\rho^2} d\omega = 2\int_0^{\varepsilon(\rho)} \frac{\rho\sin\omega}{1-2\rho\cos\omega+\rho^2} d\omega$$

$$= \int_0^{\varepsilon(\rho)} \frac{d2\rho(1-\cos\omega)}{(1-\rho)^2+2\rho(1-\cos\omega)}$$

$$= \ln\left[1+\frac{2\rho}{(1-\rho)^{\frac{3}{2}}}\right]$$

$$= \ln\left[1-\frac{2}{\sqrt{1-\rho}}+\frac{2}{(1-\rho)^{\frac{3}{2}}}\right]. \qquad (6\text{-}4\text{-}51)$$

于是

$$\varepsilon(\rho)\int_{-\varepsilon(\rho)}^{\varepsilon(\rho)} \frac{\rho|\sin\omega|}{1-2\rho\cos\omega+\rho^2} d\omega$$

$$= \arccos(1-\sqrt{1-\rho})\ln\left[1-\frac{2}{\sqrt{1-\rho}}+\frac{1}{(1-\rho)^{\frac{3}{2}}}\right]$$

$$(\diamondsuit \lambda = \sqrt{1-\rho}) \qquad (6\text{-}4\text{-}52)$$

$$= \arccos(1-\lambda)\ln\left(1-\frac{1}{\lambda}+\frac{1}{\lambda^3}\right)$$

$$= \frac{\arccos(1-\lambda)}{\sqrt{\lambda}}\sqrt{\lambda}\ln\left(1-\frac{1}{\lambda}+\frac{1}{\lambda^3}\right), \qquad (6\text{-}4\text{-}53)$$

$$\lim_{\lambda\to 0}\frac{\arccos(1-\lambda)}{\sqrt{\lambda}} = \lim_{\lambda\to 0}\frac{\sqrt{\lambda}}{2\sqrt{1-(1-\lambda)^2}} = \frac{1}{2\sqrt{2}}, \qquad (6\text{-}4\text{-}54)$$

$$\sqrt{\lambda}\ln\left(1-\frac{2}{\lambda}+\frac{2}{\lambda^3}\right) \xrightarrow{\mu=1/\sqrt{\lambda}} \frac{\ln(1-2\mu^2+2\mu^6)}{\mu} \to 0, \quad \mu\to+\infty.$$

$$(6\text{-}4\text{-}55)$$

由(6-4-53)、(6-4-54)和(6-4-55)式知

$$\varepsilon(\rho)\int_{-\varepsilon(\rho)}^{\varepsilon(\rho)} \frac{\rho|\sin\omega|}{1-2\rho\cos\omega+\rho^2}\mathrm{d}\omega \to 0, \quad \rho \to 1. \quad (6\text{-}4\text{-}56)$$

由(6-4-33)、(6-4-46)、(6-4-56)式以及(6-4-50)式,可知(6-4-48)式成立,因而(6-4-47)式成立,即(6-4-39)式成立.这样,我们就证明了(6-4-31)式,也就最终证明了(6-4-28)式.

问　题

1. 关于希尔伯特变换的性质.

设 $x(t)$ 为实连续信号,$\tilde{x}(t)$ 为 $x(t)$ 的希尔伯特变换(见(6-1-12)式).证明:

(1) $x(t)$ 与 $\tilde{x}(t)$ 的能量相等,即

$$\int_{-\infty}^{+\infty} x^2(t)\mathrm{d}t = \int_{-\infty}^{+\infty} \tilde{x}^2(t)\mathrm{d}t;$$

(2) $x(t)$ 与 $\tilde{x}(t)$ 是正交的,即

$$\int_{-\infty}^{+\infty} x(t)\tilde{x}(t)\mathrm{d}t = 0;$$

(3) 若 $x(t)$ 是偶函数,则 $\tilde{x}(t)$ 是奇函数;若 $x(t)$ 是奇函数,则 $\tilde{x}(t)$ 是偶函数.

提示:(1) 参看能量等式;(2) 用 $x(t)$ 和 $\tilde{x}(t)$ 的频谱表示积分.

2. 关于解析信号的褶积与相关性质.

信号 $q(t)$ 称为解析信号,是指它的频谱 $Q(f)$ 具有单边性,即 $Q(f)=0, f<0$.

设 $q_1(t), q_2(t)$ 为解析信号,证明:

(1) $q_1(t)$ 与 $\overline{q_2(t)}$ 的褶积恒为 0,即

$$y(t) = q_1(t) * \overline{q_2(t)} = \int_{-\infty}^{+\infty} q_1(\tau)\overline{q_2(t-\tau)}\mathrm{d}\tau \equiv 0;$$

(2) $q_1(t)$ 与 $q_2(t)$ 的相关恒为 0,即

$$y(t) = q_1(t) * q_2(-t) = \int_{-\infty}^{+\infty} q_1(\tau)q_2(\tau-t)\mathrm{d}\tau \equiv 0;$$

(3) $\overline{q_1(t)}$ 与 $\overline{q_2(t)}$ 的相关恒为 0,即

$$y(t) = \overline{q_1(t)} * \overline{q_2(-t)} = \int_{-\infty}^{+\infty} \overline{q_1(\tau)}\, \overline{q_2(\tau-t)} d\tau \equiv 0.$$

提示：证明 $y(t)$ 的频谱 $Y(f)\equiv 0$.

3. 设 $H_\Delta(f), h(n\Delta)$ 分别为离散希尔伯特滤波频谱和滤波因子，见(6-3-13)式和(6-3-15)式.

(1) 证明

$$h(n\Delta) * h(n\Delta) = -\delta(n\Delta) = \begin{cases} -1, & n=0, \\ 0, & n\neq 0; \end{cases}$$

(2) 证明

$$\sum_{k=-\infty}^{+\infty} \frac{1}{(2k+1)^2} = \frac{\pi^2}{4}.$$

提示：(1) 先求 $h(n\Delta) * h(n\Delta)$ 的频谱，然后再计算这个频谱所对应的离散信号；(2) 由能量等式可得.

4. (1) 仅由频谱的实部，能否确定物理可实现信号？若不能，给出通解；

(2) 仅由频谱的虚部，能否确定物理可实现信号？若不能，给出通解.

5. 设物理可实现信号 $x(n)$，在 $n=0$ 时为实数，即 $\mathrm{Im}\,x(0)=0$.

(1) 仅由频谱的实部，能否确定物理可实现信号？若能，给出表达式；

(2) 仅由频谱的虚部，能否确定物理可实现信号？若不能，给出通解.

6. 已知物理可实现实信号 x_n 的频谱 $X(\mathrm{e}^{-\mathrm{i}\omega})$ 的虚部为

$$\mathrm{Im}\,X(\mathrm{e}^{-\mathrm{i}\omega}) = 3\sin 2\omega,$$

求信号 x_n 的通解.

7. 已知物理可实现信号 x_n 的频谱 $X(\mathrm{e}^{-\mathrm{i}\omega})$ 的虚部为

$$\mathrm{Im}\,X(\mathrm{e}^{-\mathrm{i}\omega}) = \sin^2 2\omega,$$

求信号 x_n 的通解.

8. 证明

$$\frac{1}{1-\mathrm{e}^{-\mathrm{i}\omega}} = \frac{1}{2} - \mathrm{i}\frac{1}{2}\cot\frac{\omega}{2}, \quad \text{其中} \cot\omega = \frac{\cos\omega}{\sin\omega}.$$

9. 利用(6-4-24)式,即
$$\sum_{n=0}^{\infty} e^{-in\omega} = \pi\delta(\omega) + \frac{1}{2} - i\frac{1}{2}\cot\frac{\omega}{2},$$
(1) 求 $\sum_{n=0}^{\infty} \cos n\omega$;

(2) 求 $\sum_{n=0}^{\infty} \sin n\omega$;

(3) 求信号 $x_n \equiv 1$ 的频谱;

(4) 求信号 $x_n = \cos\omega_0 n$ 的频谱;

(5) 求信号 $x_n = \sin\omega_0 n$ 的频谱.

10. 设 $h(n)$ 由(6-4-10)式确定.

(1) 求 $h(n)$ 的频谱 $H(e^{-i\omega})$;

(2) 由(6-4-11)式证明(6-4-25)式和(6-4-26)式.

11. 求下列信号的希尔伯特变换:

(1) $x_n = \cos\omega_0 n$;   (2) $x_n = \sin\omega_0 n$.

参 考 文 献

[1] Oppenheim A V and Schafer R W. Discrete-time Signal Processing. Englewood Cliffs. NJ: Prentice Hall, 1999. (中译本: 刘树棠、黄建国译. 离散时间信号处理(第2版). 西安: 西安交通大学出版社, 2002.)

[2] Cabor D. Theory of Communication. Inst J. Elec. Engrs (London), Pt Ⅲ, 1946, **93**: 429—457.

[3] A·W·里海捷克. 雷达分辨理论. 董士嘉译. 北京: 科学出版社, 1973.

[4] Bird G J A. Radar Precision and Resolution. Pentech Press, 1974.

[5] 程乾生. 希尔伯特变换与信号的包络、瞬时相位和瞬时频率. 石油地球物理勘探, No. 3, 1979.

[6] Proakis J G and Manolakis D G. Digital Signal Processing. Principles, Algorithms, and Applications. New Jersey: Prentice Hall, 1996.

[7] 程乾生. 信号数字处理的数学原理(第二版). 北京: 石油工业出版社, 1993.

第七章 有限离散傅氏变换

傅氏变换,或傅氏分析,或频谱分析,是信号分析的理论基础.有限离散傅氏变换是信号处理理论与实践之间的桥梁.而这个桥梁,乃属理论性的,因为它需要通过计算来实现.正因为如此,1965 年,Gooley 和 Tukey 提出了快速傅氏变换算法(FFT)之后,极大地促进了信号处理的发展,促成了信号处理为理论与实际相结合的一门学科,成为信息科学的一个分支.

在这一章,讨论有限离散傅氏变换的概念、性质、算法和某些应用. §1 讨论有限离散傅氏变换和有限频谱所引起的假信号问题.在 §2,从时域分解和频域分解两个角度讨论快速傅氏变换的原理和算法.为了用 FFT 进行褶积滤波,在 §3 讨论了循环褶积问题. §4 讨论了 FFT 在频谱分析中的应用.在 §5,讨论了与有限离散傅氏变换有关的有限离散哈特利变换和有限离散余弦变换,以及为了给出统一快速算法而引入的广义中值函数.

§1 有限离散傅氏变换、有限离散频谱所引起的假信号

1. 有限离散信号及其频谱

对于一个离散信号 $x(n\Delta)$,其中 Δ 为抽样间隔,若在有限范围之外全为 0,即 $x(n\Delta)$ 满足

$$x(n\Delta) = \begin{cases} 0, & n < N_1, \\ x(n\Delta), & N_1 \leqslant n \leqslant N_2, \\ 0, & n > N_2 \end{cases} \quad (7\text{-}1\text{-}1)$$

(其中 N_1, N_2 为整数,$N_1 < N_2$),我们就称 $x(n\Delta)$ 为**有限离散信号**,简单地记为

$$x(n\Delta) = [x(N_1\Delta), x((N_1+1)\Delta), \cdots, x(N_2\Delta)], \quad (7\text{-}1\text{-}2)$$
我们称 $N_2 - N_1 + 1$ 为有限离散信号 $x(n\Delta)$ 的**长度**.

对有限离散信号 $x(n\Delta)$,它的频谱为
$$X(f) = \sum_{n=N_1}^{N_2} x(n\Delta) e^{-i2\pi n\Delta f}, \quad (7\text{-}1\text{-}3)$$
这是以 $\dfrac{1}{\Delta}$ 为周期的函数.

对有限离散信号((7-1-1)式),我们只要把它延迟 $N_1\Delta$ 得到 $y(n\Delta) = x[(n+N_1)\Delta]$,即有
$$y(n\Delta) = \begin{cases} 0, & n < 0, \\ x[(n+N_1)\Delta], & 0 \leqslant n \leqslant N_2 - N_1, \\ 0, & n > N_2 - N_1, \end{cases}$$
$y(n\Delta)$ 只在范围 $[0, N_2 - N_1]$ 内取值,在这个范围以外为 0. 以后为了讨论方便,我们可以假定有限离散信号只在 $[0, N-1]$ 内取值,这时有限离散信号的长度就为 N.

2. 有限离散傅氏变换

设有限离散信号 $x(n\Delta)$ 为
$$x(n\Delta) = [x(0 \cdot \Delta), x(\Delta), x(2\Delta), \cdots, x(N-1)\Delta], \quad (7\text{-}1\text{-}4)$$
它的频谱为
$$X(f) = \sum_{n=0}^{N-1} x(n\Delta) e^{-i2\pi n\Delta f}. \quad (7\text{-}1\text{-}5)$$

频谱 $X(f)$ 是以 $1/\Delta$ 为周期的函数,在物理上有意义的频率范围是 $[-1/(2\Delta), 1/(2\Delta)]$,因为按照抽样定理,只有在这个范围内离散信号的频谱与连续信号的频谱才是一致的. 现在,为了数学上讨论方便,我们在范围 $[0, 1/\Delta]$ 内研究频谱,为了了解频谱在 $[-1/(2\Delta), 0]$ 内的变化,只要了解频谱在范围 $[1/(2\Delta), 1/\Delta]$ 内的变化就行了,因为按照周期,频谱在这两个范围内的变化是完全一样的.

现在我们要计算频谱 $X(f)$((7-1-5 式). 但是,频谱 f 在范围 $[0, 1/\Delta]$ 内的点有无穷多个,实际上只能计算有限个点上的值. 在哪些点上计算呢? 简单而直观的取法是,把区间 $[0, 1/\Delta]$ 分成 N 等份,每份

§1 有限离散傅氏变换、有限离散频谱所引起的假信号

的间隔是 $\dfrac{1/\Delta}{N}=\dfrac{1}{N\Delta}$,我们取前 N 个点,即取 f_m 为

$$f_m = \frac{m}{N\Delta} = md, \tag{7-1-6}$$

其中 $\qquad d = \dfrac{1}{N\Delta}, \quad m = 0,1,\cdots,N-1.$

频谱 $X(f)$ 在 f_m 上的值为

$$X(f_m) = \sum_{n=0}^{N-1} x(n\Delta) e^{-inm\frac{2\pi}{N}}, \quad m = 0,1,2,\cdots,N-1. \tag{7-1-7}$$

我们称 $X(f_m)$ 为**有限离散频谱**,$d=\dfrac{1}{N\Delta}$ 称为**基频**.

从(7-1-7)式可知,由有限离散信号 $x(n\Delta)$((7-1-4)式)可以确定有限离散频谱 $X(f_m)$((7-1-7)式).反之,能否由 $X(f_m)$ 来确定信号 $x(n\Delta)$ 呢? 我们说是可以的.

我们先证明一个等式

$$\sum_{m=0}^{N-1} e^{i(n-l)m\frac{2\pi}{N}} = \begin{cases} N, & n-l = kN \\ 0, & n-l \neq kN, \end{cases} \quad k \text{ 为整数}. \tag{7-1-8}$$

当 $n-l=kN$ 时,上式左端显然等于 N. 当 $n-l \neq kN$ 时,按等比级数有

$$\sum_{m=0}^{N-1} e^{i(n-l)m\frac{2\pi}{N}} = \frac{1-(e^{i(n-l)\frac{2\pi}{N}})^N}{1-e^{i(n-l)\frac{2\pi}{N}}} = 0,$$

因此(7-1-8)式成立.

下面我们计算

$$\sum_{m=0}^{N-1} X(f_m) e^{inm\frac{2\pi}{N}} = \sum_{m=0}^{N-1} \Big(\sum_{l=0}^{N-1} x(l\Delta) e^{-ilm\frac{2\pi}{N}}\Big) e^{inm\frac{2\pi}{N}}$$

$$= \sum_{l=0}^{N-1} x(l\Delta) \Big(\sum_{m=0}^{N-1} e^{i(n-l)m\frac{2\pi}{N}}\Big).$$

根据(7-1-8)式可得

$$\sum_{m=0}^{N-1} X(f_m) e^{inm\frac{2\pi}{N}} = Nx(n\Delta).$$

把上式和(7-1-7)式、(7-1-6)式写在一起

$$\begin{cases} X(f_m) = \sum_{n=0}^{N-1} x(n\Delta) e^{-inm\frac{2\pi}{N}}, & (7\text{-}1\text{-}9) \\ x(n\Delta) = \frac{1}{N} \sum_{m=0}^{N-1} X(f_m) e^{inm\frac{2\pi}{N}}, & (7\text{-}1\text{-}10) \end{cases}$$

其中
$$f_m = \frac{m}{N\Delta}, \quad m, n = 0, 1, 2, \cdots, N-1. \qquad (7\text{-}1\text{-}11)$$

公式(7-1-9)和(7-1-10)在一起称为**有限离散傅氏变换**. 它表示了有限离散信号 $x(n\Delta)$ 和有限离散频谱 $X(f_m)$ 的一一对应关系. (7-1-9)式称为**正变换**, (7-1-10)式称为**反变换**.

为了使公式表示简化起见, 我们令
$$x_n = x(n\Delta), \quad X_m = X(f_m), \qquad (7\text{-}1\text{-}12)$$

(7-1-9)式和(7-1-10)式就变为

$$\begin{cases} X_m = \sum_{n=0}^{N-1} x_n e^{-inm\frac{2\pi}{N}}, & (7\text{-}1\text{-}13) \\ x_n = \frac{1}{N} \sum_{m=0}^{N-1} X_m e^{inm\frac{2\pi}{N}}, & (7\text{-}1\text{-}14) \end{cases}$$

其中 $m, n = 0, 1, 2, \cdots, N-1$.

以后我们讨论问题时经常用公式(7-1-13)和(7-1-14), 此时一定要注意, X_m 表示的是在频率点 $f_m = \dfrac{m}{N\Delta}$ 上的频谱值, 它是有明确的物理意义的.

由于 x_n 和 X_m 是一一对应的, 所以, x_n 和 X_m 的表达式是唯一的. 以 x_n 为例, 若 x_n 能表示成

$$x_n = \sum_{m=0}^{N-1} a_m e^{inm\frac{2\pi}{N}},$$

则有
$$a_m = \frac{1}{N} X_m, \quad 即 \quad X_m = N a_m.$$

我们举一例说明: 若已知 x_n, 如何求 X_m 的表达式?

例 设
$$x_n = \cos n k_0 \frac{2\pi}{N}, \quad 0 \leqslant n \leqslant N-1,$$

其中 $0 < k_0 < N, N \neq 2k_0$, 求 x_n 的 N 点离散傅氏变换.

解 由于

$$x_n = \cos nk_0 \frac{2\pi}{N} = \frac{1}{2}e^{ink_0\frac{2\pi}{N}} + \frac{1}{2}e^{-ink_0\frac{2\pi}{N}}$$
$$= \frac{1}{2}e^{ink_0\frac{2\pi}{N}} + \frac{1}{2}e^{in(N-k_0)\frac{2\pi}{N}},$$

按信号表示的唯一性，x_n 的 N 点离散傅氏变换 X_m 为

$$X_m = \begin{cases} \frac{1}{2}N, & m = k_0 \text{ 或 } m = N - k_0, \\ 0, & \text{其他}. \end{cases}$$

3. 实信号的有限离散傅氏变换性质

由于在实际中出现的信号都是实信号，因此有必要讨论实信号的有限离散傅氏变换的性质.

设 $x_n(n = 0, 1, \cdots, N-1)$ 是实信号，有限离散频谱为 X_m，见 (7-1-13) 式.

我们讨论共轭性质.

X_m 具有如下性质：
$$X_{N-m} = \overline{X}_m, \qquad (7\text{-}1\text{-}15)$$
读者可根据 (7-1-13) 式自己证明.

反之，如果 X_m 满足 (7-1-15) 式，则相应的离散信号 x_n（(7-1-14) 式）是实信号.

现在来证明这个结论. 对 (7-1-14) 式的 x_n 计算其共轭信号 $\overline{x}_n$：

$$\overline{x}_n = \frac{1}{N} \sum_{m=0}^{N-1} \overline{X}_m e^{-inm\frac{2\pi}{N}}$$
$$= \frac{1}{N} \sum_{m=0}^{N-1} X_{N-m} e^{-inm\frac{2\pi}{N}} \quad (\text{由}(7\text{-}1\text{-}15)\text{式得})$$
$$= \frac{1}{N} \sum_{k=1}^{N} X_k e^{-in(N-k)\frac{2\pi}{N}} \quad (\text{令 } k = N - m)$$
$$= \frac{1}{N} \sum_{k=1}^{N-1} X_k e^{ink\frac{2\pi}{N}} \quad (\text{注意 } X_N = X_0)$$
$$= x_n.$$

这说明 $\bar{x}_n = x_n$,由此便可知 x_n 为实信号.

4. 有限离散频谱所引起的假信号问题

设离散信号为

$$x(n\Delta), \quad -\infty < n < +\infty, \tag{7-1-16}$$

$x(n\Delta)$ 的频谱为

$$X(f) = \sum_{n=-\infty}^{+\infty} x(n\Delta) e^{-i2\pi n\Delta f}. \tag{7-1-17}$$

频率 f_m $(m=0,1,\cdots,N-1)$ 可由(7-1-6)式确定,并由 $X(f)$(见(7-1-17)式)可得有限离散频谱

$$X(f_m), \quad m=0,1,\cdots,N-1 \ (f_m = md, \ d = 1/(N\Delta)). \tag{7-1-18}$$

根据(7-1-10)式,由 $X(f_m)$ 可得到一个有限离散信号 $x_d(n\Delta)$:

$$\begin{cases} x_d(n\Delta) = \dfrac{1}{N} \sum_{m=0}^{N-1} X(f_m) e^{inm\frac{2\pi}{N}}, \\ \text{其中 } n=0,1,\cdots,N-1. \end{cases} \tag{7-1-19}$$

$x_d(n\Delta)$ 和 $x(n\Delta)$(见(7-1-16)式)究竟有什么关系呢? 下面的定理回答了这个问题(参看文献[1]).

有限离散频谱定理 1 设离散信号 $x(n\Delta)$ 及其频谱 $X(f)$ 由(7-1-16)式、(7-1-17)式确定,有限离散频谱 $X(f_m)$ 由(7-1-18)式确定, $x_d(n\Delta)$ 是由 $X(f_m)$ 按照(7-1-19)式所得到的有限离散信号,则 $x_d(n\Delta)$ 和 $x(n\Delta)$ 有如下关系:

$$x_d(n\Delta) = \sum_{k=-\infty}^{+\infty} x[(n+kN)\Delta]. \tag{7-1-20}$$

证明 由(7-1-17)和(7-1-18)式知

$$X(f_m) = \sum_{l=-\infty}^{+\infty} x(l\Delta) e^{-ilm\frac{2\pi}{N}}, \tag{7-1-21}$$

把此式代入(7-1-19)式得

$$\begin{aligned} x_d(n\Delta) &= \frac{1}{N} \sum_{m=0}^{N-1} \Big(\sum_{l=-\infty}^{+\infty} x(l\Delta) e^{-ilm\frac{2\pi}{N}} \Big) e^{inm\frac{2\pi}{N}} \\ &= \sum_{l=-\infty}^{+\infty} x(l\Delta) \Big(\frac{1}{N} \sum_{m=0}^{N-1} e^{i(n-l)m\frac{2\pi}{N}} \Big). \end{aligned} \tag{7-1-22}$$

§1 有限离散傅氏变换、有限离散频谱所引起的假信号

由(7-1-8)式知,当 $l=n+kN$ 时,(7-1-22)式中 $x(l\Delta)$ 后面的项为 1,否则就为 0. 因此,由(7-1-22)式就得到(7-1-20)式. 证毕.

由(7-1-20)式知, $x_d(n\Delta)$ 与 $x(n\Delta)$ ($0 \leqslant n \leqslant N-1$) 一般是不相等的. 在 $x_d(n\Delta)$ 中,除了包含 $x(n\Delta)$ 以外,还增加了时间范围 $[0, N-1]$ 之外的 $x(n\Delta)$ 的成分. 在 $x_d(n\Delta)$ 中的这些信号成分我们称之为**假信号**. 正是这些信号成分的影响,使得 $x_d(n\Delta) \neq x(n\Delta)$ ($0 < n < N-1$).

由(7-1-20)式可以看到,$x_d(n\Delta)$ 是由 $x(n\Delta)$ 以 N 为周期折叠在一起得到的. 因此,我们称 N 为**折叠周期**.

在第二章§4 中我们知道,由连续信号变到离散信号要产生假频现象. 现在又看到,由连续频谱变到离散频谱要产生假信号现象. 这两种现象实质上是一样的,都是由离散化所引起的.

上面的定理告诉我们 $x_d(n\Delta)$ 与 $x(n\Delta)$ 的关系式,现在要讨论 $x_d(n\Delta)$ 与 $x(n\Delta)$ 的误差.

有限离散频谱定理 2 设 $x(n\Delta), X(f), X(f_m), x_d(n\Delta)$ 与有限离散频谱定理 1 中的意义相同,$x_d(n\Delta)$ 的频谱为

$$X_d(f) = \sum_{n=0}^{N-1} x_d(n\Delta) e^{-i 2\pi n \Delta f}, \qquad (7\text{-}1\text{-}23)$$

则有

$$|x_d(n\Delta) - x(n\Delta)| \leqslant \sum_{\substack{k=-\infty \\ k \neq 0}}^{+\infty} |x[(n+kN)\Delta]|, \qquad (7\text{-}1\text{-}24)$$

$$\sum_{n=0}^{N-1} |x_d(n\Delta) - x(n\Delta)| \leqslant \sum_{l=-\infty}^{-1} |x(l\Delta)| + \sum_{l=N}^{+\infty} |x(l\Delta)|, \qquad (7\text{-}1\text{-}25)$$

$$|X_d(f) - X(f)| \leqslant 2 \Big(\sum_{l=-\infty}^{-1} |x(l\Delta)| + \sum_{l=N}^{+\infty} |x(l\Delta)| \Big). \qquad (7\text{-}1\text{-}26)$$

证明 由(7-1-20)式可直接得到(7-1-24)式. 由(7-1-24)式可直接得到(7-1-25)式. 现在来证明(7-1-26)式.

由(7-1-17)式知

$$X(f) = \sum_{n=0}^{N-1} \sum_{k=-\infty}^{+\infty} x[(n+kN)\Delta] e^{-i 2\pi (n+kN)\Delta f}.$$

由(7-1-23)和(7-1-20)式知

$$X_d(f) = \sum_{n=0}^{N-1} \sum_{k=-\infty}^{+\infty} x[(n+kN)\Delta] e^{-i 2\pi n \Delta f},$$

所以

$$X_d(f) - X(f) = \sum_{n=0}^{N-1} \sum_{k=-\infty}^{+\infty} x[(n+kN)\Delta] e^{-i2\pi n \Delta f} (1 - e^{-i2\pi kN\Delta f})$$

$$= \sum_{n=0}^{N-1} \sum_{\substack{k=-\infty \\ k \neq 0}}^{+\infty} x[(n+kN)\Delta] e^{-i2\pi n \Delta f} (1 - e^{-i2\pi kN\Delta f}),$$

由上知

$$|X_d(f) - X(f)| \leqslant 2 \sum_{n=0}^{N-1} \sum_{\substack{k=-\infty \\ k \neq 0}}^{+\infty} |x[(n+kN)\Delta]|$$

$$= 2 \left(\sum_{l=-\infty}^{-1} |x(l\Delta)| + \sum_{l=N}^{+\infty} |x(l\Delta)| \right).$$

这就是(7-1-26)式. 定理证毕.

信号 $x(n\Delta)$（见(7-1-16)式）如果满足条件：$n<0$ 时 $x(n\Delta)=0$，$\sum_{n=0}^{+\infty} |x(n\Delta)| < +\infty$，则根据上面定理 2 的(7-1-25)式和(7-1-26)式，只要 N 取得足够大，就可使 $x_d(n\Delta)$ 与 $x(n\Delta)$（$0 \leqslant n \leqslant N-1$），$X_d(f)$ 与 $X(f)$ 很接近，因此可用 $x_d(n\Delta)$ 作为 $x(n\Delta)$ 的近似，$X_d(f)$ 作为 $X(f)$ 的近似. 特别地，在 $n<0$ 和 $n>N$ 条件下 $x(n\Delta)=0$ 时，由定理 2 知，$x_d(n\Delta)=x(n\Delta)$，$X_d(f)=X(f)$. 这说明频谱 $X(f)$ 可由它的离散值 $X(f_m)$ 完全确定，进而可以把 $X(f_m)$ 表示 $X(f)$ 的公式写出来，这个公式类似于本章问题第 2 题中的公式(7-4).

由于频谱 $X(f)$ 是以 $1/\Delta$ 为周期的函数，因此，我们可以把上面的有限离散频谱定理称为周期函数抽样定理. 有限离散频谱定理 1 是比我们在本章问题第 2 题中所介绍的周期函数抽样定理更为一般的抽样定理.

在对傅氏积分近似计算的分析中（参看本章问题第 9 题），有限离散频谱定理 1 和定理 2 也是一个有力的理论根据.

§2 快速傅氏变换(FFT)

有限离散傅氏变换((7-1-13)式)在实际中很重要，利用它可计算信号的频谱、功率谱以及解决其他方面的问题. 但是，(7-1-13)式的直接计算工作量太大(特别当 N 比较大时),以至在实践中无法广泛应用. 1965 年,Gooley 和 Tukey[2]提出了快速傅氏变换算法,简记 FFT(是英文 Fast Fourier Transform 的缩写),大大减少了计算量,使具体计算有限离散傅氏变换成为可能. 此后,FFT 引起广泛重视,现已成为信号数字处理的一个强有力的工具[1,3].

1. FFT 的原理和算法之一——时域分解 FFT 算法

设 $N=2^k$,有限离散信号 $x_n=(x_0,x_1,\cdots,x_{N-1})$,按照(7-1-13)式,它的有限离散频谱为

$$X_m = \sum_{n=0}^{N-1} x_n e^{-inm\frac{2\pi}{N}}, \quad 0 \leqslant m \leqslant N-1. \quad (7\text{-}2\text{-}1)$$

令

$$W_N = e^{-i\frac{2\pi}{N}}, \quad (7\text{-}2\text{-}2)$$

则(7-2-1)式为

$$X_m = \sum_{n=0}^{N-1} x_n W_N^{nm}, \quad 0 \leqslant m \leqslant N-1. \quad (7\text{-}2\text{-}3)$$

直接从(7-2-3)式计算一个 X_m,需要 N 次复数乘法和加法,计算 N 个 X_m 需要 N^2 次复数乘法和加法. 当 N 很大时,这个计算量是很大的. 但是利用指数函数 $W_N^{nm} = e^{-inm\frac{2\pi}{N}}$ 的特点,可以减少计算量. 为了减少计算量,一个简单而直观的想法是,把计算有 N 个点信号的频谱问题化成计算两个只有 $N/2$ 个点信号的频谱问题,下面具体讨论.

把信号 $x_n=(x_0,x_1,\cdots,x_{N-1})$ 按下标偶数项和奇数项分成两部分,即令

$$\begin{cases} g_l = x_{2l}, \\ h_l = x_{2l+1}, \end{cases} l = 0,1,\cdots,N/2-1. \quad (7\text{-}2\text{-}4)$$

它们的有限离散频谱分别为

$$\begin{cases} G_m = \sum_{l=0}^{N/2-1} g_l (W_N^2)^{lm} = \sum_{l=0}^{N/2-1} x_{2l} W_N^{2lm}, \\ H_m = \sum_{l=0}^{N/2-1} h_l (W_N^2)^{lm} = \sum_{l=0}^{N/2-1} x_{2l+1} W_N^{2lm}. \end{cases} \quad (7\text{-}2\text{-}5)$$

由上式可知,G_m 和 H_m 是以 $N/2$ 为周期的函数,这因为

$$(W_N^2)^{l(m+N/2)} = (W_N^2)^{lm} \cdot W_N^{lN}$$
$$= (W_N^2)^{lm} e^{-il2\pi} = (W_N^2)^{lm}.$$

由(7-2-3)式可知

$$X_m = \sum_{l=0}^{N/2-1} x_{2l} W_N^{2lm} + \sum_{l=0}^{N/2-1} x_{2l+1} W_N^{2lm} \cdot W_N^m,$$

再由(7-2-5)式便得到

$$X_m = G_m + W_N^m H_m. \qquad (7\text{-}2\text{-}6)$$

因为 G_m 和 H_m 是以 $N/2$ 为周期的函数,我们只需计算 $m=0,1,\cdots,N/2-1$ 这些点的值.对 X_m,因为它是以 N 为周期,需计算 X_m 在 $m=0,1,\cdots,N-1$ 时的值.为了用 G_m,H_m 在 $m=0,1,\cdots,N/2-1$ 时的值表示 X_m,我们把(7-2-6)式改写为

$$X_m = \begin{cases} G_m + W_N^m H_m, & 0 \leqslant m \leqslant N/2-1, \\ G_{m-N/2} + W_N^m H_{m-N/2}, & N/2 \leqslant m \leqslant N-1. \end{cases} \qquad (7\text{-}2\text{-}6)'$$

在上式的下面一个式子中,若令 $l=m-N/2$,则有

$$m = l + N/2, \quad W_N^m = W_N^l \cdot W_N^{+N/2} = W_N^l e^{-i\pi} = -W_N^l.$$

于是,(7-2-6)式还可改写为

$$\begin{cases} X_l = G_l + W_N^l H_l, \\ X_{N/2+l} = G_l - W_N^l H_l, \end{cases} \quad 0 \leqslant l \leqslant N/2-1. \qquad (7\text{-}2\text{-}7)$$

(7-2-7)式告诉我们,计算有 N 项的有限离散频谱问题可以化为计算有 $N/2$ 项的有限离散频谱问题,两者的关系式为(7-2-7).同样,$N/2$ 项的计算又可化为 $(N/2)/2 = N/2^2$ 项的计算,一直下去,最后化到 $N/2^k = 2^k/2^k = 1$ 项的计算.由有限离散频谱的定义可知,1 项信号的离散频谱就是它本身.这样,由 1 项频谱根据递推关系(7-2-7)式就可计算出所需的频谱.

现在我们来看 1 项信号(或 1 项频谱)是怎样获得的.我们以 $k=3$ 即 $N=2^k=8$ 来说明,这时信号为 $(x_0,x_1,x_2,x_3,x_4,x_5,x_6,x_7)$.为了把它化为 $N/2=2^{k-1}=2^2$ 项问题,根据(7-2-4)式,重新按偶奇序号排列为 $(x_0,x_2,x_4,x_6 | x_1,x_3,x_5,x_7)$,其中前半部分表示 g 项,后半部分表示 h 项(参见(7-2-4)式).对 4 项信号 (x_0,x_2,x_4,x_6) 和 (x_1,x_3,x_5,x_7) 再按偶奇序号排列为 $(x_0,x_4, \vdots x_2,x_6)$ 和 $(x_1,x_5, \vdots x_3,x_7)$,合在一起为

$(x_0,x_4,\vdots x_2,x_6,|x_1,x_5,\vdots x_3,x_7)$,这样就把 8 项信号分解为 4 个 2 项信号,对于 2 项信号,按偶奇序号排列还是它本身,因此,最后所得 1 项信号或 1 项频谱的排列次序为$(x_0,x_4,x_2,x_6,x_1,x_5,x_3,x_7)$. 对于一般的 k,如何求得$(x_0,x_1,\cdots,x_{N-1})$的 1 项频谱排列$(\tilde{x}_0,\tilde{x}_1,\cdots,\tilde{x}_{N-1})$呢? 我们用二进制来表示序号 j,由于 $0 \leqslant j \leqslant N-1 = 2^k-1$,所以 j 可表示为二进制 $j = j_{k-1}j_{k-2}\cdots j_0$,其中 $j_{k-1},j_{k-2},\cdots,j_0$ 取 0 或 1,则 $\tilde{x}_j$ 为

$$\tilde{x}_j = \tilde{x}_{(j_{k-1}j_{k-2}\cdots j_0)} = x_{(j_0j_1\cdots j_{k-1})}. \qquad (7\text{-}2\text{-}8)$$

1 项频谱排列$(\tilde{x}_0,\tilde{x}_1,\cdots,\tilde{x}_{N-1})$(见(7-2-8)式)称为$(x_0,x_1,\cdots,x_{N-1})$的二进制逆序排列,这在计算机上是容易实现的.

我们对 $N=8$ 时做一说明,见表 7.1.

表 7.1 原序信号和逆序信号

原序信号	x_0	x_1	x_2	x_3	x_4	x_5	x_6	x_7
二进序号	(000)	(001)	(010)	(011)	(100)	(101)	(110)	(111)
二进逆序号	(000)	(100)	(010)	(110)	(001)	(101)	(011)	(111)
逆序信号	x_0	x_4	x_2	x_6	x_1	x_5	x_3	x_7

由下页图 7-1 可知,当 $N=2^k$ 时,大的循环共进行 k 次. 现在来估计整个过程的计算量. 在每次循环中,每计算两个频谱值,按公式(7-2-7),需要 2 次加法和 1 次乘法,计算 N 个频谱值需 N 次加法和 $N/2$ 次乘法. 进行 k 次循环,共需 Nk 次加法和 $Nk/2$ 次乘法. 同时,乘法次数可以减少,因为在(7-2-7)式中,当 $l=0$ 时,$W_N^l=1$,因此,在每一循环中的每一组计算,可减少 2 次乘法. 在第 p 次循环中,要将 N 个数分成 $N/2^p = 2^k/2^p = 2^{k-p}$ 个组,每组减少 2 次乘法,共减少 $2^{k-p} \cdot 2 = 2^{k-p+1}$ 次乘法. 所以,在 k 次循环中,共可减少 $\sum_{p=1}^{k} 2^{k-p+1} = 2^{k+1} - 2$ 次乘法. 在上面介绍的算法中,乘法次数为 $\frac{1}{2}Nk - 2^{k+1} + 2$. 总之,上述算法,需 $N\log_2 N$ 次加法,$\frac{1}{2}N(\log_2 N - 1) + 2$ 次乘法(注意,$N=2^k$ 时 $\log_2 N = k$).

图 7-1 是在 $N=2^3$ 时,时域分解 FFT 算法流程图. 结合这张图,大家可以更好地理解时域分解 FFT 算法.

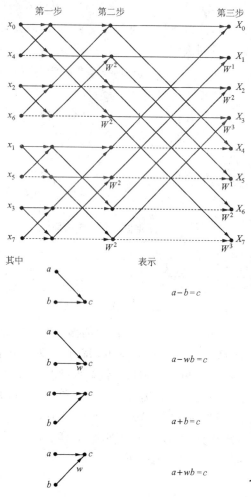

图 7-1 时域分解 FFT 算法流程图（$N=2^3, W_N=W_8$）

2. FFT 的原理和算法之二——频域分解 FFT 算法

对有 $N=2^k$ 项的有限离散信号 $x_n=(x_0,x_1,\cdots,x_{N-1})$，要计算它的频谱 X_m（见 (7-2-1) 或 (7-2-3) 式). 在上面，我们已经介绍了一种快速算法，它的原理是：在时间域，把一个有 N 项的离散信号按偶奇序号分解为两个有 $N/2$ 项的离散信号（见 (7-2-4) 式）.

现在我们再讨论一种快速算法,它的原理是:在频率域,把一个有 N 项的离散频谱按偶奇序号分解为两个有 $N/2$ 项的离散频谱.下面具体讨论.

我们首先把 X_m 的计算公式(7-2-3)改变一下形式,将(7-2-3)式中的和号拆成两半,然后再合并,即

$$X_m = \sum_{n=0}^{N-1} x_n W_N^{mn} = \sum_{n=0}^{N/2-1} x_n W_N^{mn} + \sum_{n=N/2}^{N-1} x_n W_N^{mn}$$

(在后一和号中令 $l = n - N/2$)

$$= \sum_{n=0}^{N/2-1} x_n W_N^{mn} + \sum_{l=0}^{N/2-1} x_{l+N/2} W_N^{mN/2} W_N^{lm}$$

(在后一和号中用 n 来表示 l)

$$= \sum_{n=0}^{N/2-1} (x_n + x_{n+N/2} W_N^{mN/2}) W_N^{mn}. \qquad (7\text{-}2\text{-}9)$$

注意,按(7-2-2)式,

$$W_N^{2lN/2} = W_N^{lN} = 1, \quad W_N^{(2l+1)N/2} = W_N^{N/2} = -1, \quad W_N^{2lm} = W_{N/2}^{lm},$$

把 X_m 按偶奇序号分成两部分,(7-2-9)式可写为

$$\begin{cases} X_{2l} = \sum_{n=0}^{N/2-1} (x_n + x_{n+N/2}) W_{N/2}^{nl}, \\ X_{2l+1} = \sum_{n=0}^{N/2-1} [(x_n - x_{n+N/2}) W_N^n] W_{N/2}^{nl}, \end{cases} \quad l = 0, 1, \cdots, N/2 - 1.$$

$$(7\text{-}2\text{-}10)$$

再令

$$\begin{cases} g_n = x_n + x_{n+N/2}, \\ h_n = (x_n - x_{n+N/2}) W_N^n, \end{cases} \quad n = 0, 1, \cdots, N/2 - 1. \quad (7\text{-}2\text{-}11)$$

由(7-2-11)式和(7-2-10)式可以看出,X_{2l} 是 $N/2$ 项信号 g_n 的频谱,X_{2l+1} 是 $N/2$ 项信号 h_n 的频谱.这样,就把计算 N 项离散频谱的问题转化为计算 $N/2$ 项离散频谱的问题.转化的公式是通过把离散频谱 X_m 按偶奇序号排列得到的(见(7-2-10)式),但具体计算公式还是通过信号分解来实现(见(7-2-11)式),即把 N 项信号按(7-2-11)式分解为两个 $N/2$ 项信号.同样,每个 $N/2$ 项又可分解为两个 $(N/2)/2 = N/2^2$ 项信号,依此下去,当分解进行 k 次时,就得到 $N/2^k = 1$ 项信号,而 1 项信号的离散频谱就是它本身.

由(7-2-10)知,每做一次分解,离散频谱就得做一次偶奇序号重新排列,最后得到逆序频谱 $\widetilde{X}_j$. 用二进制表示序号 $j = j_{k-1} j_{k-2} \cdots j_0$,其中 $j_0, j_1, \cdots, j_{k-1}$ 取 0 或 1. 于是,逆序频谱 $\widetilde{X}_j$ 与原序频谱 X_n 的关系为

$$\widetilde{X}_j = \widetilde{X}_{(j_{k-1} j_{k-2} \cdots j_0)} = X_{(j_0 j_1 \cdots j_{k-1})}.$$

当 $N=8$ 时,二进序号与二进逆序号的关系见表 1.

图 7-2 是在 $N=2^3$ 时频域分解 FFT 算法流程图. 结合这张图,可以更好地理解频域分解法的计算步骤.

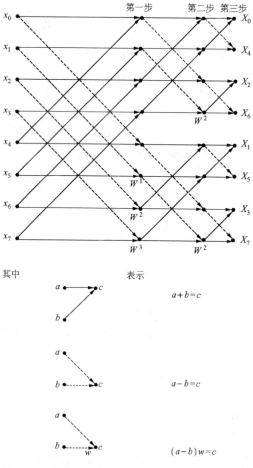

图 7-2　频域分解 FFT 算法流程图（$N=2^3, W_N=W_8$）

§3 有限离散傅氏变换的循环褶积

在第四章,我们已经知道,两个离散信号的频谱相乘,对应的信号是原来两个离散信号的褶积,这就是离散信号滤波理论的基本关系式. 为了利用 FFT 在频率域实现数字滤波,我们必须分析两个有限离散频谱相乘所对应的信号究竟是什么? 这个问题,就是本节所要讨论的[1,3].

1. 有限离散傅氏变换的循环褶积——循环褶积定理 1

设有两个离散信号 $x_n = (x_0, x_1, \cdots, x_{N-1})$,$y_n = (y_0, y_1, \cdots, y_{N-1})$,它们的长度都是一样的. 按照有限离散傅氏变换公式(7-1-13)和(7-1-14),x_n 和 y_n 与它们有限离散频谱 X_m 和 Y_m 的关系为

$$\begin{cases} X_m = \sum_{n=0}^{N-1} x_n e^{-inm\frac{2\pi}{N}}, \\ x_n = \frac{1}{N} \sum_{m=0}^{N-1} X_m e^{inm\frac{2\pi}{N}}; \end{cases} \quad (7\text{-}3\text{-}1)$$

$$\begin{cases} Y_m = \sum_{n=0}^{N-1} y_n e^{-inm\frac{2\pi}{N}}, \\ y_n = \frac{1}{N} \sum_{m=0}^{N-1} Y_m e^{inm\frac{2\pi}{N}}. \end{cases} \quad (7\text{-}3\text{-}2)$$

在实际上,要求 $m, n = 0, 1, \cdots, N-1$. 但是,在理论上,从(7-3-1)式、(7-3-2)式右边的和式可看出,m, n 的变化范围可扩充,m, n 可以为任意整数,这样,X_m, Y_m, x_n, y_n 就被扩充为以 N 为周期的函数(如 $X_{m+N} = X_m$,请读者验证). 这种扩充,对我们下面分析问题是方便的.

把两个有限离散频谱 X_m 和 Y_m 相乘,即令

$$Z_m = X_m Y_m, \quad (7\text{-}3\text{-}3)$$

Z_m 也是一个有限离散频谱. 按照有限离散傅氏反变换公式(7-1-14),相应 Z_m 的有限离散信号为

$$z_n = \frac{1}{N} \sum_{m=0}^{N-1} Z_m e^{inm\frac{2\pi}{N}}, \quad 0 \leqslant n \leqslant N-1. \quad (7\text{-}3\text{-}4)$$

z_n 和 x_n, y_n 有什么关系呢? 由(7-3-4)式、(7-3-3)式以及(7-3-2)式

和(7-3-1)式可得

$$z_n = \frac{1}{N}\sum_{m=0}^{N-1} X_m Y_m e^{inm\frac{2\pi}{N}}$$

$$= \frac{1}{N}\sum_{m=0}^{N-1} X_m \Big(\sum_{l=0}^{N-1} y_l e^{-ilm\frac{2\pi}{N}}\Big) e^{inm\frac{2\pi}{N}}$$

$$= \sum_{l=0}^{N-1} y_l \frac{1}{N}\sum_{m=0}^{N-1} X_m e^{i(n-l)m\frac{2\pi}{N}}$$

$$= \sum_{l=0}^{N-1} y_l x_{n-l},$$

即

$$z_n = \sum_{l=0}^{N-1} y_l x_{n-l}.$$

注意,在上式中,x_n,y_n 都是以 N 为周期的函数.因此,我们称 z_n 为 x_n 和 y_n 的**循环褶积**或**周期褶积**,简记做 $z_n = x_n * y_n [N]$,即

$$z_n = x_n * y_n [N] = \sum_{l=0}^{N-1} y_l x_{n-l} = \sum_{l=0}^{N-1} x_l y_{n-l}. \qquad (7\text{-}3\text{-}5)$$

由(7-3-5)式可知,z_n 也是以 N 为周期的函数.根据有限离散信号与有限离散频谱一一对应关系,$Z_m = X_m Y_m$ 与 $z_n = x_n * y_n [N]$ 是一一对应的.

我们把上面的结果写成下面的定理.

循环褶积定理 1 设 x_n,y_n 是长度为 N 的有限离散信号,它们的有限离散频谱为 X_m 和 Y_m.x_n 与 X_m,y_n 与 Y_m 的关系由(7-3-1)式和(7-3-2)式确定.根据(7-3-1)式和(7-3-2)式,X_m,Y_m,x_n,y_n 可被扩充为以 N 为周期的函数.则有限离散频谱

$$Z_m = X_m Y_m$$

所对应的有限离散信号 z_n 是 x_n 和 y_n 的循环褶积或周期褶积 $z_n = x_n * y_n [N]$,即

$$z_n = x_n * y_n [N] = \sum_{l=0}^{N-1} y_l x_{n-l} = \sum_{l=0}^{N-1} x_l y_{n-l}.$$

循环褶积(7-3-5)式还可有别的表现形式.在(7-3-5)式中,若令 $k=-l$,则有

$$z_n = x_n * y_n [N] = \sum_{k=-(N-1)}^{0} y_{-k} x_{n+k}. \qquad (7\text{-}3\text{-}6)$$

若令 $k=N-l$,则有
$$z_n = x_n * y_n[N] = \sum_{k=0}^{N-1} y_{N-k} x_{n+k}. \tag{7-3-7}$$

循环褶积(7-3-5)式的示意图可用两个同心圆来表示. 在图 7-3 (a)中,按图上位置把对应的数两两相乘并把它们加起来,就得到 z_0. 将外圆按顺时针方向转动一格(见图 7-3(b)),做两两相乘最后再相加,就得到 z_1. 依此下去,就可得到 z_n ($0 \leqslant n \leqslant N-1$).

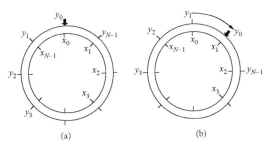

图 7-3 循环褶积的圆形示意图

循环褶积(7-3-5)式还可用以 N 为周期的函数运算图形来表示,下面举一例说明.

例 1 设 x_n 和 y_n 分别是长度为 4 和 3 的信号:
$$x_n = (x_0, x_1, x_2, x_3) = (1, 2, 3, 2),$$
$$y_n = (y_0, y_1, y_2) = (1, 1, 1),$$
把 y_n 扩充为长度是 4 的信号:
$$y_n = (y_0, y_1, y_2, y_3) = (1, 1, 1, 0),$$
求 x_n 与 y_n 的循环褶积 $z_n = x_n * y_n[4]$.

解 我们按公式(7-3-6)计算 z_n ($0 \leqslant n \leqslant 3$). 整个计算过程可用图 7-4 表示. 图 7-4(a)是 x_n 与 y_n 的图形. 图 7-4(b)是周期为 4 的 x_n 图形(根据周期性质 $x_{4+n} = x_n$,我们可以从 x_0, x_1, x_2, x_3 出发求出任一整数 n 时的 x_n). 因在公式(7-3-6)中出现 y_{-k} ($-3 \leqslant k \leqslant 0$),所以在图 7-4(c),我们画出了 y_{-k} ($-3 \leqslant k \leqslant 0$)的图形. 根据(7-3-6)式,我们要求 $n=0$ 时的 z_0,只需要把图 7-4(c)的纵坐标对准图 7-4(b)中 $n=0$ 时的位置,然后上下两两相乘再把这些乘积加起来,就得到 z_0 值. 把图 7-4(c)的纵坐标对准图 7-4(b)中 $n=1$ 时的位置,然后做与上面同样

的处理就得到 z_1. 依此可得 $(z_0, z_1, z_2, z_3) = (6, 5, 6, 7)$. 图 7-4(d) 是循环褶积 z_n 在 $0 \leq n \leq 3$ 时的图形.

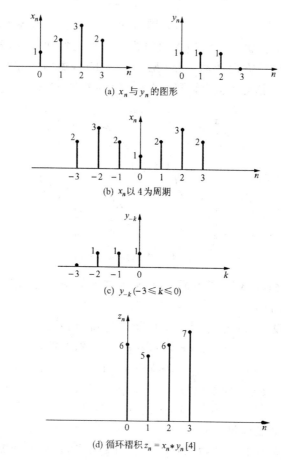

图 7-4 两个信号的循环褶积

2. 循环褶积与普通褶积的关系——循环褶积定理 2

设离散信号 x_n 和 y_n 分别为

$$x_n = \begin{cases} x_n, & 0 \leq n \leq M-1, \\ 0, & \text{其他}; \end{cases} \tag{7-3-8}$$

§3 有限离散傅氏变换的循环褶积

$$y_n = \begin{cases} y_n, & 0 \leqslant n \leqslant L-1, \\ 0, & \text{其他}. \end{cases} \quad (7\text{-}3\text{-}9)$$

显然, x_n 是长度为 M 的有限离散信号, y_n 是长度为 L 的有限离散信号.

x_n 与 y_n 的褶积 z_n 为

$$z_n = \sum_{l=-\infty}^{+\infty} y_l x_{n-l}, \quad (7\text{-}3\text{-}10)$$

在上面和号中,由于 $l<0$ 时 $y_l=0$, $n-l<0$ 即 $n<l$ 时 $x_{n-l}=0$,所以上式可写为

$$z_n = \sum_{l=0}^{n} y_l x_{n-l}. \quad (7\text{-}3\text{-}11)$$

由(7-3-9)式,(7-3-10)式还可写为

$$z_n = \sum_{l=0}^{L-1} y_l x_{n-l}. \quad (7\text{-}3\text{-}12)$$

在(7-3-12)式的和号中,当 $n<0$ 时 $x_{n-l}=0$,因而 $z_n=0$,当 $n>M+L-2$ 时 $x_{n-l}=0$(因为 $0 \leqslant l \leqslant L-1$ 时, $n-l>M-1+L-1-l \geqslant M-1+L-1-(L-1)=M-1$),因而 $z_n=0$. 所以 z_n 可表示为

$$z_n = x_n * y_n = \begin{cases} z_n, & 0 \leqslant n \leqslant M+L-2, \\ 0, & \text{其他}, \end{cases} \quad (7\text{-}3\text{-}13)$$

这表明,在条件(7-3-8)和(7-3-9)之下, x_n 与 y_n 的褶积 z_n 是长度为 $M+L-1$ 的有限离散信号.

设 $\tilde{x}_n, \tilde{y}_n$ 是以 N 为周期的周期信号,并且 $\tilde{x}_n, \tilde{y}_n$ 与 x_n, y_n 的关系为

$$\tilde{x}_n = x_n, \quad \tilde{y}_n = y_n, \quad \text{当 } 0 \leqslant n \leqslant N-1 \text{ 时}. \quad (7\text{-}3\text{-}14)$$

考虑 $\tilde{x}_n$ 与 $\tilde{y}_n$ 的循环褶积(参看(7-3-5)式)

$$\tilde{z}_n = \tilde{x}_n * \tilde{y}_n [N] = \sum_{l=0}^{N-1} \tilde{y}_l \tilde{x}_{n-l}. \quad (7\text{-}3\text{-}15)$$

现在我们要讨论,在条件

$$0 \leqslant n \leqslant N-1 \quad (7\text{-}3\text{-}16)$$

之下,褶积 z_n 与循环褶积 $\tilde{z}_n$ 的关系,即在什么时候有 $\tilde{z}_n = z_n$.

由(7-3-15)式和(7-3-14)式知

$$\tilde{z}_n = \sum_{l=0}^{n} \tilde{y}_l \tilde{x}_{n-l} + \sum_{l=n+1}^{N-1} \tilde{y}_l \tilde{x}_{n-l}$$

$$= \sum_{l=0}^{n} y_l x_{n-l} + \sum_{l=n+1}^{N-1} y_l x_{N+n-l}. \qquad (7\text{-}3\text{-}17)$$

(在 $n+1 \leqslant l \leqslant N-1$ 和条件(7-3-16)之下,$-(N-1) \leqslant n-l \leqslant -1$,因此 $1 \leqslant N+n-l \leqslant N-1$,所以这时 $\tilde{x}_{n-l} = \tilde{x}_{N+n-l} = x_{N+n-l}$.)

由(7-3-17)和(7-3-11)式得

$$\tilde{z}_n = z_n + \sum_{l=n+1}^{N-1} y_l x_{N+n-l}, \quad 0 \leqslant n \leqslant N-1. \qquad (7\text{-}3\text{-}18)$$

现在要问,在上式中和号 $\sum_{l=n+1}^{N-1} y_l x_{N+n-l}$ 何时为 0. 为使和号为 0,我们要求和号中每一项 $y_l x_{N+n-l} = 0$. 由(7-3-9)式知道,当 $l > L-1$ 时 $y_l = 0$,因此我们只要讨论当 $l \leqslant L-1$ 时 x_{N+n-l} 何时为 0 即可. 由(7-3-8)式知,这就要求 $N+n-l \geqslant M$,即 $n \geqslant M-N+l$,又 $l \leqslant L-1$,所以要求 $n \geqslant M+L-1-N$. 在这个条件下,褶积 z_n 与循环褶积 $\tilde{z}_n$ 相等. 我们把这个结论写成下面的定理.

循环褶积定理 2 设 x_n 和 y_n 是长度分别为 M 和 L 的有限离散信号(见(7-3-8)式和(7-3-9)式),$\tilde{x}_n$ 和 $\tilde{y}_n$ 是以 N 为周期的周期信号,$\tilde{x}_n,\tilde{y}_n$ 和 x_n,y_n 的关系见(7-3-14)式. 则当 n 满足

$$\begin{cases} 0 \leqslant n \leqslant N-1, \\ n \geqslant M+L-1-N \end{cases} \qquad (7\text{-}3\text{-}19)$$

条件时,褶积 $z_n = x_n * y_n$ 与循环褶积 $\tilde{z}_n = \tilde{x}_n * \tilde{y}_n[N]$ 相等,即

$$\sum_{l=0}^{n} y_l x_{n-l} = \sum_{l=0}^{N-1} \tilde{y}_l \tilde{x}_{n-l}.$$

在上面定理条件下,取 $N=M+L-1$ 或 $N>M+L-1$ 时,根据(7-3-19)式,当 n 满足 $0 \leqslant n \leqslant N-1$ 时褶积 z_n 与循环褶积 $\tilde{z}_n$ 相等. 又由(7-3-13)式知,z_n 的非 0 部分在 $0 \leqslant n \leqslant M+L-2$ 之内,因而也就在 $0 \leqslant n \leqslant N-1$ 之内. 这说明,当 $N \geqslant M+L-1$ 时,循环褶积 $\tilde{z}_n$ 可以完全反映褶积 z_n. 另一方面,当 $N < \dfrac{M+L}{2}$ 时,$\tilde{z}_n$ 处处都不反映 z_n. 这是因为按(7-3-19)式,要求 $n \leqslant N-1$,同时又要求 $n \geqslant M+L-1-N > 2N-1-N=N-1$,而这样的 n 是不存在的.

现在我们举一例子来说明循环褶积定理 2.

例 2 设 x_n 和 y_n 是长度分别为 $M=4$ 和 $L=3$ 的有限离散信号,

§3 有限离散傅氏变换的循环褶积

$$x_n = (x_0, x_1, x_2, x_3) = (1,2,3,2),$$
$$y_n = (y_0, y_1, y_2) = (1,1,1),$$

x_n 和 y_n 的普通褶积为

$$z_n = x_n * y_n = (z_0, z_1, \cdots, z_5) = (1,3,6,7,5,2).$$

现在考虑 x_n, y_n 的以 $N=4$ 为周期的信号 $\tilde{x}_n = (\tilde{x}_0, \cdots, \tilde{x}_3) = (1,2,3,2)$ 和 $\tilde{y}_n = (\tilde{y}_0, \cdots, \tilde{y}_3) = (1,1,1,0)$. $\tilde{x}_n$ 与 $\tilde{y}_n$ 的循环褶积在例 1 和图 7-5 中已经计算,为

$$\tilde{z}_n = \tilde{x}_n * \tilde{y}_n[4] = (\tilde{z}_0, \cdots, \tilde{z}_3) = (6,5,6,7).$$

按照循环褶积定理 2 的(7-3-19)式(在这个例中, $M=4, L=3$, $N=4$), 当 $0 \leq n \leq 3, n \geq 2$ 即 $2 \leq n \leq 3$ 时, $z_n = \tilde{z}_n$, 即 $z_2 = \tilde{z}_2, z_3 = \tilde{z}_3$. 实际情况正是这样. 这个例子还表明, 当 n 在 $0 \leq n \leq 3$ 范围内, 但不满足 $n \geq 2$ 时, 即 n 只能为 $n=0,1$ 时, z_n 和 $\tilde{z}_n$ 是不相同的. z_n 和 $\tilde{z}_n$ 的图形见图 7-5.

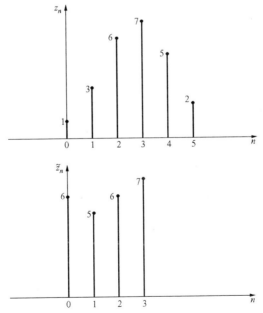

图 7-5 普通褶积 $z_n = x_n * y_n$ 与循环褶积 $\tilde{z}_n = \tilde{x}_n * \tilde{y}_n[4]$ 的比较

3. 利用快速傅氏变换(FFT)计算褶积

利用快速傅氏变换计算褶积的理论根据是循环褶积定理2.根据这个定理,选取适当的N,把褶积运算转换成循环褶积运算,再根据循环褶积定理1,循环褶积运算又可转换为有限离散傅氏变换运算,而这可利用快速傅氏变换(FFT)来进行.下面具体说明之.

3.1 在一般情况下利用FFT计算褶积的方法

设离散信号x_n和y_n分别由(7-3-8)式和(7-3-9)式所表示,它们的长度分别为M和L.在一般情况下,利用FFT计算褶积$l_n = x_n * y_n$的步骤如下:

1) 选择$N=2^k$,使之满足$2^{k-1} < M+L-1 \leq 2^k$;
2) 构造$\tilde{x}_n$和$\tilde{y}_n$,使之满足(7-3-14)式;
3) 利用FFT分别计算$\tilde{x}_n$和$\tilde{y}_n$的有限离散频谱$\tilde{X}_m$和$\tilde{Y}_m$ ($0 \leq m \leq N-1$);
4) 将$\tilde{X}_m$和$\tilde{Y}_m$相乘得$\tilde{Z}_m = \tilde{X}_m \tilde{Y}_m$ ($0 \leq m \leq N-1$);
5) 利用FFT,对$\tilde{Z}_m$作反变换得$\tilde{z}_n$ ($0 \leq n \leq N-1$),则$\tilde{z}_n$就是我们所要求的褶积z_n(根据循环褶积定理2).

现在计算一下上述算法的运算次数.在上面第3步要做2次FFT,第5步做1次FFT,第4步要做N次乘法.因此整个运算为3次FFT加上N次乘法.根据本章§2的时域分解FFT算法,上述算法的运算次数为

$$\begin{cases} 加法(复) & 3N\ln_2 N 次, \\ 乘法(复) & \left[\frac{3}{2}N(\ln_2 N - 2) + N + 6\right]次. \end{cases} \quad (7\text{-}3\text{-}20)$$

对于褶积运算$z_n = x_n * y_n$,按照公式(7-3-12)和(7-3-13),直接计算z_n所需的近似运算次数为

$$\begin{cases} 加法 & (L-1)(M+L-1) 次, \\ 乘法 & L(M+L-1) 次 \end{cases} \quad (7\text{-}3\text{-}21)$$

(计算上式时,要求$L \leq M$).

在实践中,要把直接计算褶积运算次数((7-3-21)式)和用FFT计算褶积运算次数((7-3-20)式)加以比较,哪一个运算次数少,就采用

§3 有限离散傅氏变换的循环褶积

哪一个算法.

3.2 在特殊情况下利用 FFT 计算褶积的方法

设 x_n 和 y_n 依旧由(7-3-8)式和(7-3-9)式表示,它们的长度分别为 M 和 L. 在特殊情况下,即 L 一般不太大,但 M 非常大. 这时,我们分成若干段来计算褶积. 具体步骤如下:

1) 选择 $N=2^k$,一般要求 $N \geqslant 2L$.

2) 计算 M_0,其中 $M_0 = N - L + 1$.

3) 取 $\tilde{y}_n = (y_0, y_1, \cdots, y_{L-1}, 0, \cdots, 0)$,长度为 N,用 FFT 计算 $\tilde{y}_n$ 的离散频谱 $\tilde{Y}_m$.

4) 计算第一段即在 $[0, M_0 - 1]$ 范围内的褶积 z_n,具体步骤又分为:

取 $\tilde{x}_n^{(1)} = (0, \cdots, 0, x_0, \cdots, x_{M_0-1})$,前面的 0 共有 $L-1$ 个,因此 $\tilde{x}_n^{(1)}$ 的长度为 N;

利用 FFT 计算 $\tilde{x}_n^{(1)}$ 的离散频谱 $\tilde{X}_m^{(1)}$;

计算 $\tilde{Z}_m^{(1)} = \tilde{X}_m^{(1)} \cdot \tilde{Y}_m$;

利用 FFT 计算 $\tilde{Z}_m^{(1)}$ 的反变换 $\tilde{z}_n^{(1)} = (z_0^{(1)}, z_1^{(1)}, \cdots, z_{N-1}^{(1)})$,其中后 M_0 个数就是我们所要的褶积 z_n,$0 \leqslant n \leqslant M_0 - 1$,即 $z_n = z_{L+m}^{(1)}$,$0 \leqslant n \leqslant M_0 - 1$.

5) 计算第二段即在 $[M_0, 2M_0 - 1]$ 范围内的褶积 z_n,具体步骤又分为:

取 $\tilde{x}_n^{(2)} = (\tilde{x}_0^{(2)}, \tilde{x}_1^{(2)}, \cdots, \tilde{x}_{N-1}^{(2)}) = (x_{M_0-L+1}, \cdots, x_{M_0}, \cdots, x_{2M_0-1})$;

用 FFT 计算 $\tilde{x}_n^{(2)}$ 的离散谱 $\tilde{X}_m^{(2)}$;

计算 $\tilde{Z}_m^{(2)} = \tilde{X}_m^{(2)} \cdot \tilde{Y}_m$;

用 FFT 计算 $\tilde{Z}_m^{(2)}$ 的反变换 $\tilde{z}_n^{(2)} = (z_0^{(2)}, \cdots, z_{N-1}^{(2)})$,其中后 M_0 个数就是在 $[M_0, 2M_0-1]$ 范围内的褶积 z_n,即 $z_{M_0+n} = z_{L+n}^{(2)}$,$0 \leqslant n \leqslant M_0 - 1$.

6) 仿照5),可计算第三段 $[2M_0, 3M_0-1]$、第四段 $[3M_0, 4M_0-1]$ 等范围内的褶积 z_n,一直计算到第 J 段 $[(J-1)M_0, JM_0-1]$ 结束,其中要求 $(J-1)M_0 < M + L - 1 \leqslant JM_0 - 1$. 由此可知 J 是大于或等于 $\dfrac{M+L}{M_0}$ 的最小整数,因此 $J = \left[\dfrac{M+L}{M_0} + \dfrac{1}{2}\right]$.

现在来说明一下上述算法的运算量,每一段的计算量由(7-3-20)式给出,共有 J 段,所以总运算量为(7-3-20)式的 J 倍. 在实际运算中,要适当选取 N,使总运算量尽可能小一些.

§4 应用快速傅氏变换进行频谱分析

快速傅氏变换(FFT)在数字信号处理中有着广泛应用,在上一节,我们已介绍了如何用 FFT 计算褶积. 在第八章,我们还要讨论如何用 FFT 进行相关计算. 在这一节,我们讨论应用 FFT 如何进行频谱分析.

为了了解信号的特点,频谱分析是一项十分重要的工作. 所谓信号的频谱分析,就是要计算信号的频谱,并由此计算出振幅谱、能谱(或功率谱)、相位谱. 为了更好地分析振幅谱或能谱,有时还要计算出最大值频率点和中间值频率点. 下面具体讨论.

1. 频谱分析的步骤

设连续信号为 $x(t)$,其中 $t \geq 0$. 以间隔 Δ 抽样得到离散信号 $x(n\Delta)$,$x(n\Delta)$ 可能为无限长离散信号

$$x(n\Delta), \quad n = 0, 1, 2, \cdots, \qquad (7\text{-}4\text{-}1)$$

$x(n\Delta)$ 也可能为有限长度离散信号

$$x(n\Delta), \quad n = 0, 1, \cdots, N_0 - 1. \qquad (7\text{-}4\text{-}2)$$

进行频谱分析的步骤如下.

1.1 **数据准备**

一般做 FFT,要求离散信号的长度为 $N = 2^k$,其中 k 为正整数.

对离散信号((7-4-2)式),我们取 k 使 $2^{k-1} < N_0 \leq 2^k$,这时令 $N = 2^k$,并把(7-4-2)式改造为

$$x_n = \begin{cases} x(n\Delta), & 0 \leq n \leq N_0 - 1, \\ 0, & N_0 \leq n \leq N - 1. \end{cases} \qquad (7\text{-}4\text{-}3)$$

对无限长离散信号((7-4-1)式),或有限离散信号((7-4-2)式,其中 N_0 非常大),我们只能截取 $N = 2^k$ 项进行分析,截取的信号记为

$$\tilde{x}_n = x(n\Delta), \quad n = 0, 1, \cdots, N - 1. \qquad (7\text{-}4\text{-}4)$$

由于 $\tilde{x}_n$ 是从 $x(n\Delta)$ 截取来的,为了更好地做频谱分析,需要对 $\tilde{x}_n$ 乘上时窗函数 $\tilde{h}_n$(关于时窗函数,参见第十章),这时得

$$x_n = \tilde{h}_n \tilde{x}_n, \quad n=0,1,\cdots,N-1. \tag{7-4-5}$$

1.2 用 FFT 计算频谱

对 x_n(见(7-4-3)式或(7-4-5)式),用 FFT 计算频谱

$$X_m = \sum_{n=0}^{N-1} x_n e^{-i2\pi mn/N} \quad (0 \leqslant m \leqslant N-1).$$

当 $m=0,1,\cdots,N/2$ 时,X_m 表示对应于频率 $m/(N\Delta)$ 的频谱值.

频谱 X_m 是由实部 U_m 和虚部 V_m 组成的复数,即

$$X_m = U_m + iV_m, \quad m=0,1,\cdots,N/2. \tag{7-4-6}$$

1.3 由频谱求振幅谱、相位谱、功率谱

由(7-4-6)式可求出振幅谱 A_m、相位谱 Φ_m、功率谱 G_m,它们分别为

$$\begin{cases} A_m = |X_m| = \sqrt{U_m^2 + V_m^2}, \\ \Phi_m = \arctan \dfrac{V_m}{U_m}, \\ G_m = |X_m|^2 = A_m^2 = U_m^2 + V_m^2, \end{cases} \tag{7-4-7}$$

其中 $m=0,1,\cdots,N/2$.

1.4 对振幅谱或功率谱进行平滑处理

由于在信号中往往含有干扰成分,使振幅谱或功率谱极不平滑,因此常要做平滑处理.

平滑因子 P_m 通常取 3 个点或 5 个点,如

$$P_m = (P_{-1}, P_0, P_1) = \left(\frac{1}{4}, \frac{1}{2}, \frac{1}{4}\right),$$

或 $$P_m = (P_{-2}, P_{-1}, P_0, P_1, P_2) = \left(\frac{1}{9}, \frac{2}{9}, \frac{3}{9}, \frac{2}{9}, \frac{1}{9}\right).$$

关于平滑公式,以 5 点平滑因子 P_m 和振幅谱 A_m 为例,平滑后振幅谱 $\widetilde{A}_m$ 为

$$\widetilde{A}_m = P_m * A_m = \sum_{j=-2}^{2} P_j A_{m-j}. \tag{7-4-8}$$

把上式中的 A_m 换成功率谱 G_m,就得到平滑后的功率谱 $\widetilde{G}_m$.

1.5 求振幅谱或功率谱的最大值频率点 f_M 和中间值频率点 f_v.

现以振幅谱 $\widetilde{A}_m$（$0 \leqslant m \leqslant N/2$）来说明如何求 f_M 和 f_v.

令

$$f_M = \frac{m_M}{N\Delta} \quad (0 \leqslant m_M \leqslant N/2), \qquad (7\text{-}4\text{-}9)$$

其中 m_M 使

$$\widetilde{A}_{m_M} = \max\{\widetilde{A}_m, m = 0, 1, \cdots, N/2\}. \qquad (7\text{-}4\text{-}10)$$

这时我们称 f_M 为**最大值频率点**. 由计算机是容易求出 m_M 来的,因而可求出 f_M.

令

$$f_v = \frac{m_v}{N\Delta} \quad (0 \leqslant m_v \leqslant N/2), \qquad (7\text{-}4\text{-}11)$$

其中 m_v 使

$$\sum_{m=0}^{m_v} \widetilde{A}_m = \sum_{m=m_v}^{N/2} \widetilde{A}_m, \qquad (7\text{-}4\text{-}12)$$

这时我们称 f_v 为**中间值频率点**. 它的直观意义是:在频率范围 $[0, 1/2\Delta]$ 之内,以 f_v 为中间分界点,在 f_v 的两边振幅谱 A_m 所占的比重是一样的.

严格地说,满足(7-4-12)式的 m_v 往往是不存在的. 实际上求 m_v 的方法如下:

先计算

$$S = \sum_{m=0}^{N/2} \widetilde{A}_m, \qquad (7\text{-}4\text{-}13)$$

然后求 m_v 使之满足

$$\sum_{m=0}^{m_v-1} \widetilde{A}_m < \frac{S}{2} \leqslant \sum_{m=0}^{m_v} \widetilde{A}_m. \qquad (7\text{-}4\text{-}14)$$

求满足(7-4-14)式的 m_v,在计算机上是容易实现的. 求得 m_v 后,中间值频率点 f_v（见(7-4-11)式)也就立即得到.

把(7-4-10)式、(7-4-12)~(7-4-14)式的 $\widetilde{A}_m$ 换成 $\widetilde{G}_m$,就可得到关于功率谱的最大值频率点 f_M 和中间值频率点 f_v.

把振幅谱 $\widetilde{A}_m$、功率谱 $\widetilde{G}_m$ 和它们的最大值频率点、中间值频率点,

以及相位谱 Φ_m,用图形绘出来,或把数据打印出来.在此基础上,可对信号的各种频率成分进行分析.

最后指出,由于频谱分析的目的不同,信号本身的特点也不相同,在具体做时并不要求以上介绍的步骤全都进行.例如,在步骤一中,有时可直接取时窗函数 $\tilde{h}_n=1$,因此 $x_n=\tilde{x}_n$(参见(7-4-5)式);在步骤三中,有时可不求相位谱 Φ_m,而对振幅谱 A_m 和功率谱 G_m 只要求一个就行了;在步骤四中,在有些情况下可不作平滑处理;在步骤五中,有时可不求最大值频率点或中间值频率点.总之,要具体问题具体分析.

2. 频谱分析中参数的选取

对连续信号 $x(t)$ ($t\geqslant 0$)进行频谱分析,实际上是对长度为 $N=2^k$ 的离散信号 $x(n\Delta)$, $n=0,1,\cdots,N-1$ 进行频谱分析.因此,频谱分析中参数 Δ 和 N 的选取很重要.

对连续信号 $x(t)$,我们用两个参数来刻画其频谱的特点:

f_c——$x(t)$ 的截频或 $x(t)$ 最高可能达到的频率(单位为 Hz);

f_δ——$x(t)$ 的频率分辨间隔(单位为 Hz).它的意思是:对 $x(t)$ 的振幅谱 $|X(f)|$ 取离散值观察时,离散值的间隔不能大于 f_δ,故当两个频率之差大于 f_δ 时,对 $x(t)$ 所包含的这两个频率成分我们就可以分辨开.当 $x(t)$ 的振幅谱 $|X(f)|$ 曲线摆动比较大时,f_δ 就要取得小些,当 $|X(f)|$ 曲线较平滑时,f_δ 就可取得大些.

现在我们来谈谈 Δ 与 N 的选取原则.

根据抽样定理(见第二章),要求抽样间隔 Δ 满足

$$\frac{1}{2\Delta}>f_c \quad \text{或} \quad \Delta<\frac{1}{2f_c}. \qquad (7\text{-}4\text{-}15)$$

为了用长度为 N 的离散信号 $x(n\Delta)$ ($0\leqslant n\leqslant N-1$)近似代替信号 $x(n\Delta)$ ($n\geqslant 0$),就要求 $x(n\Delta)$ 在 $n\geqslant N$ 部分的能量很小,即要求

$$\frac{\sum\limits_{n=N}^{+\infty}x^2(n\Delta)}{\sum\limits_{n=0}^{+\infty}x^2(n\Delta)}\approx 0. \qquad (7\text{-}4\text{-}16)$$

对信号 $x(n\Delta)$ ($0\leqslant n\leqslant N-1$),由有限离散傅氏变换知,有限离散

频谱的频率间隔(参见(7-1-6)式)为

$$\frac{1}{N\Delta},$$

因此要求 N 还要满足

$$\frac{1}{N\Delta} < f_\delta \quad \text{或} \quad N > \frac{1}{\Delta f_\delta}. \tag{7-4-17}$$

根据(7-4-15)和(7-4-17)式,对 N 要求

$$N > \frac{2f_c}{f_\delta}. \tag{7-4-18}$$

我们知道,$N\Delta$ 表示进行频谱分析的信号记录长度,由(7-4-17)式知,信号记录长度 $N\Delta$ 必须大于或等于 $1/f_\delta$. 因此,我们称

$$T_{\min} = \frac{1}{f_\delta} \tag{7-4-19}$$

为**最小记录长度**.

所以,在通常情况下,选取 Δ 时要满足(7-4-15)式,选取 N 时要求满足(7-4-17)式,即要求记录长度 $N\Delta$ 不小于最小记录长度 $T_{\min}$(见(7-4-19)式).

例 已知某信号的截频 $f_c = 125\,\text{Hz}$,频率分辨间隔 $f_\delta = 2\,\text{Hz}$. 现要对该信号作频谱分析,问:

(1) 要求最小记录长度 $T_{\min}$ 等于多少?
(2) 抽样间隔 Δ 应满足什么条件?
(3) 抽样点数 N 应满足什么条件?

解 (1) 按(7-4-19)式,

$$T_{\min} = \frac{1}{f_\delta} = \frac{1}{2} = 0.5(\text{s}).$$

(2) 按(7-4-15)式,

$$\Delta < \frac{1}{2f_c} = \frac{1}{250} = 4 \times 10^{-3}(\text{s}).$$

(3) 按(7-4-18)式,

$$N > \frac{2f_c}{f_\delta} = \frac{250}{2} = 125.$$

若要求 N 为 2^k 形式,则可取 $N = 2^7 = 128$.

下面我们给出对一个信号做频谱分析的图例. 在图 7-6 的上面, 是信号 $x(t)$ 的图形, 全长 512 ms(ms 为毫秒), 以抽样间隔 $\Delta = 4$ ms 抽样, 抽样点数为 $N = 128 = 2^7$. 直接对离散信号做 FFT, 然后求振幅谱 $|X(f)|$. 图 7-6 的下图是 $x(n\Delta)$ ($0 \leqslant n \leqslant 2^7 - 1$) 的振幅谱 $|X(f)|$ 图形.

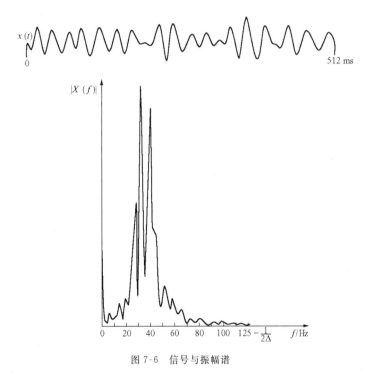

图 7-6 信号与振幅谱

§5 有限离散哈特利变换、余弦变换和广义中值函数

哈特利于 1942 年提出了哈特利变换[4]. 1974 年, 余弦变换也被提出来了[7]. 这些都是信号处理中非常重要的变换. 对于各种各样的余弦变换、正弦变换、哈特利变换和傅里叶变换, 是否有一种统一的方法能给出上述各种变换的快速算法? 答案是有. 广义中值函数就是这种统

一的工具和方法.

在这一节,我们讨论有限离散哈特利变换、有限离散余弦变换和广义中值函数的概念与性质.对于各类正弦变换和余弦变换的快速算法,参见文献[16].

1. 有限离散哈特利变换

1.1 函数 $\cos\alpha$

设 α 为实数.令
$$\cos\alpha = \cos\alpha + \sin\alpha, \tag{7-5-1}$$
其中 cas 为"cos and sin"三个字的缩写.

由于
$$\cos\alpha = \frac{1}{2}(e^{i\alpha} + e^{-i\alpha}), \quad \sin\alpha = \frac{-i}{2}(e^{i\alpha} - e^{-i\alpha}),$$
我们有
$$\cos\alpha = \frac{1-i}{2}e^{i\alpha} + \frac{1+i}{2}e^{-i\alpha}. \tag{7-5-2}$$

同样,由于
$$\cos\alpha = \frac{1}{2}[\cos\alpha + \cos(-\alpha)],$$
$$\sin\alpha = \frac{1}{2}[\cos\alpha - \cos(-\alpha)], \tag{7-5-3}$$
我们有
$$e^{i\alpha} = \frac{1+i}{2}\cos\alpha + \frac{1-i}{2}\cos(-\alpha). \tag{7-5-4}$$

关于 $\cos\alpha$ 的某些三角公式,可参看本章问题.

1.2 有限离散哈特利变换(FDHT)

设离散信号为 x_n, $n=0,1,\cdots,N-1$.令
$$\omega_k = k\frac{2\pi}{N}, \tag{7-5-5}$$
x_n 的离散哈特利变换定义为 HX_m
$$HX_m = \sum_{n=0}^{N-1} x_n \cos\omega_{mn}, \quad m=0,1,\cdots,N-1. \tag{7-5-6}$$
显然 HX_m 以 N 为周期.现在来求哈特利逆变换.

$$\sum_{m=0}^{N-1} HX_m \mathrm{cas}\omega_{mn} = \sum_{m=0}^{N-1}\sum_{k=0}^{N-1} x_k \mathrm{cas}\omega_{mk} \mathrm{cas}\omega_{mn}$$
$$= \sum_{k=0}^{N-1} x_k \sum_{m=0}^{N-1} \mathrm{cas}\omega_{mk} \cdot \mathrm{cas}\omega_{mn}. \quad (7\text{-}5\text{-}7)$$

由(7-5-2)式知

$$\mathrm{cas}\omega_{mk} \cdot \mathrm{cas}\omega_{mn} = -\mathrm{i}\mathrm{e}^{\mathrm{i}(\omega_{mk}+\omega_{mn})} + \mathrm{i}\mathrm{e}^{-\mathrm{i}(\omega_{mk}+\omega_{mn})}$$
$$+ \frac{1}{2}\mathrm{e}^{\mathrm{i}(\omega_{mk}-\omega_{mn})} + \frac{1}{2}\mathrm{e}^{\mathrm{i}(\omega_{mn}-\omega_{mk})},$$

按(7-1-8)式有

$$\sum_{m=0}^{N-1} \mathrm{cas}\omega_{mk} \cdot \mathrm{cas}\omega_{mn} = \begin{cases} N, & k-n = lN, \\ 0, & k-n \neq lN, \end{cases} \quad (7\text{-}5\text{-}8)$$

上式中的 l 为整数.

因此,由(7-5-7)式和(7-5-8)式知

$$x_n = \frac{1}{N}\sum_{m=0}^{N-1} HX_m \mathrm{cas}\omega_{mn}, \quad n = 0,1,\cdots,N-1. \quad (7\text{-}5\text{-}9)$$

(7-5-9)式称为**有限离散逆哈特利变换**.

把(7-5-6)式和(7-5-9)式合写在一起即为有限离散哈特利和逆哈特利变换公式

$$\begin{cases} HX_m = \sum_{n=0}^{N-1} x_n \mathrm{cas}\dfrac{2\pi mn}{N}, \\ x_n = \dfrac{1}{N}\sum_{m=0}^{N-1} HX_m \mathrm{cas}\dfrac{2\pi mn}{N} = \dfrac{1}{N}H(HX_m), \end{cases} \quad (7\text{-}5\text{-}10)$$

其中 $m,n = 0,1,\cdots,N-1$.

从上面可以看出,正哈特利变换与逆哈特利变换有相同的形式,这也是哈特利变换的一个特点.

2. 有限离散余弦变换

这里介绍两种类型的余弦变换.

2.1 有限离散Ⅰ型余弦变换

设离散信号为 x_n, $n=0,1,\cdots,N$.

有限离散Ⅰ型余弦变换和有限离散逆Ⅰ型余弦变换分别为

$$X_m = \sqrt{\frac{2}{N}} \sum_{n=0}^{N} k_m k_n \cos\frac{mn\pi}{N} x_n, \quad 0 \leqslant m \leqslant N, \quad (7\text{-}5\text{-}11)$$

$$x_n = \sqrt{\frac{2}{N}} \sum_{m=0}^{N} k_m k_n \cos\frac{mn\pi}{N} X_m, \quad (7\text{-}5\text{-}12)$$

其中

$$k_i = \begin{cases} \dfrac{1}{\sqrt{2}}, & i = 0, N, \\ 1, & 1 \leqslant i \leqslant N-1. \end{cases} \quad (7\text{-}5\text{-}13)$$

2.2 有限离散 II 型余弦变换

设离散信号为 $x_n, n=0,1,\cdots,N-1$.

有限离散 II 型余弦变换和有限离散逆 II 型余弦变换分别为

$$X_m = \sqrt{\frac{2}{N}} \beta_m \sum_{n=0}^{N-1} x_n \cos\left(n+\frac{1}{2}\right)\frac{m\pi}{N}, \quad 0 \leqslant m \leqslant N-1, (7\text{-}5\text{-}14)$$

$$x_n = \sqrt{\frac{2}{N}} \sum_{m=0}^{N-1} \beta_m X_m \cos\left(n+\frac{1}{2}\right)\frac{m\pi}{N}, \quad 0 \leqslant n \leqslant N-1, (7\text{-}5\text{-}15)$$

其中

$$\beta_m = \begin{cases} \dfrac{1}{\sqrt{2}}, & m = 0, \\ 1, & 1 \leqslant m \leqslant N-1. \end{cases} \quad (7\text{-}5\text{-}16)$$

2.3 有限离散逆 I 型余弦变换公式的证明

由于有限离散逆 I 型余弦变换公式的获得稍为复杂一些,现在我们给出它的证明.

问题是,已知(7-5-11)式,证明(7-5-12)式成立.

首先给出几个初等公式.

$$\sum_{n=0}^{N} e^{in\beta} = \frac{1-e^{i(N+1)\beta}}{1-e^{i\beta}} = \frac{e^{i\frac{N+1}{2}\beta}(e^{-i\frac{N+1}{2}\beta}-e^{i\frac{N+1}{2}\beta})}{e^{i\frac{\beta}{2}}(e^{-i\frac{\beta}{2}}-e^{i\frac{\beta}{2}})}$$

$$= e^{i\frac{N}{2}\beta} \frac{\sin\dfrac{N+1}{2}\beta}{\sin\dfrac{\beta}{2}} \quad (\beta \neq 2k\pi), \quad (7\text{-}5\text{-}17)$$

取上式的实部和虚部,则得

§5 有限离散哈特利变换、余弦变换和广义中值函数

$$\sum_{n=0}^{N} \cos n\beta = \frac{\sin \frac{N+1}{2}\beta \cos \frac{N}{2}\beta}{\sin \frac{\beta}{2}}, \quad (7\text{-}5\text{-}18)$$

$$\sum_{n=0}^{N} \sin n\beta = \frac{\sin \frac{N}{2}\beta \sin \frac{N+1}{2}\beta}{\sin \frac{\beta}{2}}. \quad (7\text{-}5\text{-}19)$$

把(7-5-11)式代入(7-5-12)式右边,得

$$\sqrt{\frac{2}{N}} \sum_{m=0}^{N} k_m k_n \cos \frac{mn\pi}{N} \sqrt{\frac{2}{N}} \sum_{l=0}^{N} k_m k_l \cos \frac{ml\pi}{N} x_l = \frac{2k_n}{N} \sum_{l=0}^{N} k_l x_l A(l,n), \quad (7\text{-}5\text{-}20)$$

其中

$$\begin{aligned}
A(l,n) &= \sum_{m=0}^{N} k_m^2 \cos \frac{mn\pi}{N} \cos \frac{ml\pi}{N} \\
&= \sum_{m=0}^{N} \frac{1}{2}\left[\cos \frac{m(n-l)\pi}{N} + \cos \frac{m(n+l)\pi}{N}\right] \\
&\quad - \frac{1}{2} - \frac{1}{2}(-1)^{n+l} \\
&= \frac{1}{2}\left\{\frac{\sin \frac{N+1}{2}\cdot\frac{(n-l)\pi}{N}\cos \frac{N}{2}\cdot\frac{(n-l)\pi}{N}}{\sin \frac{(n-l)\pi}{2N}}\right. \\
&\quad \left. + \frac{\sin \frac{N+1}{2}\cdot\frac{(n+l)\pi}{N}\cos \frac{N}{2}\cdot\frac{(n+l)\pi}{N}}{\sin \frac{(n+l)\pi}{2N}}\right\} \\
&\quad - \frac{1}{2} - \frac{1}{2}(-1)^{n+l}. \quad (7\text{-}5\text{-}21)
\end{aligned}$$

上式包含三个等式,不同情况可用不同等式. 由(7-5-21)式知

$$A(0,0) = A(N,N) = \sum_{m=0}^{N} k_m^2$$

$$= \sum_{m=1}^{N-1} k_m^2 + k_0^2 + k_N^2 = N. \quad (7\text{-}5\text{-}22)$$

当 $l=n, 0<n<N$ 时，

$$A(n,n) = \sum_{m=0}^{N} \frac{1}{2}\left(1+\cos\frac{m2n\pi}{N}\right) - \frac{1}{2} - \frac{1}{2}(-1)^{2n}$$

$$= \frac{1}{2}(N+1) + \frac{1}{2}\frac{\sin\left(n\pi+\frac{n\pi}{N}\right)\cos n\pi}{\sin\frac{n\pi}{N}} - 1$$

$$= \frac{1}{2}(N+1) + \frac{1}{2} - 1 = \frac{N}{2}. \quad (7\text{-}5\text{-}23)$$

当 $l \neq n$ 时，我们分 $n-l$ 为偶数和奇数两种情况来讨论. 我们注意，$n+l=(n-l)+2l$，因此，$n+l$ 和 $n-l$ 同时为偶数或同时为奇数.

当 $l \neq n, n-l$ 为奇数时，$n+l$ 也为奇数，因此

$$\cos\frac{N}{2} \cdot \frac{n-l}{N}\pi = \cos\frac{N}{2} \cdot \frac{n+l}{N}\pi = 0.$$

由 (7-5-21) 式知

$$A(l,n) = 0, \quad l \neq n, \ n-l \text{ 为奇数}. \quad (7\text{-}5\text{-}24)$$

当 $l \neq n, n-l$ 为偶数时，$n-l=2k \neq 0$，这时有 $n+l=2k+2l$，

$$\sin\frac{N+1}{2} \cdot \frac{(n-l)\pi}{N} = \sin\left(k\pi+\frac{k\pi}{N}\right) = (-1)^k \sin\frac{k\pi}{N},$$

$$\cos\frac{N}{2} \cdot \frac{(n-l)\pi}{N} = \cos k\pi = (-1)^k,$$

$$\sin\frac{(n-l)\pi}{2N} = \sin\frac{k\pi}{N}.$$

因此

$$\frac{\sin\frac{N+1}{2} \cdot \frac{(n-l)\pi}{N} \cdot \cos\frac{N}{2} \cdot \frac{(n-l)\pi}{N}}{\sin\frac{(n-l)\pi}{2N}} = 1. \quad (7\text{-}5\text{-}25)$$

同样有

$$\sin\frac{N+1}{2} \cdot \frac{(n+l)\pi}{N} = \sin\left((k+l)\pi+\frac{(k+l)\pi}{N}\right)$$

$$= (-1)^{k+l}\sin\frac{(k+l)\pi}{N},$$

$$\cos\frac{N}{2} \cdot \frac{(n+l)\pi}{N} = \cos(k+l)\pi = (-1)^{k+l},$$

$$\sin\frac{(n+l)\pi}{2N} = \sin\frac{(k+l)\pi}{N},$$

因此

$$\frac{\sin\frac{N+1}{2} \cdot \frac{(n+l)\pi}{N} \cdot \cos\frac{N}{2} \cdot \frac{(n+l)\pi}{N}}{\sin\frac{(n+l)\pi}{2N}} = 1. \quad (7\text{-}5\text{-}26)$$

由(7-5-25)、(7-5-26)和(7-5-21)式知

$$A(l,n) = 0, \quad l \neq n, \; n-l \text{ 为偶数}. \quad (7\text{-}5\text{-}27)$$

由(7-5-22)、(7-5-23)、(7-5-24)、(7-5-27)和(7-5-20)式知,有限离散逆 I 型余弦变换公式(7-5-12)成立.

关于有限离散逆 II 型余弦变换公式的证明请见本章问题.

3. 广义中值函数

我们引入广义中值函数的概念并讨论它的简单性质,然后用例子说明它可以给出关于正弦和余弦各种变换的一种统一的快速算法.

3.1 广义中值函数

我们先给出广义中值函数的定义.

定义 若对函数 $g(\lambda)$,存在函数 $\varphi(\lambda)$,使

$$g[(2k+1)\beta] = \frac{g[(2k+2)\beta] + g(2k\beta)}{\varphi(\beta)}, \quad (7\text{-}5\text{-}28)$$

或者

$$g[(2k+1)\beta]\varphi(\beta) = g[(2k+2)\beta] + g(2k\beta), \quad (7\text{-}5\text{-}29)$$

则称 $g(\lambda)$ 为**广义中值函数**,其中 k 为整数,β 为实数.

容易看出,$\cos\lambda, \sin\lambda, \text{cas}\lambda$ 和 $e^{i\lambda}$ 都是广义中值函数,即它们都满足 (7-5-28) 式. 不仅如此,它们的 $\varphi(\beta)$ 还都是相同的,$\varphi(\beta) = 2\cos\beta$ (见本章问题第 11 题).

下面给出广义中值函数的两个性质.

性质 1 设 $g(\lambda)$ 为广义中值函数,N 为正整数,x_n ($0 \leqslant n \leqslant N-1$) 为一数列,则

$$\sum_{n=0}^{N-1} x_n g\left[\left(n+\frac{1}{2}\right)\beta\right]$$
$$= [\varphi(\beta/2)]^{-1}\left[\sum_{n=0}^{N-1}(x_n+x_{n-1})g(n\beta)+x_{N-1}g(N\beta)\right],$$
$$(7\text{-}5\text{-}30)$$

其中 $x_{-1}=0$；或者

$$\sum_{n=0}^{N-1} x_n g\left[\left(n+\frac{1}{2}\right)\beta\right]$$
$$=[\varphi(\beta/2)]^{-1}\left\{\sum_{n=0}^{N-1}(x_n+x_{n-1})g(n\beta)+x_{N-1}[g(N\beta)-g(0)]\right\},$$
$$(7\text{-}5\text{-}31)$$

其中 $x_{-1}=x_{N-1}$. 上两式中要求 $\varphi(\beta/2)\neq 0$.

证明 由(7-5-28)式知

$$g\left[\left(n+\frac{1}{2}\right)\beta\right]=[\varphi(\beta/2)]^{-1}\{g[(n+1)\beta]+g(n\beta)\},$$

因此

$$\sum_{n=0}^{N-1} x_n g\left[\left(n+\frac{1}{2}\right)\beta\right]$$
$$=[\varphi(\beta/2)]^{-1}\sum_{n=0}^{N-1}x_n\{g[(n+1)\beta]+g(n\beta)\}$$
$$=[\varphi(\beta/2)]^{-1}\left[\sum_{n=0}^{N-1}x_n g(n\beta)+\sum_{k=1}^{N}x_{k-1}g(k\beta)\right].$$

由上式即可得(7-5-30)式和(7-5-31)式. 证毕.

性质 2 设 $g(\lambda)$ 为广义中值函数，N 为正偶数，x_n $(0\leqslant n\leqslant N-1)$ 为一数列，则

$$\sum_{n=0}^{N-1}x_n g(n\beta)=\sum_{n=0}^{N/2-1}x_{2n}g(2n\beta)$$
$$+[\varphi(\beta)]^{-1}\left\{\sum_{n=0}^{N/2-1}(x_{2n+1}+x_{2n-1})g(2n\beta)\right.$$
$$\left.+x_{N-1}[g(N\beta)-g(0)]\right\}, \qquad (7\text{-}5\text{-}32)$$

其中 $x_{-1}=x_{N-1}$；或者

$$\sum_{n=0}^{N-1} x_n g(n\beta) = \sum_{n=0}^{N/2-1} x_{2n} g(2n\beta)$$
$$+ [\varphi(\beta)]^{-1} \Big[\sum_{n=0}^{N/2-1} (x_{2n+1} + x_{2n-1}) g(2n\beta) + x_{N-1} g(N\beta) \Big], \quad (7\text{-}5\text{-}33)$$

其中 $x_{-1} = 0$, 上两式中都要求 $\varphi(\beta) \neq 0$.

证明 我们知道
$$\sum_{n=0}^{N-1} x_n g(n\beta) = \sum_{n=0}^{N/2-1} x_{2n} g(2n\beta) + \sum_{n=0}^{N/2-1} x_{2n+1} g[(2n+1)\beta].$$

对上式的第二项，利用性质1(用 2β 代替性质1中的 β)就得到(7-5-32)和(7-5-33)式. 证毕.

(7-5-32)和(7-5-33)两式把长度为 N 的变换转化为两个长度为 $N/2$ 的变换，体现了快速二分法的思想.

3.2 一种余弦变换的快速算法

设 $x_0, x_1, \cdots, x_{N-1}$ 为 N 个实数. 当讨论快速算法时，取 $N = 2^k$, k 为正整数.

考虑一种余弦变换 C_N:
$$X_m = \sum_{n=0}^{N-1} x_n \cos n\Big(m + \frac{1}{2}\Big)\pi/N, \quad m = 0, 1, \cdots, N-1,$$
$$(7\text{-}5\text{-}34)$$

早已发现这个变换在语音和图像处理中的应用(见文献[7]).

现在我们讨论快速算法. 令 $g(\lambda) = \cos\lambda$, $\varphi(\beta) = 2\cos\beta$, $\beta = (m+1/2)\pi/N$. 由于 $\cos\lambda$ 是广义中值函数，由(7-5-33)式可得
$$X_m = \sum_{n=0}^{N/2-1} x_{2n} \cos n\Big(m + \frac{1}{2}\Big)\pi/(N/2)$$
$$+ \Big[2\cos\Big(m + \frac{1}{2}\Big)\pi/N\Big]^{-1} \sum_{n=0}^{N/2-1} (x_{2n+1} + x_{2n-1})$$
$$\cdot \cos n\Big(m + \frac{1}{2}\Big)\pi/(N/2),$$

其中 $x_{-1} = 0$.

由上式可得

$$\begin{cases} X_m = A_m + \left[2\cos\left(m+\dfrac{1}{2}\right)\pi/N\right]^{-1} B_m, \\ X_{N-m-1} = A_m - \left[2\cos\left(m+\dfrac{1}{2}\right)\pi/N\right]^{-1} B_m, \end{cases} \quad 0 \leqslant m \leqslant \dfrac{N}{2}-1, \tag{7-5-35}$$

其中

$$\begin{cases} A_m = \sum_{n=0}^{N/2-1} x_{2n}\cos n\left(m+\dfrac{1}{2}\right)\dfrac{\pi}{N/2}, \\ B_m = \sum_{n=0}^{N/2-1} (x_{2n+1}+x_{2n-1})\cos n\left(m+\dfrac{1}{2}\right)\dfrac{\pi}{N/2}, \end{cases} \quad 0 \leqslant m \leqslant \dfrac{N}{2}-1. \tag{7-5-36}$$

由(7-5-35)和(7-5-36)式知，N 点的余弦变换 C_N 转换成两个 $N/2$ 点余弦变换 $C_{N/2}$，这就构成了一种快速算法。

现在计算 N 点余弦变换的乘法次数 $M(C_N)$ 和加法次数 $A(C_N)$。由(7-5-35)式知

$$M(C_N) = 2M(C_{N/2}) + N/2,$$
$$A(C_N) = 2A(C_{N/2}) + N/2 - 1 + N,$$

易知 $M(C_2)=1, A(C_2)=2$。由上式可算出

$$\begin{cases} M(C_N) = \dfrac{1}{2}N\ln_2 N, \\ A(C_N) = \dfrac{3}{2}N\ln_2 N - N + 1. \end{cases} \tag{7-5-37}$$

由上可知，快速算法((7-5-35)式，见文献[8])只不过是广义中值函数性质 2 的一个直接结果。

对于各类离散正弦变换 DST、离散余弦变换 DCT、离散哈特利变换 DHT、离散傅里叶变换 DFT，都可以利用广义中值函数的概念和性质，都可给出快速算法，详见参考文献[16]。

问　　题

1. 证明下列形式的有限离散傅氏变换：

$$\begin{cases} c_n = \dfrac{1}{2N-1} \sum_{m=-N+1}^{N-1} g\left(\dfrac{mT}{2N-1}\right) W_{2N-1}^{mn}, & (7\text{-}1) \\ g\left(\dfrac{mT}{2N-1}\right) = \sum_{n=-N+1}^{N-1} c_n W_{2N-1}^{-mn}, & (7\text{-}2) \end{cases}$$

其中 $m,n=-N+1,\cdots,N-1$；$W_{2N-1}=\mathrm{e}^{-\mathrm{i}\frac{2\pi}{2N-1}}$；$T$ 为一正常数.

提示：只要证明由第一式可推出第二式，或者由第二式可推出第一式就行了. 可参考本章 §1.

2. 周期函数的抽样定理.

设 $g(t)$ 是以 T 为周期的连续函数. 按照傅氏级数理论（参见第一章），$g(t)$ 可展成傅氏级数，

$$g(t) = \sum_{n=-\infty}^{+\infty} c_n \mathrm{e}^{\mathrm{i}2\pi n\frac{t}{T}},$$

其中

$$c_n = \frac{1}{T} \int_0^T g(t) \mathrm{e}^{-\mathrm{i}2\pi n\frac{t}{T}} \mathrm{d}t.$$

如果在 $|n| \geqslant N$ 时，$c_n = 0$，则称 $g(t)$ 是**以 N 为限的有限频谱函数**. 显然 $g(t)$ 为

$$g(t) = \sum_{n=-N+1}^{N-1} c_n \mathrm{e}^{\mathrm{i}2\pi n\frac{t}{T}}. \tag{7-3}$$

周期函数的抽样定理　设 $g(t)$ 是以 T 为周期的连续函数，且是以 N 为限的有限频谱函数，则 $g(t)$ 可以用它的 $2N-1$ 个抽样值 $g\left(\dfrac{mT}{2N-1}\right)$（$|m| \leqslant N-1$）表示出来：

$$g(t) = \sum_{m=-N+1}^{N-1} g\left(\frac{mT}{2N-1}\right) \frac{\sin\left[(2N-1)\pi\left(\dfrac{t}{T}-\dfrac{m}{2N-1}\right)\right]}{(2N-1)\sin\left[\pi\left(\dfrac{t}{T}-\dfrac{m}{2N-1}\right)\right]}.$$
$$\tag{7-4}$$

试证明上述定理.

提示：由于 $g(t)$ 满足 (7-3) 式，在 (7-3) 式中令 $t=\dfrac{mT}{2N-1}$（$|m|\leqslant N-1$）便得 (7-2) 式. 根据问题 1，由 (7-2) 式可得到 (7-1) 式. 把 (7-1) 式代入 (7-3) 式，加以化简，便得 (7-4) 式.

3. 设
$$x_n = 3 + \left(\cos n \frac{2\pi}{N}\right)^2, \quad n = 0, 1, \cdots, N-1,$$
其中 $N>2, N\neq 4$, 求 x_n 的 N 点离散傅氏变换.

4. 设 $x(n)$ 是周期为 N 的周期序列, 即 $x(n)=x(n+N)$. 因此, $x(n)$ 也是以 $2N$ 为周期的周期序列. 设 $X_1(m)$ 是 $x(n)$ 的 N 点离散傅氏变换, $X_2(m)$ 是 $x(n)$ 的 $2N$ 点离散傅氏变换. 问题: 用 $X_1(m)$ 表示 $X_2(m)$.

5. 设离散信号 $x(n)=\delta(n)+2\delta(n-2)+\delta(n-3)$.
(1) 求 $x(n)$ 的 4 点离散傅氏变换 $X(k)$;
(2) 设 4 点离散傅氏变换 $Y(k)=X^2(k)$, 求相应的信号.

6. 设离散信号为
$$x(n) = \left(\frac{1}{5}\right)^n u(n).$$
(1) 求 $x(n)$ 的频谱
$$X(\omega) = \sum_{n=-\infty}^{+\infty} x(n) e^{-in\omega};$$
(2) 取有限离散频谱 $X(\omega_m), \omega_m = m\frac{2\pi}{N}, m=0,1,\cdots,N-1$. 求 $X(\omega_m)$ 的 N 点有限离散傅氏变换 $x_N(n)$ (参见公式(7-1-20)).

提示: 利用本章第一节的有限离散频谱定理. 在定理中, 频谱用 $X(f)$ 表示, 本题中用 $X(\omega)$. ω 与 f 的关系为 $\omega = 2\pi\Delta f$. 当 $f_m = m\frac{1}{N\Delta}$ 时, $\omega_m = 2\pi\Delta f_m = m\frac{2\pi}{N}$.

7. 设 $x_n = (x_0, x_1, x_2) = (1, 2, 1)$, $y_n = (y_0, y_1, y_2) = (1, 1, 1)$. 计算:
(1) 普通褶积 $z_n = x_n * y_n$;
(2) $N=3$ 时的循环褶积 $\tilde{z}_n = \tilde{x}_n * \tilde{y}_n[3]$;
(3) $N=5$ 时的循环褶积 $\tilde{z}_n = \tilde{x}_n * \tilde{y}_n[5]$, 并比较 $\tilde{z}$ 与 z_n 是否相等.

(可参看本章 §3 中的循环褶积定理 2 和例 2.)

8. 设 x_n 和 y_n 是长度为 N 的有限离散信号,它们的有限离散频谱分别为 X_m 和 Y_m(见(7-3-1)式和(7-3-2)式),则 $z_n = x_n y_n$ ($0 \leqslant n \leqslant N-1$)的有限离散频谱 $Z_m = \sum_{n=0}^{N-1} z_n \mathrm{e}^{-\mathrm{i}mn\frac{2\pi}{N}}$ 与 X_m, Y_m 的关系为

$$Z_m = \frac{1}{N} X_m * Y_m [N] = \frac{1}{N} \sum_{l=0}^{N-1} Y_l X_{m-l} = \frac{1}{N} \sum_{l=0}^{N-1} X_l Y_{m-l}, \quad (7\text{-}5)$$

且有

$$\sum_{n=0}^{N-1} x_n y_n = \frac{1}{N} \sum_{l=0}^{N-1} X_l Y_{-l} = \frac{1}{N} \sum_{l=0}^{N-1} Y_l X_{-l}. \quad (7\text{-}6)$$

试证明上述等式.

(可参照从(7-3-3)式到(7-3-5)式的证明.)

9. 设 x_n 是长度为 N 的复数有限离散信号,X_m 为 x_n 的有限离散频谱. 设 $y_n = \bar{x}_n$,Y_m 为 y_n 的有限离散频谱,则

$$Y_m = \overline{X_{-m}}. \quad (7\text{-}7)$$

试证明上述等式.

10. 有限离散信号和频谱的能量等式.

设 x_n 是长度为 N 的复数有限离散信号,X_m 为 x_n 的有限离散频谱(见(7-1-13)式和(7-1-14)式),则

$$\sum_{n=0}^{N-1} |x_n|^2 = \frac{1}{N} \sum_{l=0}^{N-1} |X_l|^2. \quad (7\text{-}8)$$

这个等式称为**能量等式**,$\dfrac{|X_m|^2}{N}$ 称为 x_n 的**功率谱**.

试证明能量等式(7-8).

提示:利用问题 8 和问题 9 来做. 在问题 8 中,令 $y_n = \bar{x}_n$,则 $z_n = |x_n|^2$. 由(7-5),(7-7)式可知 $Z_0 = \dfrac{1}{N} \sum_{l=0}^{N-1} |X_l|^2$. 又由有限离散傅氏变换知 $Z_0 = \sum_{n=0}^{N-1} z_n$,由此即得能量等式(7-8).

11. 设两个信号为

$$x(n) = \cos n \frac{2\pi}{N}, \quad y(n) = \sin n \frac{2\pi}{N},$$

其中 $n = 0, 1, \cdots, N-1$.

(1) 求 $x(n)$ 和 $y(n)$ 的循环褶积 $x(n)*y(n)[N]$;

(2) 求 $x(n)$ 和 $y(n)$ 的循环相关 $R_{xy}(n)=x(n)*y(-n)[N]$.

12. 设两个信号为

$$x(n) = \cos k_1 n \frac{2\pi}{N}, \quad y(n) = \sin k_2 n \frac{2\pi}{N},$$

其中 $n=0,1,\cdots,N-1, 0 \leqslant k_1, k_2 \leqslant N-1$. 证明:

$$\sum_{n=0}^{N-1} \cos k_1 n \frac{2\pi}{N} \cdot \sin k_2 n \frac{2\pi}{N} = 0.$$

13. 已知某信号的截频 $f_c=200\,\text{Hz}$, 频率分辨间隔 $f_\delta=1\,\text{Hz}$. 现要对该信号作频谱分析, 问:

(1) 要求最小记录长度 $T_{\min}$ 是多少?

(2) 要抽样间隔 Δ 应满足什么条件?

(3) 抽样点数 N 应满足什么条件?

(参看本章§4中的例题.)

14. 关于傅氏积分的近似计算.

设离散信号 $x(n\Delta)$ $(-\infty<n<+\infty)$ 的频谱为

$$X(f) = \sum_{n=-\infty}^{+\infty} x(n\Delta) e^{-i2\pi n \Delta f}.$$

由 $X(f)$ 求 $x(n\Delta)$ 的公式为

$$x(n\Delta) = \Delta \int_0^{\frac{1}{\Delta}} X(f) e^{i2\pi n \Delta f} \, df. \tag{7-9}$$

已知频谱 $X(f)$, 我们要计算傅氏积分 (7-9) 式. 现给出计算 (7-9) 式的一个近似公式. 把区间 $[0, 1/\Delta]$ 分成 N 等份, 每一小区间长为 $d=1/(N\Delta)$. 令 $f_m = md$. 由 (7-9) 式得到近似计算公式

$$x_d(n\Delta) = \Delta \sum_{m=0}^{N-1} X(f_m) e^{i2\pi n \Delta f_m} d$$

$$= \frac{1}{N} \sum_{m=0}^{N-1} X(f_m) e^{imn\frac{2\pi}{N}}, \quad 0 \leqslant n \leqslant N-1. \tag{7-10}$$

$x_d(n\Delta)$ 由 (7-10) 式确定, 问 $x_d(n\Delta)$ 与 $x(n\Delta)$ 有什么关系?

15. 用FFT进行信号数据加密.

设 $x(n\Delta)$ 是以 Δ 为抽样间隔的有限离散信号: $x(n\Delta)$, $0 \leqslant n \leqslant$

$N-1$. 用 FFT 可计算 $x(n\Delta)$ 的有限离散频谱 $X_m = X(f_m) = X\left(\dfrac{m}{N\Delta}\right)$，$0 \leqslant m \leqslant N-1$，参见(7-1-9)式。把 X_m 扩充为 $\widetilde{X}_m$，$0 \leqslant m \leqslant 2N-1$，具体如下：

$$\widetilde{X}_m = \widetilde{X}\left[\dfrac{m}{2N\dfrac{\Delta}{2}}\right] = \begin{cases} 2X_m, & 0 \leqslant m \leqslant \dfrac{N}{2}, \\ 0, & \dfrac{N}{2}+1 \leqslant m \leqslant \dfrac{N}{2}+N, \\ 2X_{m-N}, & \dfrac{N}{2}+N+1 \leqslant m \leqslant 2N-1. \end{cases}$$

(7-11)

对 $\widetilde{X}_m$ 作反 FFT(公式见(7-1-10)，不过那里的 N 现在应改为 $2N$)，得到以 $\Delta/2$ 为抽样间隔的有限离散信号 $\widetilde{x}(n\Delta/2)$，$0 \leqslant n \leqslant 2N-1$. $\widetilde{x}(n\Delta/2)$ 为 $x(n\Delta)$ 的加密信号。证明：

$$\widetilde{x}(n\Delta) = x(n\Delta), \quad 0 \leqslant n \leqslant N-1. \tag{7-12}$$

提示：按照有限离散傅氏反变换公式(7-1-10)有

$$x(n\Delta) = \dfrac{1}{N}\sum_{m=0}^{N-1} X_m e^{inm\frac{2\pi}{N}},$$

$$\widetilde{x}\left(n\dfrac{\Delta}{2}\right) = \dfrac{1}{2N}\sum_{m=0}^{2N-1} \widetilde{X}_m e^{inm\frac{2\pi}{2N}}.$$

把(7-11)式代入上式，便可证明 $\widetilde{x}(2n\Delta/2) = \widetilde{x}(n\Delta) = x(n\Delta)$.

16. 用自编的或已有的 FFT 程序，计算离散信号

$$x_n = \cos k_0 \dfrac{2\pi}{N}, \quad 0 \leqslant n \leqslant N-1,$$

其中 $N=1\,024$，$k_0=256$，计算 x_n 的 N 点离散傅氏变换 X_m，并验证

$$X_m = \begin{cases} 512, & m=256, 768, \\ 0, & \text{其他}. \end{cases}$$

(参见本章第一节例题.)

17. 设 x_n 和 y_n 为

$$x_n = (x_0, x_1, x_2, x_3) = (1, 2, 3, 2),$$
$$y_n = (y_0, y_1, y_2) = (1, 1, 1).$$

(1) 编制 4 点 FFT 程序，用它计算 x_n 和 y_n 的 4 点离散频谱 X_m，

Y_m. 求 $X_m Y_m$ 的反变换,以得到 x_n 和 y_n 的 4 点循环褶积 $x_n * y_n[4]$.

(2) 编制 8 点 FFT 程序,用它计算 x_n 和 y_n 的 8 点离散频谱 X_m, Y_m. 求 $X_m Y_m$ 的反变换以得到 x_n 和 y_n 的 8 点循环褶积 $x_n * y_n[8]$, 并将 $x_n * y_n[8]$ 与 $x_n * y_n$ 比较.

(参见本章第三节的内容.)

18. 对一个实际记录(如心电图,声音记录等)作频谱分析(参看图 7-6).

19. 证明: $\cos\lambda$, $\sin\lambda$, $\operatorname{cas}\lambda$ 和 $e^{i\lambda}$ 都满足(7-5-28)式,其中
$$\varphi(\beta) = 2\cos\beta.$$

20. 证明下列等式:

$$\sum_{m=0}^{N-1} e^{i(m+\frac{1}{2})\beta} = e^{i\frac{N}{2}\beta} \frac{\sin\frac{N}{2}\beta}{\sin\frac{\beta}{2}} \quad (\beta \neq 2k\pi),$$

$$\sum_{m=0}^{N-1} \cos\left(m+\frac{1}{2}\right)\beta = \frac{\sin\frac{N}{2}\beta \cos\frac{N}{2}\beta}{\sin\frac{\beta}{2}},$$

$$\sum_{m=0}^{N-1} \sin\left(m+\frac{1}{2}\right)\beta = \frac{\sin\frac{N}{2}\beta \sin\frac{N}{2}\beta}{\sin\frac{\beta}{2}}.$$

注记: 利用上面第 20 题的公式,和公式(7-5-17),(7-5-18),(7-5-19),以及等式

$$\cos\alpha\cos\beta = \frac{1}{2}[\cos(\alpha-\beta) + \cos(\alpha+\beta)],$$

$$\sin\alpha\sin\beta = \frac{1}{2}[\cos(\alpha-\beta) - \cos(\alpha+\beta)],$$

可以证明下列正变换和逆变换公式:

(1) $X_m = \sqrt{\dfrac{2}{N}} \beta_m \sum_{n=0}^{N-1} x_n \cos\left[\left(n+\dfrac{1}{2}\right)m\dfrac{\pi}{N}\right]$, $0 \leqslant m \leqslant N-1$,

$x_n = \sqrt{\dfrac{2}{N}} \sum_{m=0}^{N-1} \beta_m X_m \cos\left[\left(n+\dfrac{1}{2}\right)m\dfrac{\pi}{N}\right]$, $0 \leqslant n \leqslant N-1$,

其中 $\beta_0 = \frac{1}{\sqrt{2}}, \beta_m = 1, 1 \leqslant m \leqslant N-1$;

(2) $X_m = \sqrt{\frac{2}{N}} \sum_{n=0}^{N-1} x_n \cos\left[\left(n+\frac{1}{2}\right)\left(m+\frac{1}{2}\right)\frac{\pi}{N}\right]$, $0 \leqslant m \leqslant N-1$,

$x_n = \sqrt{\frac{2}{N}} \sum_{m=0}^{N-1} X_m \cos\left[\left(n+\frac{1}{2}\right)\left(m+\frac{1}{2}\right)\frac{\pi}{N}\right]$, $0 \leqslant n \leqslant N-1$;

(3) $X_m = \sqrt{\frac{2}{N}} \sum_{n=1}^{N} x_n \sin\left[n\left(m-\frac{1}{2}\right)\frac{\pi}{N}\right]$, $1 \leqslant m \leqslant N$,

$x_n = \sqrt{\frac{2}{N}} \sum_{m=1}^{N} X_m \sin\left[n\left(m-\frac{1}{2}\right)\frac{\pi}{N}\right]$, $1 \leqslant n \leqslant N$.

参 考 文 献

[1] Oppenheim A V and Schafer R W. Digital Signal Processing. Prontice-Hall, Inc., 1975.

[2] Cooley J W and Tukey J W. An algorithm for the machine calculation of complex Fourier series. Mathematics of Computation, 1965, **19**(90): 297—301.

[3] Ahmed N and Rao K R. Orthogonal Transforms for Digital Signal Processing. Springer-Verlag, 1975.

[4] Hartley R V L. A more symmetrical Fourier analysis applied to transmission problem. Proc. IRE 30, 144—150, 1942.

[5] Coertzel G. An algorithm for the evaluation of finite trigonometric series. Amer. Math. Monthly, 1958, 65: 34—35.

[6] Rabiner L R and Gold B. Theory and Application of Digital Signal Processing. Pretice-Hall, Inc., 1975.

[7] Ahmed N, Natarajan T and Rao K R. Discrete cosine transform. IEEE Trans. Comput., Vol. C-23, 90—94, 1974.

[8] Lee B G. A new algorithm to compute the discrete cosine transform. IEEE Trans., Vol. ASSP-32, 1243—1245, 1984.

[9] Jain A K. A sinusoidal family of unitary transform. IEEE Trans., Vol. PAMI-1, 356—365, 1979.

[10] Makhoul J. A fast cosine transform in one and two dimensions. IEEE Trans., Vol. ASSP-28, 27—34, 1980.

[11] Kekre H B and Solanki J K. Comparative performance of various trigonometric unitary transforms for transform image coding. Int. J. Electron,1978,**44**:305—315.

[12] Bracewell R N. Discrete Hartley trasform. J. Opt. Soc. Amer.,1983,**73**:1832—1835.

[13] Hou H S. The fast Hartley transform algorithm. IEEE Trans. Comput.,Vol. C-36,147—156,1987.

[14] Wang Z. On computing the discrete Fourier and cosine transforms. IEEE Trans.,Vol. ASSP-33,1341—1344,1985.

[15] Oppenheim A V and Schafer R W. Discrete-time Signal Processing. Englewood Cliffs. NJ:Prentice Hall,1989.（中译本:黄建国、刘树棠译.离散时间信号处理.北京:科学出版社,1998.）

[16] 程乾生.信号数字处理的数学原理（第二版）.北京:石油工业出版社,1993.

[17] Hayes M H. Digital Signal Processing. McGraw-Hill Companies,Inc.,1999.

第八章 相 关 分 析

在信号数字处理中,相关的概念是一个十分重要的概念,不仅它本身有着重要的物理和几何意义,而且在滤波等处理中有着重要应用. §1 从比较两个波形的相似性出发提出相关系数概念,进而提出相关函数概念,并且讨论了相关与褶积的关系. §2 比较详细地讨论相关函数的性质. §3 讨论 FFT 在相关函数计算中的应用. §4 讨论多道信号之间的相关问题.

§1 相关的基本概念,相关与褶积的关系

在这一节,我们讨论相关分析的基本概念:相关系数、相关函数以及相关与褶积的关系.

1. 相关系数

在实际工作中,我们经常要比较两个波形是否相似,从直观上看,图 8-1(a) 中的两个波形不相似,因为它们的形状太不一样了. 我们再来分析图 8-1(b) 中的两个波形,从振幅的变化看,x_n 的振幅变化大,y_n 的振幅变化小. 从波形的起伏变化趋势看,两者又是差不多的. 实际上,我们只要把 y_n 放大适当的倍数 α,则 x_n 与 αy_n 的振幅与起伏变化都差不多. 因此,这时我们说 x_n 与 y_n 是相似的,这犹如初等几何中的两个相似三角形一样,它们大小不一样,但形状却是一样的.

如何定量地衡量两个波形之间的相似性呢?从上面分析可以看出,我们要求取某个适当的数 α,使 x_n 与 αy_n ($N_1 \leqslant n \leqslant N_2$) 相接近. 衡量 x_n 与 αy_n 相接近的程度,通常用误差能量的方法,即考虑误差能量

$$Q = \frac{1}{N_2 - N_1 + 1} \sum_{n=N_1}^{N_2} (x_n - \alpha y_n)^2. \tag{8-1-1}$$

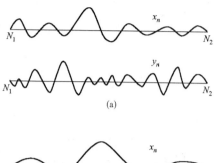

图 8-1

α 究竟取多大合适？要求使 Q 达到最小，即要求 α 使 $\dfrac{\mathrm{d}Q}{\mathrm{d}\alpha}=0$，也即

$$\frac{\mathrm{d}Q}{\mathrm{d}\alpha}=\frac{1}{N_2-N_1+1}\sum_{n=N_1}^{N_2}2(x_n-\alpha y_n)(-y_n)$$

$$=\frac{-2}{N_2-N_1+1}\left(\sum_{n=N_1}^{N_2}x_n y_n-\alpha\sum_{n=N_1}^{N_2}y_n^2\right)=0,$$

由此得

$$\alpha=\frac{\displaystyle\sum_{n=N_1}^{N_2}x_n y_n}{\displaystyle\sum_{n=N_1}^{N_2}y_n^2}. \tag{8-1-2}$$

把这个 α 代入(8-1-1)式，就得到误差能量

$$Q=\frac{1}{N_2-N_1+1}\left\{\sum_{n=N_1}^{N_2}x_n^2-\frac{\left(\displaystyle\sum_{n=N_1}^{N_2}x_n y_n\right)^2}{\displaystyle\sum_{n=N_1}^{N_2}y_n^2}\right\}.$$

由此可得到相对误差能量

$$\frac{Q}{\frac{1}{N_2-N_1+1}\sum_{n=N_1}^{N_2}x_n^2}=1-\rho_{xy}^2(N_1,N_2), \quad (8\text{-}1\text{-}3)$$

其中

$$\rho_{xy}(N_1,N_2)=\frac{\sum_{n=N_1}^{N_2}x_n y_n}{\sqrt{\sum_{n=N_1}^{N_2}x_n^2 \sum_{n=N_1}^{N_2}y_n^2}}. \quad (8\text{-}1\text{-}4)$$

由施瓦兹不等式(见本章问题第 1 题)知

$$\left|\sum_{n=N_1}^{N_2}x_n y_n\right|\leqslant\sqrt{\sum_{n=N_1}^{N_2}x_n^2\sum_{n=N_1}^{N_2}y_n^2}, \quad (8\text{-}1\text{-}5)$$

因此

$$|\rho_{xy}(N_1,N_2)|\leqslant 1. \quad (8\text{-}1\text{-}6)$$

从相对误差能量公式(8-1-3)可以看出，当 $|\rho_{xy}(N_1,N_2)|$ 接近 1 时，相对误差能量小，y_n 的线性函数 αy_n 与 x_n 比较相似. 特别地，当 $|\rho_{xy}(N_1,N_2)|=1$ 时，由(8-1-3)式知 $Q=0$，再由(8-1-1)式知 $x_n=\alpha y_n$，这说明 x_n 与 y_n 完全相似或完全线性相关. 这时要注意，若 $\rho_{xy}(N_1,N_2)=1$，则 $\alpha>0$(由(8-1-4)式和(8-1-2)式知)，若 $\rho_{xy}(N_1,N_2)=-1$，则 $\alpha<0$. 当 $|\rho_{xy}(N_1,N_2)|$ 接近 0 时，相对误差能量大，说明 y_n 的线性函数 αy_n 与 x_n 不相似. 特别地，当 $\rho_{xy}(N_1,N_2)=0$ 时，相对误差能量达到最大值，这说明 x_n 与 y_n 完全不相似. 因此，可用 $\rho_{xy}(N_1,N_2)$ 作为衡量两个波形 x_n 与 y_n 在范围 $[N_1,N_2]$ 上相似性或线性相关性的一种度量. 我们称 $\rho_{xy}(N_1,N_2)$ 为 x_n 与 y_n 在范围 $[N_1,N_2]$ 上的相关系数.

我们称

$$\rho_{xy}=\lim_{\substack{N_1\to-\infty\\N_2\to+\infty}}\rho_{xy}(N_1,N_2)=\lim_{\substack{N_1\to-\infty\\N_2\to+\infty}}\frac{\sum_{n=N_1}^{N_2}x_n y_n}{\sqrt{\sum_{n=N_1}^{N_2}x_n^2\sum_{n=N_1}^{N_2}y_n^2}} \quad (8\text{-}1\text{-}7)$$

为 x_n 与 y_n 的**相关系数**.

当信号 x_n, y_n 为能量有限信号时 $\left(\text{即} \sum\limits_{n=-\infty}^{+\infty} x_n^2 < +\infty, \sum\limits_{n=-\infty}^{+\infty} y_n^2 < +\infty\right)$,由(8-1-7)式知,$x_n$ 与 y_n 的相关系数为

$$\rho_{xy} = \frac{\sum\limits_{n=-\infty}^{+\infty} x_n y_n}{\sqrt{\sum\limits_{n=-\infty}^{+\infty} x_n^2 \sum\limits_{n=-\infty}^{+\infty} y_n^2}}. \tag{8-1-8}$$

由于 x_n 与 y_n 的能量往往是确定的,因此,按(8-1-8)式,ρ_{xy} 的大小就由

$$r_{xy} = \sum_{n=-\infty}^{+\infty} x_n y_n \tag{8-1-9}$$

确定. 我们称 r_{xy} 为 x_n 与 y_n 的**未标准化的相关系数**,也简称为**相关系数**. r_{xy} 也是衡量两个波形 x_n 与 y_n 之间相似性或线性相关性的一种度量. 为方便起见,以后我们假定两个信号的能量都是有限的,用(8-1-9)式的 r_{xy} 表示两个信号的相关系数.

最后我们指出,如果用 y_n 的线性函数 $\alpha y_n + \beta$ 作为 x_n 的近似信号,我们还可以得到与(8-1-4)式形式有所不同的相关系数,具体见本章问题第 2 题.

2. 相关函数

上面我们对两个固定波形的相似性进行了讨论. 但是在实际中,往往会遇到这种情况:波 x_n 与 y_n 都是由同一原因产生的,例如,在地震勘探中,x_n, y_n 是由同一爆炸震源引起的反映同一地下反射界面的反射波记录,但由于接收点的距离不同,反射波在两道记录 x_n 与 y_n 中出现的时间是不同的. 又如在雷达中,x_n 与 y_n 表示同一雷达站接收到的两个不同目的物的反射信号,由于目的物距离不同,反射信号出现的时间也是不同的. 在这种情况下,我们就必须在时移中考虑两个信号的相似性:把 y_n 延迟时间 τ 使之变为 $y_{n-\tau}$,考察 x_n 与 $y_{n-\tau}$ 的相似性,即计算 x_n 与 $y_{n-\tau}$ 的相关系数 r_{xy} (见(8-1-9)式),

$$r_{xy}(\tau) = \sum_{n=-\infty}^{+\infty} x_n y_{n-\tau}. \tag{8-1-10}$$

当 τ 从 $-\infty$ 变到 $+\infty$ 时,$r_{xy}(\tau)$ 就是 τ 的一个函数. 我们称 $r_{xy}(\tau)$ 为 x_n 与 y_n 的**互相关函数**,τ 为 y_n 的延迟时间.

观察 $r_{xy}(\tau)$ 的变化情况,就可了解 y_n 在延迟了不同时间后与 x_n 相关的程度. 如果 $|r_{xy}(\tau)|$ 在 τ_0 达到最大值,说明 y_n 在延迟时间 τ_0 后,$y_{n-\tau_0}$ 与 x_n 最相似. 这个 τ_0 值在应用中有重要意义,它反映了我们所要研究的两个信号之间的时差.

我们要注意的是:在互相关函数 $r_{xy}(\tau)$ 中,x 与 y 的次序不能颠倒. 事实上,若 x 与 y 的次序颠倒后,则为

$$r_{yx}(\tau) = \sum_{n=-\infty}^{+\infty} y_n x_{n-\tau},$$

而

$$r_{yx}(\tau) = \sum_{n=-\infty}^{+\infty} y_n x_{n-\tau} = \sum_{m=-\infty}^{+\infty} x_m y_{m-(-\tau)} = r_{xy}(-\tau),$$

即

$$r_{yx}(\tau) = r_{xy}(-\tau). \tag{8-1-11}$$

一般地,$r_{xy}(-\tau) \neq r_{xy}(\tau)$. 因为 x_n 与 $y_{n+\tau}$ 的相似程度和 x_n 与 $y_{n-\tau}$ 的相似程度是不同的.

关于互相关函数中延迟时间 τ 的说明. 在互相关函数 $r_{xy}(\tau)$ 中,y 的延迟时间 τ 是由(8-1-10)式和号中 x 的时间减去 y 的时间得到的,由此我们很容易求出互相关函数中的 τ 值. 例如,已知 $\sum_{n=-\infty}^{+\infty} x_{n+m} y_{n+l}$,我们要问:它是互相关函数 $r_{xy}(\tau)$ 中 τ 为多大时的值呢?我们把和号中 x 的时间 $n+m$ 减去 y 的时间 $n+l$,使得

$$\tau = (n+m) - (n+l) = m - l,$$

也即

$$\sum_{n=-\infty}^{+\infty} x_{n+m} y_{n+l} = r_{xy}[(n+m)-(n+l)] = r_{xy}(m-l).$$

事实上,

$$\sum_{n=-\infty}^{+\infty} x_{n+m} y_{n+l} = \sum_{k=n+m}^{+\infty} x_k y_{k-(m-l)} = r_{xy}(m-l).$$

特别地,(8-1-10)式还可写为

$$r_{xy}(\tau) = \sum_{n=-\infty}^{+\infty} x_n y_{n-\tau} = \sum_{n=-\infty}^{+\infty} x_{n+\tau} y_n. \tag{8-1-12}$$

当信号 x_n 与自身相关时,我们称 $r_{xx}(\tau)$ 为 x_n 的自相关函数.关于自相关函数与互相关函数的性质,我们将在 §2 进行讨论.

3. 相关与褶积的关系

离散信号 x_n 与 g_n 的褶积为

$$x_n * g_n = \sum_{m=-\infty}^{+\infty} x_{n-m} g_m.$$

离散信号 x_n 与 y_n 的相关函数为

$$r_{xy}(n) = \sum_{l=-\infty}^{+\infty} x_l y_{l-n} \quad (\diamondsuit\; m = n - l)$$

$$= \sum_{m=-\infty}^{+\infty} x_{n-m} y_{-m}.$$

令 $g_m = y_{-m}$,则有

$$r_{xy}(n) = \sum_{m=-\infty}^{+\infty} x_{n-m} g_m = x_n * g_n = x_n * y_{-n},$$

因此,相关与褶积的关系为

$$r_{xy}(n) = x_n * y_{-n}. \tag{8-1-13}$$

设 x_n, y_n 的频谱分别为 $X(f), Y(f)$,Z 变换分别为 $X(Z), Y(Z)$(见第三章 §5).假定 x_n, y_n 为实离散信号.y_n 的翻转信号 y_{-n} 的频谱为 $\overline{Y(f)}$,这因为 y_{-n} 的频谱为

$$\sum_{n=-\infty}^{+\infty} y_{-n} e^{-i2\pi n \Delta f} = \sum_{m=-\infty}^{+\infty} y_m e^{i2\pi m \Delta f}$$

$$= \overline{\sum_{m=-\infty}^{+\infty} y_m e^{-i2\pi m \Delta f}} = \overline{Y(f)},$$

y_{-m} 的 Z 变换为 $Y\left(\dfrac{1}{Z}\right)$,见(3-5-6)式.

设 $r_{xy}(n)$ 的频谱为 $R_{xy}(f)$,Z 变换为 $\hat{R}_{xy}(Z)$.按照(8-1-13)式则有

$$R_{xy}(f) = X(f)\overline{Y(f)}, \tag{8-1-14}$$

$$R_{xy}(Z) = X(Z) Y\left(\dfrac{1}{Z}\right). \tag{8-1-15}$$

关于 Z 变换公式参看(3-5-7)式.

特别地,自相关函数 $r_{xx}(n)$ 的频谱 $R_{xx}(f)$ 为

$$R_{xx}(f) = X(f)\overline{X(f)} = |X(f)|^2. \qquad (8\text{-}1\text{-}16)$$

我们知道，x_n 的能谱为 $|X(f)|^2$. 由(8-1-16)式知，能谱 $|X(f)|^2$ 就是自相关函数 $r_{xx}(n)$ 的频谱.

由(8-1-13)和(8-1-14)式知，用 y_n 对 x_n 作互相关得 $r_{xy}(n)$，就相当于用 y_{-n} 或 $\overline{Y(f)}$ 对 x_n 作滤波. 反过来，用 h_n 对 x_n 作滤波，就相当于用 h_{-n} 对 x_n 作互相关. 这说明，尽管褶积与相关是从研究不同的问题提出来的，但是二者的实质是相同的，相关是一种褶积，褶积也是一种相关.

最后我们指出，对复离散信号 x_n, y_n，互相关函数 $r_{xy}(n)$ 定义为

$$r_{xy}(n) = x_n * \bar{y}_{-n}.$$

读者可以容易地证明，$\bar{y}_{-n}$ 的频谱为 $\overline{Y(f)}$. 因此，$r_{xy}(n)$ 的频谱 $R_{xy}(f)$ 仍然满足关系式(8-1-14).

§2 相关函数的性质

在这一节，我们分别讨论自相关函数和互相关函数的性质.

1. 自相关函数的性质

设离散信号 x_n 的能量有限，它的自相关函数 $r_{xx}(\tau)$ 为

$$r_{xx}(\tau) = \sum_{n=-\infty}^{+\infty} x_n x_{n-\tau},$$

自相关函数的图形见图 8-2.

自相关函数有下列性质：

(1) $|r_{xx}(\tau)|$ 在 $\tau=0$ 时达到最大值，即

$$|r_{xx}(n)| \leqslant r_{xx}(0). \qquad (8\text{-}2\text{-}1)$$

从相似性角度考虑，当 $\tau=0$ 时，波 x_n 与 $x_{n-\tau}=x_n$ 完全重合，这时相似程度最大，因此 $r_{xx}(0)$ 达到最大值.

从数学上看，由施瓦兹不等式可得

$$|r_{xx}(\tau)| = \Big|\sum_{n=-\infty}^{+\infty} x_n x_{n-\tau}\Big| \leqslant \Big[\sum_{n=-\infty}^{+\infty} x_n^2 \sum_{n=-\infty}^{+\infty} x_{n-\tau}^2\Big]^{1/2} = r_{xx}(0),$$

上式说明，$|r_{xx}(\tau)|$ 的最大值为 $r_{xx}(0)$.

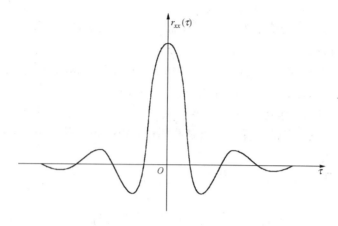

图 8-2 自相关函数 $r_{xx}(\tau)$

(2) 当 $|\tau|\to+\infty$ 时，$r_{xx}(\tau)$ 趋于 0，即

$$\lim_{|\tau|\to+\infty} r_{xx}(\tau) = 0. \qquad (8\text{-}2\text{-}2)$$

从直观上看，当两个信号相对时移量 $|\tau|$ 逐渐增大时，两个波形逐渐失去了相似性，因此反映相似性的 $r_{xx}(\tau)$ 就逐渐接近 0.

从数学上看，公式(8-2-2)是可以严格加以证明的(见文献[3]第 298 页).

(3) 自相关函数 $r_{xx}(\tau)$ 是 τ 的偶函数，即

$$r_{xx}(-\tau) = r_{xx}(\tau). \qquad (8\text{-}2\text{-}3)$$

这是因为

$$r_{xx}(-\tau) = \sum_{n=-\infty}^{+\infty} x_n x_{n+\tau} = \sum_{m=-\infty}^{+\infty} x_{m-\tau} x_m$$
$$= \sum_{m=-\infty}^{+\infty} x_m x_{m-\tau} = r_{xx}(\tau).$$

(4) 自相关函数 $r_{xx}(\tau)$ 的波形与信号 x_n 本身的波形无关，仅与信号所包含的频率成分亦即振幅谱有关. 这就是说，振幅谱相同而相位谱不同的信号有相同的自相关函数. 这是因为自相关函数 $r_{xx}(\tau)$ 完全由它的频谱 $R_{xx}(f)$ 确定，而 $R_{xx}(f)$ 又是由信号的振幅谱 $|X(f)|$ 完全确定的，见(8-1-16)式.

(5) 正定性. 对任何 $N>0$, 当 $\sum_{n=-\infty}^{+\infty} x_n^2 > 0$ 时由自相关函数 $r_{xx}(\tau)$ 组成的矩阵

$$\begin{bmatrix} r_{xx}(0) & r_{xx}(1) & \cdots & r_{xx}(N) \\ r_{xx}(1) & r_{xx}(0) & \cdots & r_{xx}(N-1) \\ \vdots & \vdots & & \vdots \\ r_{xx}(N) & r_{xx}(N-1) & \cdots & r_{xx}(0) \end{bmatrix} \quad (8\text{-}2\text{-}4)$$

是正定矩阵.

要证明矩阵(8-2-4)是正定矩阵, 只要证明对任何不为 0 的向量 $(\alpha_0, \alpha_1, \cdots, \alpha_N)$ (因为我们讨论的信号 x_n 为实信号, 因此这里要求 α_j 也是实值的就行了)皆有

$$[\alpha_0, \alpha_1, \cdots, \alpha_N] \begin{bmatrix} r_{xx}(0) & r_{xx}(1) & \cdots & r_{xx}(N) \\ r_{xx}(1) & r_{xx}(0) & \cdots & r_{xx}(N-1) \\ \vdots & \vdots & & \vdots \\ r_{xx}(N) & r_{xx}(N-1) & \cdots & r_{xx}(0) \end{bmatrix} \begin{bmatrix} \alpha_0 \\ \alpha_1 \\ \vdots \\ \alpha_N \end{bmatrix} > 0.$$

$$(8\text{-}2\text{-}5)$$

现在我们来证明(8-2-5)式.

(8-2-5)式的左边为

$$\sum_{l=0}^{N} \sum_{m=0}^{N} \alpha_l \alpha_m r_{xx}(l-m) = \sum_{l=0}^{N} \sum_{m=0}^{N} \alpha_l \alpha_m \left(\sum_{n=-\infty}^{+\infty} x_{n+l} x_{n+m} \right)$$

$$= \sum_{n=-\infty}^{+\infty} \sum_{l=0}^{N} \sum_{m=0}^{N} \alpha_l \alpha_m x_{n+l} x_{n+m}$$

$$= \sum_{n=-\infty}^{+\infty} \left(\sum_{l=0}^{N} \alpha_l x_{n+l} \right)^2. \quad (8\text{-}2\text{-}6)$$

令

$$y_n = \sum_{l=0}^{N} \alpha_l x_{n+l}, \quad (8\text{-}2\text{-}7)$$

$$A(f) = \sum_{l=0}^{N} \alpha_l e^{-i2\pi l \Delta f}, \quad (8\text{-}2\text{-}8)$$

则 y_n 的频谱 $Y(f)$ 为

$$Y(f) = \sum_{l=0}^{N} \alpha_l e^{-i2\pi l \Delta f} X(f) = A(f) X(f).$$

根据能量等式(3-4-5), (8-2-6)式为

$$\sum_{n=-\infty}^{+\infty} y_n^2 = \Delta \int_{-1/(2\Delta)}^{1/(2\Delta)} |A(f)|^2 |X(f)|^2 df. \qquad (8\text{-}2\text{-}9)$$

当 α_j 不全为 0 时，$A(f)$ 在 $[-1/(2\Delta), 1/(2\Delta)]$ 上至多有 N 个 0 点(这是因为，当 f_0 使 $A(f_0) = 0$ 时，$e^{-i2\pi\Delta f_0}$ 就是多项式 $P(z) = \sum_{l=0}^{N} \alpha_l z^l$ 的一个 0 点，而次数至多为 N 的多项式至多有 N 个 0 点，因此 $A(f)$ 至多只有 N 个 0 点). 又由于

$$\Delta \int_{-1/(2\Delta)}^{1/(2\Delta)} |X(f)|^2 df = \sum_{n=-\infty}^{+\infty} x_n^2 > 0,$$

这说明 $|X(f)|^2$ 不是几乎处处为 0 的，而 $|A(f)|^2$ 至多只有 N 个 0 点，因此 $|A(f)|^2 |X(f)|^2$ 不是几乎处处为 0 的，所以

$$\Delta \int_{-1/(2\Delta)}^{1/(2\Delta)} |A(f)|^2 |X(f)|^2 df > 0. \qquad (8\text{-}2\text{-}10)$$

由公式(8-2-6)，(8-2-7)，(8-2-9)，(8-2-10)知，(8-2-5)式成立. 这就证明了矩阵(8-2-4)是正定矩阵. 矩阵(8-2-4)在信号数字处理中起着重要作用，通常称它为陶布利兹型矩阵.

2. 互相关函数的性质

设 x_n, y_n 都是能量有限的离散信号，它们的互相关函数 $r_{xy}(\tau)$ 为

$$r_{xy}(\tau) = \sum_{n=-\infty}^{+\infty} x_n y_{n-\tau}.$$

互相关函数的特点与自相关函数的特点是不同的，例如，互相关函数 $r_{xy}(\tau)$ 一般不在 $\tau=0$ 时达到 $|r_{xy}(\tau)|$ 的最大值，$r_{xy}(\tau)$ 一般也不是 τ 的偶函数，这是因为互相关函数研究的信号 x_n 与 y_n 是不同信号的缘故.

互相关函数有如下性质：

(1) 互相关函数 $r_{xy}(\tau)$ 和 $r_{yx}(\tau)$ 有如下关系：

$$r_{xy}(\tau) = r_{yx}(-\tau), \qquad (8\text{-}2\text{-}11)$$

关于它的证明参看(8-1-11)式.

(2) 互相关函数 $r_{xy}(\tau)$ 满足下面不等式：

$$|r_{xy}(\tau)| \leqslant \sqrt{r_{xx}(0) r_{yy}(0)}. \qquad (8\text{-}2\text{-}12)$$

事实上,由施瓦兹不等式可知

$$|r_{xy}(\tau)| = \Big|\sum_{n=-\infty}^{+\infty} x_n y_{n-\tau}\Big| \leqslant \sqrt{\sum_{n=-\infty}^{+\infty} x_n^2 \sum_{n=-\infty}^{+\infty} y_{n-\tau}^2}$$

$$= \sqrt{r_{xx}(0)r_{yy}(0)},$$

这就证明了(8-2-12)式.

(3) 当$|\tau| \to +\infty$时,$r_{xy}(\tau)$趋于 0,即

$$\lim_{|\tau| \to +\infty} r_{xy}(\tau) = 0. \tag{8-2-13}$$

这个性质与自相关函数是相同的,原因也相同.

(4) 互相关函数$r_{xy}(\tau)$只包含信号 x_n 与 y_n 所共有的频率成分.

由(8-1-14)式知,$r_{xy}(\tau)$的振幅谱为$|R_{xy}(f)| = |X(f)| \cdot |Y(f)|$. 只有当$|X(f)|$,$|Y(f)|$同时不为 0 时,$|R_{xy}(f)|$才不为 0. 这说明,互相关函数$r_{xy}(\tau)$只包含 x_n 和 y_n 所共有的频率成分.

3. 自相关函数性质的进一步讨论

为了进一步讨论自相关函数的性质,我们给出三个定理.

3.1 自相关函数的充分必要条件

定理 1 设时间序列 $r(n)$ ($-\infty < n < +\infty$) 的频谱为 $R(f)$,则 $r(n)$ 为自相关函数的充分必要条件是

$$R(f) \geqslant 0. \tag{8-2-14}$$

证明 必要性 若 $r(n)$ 为自相关函数,则必有时间序列 g_n,使

$$r(n) = r_{gg}(n) = \sum_{m=-\infty}^{+\infty} g_m g_{m-n},$$

相应的频谱关系为 $R(f) = |G(f)|^2 \geqslant 0$ (其中 $G(f)$ 为 g_n 的频谱). 必要性得到了证明.

充分性 设 $r(n)$ 的频谱 $R(f) \geqslant 0$. (若 $r(n)$ 是取实值的时间序列,则有 $R(-f) = \overline{R(f)}$,也即有 $R(-f) = R(f)$.) 令对应于频谱 $\sqrt{R(f)}$ 的时间序列为 g_n. (若 $\sqrt{R(-f)} = \sqrt{R(f)}$,则 g_n 是实偶函数,即 $g_{-n} = g_n$.) 考虑 g_n 的自相关函数 $r_{gg}(n) = g_n * g_{-n}$,由褶积关系可知,$r_{gg}(n)$ 的频谱为 $\sqrt{R(f)} \cdot \sqrt{R(f)} = R(f)$. 由于 $r(n)$ 和 $r_{gg}(n)$ 的频谱都是 $R(f)$,因此 $r(n) = r_{gg}(n)$. 这说明 $r(n)$ 是自相关函数. 充分性证毕.

3.2 单边自相关函数的性质

定理 2 设 $r(n)$ 为自相关函数，$r(0)>0$，$r(n)$ 的频谱为 $R(f)$. 令 $r(n)$ 的半边自相关函数 $g(n)$ 为

$$g(n) = \begin{cases} r(n), & n \geqslant 0, \\ 0, & n < 0, \end{cases} \tag{8-2-15}$$

则 $g(n)$ 的 Z 变换

$$G(Z) = \sum_{n=0}^{+\infty} r(n) Z^n \tag{8-2-16}$$

在单位圆内无 0 点，$g(n)$ 的频谱 $G(f)$ 也无 0 点，并且 $G(f)$ 的实部为

$$\text{Re} G(f) = \frac{1}{2}[R(f) + r_0]. \tag{8-2-17}$$

证明 由定理 1 知，$R(f) \geqslant 0$. 根据时间序列和频谱的关系，有

$$r(n) = \Delta \int_{-1/(2\Delta)}^{1/(2\Delta)} R(f) e^{i2\pi n \Delta f} df$$

$$= \frac{1}{2\pi} \int_{-\pi}^{\pi} R\left(\frac{\omega}{2\pi\Delta}\right) e^{in\omega} d\omega. \tag{8-2-18}$$

上式中 Δ 为抽样间隔，$\omega = 2\pi\Delta f$.

令 $Z = \rho e^{i\varphi}$，$0 \leqslant \rho < 1$. 由 (8-2-16) 式、(8-2-18) 式得

$$G(Z) = \sum_{n=0}^{+\infty} \frac{1}{2\pi} \int_{-\pi}^{\pi} R\left(\frac{\omega}{2\pi\Delta}\right) e^{in\omega} Z^n d\omega$$

$$= \frac{1}{2\pi} \int_{-\pi}^{\pi} R\left(\frac{\omega}{2\pi\Delta}\right) \sum_{n=0}^{+\infty} (e^{i\omega} Z)^n d\omega$$

$$= \frac{1}{2\pi} \int_{-\pi}^{\pi} R\left(\frac{\omega}{2\pi\Delta}\right) \frac{1}{1 - e^{i\omega} Z} d\omega, \tag{8-2-19}$$

其中

$$\frac{1}{1 - e^{i\omega} Z} = \frac{1}{1 - \rho e^{i(\omega+\varphi)}} = \frac{1 - \rho e^{-i(\omega+\varphi)}}{1 + \rho^2 - 2\rho\cos(\omega+\varphi)}$$

$$= \frac{1 - \rho\cos(\omega+\varphi)}{1 + \rho^2 - 2\rho\cos(\omega+\varphi)}$$

$$+ i \frac{\rho\sin(\omega+\varphi)}{1 + \rho^2 - 2\rho\cos(\omega+\varphi)}. \tag{8-2-20}$$

将 (8-2-20) 式代入 (8-2-19) 式，并取 (8-2-19) 式的实部便得

$$\mathrm{Re}G(Z) = \frac{1}{2\pi}\int_{-\pi}^{\pi} R\left(\frac{\omega}{2\pi\Delta}\right)\frac{1-\rho\cos(\omega+\varphi)}{1+\rho^2-2\rho\cos(\omega+\varphi)}\mathrm{d}\omega.$$
(8-2-21)

由于
$$\frac{1-\rho\cos(\omega+\varphi)}{1+\rho^2-2\rho\cos(\omega+\varphi)} \geqslant \frac{1-\rho}{(1+\rho)^2},$$

所以由(8-2-21)式知
$$\mathrm{Re}G(Z) \geqslant \frac{1-\rho}{(1+\rho)^2} \cdot \frac{1}{2\pi}\int_{-\pi}^{\pi} R\left(\frac{\omega}{2\pi\Delta}\right)\mathrm{d}\omega$$
$$= \frac{1-\rho}{(1+\rho)^2} \cdot r_0 > 0.$$

这说明,当 $Z=\rho e^{\mathrm{i}\varphi}$ 时 $G(Z)$ 没有 0 点,而 φ 是任意的,ρ 在 $[0,1)$ 中取值,因此,$G(Z)$ 在单位圆内($|Z|<\rho$)没有 0 点.

现在来证明(8-2-17)式.

取 $g(n)$ 的翻转信号 $g(-n)$,由(8-2-23)式知
$$g(-n) = \begin{cases} 0, & n>0, \\ r(-n), & n\leqslant 0. \end{cases} \quad (8\text{-}2\text{-}22)$$

由(8-2-15)式、(8-2-22)式知
$$r(n) = g(n) + g(-n) - r(0)\delta(n). \quad (8\text{-}2\text{-}23)$$

g_n 的频谱为 $G(f)$,翻转信号 g_{-n} 的频谱为 $\overline{G(f)}$. 对应(8-2-23)式的频率域关系为
$$R(f) = G(f) + \overline{G(f)} - r(0),$$
即
$$\mathrm{Re}G(f) = \frac{1}{2}[R(f) + r(0)],$$

这就是(8-2-23)式. 由于 $R(f)\geqslant 0, r(0)>0$,所以 $\mathrm{Re}G(f)>0$. 这说明单边自相关函数 $g(n)$ 的频谱 $G(f)$ 在单位圆内没有 0 点. 至此,定理 2 证毕.

由定理 2 可以知道,单边自相关函数 g_n(见(8-2-15)式)还是最小相位信号(或最小延迟信号),关于最小相位信号,参见第九章.

关于有限长自相关函数的性质与分解,参见文献[3].

§3 循环相关和普通相关

利用 FFT 计算相关函数和利用 FFT 计算褶积一样,原理都是建立在循环褶积(第七章 §3)基础之上. 但是,相关与褶积毕竟是有区别的,因此我们先讨论循环相关及其与普通相关的关系,然后,在此基础上讨论如何利用 FFT 计算相关函数. 最后,我们讨论如何根据自相关函数来计算信号的能谱.

1. 循环相关与普通相关

1.1 有限离散傅氏变换的循环相关

设 x_n, y_n 都是长度为 N 的实离散信号:

$$\begin{cases} x_n = (x_0, x_1, \cdots, x_{N-1}), \\ y_n = (y_0, y_1, \cdots, y_{N-1}). \end{cases} \quad (8\text{-}3\text{-}1)$$

按照有限离散傅氏变换公式(7-1-13)和(7-1-14),x_n 和 y_n 与它们有限离散频谱 X_m 和 Y_m 的关系为

$$\begin{aligned} X_m &= \sum_{n=0}^{N-1} x_n \mathrm{e}^{-\mathrm{i}nm\frac{2\pi}{N}}, \\ x_n &= \frac{1}{N} \sum_{m=0}^{N-1} X_m \mathrm{e}^{\mathrm{i}nm\frac{2\pi}{N}}, \\ Y_m &= \sum_{n=0}^{N-1} y_n \mathrm{e}^{-\mathrm{i}nm\frac{2\pi}{N}}, \\ y_n &= \frac{1}{N} \sum_{m=0}^{N-1} Y_m \mathrm{e}^{\mathrm{i}nm\frac{2\pi}{N}}. \end{aligned} \quad (8\text{-}3\text{-}2)$$

为了便于讨论,根据上面公式,我们把 x_n, y_n, X_m, Y_m 都扩充为以 N 为周期的函数.

我们先考虑 $\overline{Y}_m$ 所对应的有限离散信号究竟是什么. 根据(8-3-2)式,有

$$\overline{Y}_m = \sum_{n=0}^{N-1} y_n \mathrm{e}^{\mathrm{i}nm\frac{2\pi}{N}} \xrightarrow{n=N-k} \sum_{k=1}^{N} y_{N-k} \mathrm{e}^{-\mathrm{i}km\frac{2\pi}{N}}.$$

§3 循环相关和普通相关 215

由于 $y_{N-k}e^{-ikm\frac{2\pi}{N}}$ 对变量 k 而言是以 N 为周期的,因此上式可写为

$$\overline{Y}_m = \sum_{k=0}^{N-1} y_{N-k} e^{-ikm\frac{2\pi}{N}} = \sum_{n=0}^{N-1} y_{N-n} e^{-inm\frac{2\pi}{N}}. \qquad (8\text{-}3\text{-}3)$$

由(8-3-3)式知,$\overline{Y}_m$ 所对应的有限离散信号是 y_{N-n}.

现在来考虑

$$R_{xy}(m) = X_m \overline{Y}_m \qquad (8\text{-}3\text{-}4)$$

所对应的有限离散信号 $r_{xy}(n)$. 按照循环褶积定理 1(第七章 §3),$r_{xy}(n)$ 为

$$r_{xy}(n) = x_n * y_{N-n}[N]$$
$$= \sum_{l=0}^{N-1} x_l y_{N-(n-l)} = \sum_{l=0}^{N-1} x_l y_{l-n}. \qquad (8\text{-}3\text{-}5)$$

由于 y_{N-n} 是以 N 为周期的,所以 $y_{N-n} = y_{-n}$,按照公式(7-3-6)有

$$r_{xy}(n) = x_n * y_{-n}[N] = \sum_{k=0}^{N-1} x_{n+k} y_k. \qquad (8\text{-}3\text{-}6)$$

我们称 $r_{xy}(n)$ 为 x_n 和 y_n 的循环相关,用循环褶积来表示,就是 $r_{xy}(n) = x_n * y_{N-n}[N] = x_n * y_{-n}[N]$,具体公式见(8-3-5)或(8-3-6).

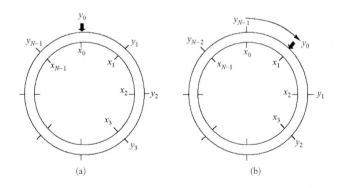

图 8-3 循环相关的圆形示意图

与循环褶积的圆形示意图(图 7-3)类似,循环相关也有圆形示意图,见图 8-3. 循环相关的公式见(8-3-6)式. 在图 8-3(a)中,按图上位

置把对应的数两两相乘然后把它们加起来,就得 $r_{xy}(0)$. 将外圆按顺时针方向转动一格,见图 8-3(b),做两两相乘然后再相加,就得到 $r_{xy}(1)$. 依此下去,就可得到 $r_{xy}(n)$ ($0 \leqslant n \leqslant N-1$).

1.2 循环相关与普通相关的关系

设离散信号 x_n 和 y_n 分别为

$$x_n = \begin{cases} x_n, & 0 \leqslant n \leqslant M-1, \\ 0, & \text{其他}, \end{cases} \tag{8-3-7}$$

$$y_n = \begin{cases} y_n, & 0 \leqslant n \leqslant L-1, \\ 0, & \text{其他}. \end{cases} \tag{8-3-8}$$

x_n 与 y_n 的普通互相关函数 $r_{xy}(n)$ 为

$$r_{xy}(n) = \sum_{k=0}^{L-1} x_{n+k} y_k. \tag{8-3-9}$$

设 $\tilde{x}_n, \tilde{y}_n$ 是 x_n, y_n 的以 N 为周期的周期信号,即

$$\tilde{x}_n = x_n, \quad \tilde{y}_n = y_n, \quad \text{当} \ 0 \leqslant n \leqslant N-1 \ \text{时}. \tag{8-3-10}$$

$\tilde{x}_n$ 与 $\tilde{y}_n$ 的循环相关(见(8-3-6)式)为

$$\tilde{r}_{\tilde{x}\tilde{y}}(n) = \tilde{x}_n * \tilde{y}_{-n}[N] = \sum_{k=0}^{N-1} \tilde{x}_{n+k} \tilde{y}_k = \sum_{k=0}^{N-1} \tilde{x}_{n+k} y_k. \tag{8-3-11}$$

假定 $L \ll N$. 由于(8-3-8)式、(8-3-11)式知

$$\tilde{r}_{\tilde{x}\tilde{y}}(n) = \sum_{k=0}^{L-1} \tilde{x}_{n+k} y_k. \tag{8-3-12}$$

在上面的和号中,k 的变化范围是 $0 \leqslant k \leqslant L-1$. 在此条件下,当 $0 \leqslant n \leqslant N-L$ 时有 $0 \leqslant n+k \leqslant N-1$,根据(8-3-10)式,$\tilde{x}_{n+k} = x_{n+k}$,因此(8-3-12)式为

$$\tilde{r}_{\tilde{x}\tilde{y}}(n) = \sum_{k=0}^{L-1} x_{n+k} y_k \quad (0 \leqslant n \leqslant N-L). \tag{8-3-13}$$

将上式与(8-3-9)式相比较,便得

$$r_{xy}(n) = \tilde{r}_{\tilde{x}\tilde{y}}(n), \quad 0 \leqslant n \leqslant N-L,$$

这就是循环相关与普通相关的关系式. 我们把上面讨论的结果写成下面的定理.

循环相关定理 设 x_n, y_n 是长度分别为 M 和 L 的离散信号(见(8-3-7)式、(8-3-8)式),x_n 与 y_n 的相关函数为 $r_{xy}(n)$ (见(8-3-9)

式),$\tilde{x}_n, \tilde{y}_n$ 是 x_n, y_n 的以 N 为周期的周期信号(见(8-3-10)式),$\tilde{x}_n$ 与 $\tilde{y}_n$ 的循环相关为 $\tilde{r}_{\tilde{x}\tilde{y}}(n) = \tilde{x}_n * \tilde{y}_{-n}[N]$ (见(8-3-11)式). 则当 $0 \leqslant n \leqslant N-L$ 时,

$$\tilde{r}_{\tilde{x}\tilde{y}}(n) = r_{xy}(n). \tag{8-3-14}$$

上面的定理告诉我们,当 $n \geqslant 0$ 时,可用循环相关来计算相关函数 $r_{xy}(n)$. 当 $n < 0$ 时,能否用循环相关来计算相关函数 $r_{xy}(n)$ 呢? 根据互相关函数性质(见(8-2-11)式),有 $r_{xy}(n) = r_{yx}(-n)$. 当 $n < 0$ 时,$-n > 0$,因此可根据上述定理用循环相关计算 $r_{yx}(-n)$,因而 $r_{xy}(n) = r_{yx}(-n)$ 也就计算出来了.

类似循环褶积定理 2,当 $N \geqslant M + L - 1$ 时,循环相关可恢复普通相关,具体公式为

$$\begin{cases} \tilde{r}_{\tilde{x}\tilde{y}}(n) = r_{xy}(n), & 0 \leqslant n \leqslant N-L, \\ \tilde{r}_{\tilde{x}\tilde{y}}(n) = r_{xy}(n-N), & N-L < n \leqslant N-1. \end{cases} \tag{8-3-14}'$$

2. 利用 FFT 计算相关函数

根据上述的循环相关定理,可利用 FFT 计算相关函数.

2.1 利用 FFT 计算互相关函数

设 x_n, y_n 是长度分别为 M 和 L 的离散信号(见(8-3-7)式、(8-3-8)式),x_n 与 y_n 的互相关函数为 $r_{xy}(n)$ (见(8-3-9)式). 现在我们要计算

$$r_{xy}(n), \quad 0 \leqslant n \leqslant K. \tag{8-3-15}$$

利用 FFT 计算(8-3-15)式的步骤如下:

1) 选择 $N = 2^k$,按(8-3-14)式和(8-3-15)式,N 要满足 $N - L \geqslant K$,即 $N \geqslant L + K$;

2) 构造 x_n, y_n 的以 N 为周期的周期信号 $\tilde{x}_n, \tilde{y}_n$,见(8-3-10)式;

3) 利用 FFT 分别计算 $\tilde{x}_n$ 和 $\tilde{y}_n$ 的有限离散频谱 $\tilde{X}_m$ 和 $\tilde{Y}_m$ ($0 \leqslant m \leqslant N-1$);

4) 计算 $\tilde{R}_{xy}(m) = \tilde{X}_m \cdot \overline{\tilde{Y}_m}$;

5) 利用 FFT,对 $\tilde{R}_{xy}(m)$ 作反变换得 $\tilde{r}_{xy}(n)$ ($0 \leqslant n \leqslant N-1$),则

$$\tilde{r}_{xy}(n) = r_{xy}(n), \quad 0 \leqslant n \leqslant N-L.$$

2.2 利用FFT计算自相关函数

设 x_n 是长度为 M 的离散信号(见(8-3-7)式),x_n 的自相关函数为 $r_{xx}(n)$,

$$r_{xx}(n) = \sum_{l=0}^{M-1} x_{n+l} x_l.$$

在上式的和号中,当 $|n|>M-1$ 时 $x_{n+l}=0$,因此

$$r_{xx}(n) = \begin{cases} \sum_{l=0}^{M-1} x_{n+l} x_l, & |n| \leqslant M-1, \\ 0, & |n| > M-1. \end{cases}$$

又由于 $r_{xx}(n)=r_{xx}(-n)$,因此,为了计算自相关函数 $r_{xx}(n)$,只要计算

$$r_{xx}(n), \quad 0 \leqslant n \leqslant M-1 \tag{8-3-16}$$

就行了. 在(8-3-15)式中,取 $y_n=x_n, L=M, K=M-1$,则(8-3-15)式就是(8-3-16)式.

利用FFT计算(8-3-16)式的步骤如下:

1) 选择 $N=2^k$. 按(8-3-14)式和(8-3-16)式,N 要满足 $N-M \geqslant M-1$,即 $N \geqslant 2M-1$;
2) 构造 x_n 的以 N 为周期的周期信号 $\bar{x}_n$(见(8-3-10)式);
3) 利用FFT计算 $\tilde{x}_n$ 的有限离散频谱 $\widetilde{X}_m$ ($0 \leqslant m \leqslant N-1$);
4) 计算 $\widetilde{R}_{xx}(m) = \widetilde{X}_m \cdot \overline{\widetilde{X}}_m = |\widetilde{X}_m|^2$ ($0 \leqslant m \leqslant N-1$);
5) 利用FFT,对 $\widetilde{R}_{xx}(m)$ 作反变换得 $\tilde{r}_{xx}(n)$ ($0 \leqslant n \leqslant N-1$),则

$$\tilde{r}_{xx}(n) = r_{xx}(n), \quad 0 \leqslant n \leqslant N-M.$$

2.3 利用FFT计算互相关函数的分段求和法

在一中,我们讨论了利用FFT计算互相关函数的方法. 我们要计算的是(8-3-15)式. 离散信号 y_n 的长度为 L,选取 $N=2^k$ 要满足 $N \geqslant L+K$. 当 L 很大时,$N=2^k$ 也就很大. 当计算机内存比较小时,或者当关于FFT的硬件设备已确定时,对于很大的 $N=2^k$,作FFT就有困难. 这时,可以采取分段求和法.

设(8-3-15)式中的 K 为 2 的幂,即 $K=2^{k_1}$. 信号 y_n 的长度 L 为

$$L = JK, \quad \text{其中 } J \text{ 为正整数}. \tag{8-3-17}$$

取
$$N = 2K, \tag{8-3-18}$$
取长度为 N 的信号
$$\begin{cases} x_j(n) = x_{n+jK}, & 0 \leqslant n < 2K, \\ y_j(n) = \begin{cases} y_{n+jK}, & 0 \leqslant n < K, \\ 0, & K \leqslant n < 2K, \end{cases} \end{cases} \text{其中 } j = 0, 1, \cdots, J-1.$$
$$\tag{8-3-19}$$

当 $0 \leqslant n \leqslant K$ 时，x_i 与 y_i 的互相关函数为
$$r_{x_j y_j}(n) = \sum_{l=0}^{K-1} x_j(n+l) y_j(l) = \sum_{l=0}^{K-1} x_{n+l+jK} y_{l+jK}$$
$$= \sum_{k=jK}^{(j+1)K-1} x_{n+k} y_k.$$

所以这时有
$$\sum_{j=0}^{J-1} r_{x_j y_j}(n) = \sum_{j=0}^{J-1} \left[\sum_{k=jK}^{(j+1)K-1} x_{n+k} y_k \right] = \sum_{k=0}^{jK-1} x_{n+k} y_k$$
$$= \sum_{k=0}^{L-1} x_{n+k} y_k = r_{xy}(n),$$

即
$$\sum_{j=0}^{J-1} r_{x_j y_j}(n) = r_{xy}(n), \quad 0 \leqslant n \leqslant K. \tag{8-3-20}$$

又由 (8-3-19) 式和循环相关定理知，当 $0 \leqslant n \leqslant K$ 时循环相关 $\widetilde{r}_{x_j y_j}(n)$ 和普通相关 $r_{x_j y_j}(n)$ 是相等的。因此，按 (8-3-20) 式，又有
$$\sum_{j=0}^{J-1} \widetilde{r}_{x_j y_j}(n) = r_{xy}(n), \quad 0 \leqslant n \leqslant K. \tag{8-3-21}$$

上式左端可用 FFT 计算出来，步骤如下：

利用 FFT 计算长度为 N 的信号 $x_j(n), y_j(n)$（见 (8-3-19) 式）的有限离散频谱 $X_j(m), Y_j(m), 0 \leqslant m < N = 2K, j = 0, 1, \cdots, J-1$；

计算 $R_{x_j y_j}(m) = X_j(m) \overline{Y_j(m)}$；

计算 $\widetilde{R}(m) = \sum_{j=0}^{J-1} R_{x_j y_j}(m)$，$0 \leqslant m < N = 2K$；

利用 FFT，计算 $\widetilde{R}(m)$ 的反变换得 $\widetilde{r}(n)$，$0 \leqslant n < N = 2K$，其中，当 $0 \leqslant n \leqslant K$ 时，$\widetilde{r}(n)$ 就是我们要求的 $r_{xy}(n)$，见 (8-3-21) 式。

最后我们指出，当 $x_n = y_n$ 时，上述方法就是信号长度比较大时的

自相关函数计算法.关于自相关函数的计算,读者还可参看文献[1],[2].

§4 多道相关

1. 问题的提出

在实际问题中,我们经常要遇到一组信号,这一组信号是由多道信号组成的.如果这多道信号产生的原因相同,那么它们的波形彼此间就应该相似.现在就提出一个问题:这多道信号作为一个整体,如何来衡量它们的相似性呢?

设多道信号为 $x_j(n)$,其中 $1 \leqslant j \leqslant M, 1 \leqslant n \leqslant N$. 我们要问这 M 道信号是否相似? 所谓相似是比较而言的.因此可考虑有一标准信号 $\bar{x}(n)$,将各道信号与它相比较(参看图 8-4).对第 j 道 $x_j(n)$ 与 $\bar{x}(n)$ 的差别,可用一个简单标准——误差能量

$$Q_j = \sum_{n=1}^{N} [x_j(n) - \bar{x}(n)]^2$$

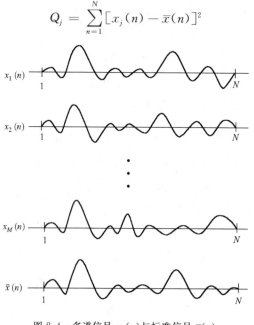

图 8-4 多道信号 $x_j(n)$ 与标准信号 $\bar{x}(n)$

来衡量. 为了考虑 M 道信号作为一个整体的相似性,必须把各道信号与标准道的误差能量加在一起,作为 M 道信号与标准信号的误差能量 Q,

$$Q = \sum_{j=1}^{M} Q_j = \sum_{j=1}^{M} \sum_{n=1}^{N} [x_j(n) - \bar{x}(n)]^2. \quad (8\text{-}4\text{-}1)$$

Q 的大小,实际上是依赖于标准信号 $\bar{x}(n)$ 的,$\bar{x}(n)$ 的取法可以是各种各样的. 但是,为了使 Q 能衡量 M 道信号的整体相似性,标准信号 $\bar{x}(n)$ 的选取应该依赖于 M 道信号本身,并且要求选取 $\bar{x}(n)$ 使 Q 达到最小值. 下面进行具体分析.

2. 多道信号相似性的误差能量

多道信号相似性的误差能量为(8-4-1)式. 要选取标准信号 $\bar{x}(n)$ 使 Q 达到最小值,按极值条件,$\bar{x}(n)$ 必满足

$$\frac{\partial Q}{\partial \bar{x}(l)} = 0, \quad 1 \leqslant l \leqslant N. \quad (8\text{-}4\text{-}2)$$

现在来讨论:如何选取 $\bar{x}(n)$ 使 Q 达到最小值. 由(8-4-1)式得

$$\frac{\partial Q}{\partial \bar{x}(l)} = \sum_{j=1}^{M} \sum_{n=1}^{N} \frac{\partial}{\partial \bar{x}(l)} [x_j(n) - \bar{x}(n)]^2. \quad (8\text{-}4\text{-}3)$$

当 $n=l$ 时,

$$\frac{\partial}{\partial \bar{x}(l)} [x_j(n) - \bar{x}(n)]^2 = 2(x_j(l) - \bar{x}(l)) \cdot (-1).$$

当 $n \neq l$ 时,由于 $[x_j(n) - \bar{x}(n)]^2$ 与变量 $\bar{x}_j(l)$ 无关,因此

$$\frac{\partial}{\partial \bar{x}(l)} [x_j(n) - \bar{x}(n)]^2 = 0.$$

所以,(8-4-3)式为

$$\begin{aligned}\frac{\partial Q}{\partial \bar{x}(l)} &= \sum_{j=1}^{M} (-2)[x_j(l) - \bar{x}(l)] \\ &= (-2)\Big[\sum_{j=1}^{M} x_j(l) - M\bar{x}(l)\Big]. \end{aligned} \quad (8\text{-}4\text{-}4)$$

由(8-4-2)式和(8-4-4)式得

$$\bar{x}(l) = \frac{1}{M} \sum_{j=1}^{M} x_j(l), \quad 1 \leqslant l \leqslant N. \quad (8\text{-}4\text{-}5)$$

这说明,标准信号 $\bar{x}(n)$ 就是原始 M 道信号的算术平均.现在我们再来求标准信号为(8-4-5)式时的误差能量 Q.

$$Q = \sum_{j=1}^{M} \sum_{n=1}^{N} [x_j(n) - \bar{x}(n)]^2$$

$$= \sum_{j=1}^{M} \sum_{n=1}^{N} [x_j^2(n) - 2x_j(n)\bar{x}(n) + \bar{x}^2(n)]$$

$$= \sum_{j=1}^{M} \sum_{n=1}^{N} x_j^2(n) - 2\sum_{j=1}^{M} \sum_{n=1}^{N} x_j(n)\bar{x}(n) + \sum_{j=1}^{M} \sum_{n=1}^{N} \bar{x}^2(n),$$

其中

$$\sum_{j=1}^{M} \sum_{n=1}^{N} \bar{x}^2(n) = M \sum_{n=1}^{N} \bar{x}^2(n),$$

$$\sum_{j=1}^{M} \sum_{n=1}^{N} x_j(n)\bar{x}(n) = \sum_{n=1}^{N} \sum_{j=1}^{M} x_j(n)\bar{x}(n)$$

$$= \sum_{n=1}^{N} \Big(\sum_{j=1}^{M} x_j(n) \Big) \bar{x}(n)$$

(由(8-4-5)式知 $\sum_{j=1}^{M} x_j(n) = M\bar{x}(n)$)

$$= M \sum_{n=1}^{N} \bar{x}^2(n),$$

所以

$$Q = \sum_{j=1}^{M} \sum_{n=1}^{N} x_j^2(n) - M \sum_{n=1}^{N} \bar{x}^2(n), \qquad (8\text{-}4\text{-}6)$$

或者

$$Q = \sum_{j=1}^{M} \sum_{n=1}^{N} x_j^2(n) - \frac{1}{M} \sum_{n=1}^{N} \Big(\sum_{j=1}^{M} x_j(n) \Big)^2. \qquad (8\text{-}4\text{-}6)'$$

我们称(8-4-6)式所表示的 Q 为 M 道信号误差能量.由于 $\sum_{n=1}^{N} x_j^2(n)$ 表示第 j 道信号的能量,所以(8-4-6)式的第一项为 M 道信号的总能量.(8-4-6)式的第二项为标准信号 $\bar{x}(n)$ 能量的 M 倍.

Q 与 M 道信号总能量之比

$$\frac{Q}{\sum_{j=1}^{M}\sum_{n=1}^{N} x_j^2(n)} = 1 - \frac{M\sum_{n=1}^{N} \bar{x}^2(n)}{\sum_{j=1}^{M}\sum_{n=1}^{N} x_j^2(n)} \qquad (8\text{-}4\text{-}7)$$

称为 M 道信号的相对误差能量.

下面我们从(8-4-6)式或(8-4-7)式出发,导出几种衡量多道信号相似性的标准.

3. 衡量多道信号相似性的几个标准

3.1 能量比标准

由(8-4-7)式可知,相对误差能量是由

$$E = \frac{M\sum_{n=1}^{N} \bar{x}^2(n)}{\sum_{j=1}^{M}\sum_{n=1}^{N} x_j^2(n)} \qquad (8\text{-}4\text{-}8)$$

决定的. 当(8-4-8)式比较大时,相对误差能量就小,说明 M 道信号之间的相似性好. 当(8-4-8)式比较小时,相对误差能量就大,说明 M 道信号之间的相似性不好. 因此,(8-4-8)式可作为衡量多道信号相似性的一个标准. 由于(8-4-8)式的分子为标准信号能量的 M 倍,分母为 M 道信号的总能量,所以,我们称 E 为**能量比标准**.

3.2 叠加标准

在实际资料的处理中,往往出现这种情况:M 道信号中每一信号 $x_j(n)$ 的能量 $\sum_{n=1}^{N} x_j^2(n)$ 都是一个常量,例如,当 M 道信号彼此间的差别仅仅是时间延迟不同的信号时,各信号 $x_j(n)$ 的能量都是一个相等的常量. 因此,M 道信号的总能量 $\sum_{j=1}^{M}\sum_{n=1}^{N} x_j^2(n)$ 可以看做是一个常量. 在这种情况下,(8-4-8)式的大小完全由分子确定,这就是说,(8-4-8)式的分子可以作为衡量多道相似性的标准.

记

$$D = M\sum_{n=1}^{N} \bar{x}^2(n). \qquad (8\text{-}4\text{-}9)$$

由(8-4-5)式知

$$D = \frac{1}{M} \sum_{n=1}^{N} \left(\sum_{j=1}^{M} x_j(n) \right)^2. \qquad (8\text{-}4\text{-}10)$$

由于 $\sum_{j=1}^{M} x_j(n)$ 是 M 道信号直接叠加的结果，D(见(8-4-10)式)反映了叠加信号能量的大小，因此我们称 D 为**叠加能量标准**.

有时为了提高计算速度，把(8-4-10)式中的平方改为取振幅值(即绝对值)，即计算

$$S = \frac{1}{M} \sum_{n=1}^{N} \left| \sum_{j=1}^{M} x_j(n) \right|, \qquad (8\text{-}4\text{-}11)$$

我们称 S 为**叠加振幅标准**.

当 D 或 S 的值比较大时，说明 M 道信号相似性好，当 D 或 S 的值比较小时，说明 M 道信号相似性不好.

3.3 未标准化相关系数

在本章§1的讨论中，我们知道，第 i 道 $x_i(n)$ 与第 j 道 $x_j(n)$ 的未标准化相关系数为

$$r_{x_i x_j} = \sum_{n=1}^{N} x_i(n) x_j(n),$$

$r_{x_i x_j}$ 反映了不同信号 $x_i(n)$ 与 $x_j(n)$ (其中 $i \neq j$)相似性的程度. 因此，我们可以把 M 道信号中所有两两之间的相关系数加在一起作为衡量 M 道信号整体是否相似的一个标准，即用

$$K = \sum_{\substack{i=1\\i\neq j}}^{M} \sum_{j=1}^{M} r_{x_i x_j} = \sum_{\substack{i=1\\i\neq j}}^{M} \sum_{j=1}^{M} \left(\sum_{n=1}^{N} x_i(n) x_j(n) \right) \qquad (8\text{-}4\text{-}12)$$

作为衡量多道相关的标准. 我们称 K 为 M 道信号**未标准化相关系数**.

实际上，K 与叠加信号 $\sum_{j=1}^{M} x_j(n)$ 的能量以及 M 道信号的总能量有密切的关系.

由于

$$\left(\sum_{j=1}^{M} x_j(n) \right)^2 = \sum_{i=1}^{M} x_i(n) \sum_{j=1}^{M} x_j(n) = \sum_{i=1}^{M} \sum_{j=1}^{M} x_i(n) x_j(n)$$

$$= \sum_{\substack{i=1\\i\neq j}}^{M} \sum_{j=1}^{M} x_i(n) x_j(n) + \sum_{j=1}^{M} x_j^2(n),$$

把上式对 n 求和可得

$$\sum_{n=1}^{N}\Big(\sum_{j=1}^{M}x_j(n)\Big)^2 = \sum_{\substack{i=1\\i\neq j}}^{M}\sum_{j=1}^{M}\sum_{n=1}^{N}x_i(n)x_j(n) + \sum_{j=1}^{M}\sum_{n=1}^{N}x_j^2(n),$$

即

$$\sum_{n=1}^{N}\Big(\sum_{j=1}^{M}x_j(n)\Big)^2 = K + \sum_{j=1}^{M}\sum_{n=1}^{N}x_j^2(n). \tag{8-4-13}$$

所以

$$K = \sum_{n=1}^{N}\Big(\sum_{j=1}^{M}x_j(n)\Big)^2 - \sum_{j=1}^{M}\sum_{n=1}^{N}x_j^2(n). \tag{8-4-14}$$

由（8-4-14）式知，K 等于叠加信号 $\sum_{j=1}^{M}x_j(n)$ 的能量 $\sum_{n=1}^{N}\Big(\sum_{j=1}^{M}x_j(n)\Big)^2$ 减去 M 道信号的总能量 $\sum_{j=1}^{M}\sum_{n=1}^{N}x_j^2(n)$. 在应用中，我们就是利用(8-4-14)式来计算 K.

3.4 标准化相关系数

我们现在来讨论未标准化相关系数 K 与 M 道信号误差能量 Q (8-4-6)′式的关系.

由(8-4-7)和(8-4-13)式知

$$Q = \sum_{j=1}^{M}\sum_{n=1}^{N}x_j^2(n) - \frac{1}{M}\Big(K + \sum_{j=1}^{M}\sum_{n=1}^{N}x_j^2(n)\Big)$$

$$= \frac{M-1}{M}\sum_{j=1}^{M}\sum_{n=1}^{N}x_j^2(n) - \frac{1}{M}K.$$

令

$$R = \frac{K}{(M-1)\sum_{j=1}^{M}\sum_{n=1}^{N}x_j^2(n)}, \tag{8-4-15}$$

则相对误差能量为

$$\frac{Q}{\sum_{j=1}^{M}\sum_{n=1}^{N}x_j^2(n)} = \frac{M-1}{M}(1-R). \tag{8-4-16}$$

从(8-4-16)式可以看出，相对误差能量完全由 R 确定. 当 R 大时，相对误差能量就小，当 R 小时，相对误差能量就大. 因此，R 可以作为衡量多道信号相似性的一个标准，我们称 R 为 M 道信号的**标准化相关系数**.

由(8-4-15)式和(8-4-14)式可得到 R 的计算公式

$$R = \frac{\sum_{n=1}^{N}\left(\sum_{j=1}^{M}x_j(n)\right)^2 - \sum_{j=1}^{M}\sum_{n=1}^{N}x_j^2(n)}{(M-1)\sum_{n=1}^{N}\sum_{j=1}^{M}x_j^2(n)}. \qquad (8\text{-}4\text{-}17)$$

4. 关于衡量多道相关的各种标准的相互关系及变化范围

在以上讨论中,我们已给出了衡量多道相关的五种标准:能量比标准 E(见(8-4-8)式);叠加能量标准 D(见(8-4-10)式);叠加振幅标准 S(见(8-4-11)式);未标准化相关系数 K(见(8-4-14)式);标准化相关系数 R(见(8-4-17)式). 现在我们讨论它们的相互关系和变化范围.

4.1 各种标准的相互关系

由(8-4-8)式和(8-4-9)式知

$$E = \frac{D}{\sum_{j=1}^{M}\sum_{n=1}^{N}x_j^2(n)}. \qquad (8\text{-}4\text{-}18)$$

由(8-4-7)式、(8-4-8)式以及(8-4-16)式知

$$1 - E = \frac{M-1}{M}(1-R),$$

因此

$$R = \frac{M}{M-1}E - \frac{1}{M-1}, \qquad (8\text{-}4\text{-}19)$$

$$E = \frac{M-1}{M}R + \frac{1}{M}. \qquad (8\text{-}4\text{-}20)$$

E 和 D 的关系由(8-4-18)式给出,由(8-4-19)式可知 R 与 D 的关系. R 和 K 的关系由(8-4-15)式给出,由(8-4-20)式可知 E 与 K 的关系.

4.2 各种标准的变化范围

1) 能量比标准 E 的变化范围. 由(8-4-8)式知 $E \geqslant 0$. 由(8-4-7)式知 $1-E \geqslant 0$. 因此

$$0 \leqslant E \leqslant 1. \qquad (8\text{-}4\text{-}21)$$

2) 叠加能量标准 D 的变化范围. 由(8-4-18)式和(8-4-21)式知

$$0 \leqslant D \leqslant \sum_{j=1}^{M} \sum_{n=1}^{N} x_j^2(n). \tag{8-4-22}$$

3) 标准化相关系数 R 的变化范围. 由(8-4-19)式和(8-4-21)式知

$$\frac{-1}{M-1} \leqslant R \leqslant 1. \tag{8-4-23}$$

4) 未标准化相关系数 K 的变化范围. 由(8-4-15)式和(8-4-23)式知

$$-\sum_{j=1}^{M} \sum_{n=1}^{N} x_j^2(n) \leqslant K \leqslant (M-1) \sum_{j=1}^{M} \sum_{n=1}^{N} x_j^2(n). \tag{8-4-24}$$

最后,我们对各种标准作几点说明.

在叠加振幅标准 S(见(8-4-11)式)中,由于出现了绝对值运算,使得在 S 与其他标准的关系及 S 的变化范围的讨论中增加了困难.因此我们只能定性地讨论 S. 当然,从(8-4-11)式出发,我们可以得到

$$0 \leqslant S \leqslant \frac{1}{M} \sum_{n=1}^{N} \sum_{j=1}^{M} |x_j(n)|. \tag{8-4-25}$$

只有当 $x_1(n), x_2(n), \cdots, x_M(n)$(对每一个 n)符号相同时,S 才与(8-4-25)式的右端相等.

叠加能量标准 D、叠加振幅标准 S 和未标准相关系数 K,与 M 道信号的振幅比例有关,亦即把 M 道信号 $x_j(n)$ 都放大 β 倍变为 $\beta x_j(n)$,则 M 道信号 $\beta x_j(n)$ 的叠加能量标准变为 $\beta^2 D$,叠加振幅标准变为 βS,未标准相关系数变为 $\beta^2 K$. 而能量比标准 E、标准化相关系数 R 与 M 道信号的振幅比例没有关系.

5. 关于对多道信号预先进行规格化问题

从(8-4-12)式和(8-4-15)式可以看到,M 道信号未标准化相关系数 K 与两个信号的未标准化相关系数 r_{xy}(见(8-1-9)式)是类似的,M 道信号的标准化相关系数 R 与两个信号的标准化相关系数 ρ_{xy}(见(8-1-8)式)是类似的.

我们知道,当信号 $x(n) = ag(n), y(n) = bg(n)$(其中 $a > 0, b > 0$)的时候,信号 $x(n)$ 与 $y(n)$ 是完全相似的,根据(8-1-8)式,$x(n)$ 与

$y(n)$的标准化相关系数$\rho_{xy}=1$.对于多道信号,当$x_j(n)=a_jg(n)$(其中$a_j>0$)时,从直观上看,多道信号作为一个整体,应是完全相似的.但是,这时M道信号的能量比标准E(见(8-4-8)式)为

$$E = \frac{\left(\sum_{j=1}^{M} a_j\right)^2}{M\sum_{j=1}^{M} a_j^2}. \tag{8-4-26}$$

在一般情况下,上式的$E<1$,只有当$a_1=a_2=\cdots=a_M$时才有$E=1$(见本章问题第7题). 根据(8-4-19)式,只有当$a_1=a_2=\cdots=a_M$时,M道信号的标准化相关系数R才等于1. 为了使完全相似的M道信号的相关系数R等于1,我们可以对M道信号预先进行能量规格化处理:把$x_j(n)$变成$\tilde{x}_j(n)$

$$\tilde{x}_j(n) = \frac{x_j(n)}{\sqrt{\sum_{n=1}^{N} x_j^2(n)}}, \quad 1 \leqslant j \leqslant M. \tag{8-4-27}$$

由(8-4-27)式知,$\tilde{x}_j(n)$的能量$\sum_{n=1}^{N}(\tilde{x}_j(n))^2 = 1$. 当$\tilde{x}_j(n)=a_jg(n)$($a_j>0, 1\leqslant j\leqslant M$)时,规格化后的$\tilde{x}_j(n)$为

$$\tilde{x}_j(n) = \frac{g(n)}{\sqrt{\sum_{n=1}^{N} g^2(n)}}.$$

对M道信号$\tilde{x}_j(n)$而言,相关系数$R=1$. 这样,对多道信号预先进行规格化处理(见(8-4-27)式)以后,多道能量比标准E(见(8-4-8)式)和多道标准化相关系数R(见(8-4-17)式)就能更直接地反映出多道信号相似性的大小.

问 题

1. 证明施瓦兹不等式:
(1) 求和型施瓦兹不等式

$$\left|\sum_{n=N_1}^{N_2} a_n b_n\right| \leqslant \left[\sum_{n=N_1}^{N_2} a_n^2 \sum_{n=N_1}^{N_2} b_n^2\right]^{1/2}, \tag{8-1}$$

其中 a_n, b_n 取实值,N_1, N_2 为整数或为 $-\infty, +\infty$. (8-1)式中的等号只有当 $a_n = kb_n$ 或 $b_n = ka_n$ 时才成立,其中 k 为常数.

(2) 加权求和型施瓦兹不等式
$$\left|\sum_{n=N_1}^{N_2} a_n b_n p_n\right| \leqslant \left[\sum_{n=N_1}^{N_2} a_n^2 p_n \sum_{n=N_1}^{N_2} b_n^2 p_n\right]^{1/2}, \qquad (8-2)$$
其中 p_n 称为权,$p_n > 0$,其他参数和式(8-1)相同. (8-2)式中的等号只有当 $a_n = kb_n$ 或 $b_n = ka_n$ 时才成立,其中 k 为常数.

(3) 积分型施瓦兹不等式
$$\left|\int_a^b f(t)g(t)\mathrm{d}t\right| \leqslant \left[\int_a^b f^2(t)\mathrm{d}t \int_a^b g^2(t)\mathrm{d}t\right]^{1/2}, \qquad (8-3)$$
其中 $f(t), g(t)$ 取实数,b, a 为上下限,可取有限值也可取无限值. (8-3)式中的等号只有当 $f(t) = kg(t)$ 或 $g(t) = kf(t)$ 时才成立,其中 k 为常数.

(4) 加权积分型施瓦兹不等式
$$\left|\int_a^b f(t)g(t)p(t)\mathrm{d}t\right| \leqslant \left[\int_a^b f^2(t)p(t)\mathrm{d}t \int_a^b g^2(t)p(t)\mathrm{d}t\right]^{1/2}, (8-4)$$
其中 $p(t)$ 称为权,$p(t) > 0$,其他参数和(8-3)式相同. (8-4)式中的等号只有当 $f(t) = kg(t)$ 或 $g(t) = kf(t)$ 时才成立.

提示:

(1) 在不等式(8-2)中取 $p_n = 1$ 就得到不等式(8-1). 在不等式(8-4)中取 $p(t) = 1$ 就得到不等式(8-3). 因此只要证明不等式(8-2)和(8-4)就行了.

(2) 关于不等式(8-2)的证明.

当 $\sum_{n=N_1}^{N_2} a_n^2 p_n = 0$ 时,由于 $p_n > 0$,则有 $a_n = 0$. 对 a_n 可写为 $a_n = kb_n = 0 \cdot b_n = 0$,这时(8-2)式成立且取等号.

当 $\sum_{n=N_1}^{N_2} a_n^2 p_n > 0$ 时,作变量 λ 的二次函数
$$u(\lambda) = \sum_{n=N_1}^{N_2} (a_n \lambda + b_n)^2 p_n, \qquad (8-5)$$
由 $\dfrac{\mathrm{d}u(\lambda)}{\mathrm{d}\lambda} = 0$ 具体计算出 $u(\lambda)$ 的最小值点 λ_0,再具体计算 $u(\lambda)$ 的最小

值 $u(\lambda_0)$. 由(8-5)知 $u(\lambda_0) \geqslant 0$. 这个不等式实际上就是(8-2)式. 由(8-5)式知,当 $u(\lambda_0)=0$ 时必有 $a_n\lambda_0+b_n=0$,这就说明了(8-2)式中等号成立的条件.

(3) 不等式(8-4)的证明与不等式(8-2)的证明是类似的,只不过把和号换成积分.

2. 关于相关系数:

设有两个信号 x_n, y_n, $1 \leqslant n \leqslant N$. 我们用 y_n 的线性函数 $\alpha y_n + \beta$ 作为 x_n 的近似信号时,求 α, β 使

$$Q = \frac{1}{N} \sum_{n=1}^{N} [x_n - (\alpha y_n + \beta)]^2 \tag{8-6}$$

达最小值.

令

$$\rho_{xy} = \frac{\frac{1}{N}\sum_{n=1}^{N}(x_n-\bar{x})(y_n-\bar{y})}{\sqrt{\frac{1}{N}\sum_{n=1}^{N}(x_n-\bar{x})^2 \frac{1}{N}\sum_{n=1}^{N}(y_n-\bar{y})^2}}, \tag{8-7}$$

其中

$$\bar{x} = \frac{1}{N}\sum_{n=1}^{N} x_n, \quad \bar{y} = \frac{1}{N}\sum_{n=1}^{N} y_n. \tag{8-8}$$

设 $Q_{\min}$ 为 Q(见(8-6)式)的最小值,证明:

$$\frac{Q_{\min}}{\frac{1}{N}\sum_{n=1}^{N}(x_n-\bar{x})^2} = 1 - \rho_{xy}^2. \tag{8-9}$$

说明:由于(8-9)式,我们常常称(8-7)式的 ρ_{xy} 为信号 x_n 和 y_n 的标准化相关系数.

由(8-8)式可知, $\sum_{n=1}^{N}(x_n-\bar{x})=0$, 这表明 $x_n-\bar{x}$ 的数值在 0 上下摆动,因此我们称信号 $x_n-\bar{x}$ 在 0 线上下摆动. 既然 $x_n-\bar{x}$ 在 0 线上下摆动,这就表明 x_n 是在 $\bar{x}$ 上下摆动,因此我们称 $\bar{x}$ 为信号 x_n 的 0 线飘移数. 同样, $\bar{y}$ 为信号 y_n 的 0 线飘移数. 在许多实际资料中,信号 x_n, y_n 都是在 0 线上下摆动的,即 $\bar{x}=\bar{y}=0$. 这时,相关系数(8-7)式与本章§1讨论的相关系数(8-1-4)式是相同的.

我们知道,信号 $\alpha y_n + \beta$ 是信号 αy_n 向上移动 β 距离的结果. 在考

虑两个信号的相似性大小时,如果不要求 ay_n 上下移动,则相关系数取公式(8-1-4);如果要求 ay_n 上下移动(即用 $ay_n+\beta$ 作为 x_n 的近似),则相关系数取本章问题中的公式(8-7).

3. 设离散信号 g_n 为

$$g_n = \begin{cases} 1, & n=0, \\ q, & n=\alpha, \\ 0, & 其他, \end{cases}$$

其中 α 为一正整数,求 g_n 的自相关函数 $r_{gg}(n)$.

4. 利用相关与褶积的关系证明:如果 $y_n = g_n * x_n$,则

$$r_{yy}(n) = r_{gg}(n) * r_{xx}(n).$$

5. 设实数列 g_n $(n \geqslant 1)$满足条件

$$0 < \sum_{n=1}^{+\infty} |g_n| < +\infty, \tag{8-10}$$

取 r_0 使

$$r_0 \geqslant 2 \sum_{n=1}^{+\infty} |g_n|. \tag{8-11}$$

令

$$r_n = \begin{cases} r_0, & n=0, \\ g_{|n|}, & n \neq 0, \end{cases} \tag{8-12}$$

证明:r_n 是自相关函数.

提示:按本章§2定理1,只要证明 r_n 的频谱 $R(f) \geqslant 0$ 就行了. 而由关系式(8-11),可以证明 $R(f) \geqslant 0$.

说明:这个问题提供了一个构造自相关函数的方法,同时也加深了对自相关函数的认识,实际上,任何满足(8-10)式的数列 g_n $(n \geqslant 1)$,都可以是自相关函数的一部分,见(8-12)式,只不过 r_0 要取得充分大,使之满足(8-11)式.

6. 设有限长度信号

$$x_n = (x_0, x_1) = (1,1),$$
$$y_n = (y_0, y_1, y_2) = (1,2,3).$$

(1) 计算普通的相关函数 $r_{xy}(n)$.

(2) 取 $N=4$,计算循环相关 $\tilde{r}_{\tilde{x}\tilde{y}}(n)$,参见(8-3-10)式和(8-3-11)

式.

(3) 比较普通相关 $r_{xy}(n)$ 和循环相关 $\tilde{r}_{\tilde{x}\tilde{y}}(n)$,并用此例来验证关系式(8-3-14).

7. 关于多道相关

设 M 道信号为 $x_j(n)=a_j g(n)$,$1 \leqslant j \leqslant M$,按照(8-4-8)式,$M$ 道信号的能量比标准为

$$E = \frac{\left(\sum_{j=1}^{M} a_j\right)^2}{M \sum_{j=1}^{M} a_j^2}.$$

证明: $E \leqslant 1$,等号只有当 $a_1 = a_2 = \cdots = a_M$ 时才成立.

提示: 令 $b_j = 1$,对 $\left(\sum_{j=n}^{N} a_j b_j\right)^2$ 应用施瓦兹不等式(见公式(8-1))即可证明 $E \leqslant 1$.

参 考 文 献

[1] Rader C M. An improved algorithm for high speed autocorrelation with application to spectral estimation. IEEE Trans, Vol. AV-18, 439—441, 1970.
[2] Ahmed N and Rao K R. Orthogonal Transforms for Digital Signal Processing. Springer-Verlag, 1975.
[3] 程乾生.信号数字处理的数学原理(第二版).北京: 石油工业出版社,1993.
[4] Robinson E A. Multichannel Time Series Analysis With Computer Programs. Holden-Day, 1967.
[5] Claerbout J. Fundamentals of Geophysical Data Processing. McGraw-Hill, 1976.
[6] Papoulis A. Signal Analysis. McGraw-Hill, 1977.

第九章 物理可实现信号、最小相位信号和最小能量延迟信号

物理可实现信号是一类非常重要的信号. 在实际中出现的信号,大量的是物理可实现信号,因为这种信号反映了物理上的因果律. 在这一章,我们着重讨论能量有限的物理可实现信号的结构和性质. 在物理可实现信号的理论中,最小相位信号和最小延迟信号是两个最重要的概念. 研究它们的数学理论基础是解析函数边界性质,或 H^p 空间理论,因为能量有限的物理可实现信号的频谱,实际上是一类单位圆内解析函数的边界值. 我们将简明介绍 H^p 空间理论的结果,并在此基础上分析信号. §1 介绍物理可实现信号的一般概念. §2 讨论物理可实现信号的结构和纯相位物理可实现信号. §3 讨论相位延迟和群延迟的重要概念,研究最小相位信号的概念与性质. §4 研究全通滤波器的能量传递性质和最小能量延迟信号的概念及性质. §5 讨论 Z 变换为多项式或有理分式时的最小相位性质. §6 讨论最小相位信号与信号振幅谱之间的关系.

§1 物理可实现信号

在这一节,我们讨论物理可实现信号的定义和简单性质,Z 变换为有理分式时的物理可实现条件.

1. 物理可实现信号及其简单性质

一个序列 b_n,如果满足

$$b_n = 0, \quad \text{当 } n < 0 \text{ 时,} \tag{9-1-1}$$

则称 b_n 为**物理可实现序列**. 当 b_n 表示信号时,满足(9-1-1)式的信号就称为**物理可实现信号**. 当 b_n 表示一个滤波器的滤波因子时,满足

(9-1-1)式的滤波因子就称为**物理可实现滤波因子**.

对一个物理可实现信号 b_n,在时刻小于 0 的一侧(即当 $n<0$ 时)全为 0,信号 b_n 完全由时刻大于等于 0 的一侧(即当 $n \geq 0$ 时)确定,因此我们也可形象地称物理可实现信号为**单边信号**. 物理可实现信号也称为**因果信号**.

为什么满足(9-1-1)式的信号称为物理可实现信号呢？因为我们在实际中所接收到的形形色色的信号,许多都是由一个激发脉冲作用于一个物理系统以后所输出的信号. 例如,在地震勘探中,我们可以把地下介质看做一个物理系统,把震源在地下爆炸或震动作为输入脉冲,则输出信号就是我们所得到的地震记录. 又例如,在无线电中,我们可以把一个电子仪器作为一个物理系统,当输入一个脉冲时我们就可以得到一个输出信号. 物理系统有这样一种性质：当激发脉冲作用于系统之前,系统是不会有响应的,换句话说,在 0 时刻以前没有输入脉冲,则输出信号在 0 时刻以前就为 0,此即(9-1-1)式. 这种性质反映了物理学上的因果律：在输入以前,不能有输出. 因此,一个信号要通过一个物理系统来实现,就必须满足(9-1-1)式,这就是我们把满足(9-1-1)式的信号称为物理可实现信号的原因. 同样,一个滤波器如果反映一个物理系统,则滤波因子必须满足(9-1-1)式,这个因子我们就称为物理可实现滤波因子.

物理可实现信号 $b(n)$ 的频谱 $B(f)$ 和 Z 变换 $B(Z)$ 为

$$B(f) = \sum_{n=0}^{+\infty} b(n) e^{-i2\pi n \Delta f}, \quad B(Z) = \sum_{n=0}^{+\infty} b(n) Z^n. \quad (9\text{-}1\text{-}2)$$

下面我们讨论物理可实现信号的简单性质.

定理 1 设信号 b_n 的能量是有限的$\Big($即

$$\sum_{n=-\infty}^{+\infty} b_n^2 = \Delta \int_{-1/(2\Delta)}^{1/(2\Delta)} |B(f)|^2 df < +\infty \Big),$$

则信号 b_n 是物理可实现的充分必要条件是

$$b_n = \Delta \int_{-1/(2\Delta)}^{1/(2\Delta)} B(f) e^{i2\pi n \Delta f} df = 0, \quad \text{当 } n < 0 \text{ 时}. \quad (9\text{-}1\text{-}3)$$

由信号与频谱的关系可直接得到定理 1.

定理 2 设 $b_1(n), b_2(n)$ 是两个物理可实现信号,则 $b_1(n) + b_2(n)$

和 $b_1(n) * b_2(n)$ 也是物理可实现的,并且

$$b_1(n) * b_2(n) = \begin{cases} \sum_{\tau=0}^{n} b_1(\tau) b_2(n-\tau), & n \geqslant 0, \\ 0, & n < 0. \end{cases} \quad (9\text{-}1\text{-}4)$$

这个定理请读者验证(见本章问题第 1 题). 如果 $b_1(n), b_2(n)$ 表示两个物理可实现滤波因子,则定理 2 可表示为:两个物理可实现滤波器并联或串联之后仍是物理可实现的.

2. Z 变换为有理分式时的物理可实现条件

我们知道,信号与频谱或 Z 变换有一一对应的关系. 现在我们讨论信号的 Z 变换为有理分式时的物理可实现性.

设信号 h_n 的 Z 变换为

$$H(Z) = \frac{a_0 + a_1 Z + \cdots + a_n Z^n}{b_0 + b_1 Z + \cdots + b_m Z^m}, \quad (9\text{-}1\text{-}5)$$

其中 $b_m \neq 0$,分子和分母没有公因子.

(9-1-5)式的分母 $b_0 + b_1 Z + \cdots + b_m Z^m$ 是 Z 的 m 次多项式,设它的根为 $\beta_j, 1 \leqslant j \leqslant m$,则

$$b_0 + b_1 Z + \cdots + b_m Z^m = b_m (Z - \beta_1)(Z - \beta_2) \cdots (Z - \beta_m).$$

当多项式在单位圆上有根时,即有某个 j_0 使 $|\beta_{j_0}| = 1$,因而 $\beta_{j_0} = e^{-i2\pi\Delta f_0}$ 时(f_0 为 $[-1/(2\Delta), 1/(2\Delta)]$ 中的某个数),则 h_n 的频谱 $H(f) = H(e^{-i2\pi\Delta f})$ 在 $f = f_0$ 时有 $|H(f_0)| = +\infty$,且 h_n 的能量

$$\Delta \int_{-1/(2\Delta)}^{1/(2\Delta)} |H(f)|^2 df = +\infty,$$

这说明,要使 Z 变换为(9-1-5)式的信号 h_n 能量有限,充分必要条件是(9-1-5)式的分母多项式在单位圆上没有根.

有理分式(9-1-5)可分解为

$$H(Z) = \sum_{l=0}^{n-m} d_l Z^l + \sum_{j=1}^{J} \sum_{q_j=1}^{k_j} \frac{c_j(q_j)}{(Z - \alpha_j)^{q_j}}, \quad (9\text{-}1\text{-}6)$$

其中 α_j 为分母多项式 $b_0 + b_0 Z + \cdots + b_m Z^m$ 的 k_j 重根. 因为分母多项式共有 m 个根,所以 $\sum_{j=1}^{J} k_j = m$. 当 $n < m$ 时,(9-1-6)式的第一项 $\sum_{l=0}^{n-m} d_l Z^l$

不存在(关于有理分式的分解可参看文献[8]第二篇§7.6).

当 $H(Z)$ 的分母多项式的根全在单位圆外时,即 $|\alpha_j|>1$,则根据第三章§5 例 5 知,$\dfrac{1}{Z-\alpha_j}$ 是物理可实现的(即 Z 变换对应的信号是物理可实现的).由本节定理 2 知(注意,信号的褶积相当于 Z 变换的乘积),$\dfrac{c_j(q_j)}{(Z-\alpha_j)^{q_j}}$ 是物理可实现的.再由定理 2 知(注意,信号的相加相当于 Z 变换的相加),$H(Z)$(见(9-1-6)式)是物理可实现的.

当 $H(Z)$ 的分母多项式在单位圆内有根时,不妨设对某个 j_0 有 $|\alpha_{j_0}|<1$,则根据第三章§5 例 5 知,$\dfrac{1}{Z-\alpha_{j_0}}$ 不是物理可实现的,而且容易知道 $\dfrac{c_j(q_{j_0})}{(Z-\alpha_{j_0})^{q_{j_0}}}$ 也不是物理可实现的,进而可知(9-1-6)式仍然不是物理可实现的.

我们把以上的讨论写为定理 3.

定理 3 设信号 h_n 的 Z 变换 $H(Z)$ 为(9-1-5)式,则:

(1) 信号 h_n 为能量有限的充分必要条件是:$H(Z)$ 的分母多项式在单位圆上没有根;

(2) 信号 h_n 为能量有限的,则 h_n 为物理可实现的充分必要条件是:$H(Z)$ 的分母多项式的根全在单位圆外.

§2 能量有限的物理可实现信号、纯相位物理可实现信号和全通滤波器

从这一节开始,我们主要讨论能量有限的物理可实现信号的一般理论.在这一节,我们讨论能量有限的物理可实现信号 Z 变换的一般表示,并讨论纯相位物理可实现信号或全通滤波器 Z 变换和频谱的特点.

1. 能量有限的物理可实现信号

离散信号 h_n 称为能量有限的物理可实现信号,如果 h_n 满足

§2 能量有限的物理可实现信号、纯相位物理可实现信号和……

$$\begin{cases} h_n = 0, & \text{当 } n < 0 \text{ 时}, & (9\text{-}2\text{-}1) \\ \sum_{n=0}^{+\infty} |h_n|^2 < +\infty. & (9\text{-}2\text{-}2) \end{cases}$$

在以下的讨论中,离散信号 h_n 可取实值,也可取复值.

在条件(9-2-1)、(9-2-2)之下,h_n 的 Z 变换为

$$H(Z) = \sum_{n=0}^{+\infty} h_n Z^n. \qquad (9\text{-}2\text{-}3)$$

h_n 的频谱为

$$H(\omega) = H(Z)\big|_{Z=\mathrm{e}^{-\mathrm{i}\omega}} = \sum_{n=0}^{+\infty} h_n \mathrm{e}^{-\mathrm{i}n\omega} = A(\omega)\mathrm{e}^{\mathrm{i}\Phi(\omega)}, \qquad (9\text{-}2\text{-}4)$$

其中 $A(\omega) = |H(\omega)|$ 为 h_n 的振幅谱,$\Phi(\omega)$ 为 h_n 的相位谱. 我们注意,在(9-2-4)式中出现的 ω 是圆频率,它与工程中用的频率 f 的关系为 $\omega = 2\pi \Delta f$,其中 Δ 为离散信号的抽样间隔. 用圆频率 ω 来表示频谱,是为了使以后的讨论比较方便.

信号、Z 变换、频谱之间皆有一一对应关系.

信号 h_n 和频谱 $H(\omega)$ 有如下关系:

$$h_n = \frac{1}{2\pi}\int_{-\pi}^{\pi} H(\omega)\mathrm{e}^{\mathrm{i}n\omega}\mathrm{d}\omega. \qquad (9\text{-}2\text{-}5)$$

频谱 $H(\omega)$ 和能量 $\sum_{n=1}^{+\infty}|h_n|^2$ 有如下关系:

$$\sum_{n=0}^{+\infty}|h_n|^2 = \frac{1}{2\pi}\int_{-\pi}^{\pi}|H(\omega)|^2\mathrm{d}\omega, \qquad (9\text{-}2\text{-}6)$$

以上关系称为**能量等式**.

能量有限的物理可实现信号 h_n 的 Z 变换 $H(Z) = \sum_{n=0}^{\infty} h_n Z^n$,当我们把 Z 看成复自变量时,$H(Z)$ 是单位圆内解析函数,而频谱 $H(\omega)$ 是 $H(Z)$ 在单位圆边界上所取的值(见(9-2-4)式). 按照解析函数边界性质(参看文献[9]),频谱 $H(\omega)$ 使得函数 $\ln|H(\omega)|$ 在区间 $[-\pi,\pi]$ 上是可积的,且 Z 变换 $H(Z)$ 可表示为

$$H(Z) = G(Z)H_0(Z), \qquad (9\text{-}2\text{-}7)$$

$$G(Z) = \mathrm{e}^{\mathrm{i}\lambda} \times Z^m \times \prod_{k=1}^{+\infty}\frac{\alpha_k - Z}{1 - \bar{\alpha}_k Z}\cdot\frac{|\alpha_k|}{\alpha_k} \times \exp\left\{\frac{1}{2\pi}\int_{-\pi}^{\pi}\frac{\mathrm{e}^{\mathrm{i}\varphi}+Z}{\mathrm{e}^{\mathrm{i}\varphi}-Z}\mathrm{d}\psi(\varphi)\right\},$$

$$(9\text{-}2\text{-}8)$$

$$H_0(Z) = \exp\left\{\frac{1}{2\pi}\int_{-\pi}^{\pi} \ln|H(\varphi)|\, \frac{\mathrm{e}^{-\mathrm{i}\varphi}+Z}{\mathrm{e}^{-\mathrm{i}\varphi}-Z}\mathrm{d}\varphi\right\}, \qquad (9\text{-}2\text{-}9)$$

式中 λ 为一个实数，m 为非负整数，α_k 为复数序列，

$$|\alpha_k|<1, \quad \sum_{k=0}^{+\infty}(1-|\alpha_k|)<+\infty,$$

$\psi(\varphi)$ 为一个不上升的函数，具有几乎处处等于 0 的微商，$|H(\omega)|$ 为振幅谱。

对读者，一般只要了解能量有限的物理可实现信号的 Z 变换 $H(Z)$，可以表示为 (9-2-7) 式、(9-2-8) 式、(9-2-9) 式就行了。需要进一步钻研的读者，可参看文献 [9] 和 [10]。

2. 纯相位物理可实现信号 (或全通滤波器) Z 变换和频谱的特点

如果离散信号 g_n 满足

$$\begin{cases} g_n = 0, & \text{当 } n<0 \text{ 时}, \\ |G(\omega)| = \left|\sum_{n=0}^{+\infty} g_n \mathrm{e}^{-\mathrm{i}n\omega}\right| = 1, \end{cases} \qquad (9\text{-}2\text{-}10)$$

则称 g_n 为纯相位物理可实现信号，简称纯相位信号。

如果 g_n 表示一个滤波因子，则当 g_n 满足 (9-2-10) 式时，我们称 g_n 为纯相位物理可实现滤波因子，或者称 g_n 为全通滤波因子。这时 g_n 所表示的滤波器称为全通滤波器。设 x_n 为输入信号，经过 g_n 滤波后输出为 $y_n = x_n * g_n$，根据 (9-2-10) 式，输出信号 y_n 的振幅谱为

$$|Y(\omega)| = |G(\omega)X(\omega)| = |X(\omega)|,$$

这表明输入信号的振幅谱 $|X(\omega)|$ 经滤波后全部通过并保持不变，这就是称满足 (9-2-10) 式的滤波因子 g_n 为全通滤波器的原因。

根据 (9-2-10) 式、(9-2-6) 式，纯相位信号 g_n 具有单位能量，即

$$\sum_{n=0}^{+\infty}|g_n|^2 = \frac{1}{2\pi}\int_{-\pi}^{\pi}\mathrm{d}\omega = 1. \qquad (9\text{-}2\text{-}10)'$$

我们举两个纯相位信号的例子。

例 1 信号 g_n 的 Z 变换为 $G(Z)=-1$，或者频谱为 $G(\omega)=-1$。易知，它的振幅谱为 1，相位谱为 $\Phi(\omega)=\pi$，相应的信号为

$$g_n = \begin{cases} -1, & n=0, \\ 0, & n\neq 0. \end{cases}$$

例 2 信号 g_n 的 Z 变换为
$$G(Z) = \frac{\alpha - Z}{1 - \bar{\alpha}Z} \cdot \frac{|\alpha|}{\alpha}, \tag{9-2-11}$$
其中 $\alpha = \mu e^{i\lambda}, 0 < \mu < 1, \lambda$ 为实数. 我们要证明 g_n 为纯相位物理可实现信号,并算出它的相位谱.

(9-2-11)式的分母多项式的根为 $\frac{1}{\bar{\alpha}}$,模为 $\left|\frac{1}{\bar{\alpha}}\right| = \frac{1}{\mu} > 1$,这表示根在单位圆外. 由本章 §1 定理 3 知,相应于(9-2-11)式的信号 g_n 为物理可实现信号.

相应于(9-2-11)式的振幅谱为
$$|G(\omega)| = \left|\frac{\alpha - Z}{1 - \bar{\alpha}Z} \cdot \frac{|\alpha|}{\alpha}\right|_{Z=e^{-i\omega}} = \frac{|\alpha - e^{-i\omega}|}{|1 - \bar{\alpha}e^{-i\omega}|}$$
$$= \frac{|(\alpha e^{i\omega} - 1)e^{-i\omega}|}{|\alpha e^{i\omega} - 1|} = 1. \tag{9-2-12}$$

因此,g_n 为纯相位物理可实现信号. 现在我们来计算这个信号的相位谱.
$$G(\omega) = \frac{\alpha - e^{-i\omega}}{1 - \bar{\alpha}e^{-i\omega}} \cdot \frac{|\alpha|}{\alpha} = \frac{\mu e^{i\lambda} - e^{-i\omega}}{1 - \mu e^{-i\lambda}e^{-i\omega}} \cdot e^{-i\lambda}$$
$$= \frac{\mu - e^{-i(\omega+\lambda)}}{1 - \mu e^{-i(\omega+\lambda)}} = \frac{(\mu - e^{-i(\omega+\lambda)})(1 - \mu e^{i(\omega+\lambda)})}{|1 - \mu e^{-i(\omega+\lambda)}|^2},$$
上式的分子为
$$[2\mu - (1+\mu^2)\cos(\omega+\lambda)] + i(1-\mu^2)\sin(\omega+\lambda),$$
因此,它的幅角,亦即 $G(\omega)$ 的相位谱为
$$\arctan \frac{(1-\mu^2)\sin(\omega+\lambda)}{2\mu - (1+\mu^2)\cos(\omega+\lambda)}. \tag{9-2-13}$$

下面我们讨论一般的纯相位信号或全通滤波器的 Z 变换和频谱.

由于纯相位信号的振幅谱 $|G(\omega)| = 1$,所以 $\ln|G(\omega)| = 0$,因而有
$$\exp\left\{\frac{1}{2\pi}\int_{-\pi}^{\pi} \ln|G(\omega)| \frac{e^{-i\varphi} + Z}{e^{-i\varphi} - Z} d\varphi\right\} = 1.$$

又由于纯相位信号的能量为 1(见(9-2-10)′),按照能量有限物理可实现信号 Z 变换的一般表示(见(9-2-7)式—(9-2-9)式),纯相位信号的 Z 变换 $G(Z)$ 为(9-2-8)式.

我们把(9-2-8)式分成四个部分来考虑。

令
$$\begin{cases} G_1(Z) = e^{i\lambda}, \quad G_2(Z) = Z^m, \\ G_3(Z) = \prod_{k=1}^{+\infty} \dfrac{\alpha_k - Z}{1 - \bar{\alpha}_k Z} \cdot \dfrac{|\alpha_k|}{\alpha_k}, \\ G_4(Z) = \exp \dfrac{1}{2\pi} \displaystyle\int_{-\pi}^{\pi} \dfrac{e^{i\varphi} + Z}{e^{i\varphi} - Z} d\psi(\varphi). \end{cases} \quad (9\text{-}2\text{-}14)$$

为了求出纯相位信号 g_n 的频谱 $G(\omega) = e^{i\Phi_g(\omega)}$ 的表达式,即相位谱 $\Phi_g(\omega)$ 的表达式,我们先求出(9-2-14)式中每一个 $G_i(Z)$ 相应的频谱表达式:

$$G_1(\omega) = G_1(Z)\big|_{Z=e^{-i\omega}} = e^{i\lambda}, \quad (9\text{-}2\text{-}15)$$

$$G_2(\omega) = G_2(Z)\big|_{Z=e^{-i\omega}} = e^{-im\omega}, \quad (9\text{-}2\text{-}16)$$

$$G_3(\omega) = G_3(Z)\big|_{Z=e^{-i\omega}} = \prod_{k=1}^{+\infty} \frac{\alpha_k - e^{-i\omega}}{1 - \bar{\alpha}_k e^{-i\omega}} \cdot \frac{|\alpha_k|}{\alpha_k}.$$

由前面例 2 的(9-2-12)式、(9-2-13)式知,上式连乘积内的每一项 $\dfrac{\alpha_k - e^{-i\omega}}{1 - \bar{\alpha}_k e^{-i\omega}} \cdot \dfrac{|\alpha_k|}{\alpha_k}$,其振幅谱为 1,相位谱为

$$\arctan \frac{(1 - \mu_k^2)\sin(\omega + \lambda_k)}{2\mu_k - (1 + \mu_k^2)\cos(\omega + \lambda_k)}.$$

因此,$G_3(\omega)$ 为

$$G_3(\omega) = \exp\left\{i \sum_{k=1}^{+\infty} \arctan \frac{(1 - \mu_k^2)\sin(\omega + \lambda_k)}{2\mu_k - (1 + \mu_k^2)\cos(\omega + \lambda_k)}\right\}. \quad (9\text{-}2\text{-}17)$$

现在讨论相应于 $G_4(Z)$ 的频谱 $G_4(\omega)$.

$$G_4(\omega) = G_4(Z)\big|_{Z=e^{-i\omega}} = \exp\left\{\frac{1}{2\pi} \int_{-\pi}^{\pi} \frac{e^{i\varphi} + e^{-i\omega}}{e^{i\varphi} - e^{-i\omega}} d\psi(\varphi)\right\},$$

其中

$$\frac{e^{i\varphi} + e^{-i\omega}}{e^{i\varphi} - e^{-i\omega}} = \frac{e^{a+b} + e^{a-b}}{e^{a+b} - e^{a-b}} = \frac{e^b + e^{-b}}{e^b - e^{-b}} = -i\cot\frac{\omega + \varphi}{2}$$

$$\left(a = \frac{\varphi - \omega}{2}i, \ b = \frac{\varphi + \omega}{2}i\right),$$

因此
$$G_4(\omega) = \exp\left\{\frac{-\mathrm{i}}{2\pi}\int_{-\pi}^{\pi}\cot\frac{\omega+\varphi}{2}\mathrm{d}\psi(\varphi)\right\}. \quad (9\text{-}2\text{-}18)$$

我们令

$$\begin{cases} Q_1(\omega) = \lambda, \quad Q_2(\omega) = -m\omega, \\ Q_3(\omega) = \sum_{k=1}^{+\infty}\arctan\dfrac{(1-\mu_k^2)\sin(\omega+\lambda_k)}{2\mu_k - (1+\mu_k^2)\cos(\omega+\lambda_k)}, \quad (9\text{-}2\text{-}19) \\ Q_4(\omega) = \dfrac{-1}{2\pi}\int_{-\pi}^{\pi}\cot\dfrac{\omega+\varphi}{2}\mathrm{d}\psi(\varphi). \end{cases}$$

按照(9-2-15)—(9-2-18)式,有
$$G_j(\omega) = \mathrm{e}^{\mathrm{i}Q_j(\omega)}, \quad 1 \leqslant j \leqslant 4.$$

再根据(9-2-14)式,则有
$$G(\omega) = \mathrm{e}^{\mathrm{i}\Phi_g(\omega)} = G_1(\omega)G_2(\omega)G_3(\omega)G_4(\omega)$$
$$= \mathrm{e}^{\mathrm{i}[Q_1(\omega)+Q_2(\omega)+Q_3(\omega)+Q_4(\omega)]},$$

所以
$$\Phi_g(\omega) = Q_1(\omega) + Q_2(\omega) + Q_3(\omega) + Q_4(\omega), \quad (9\text{-}2\text{-}20)$$

上式为纯相位信号或全通滤波器的相位谱表达式.

严格地说,(9-2-20)式应为
$$\Phi_g(\omega) = Q_1(\omega) + Q_2(\omega) + Q_3(\omega) + Q_4(\omega) + 2l\pi, \quad l\text{ 为整数}.$$
由于 $\mathrm{e}^{\mathrm{i}2l\pi}=1$,我们可以把 $2l\pi$ 忽略掉.

§3 相位延迟与群延迟的概念,最小相位信号

在这一节,我们首先讨论在工程应用中十分重要的相位延迟和群延迟两个概念,然后讨论全通滤波器的群延迟和最小相位信号.

1. 相位延迟和群延迟的概念

为了讨论方便起见,我们假定信号不是离散信号而是连续信号(即时间 t 是连续变化的).

设信号 $x(t)$ 经延迟时间 τ 以后变为 $y(t)=x(t-\tau)$, $x(t)$ 的频谱为 $X(f)$,则 $y(t)$ 的频谱为 $Y(f)=\mathrm{e}^{-\mathrm{i}2\pi f\tau}X(f)$. 这说明 $y(t)$ 是 $x(t)$ 经过滤波器

后的输出信号. 设滤波器 $H(f)$ 的相位谱为 $\Phi(f)$,则有
$$H(f) = e^{-i2\pi f\tau} \tag{9-3-1}$$
$$H(f) = e^{i\Phi(f)} = e^{-i2\pi f\tau},$$
亦即有
$$\Phi(f) = -2\pi f\tau. \tag{9-3-2}$$

(9-3-2)式说明,信号 $y(t) = x(t-\tau)$ 的延迟时间 τ 与滤波器 (9-3-1)式的相位谱 $\Phi(f)$ 有密切关系,从(9-3-2)式可以看出
$$\frac{-\Phi(f)}{2\pi f} = \tau, \tag{9-3-3}$$

$\dfrac{-\Phi(f)}{2\pi f}$ 反映了信号延迟时间.

对于一般的滤波器频谱 $H(f)$,
$$H(f) = A(f)e^{i\Phi(f)} \tag{9-3-4}$$
(其中 $A(f) = |H(f)|$ 为振幅谱,$\Phi(f)$ 为相位谱),我们定义两个描述信号延迟时间的重要概念:

滤波器的相位延迟 $T_p(f)$ 为
$$T_p(f) = \frac{-\Phi(f)}{2\pi f}. \tag{9-3-5}$$

滤波器的群延迟或包络延迟[①] $T_g(f)$ 为
$$T_g(f) = \frac{-1}{2\pi} \cdot \frac{d\Phi(f)}{df}. \tag{9-3-6}$$

当滤波器的频谱 $H(f)$ 为(9-3-1)式时,这个滤波器是无畸变滤波器,它对输入信号仅起时间延迟的作用,延迟时间就等于相位延迟,见(9-3-5)式、(9-3-3)式. 当滤波器的频谱为(9-3-4)式那样的一般形式时,讨论信号延迟时间的问题就复杂得多了. 尽管如此,相位延迟 $T_p(f)$ 和群延迟 $T_g(f)$ 仍然有明确的物理意义.

相位延迟反映了单一正弦波的延迟时间,设输入为单一的正弦波
$$x(t) = \sin 2\pi f_0 t, \tag{9-3-7}$$
它的频谱为 $X(f) = \dfrac{1}{2i}[\delta(f-f_0) - \delta(f+f_0)]$ (参看第五章 §1),经

[①] 相位延迟的英文是 phase delay,群延迟或包络延迟的英文是 group or envelope delay,可参看文献[1],[2],[3].

§3 相位延迟与群延迟的概念，最小相位信号

过滤波器(9-3-4)式滤波后的输出信号 $y(t)$ 为

$$y(t) = \int_{-\infty}^{+\infty} H(f)X(f)e^{i2\pi ft}df$$

$$= \int_{-\infty}^{+\infty} A(f)e^{i\Phi(f)} \frac{1}{2i}[\delta(f-f_0) - \delta(f+f_0)]e^{i2\pi ft}df$$

$$= \frac{1}{2i}[A(f_0)e^{i(2\pi f_0 t + \Phi(f_0))} - A(-f_0)e^{-i(2\pi f_0 t - \Phi(-f_0))}].$$

设滤波器的脉冲响应 $h(t)$ 为实函数，则频谱 $H(f)$ 满足 $\overline{H(f)} = H(-f)$，即 $A(f)=A(-f)$，$\Phi(-f)=-\Phi(f)$，这时上面的输出信号 $y(t)$ 就为

$$y(t) = A(f_0)\sin(2\pi f_0 t + \Phi(f_0)). \quad (9\text{-}3\text{-}8)$$

从上面可看出，输出仍是频率为 f_0 的正弦波，只不过振幅被调制为 $A(f_0)$。我们要问正弦波被延迟多少时间呢？设延迟时间为 τ_0，则输出应为

$$y(t) = A(f_0)\sin 2\pi f_0 (t - \tau_0). \quad (9\text{-}3\text{-}9)$$

比较(9-3-8)式和(9-3-9)式得

$$2\pi f_0 t + \Phi(f_0) = 2\pi f_0 (t - \tau_0),$$

因此得延迟时间

$$\tau_0 = \frac{-\Phi(f_0)}{2\pi f_0} = T_p(f_0). \quad (9\text{-}3\text{-}10)$$

(9-3-10)式说明，相位延迟 $T_p(f)$ 表示输入是频率为 f 的单一正弦波时的延迟时间。这就是相位延迟 $T_p(f)$ 的物理意义。

群延迟反映了某一频率邻域内的延迟性质，或者说反映了对某一频率的包络的延迟时间。现在我们来说明群延迟。

设输入为两个正弦波之和：

$$x(t) = \sin 2\pi f_0 t + \sin 2\pi f_1 t, \quad (9\text{-}3\text{-}11)$$

其中 f_1 非常接近于 f_0。根据三角等式，输入 $x(t)$ 还可表示为

$$x(t) = 2\sin\left(2\pi \frac{f_0+f_1}{2}t\right)\cos\left(2\pi \frac{f_0-f_1}{2}t\right). \quad (9\text{-}3\text{-}12)$$

这说明，两个正弦之和，等于平均频率 $\frac{f_0+f_1}{2}$ 的正弦乘上半频差 $\frac{f_0-f_1}{2}$ 的余弦的两倍。当频率 f_1 接近 f_0 时，半频差 $\frac{f_0-f_1}{2}$ 接近于 0，

$\cos\left(2\pi \dfrac{f_0-f_1}{2}t\right)$ 变化缓慢,在(9-3-12)式中,半频差余弦起着调幅作用,因此我们就把半频差余弦 $\cos\left(2\pi \dfrac{f_0-f_1}{2}t\right)$ 称为**调幅余弦**或**包络余弦**(参看第六章).

按照公式(9-3-7)、(9-3-8),输入信号(9-3-11)经滤波器(9-3-4)滤波后的输出信号为

$$y(t) = A(f_0)\sin[2\pi f_0 t + \Phi(f_0)] + A(f_1)\sin[2\pi f_1 t + \Phi(f_1)].$$

当 f_1 接近 f_0 时,$A(f_1)$ 接近于 $A(f_0)$,为了讨论简单起见,我们假定 $A(f_1)=A(f_0)$,这时输出信号为

$$y(t) = A(f_0)[\sin(2\pi f_0 t + \Phi(f_0)) + \sin(2\pi f_1 t + \Phi(f_1))].$$
(9-3-13)

根据三角等式,$y(t)$ 可表为

$$y(t) = 2A(f_0)\left[\sin\left(2\pi\dfrac{f_0+f_1}{2}t + \dfrac{\Phi(f_0)+\Phi(f_1)}{2}\right)\right.$$
$$\left.\cdot \cos\left(2\pi\dfrac{f_0-f_1}{2}t + \dfrac{\Phi(f_0)-\Phi(f_1)}{2}\right)\right]. \quad (9\text{-}3\text{-}14)$$

对照(9-3-12)式和(9-3-14)式,经滤波后包络余弦 $\cos\left(2\pi\dfrac{f_0-f_1}{2}t\right)$ 变为

$$\cos\left(2\pi\dfrac{f_0-f_1}{2}t + \dfrac{\Phi(f_0)-\Phi(f_1)}{2}\right)$$
$$= \cos\left[2\pi\dfrac{f_0-f_1}{2}\left(t - \dfrac{-1}{2\pi}\cdot\dfrac{\Phi(f_0)-\Phi(f_1)}{f_0-f_1}\right)\right],$$

这表明包络余弦的延迟时间 $\widetilde{T}_g$ 为

$$\widetilde{T}_g = \dfrac{-1}{2\pi}\cdot\dfrac{\Phi(f_0)-\Phi(f_1)}{f_0-f_1}. \quad (9\text{-}3\text{-}15)$$

当 $f_1 \to f_0$ 时,就得到

$$T_g = \dfrac{-1}{2\pi}\dfrac{\mathrm{d}\Phi(f)}{\mathrm{d}f}\bigg|_{f=f_0}. \quad (9\text{-}3\text{-}16)$$

这说明,群延迟或包络延迟反映了在频率 f 时的包络余弦的延迟时间,它表示信号在频率 f 的邻域内局部延迟性质.

对离散滤波器,相位延迟 $T_p(f)$、群延迟 $T_g(f)$,我们同样用

(9-3-5)式、(9-3-6)式来定义.它们的物理意义和上面的分析也是一样的.

现在我们谈谈群延迟的近似计算.由(9-3-4)式知
$$\ln H(f) = \ln |A(f)| + i\Phi(f),$$
因此
$$\Phi(f) = \operatorname{Im} \ln H(f),$$
所以
$$T_g(f) = \frac{-1}{2\pi} \cdot \frac{\mathrm{d}\Phi(f)}{\mathrm{d}f} = \frac{-1}{2\pi} \operatorname{Im} \frac{1}{H(f)} \cdot \frac{\mathrm{d}H(f)}{\mathrm{d}f}.$$
当 $H(f)$ 取离散值时,可认为
$$\frac{1}{H(f_m)} \approx \frac{2}{H(f_{m+1}) + H(f_m)}, \quad \frac{\mathrm{d}H(f)}{\mathrm{d}f} \approx \frac{H(f_{m+1}) - H(f_m)}{f_{m+1} - f_m},$$
因此有近似公式
$$T_g(f_m) \approx \frac{-1}{\pi(f_{m+1} - f_m)} \operatorname{Im} \frac{H(f_{m+1}) - H(f_m)}{H(f_{m+1}) + H(f_m)}. \quad (9\text{-}3\text{-}17)$$

2. 全通滤波器的群延迟

全通滤波器的滤波因子 g_n 满足(9-2-10)式,按照本章 §2 的讨论,全通滤波器的相位谱 $\Phi_g(\omega)$ 为(9-2-20)式,即
$$\Phi_g(\omega) = Q_1(\omega) + Q_2(\omega) + Q_3(\omega) + Q_4(\omega),$$
其中 $Q_j(\omega)$ $(1 \leqslant j \leqslant 4)$ 见(9-2-19)式,$\omega = 2\pi\Delta f$,Δ 为抽样间隔.

全通滤波器的相位谱若以 f 来表示,则为 $\Phi_g(2\pi\Delta f)$,因此,全通滤波器的群延迟为
$$\begin{aligned} T_g &= \frac{-1}{2\pi} \cdot \frac{\mathrm{d}\Phi_g(2\pi\Delta f)}{\mathrm{d}f} = -\Delta \frac{\mathrm{d}\Phi_g(2\pi\Delta f)}{\mathrm{d}2\pi\Delta f} \\ &= -\Delta \frac{\mathrm{d}\Phi_g(\omega)}{\mathrm{d}\omega}. \end{aligned} \quad (9\text{-}3\text{-}18)$$

为了计算全通滤波器的群延迟 T_g,按(9-3-18)式和(9-2-20)式,只需计算
$$\frac{\mathrm{d}\Phi_g(\omega)}{\mathrm{d}\omega} = \frac{\mathrm{d}Q_1(\omega)}{\mathrm{d}\omega} + \frac{\mathrm{d}Q_2(\omega)}{\mathrm{d}\omega} + \frac{\mathrm{d}Q_3(\omega)}{\mathrm{d}\omega} + \frac{\mathrm{d}Q_4(\omega)}{\mathrm{d}\omega}.$$
$$(9\text{-}3\text{-}19)$$

由(9-2-19)式知

$$\frac{dQ_1(\omega)}{d\omega} = 0,$$

$$\frac{dQ_2(\omega)}{d\omega} = -m \leqslant 0,$$

$$\frac{dQ_3(\omega)}{d\omega} = \sum_{k=1}^{+\infty} \frac{d}{d\omega}\left[\arctan\frac{(1-\mu_k^2)\sin(\omega+\lambda_k)}{2\mu_k - (1+\mu_k^2)\cos(\omega+\lambda_k)}\right]$$

$$= \sum_{k=1}^{+\infty} \frac{-1}{1+v^2} \cdot \frac{(1-\mu_k^2)[1+\mu_k^2 - 2\mu_k\cos(\omega+\lambda_k)]}{[2\mu_k - (1+\mu_k^2)\cos(\omega+\lambda_k)]^2} \leqslant 0$$

$$\left(\text{上式中的 } v = \frac{(1-\mu_k^2)\sin(\omega+\lambda_k)}{2\mu_k - (1+\mu_k^2)\cos(\omega+\lambda_k)}\right),$$

$$\frac{dQ_4(\omega)}{d\omega} = \frac{-1}{2\pi}\int_{-\pi}^{\pi}\frac{d}{d\omega}\left[\cot\frac{\omega+\varphi}{2}\right]d\psi(\varphi)$$

$$= \frac{1}{4\pi}\int_{-\pi}^{\pi}\frac{1}{\sin^2\frac{\omega+\varphi}{2}}d\psi(\varphi) \leqslant 0.$$

由上面的分析和(9-3-19)式可知

$$\frac{d\Phi_g(\omega)}{d\omega} \leqslant 0. \tag{9-3-20}$$

由(9-3-20)式和(9-3-18)式知,全通滤波器的群延迟是大于或等于0的,即

$$-\Delta\frac{d\Phi_g(\omega)}{d\omega} \geqslant 0. \tag{9-3-21}$$

3. 最小相位信号

现在我们所讨论的信号都要求是能量有限的物理可实现信号.

首先我们给出最小相位信号的定义.

能量有限的物理可实现信号 $h_1(n)$ 称为**最小相位信号**,如果对任何物理信号 $h(n)$,只要 $h(n)$ 的振幅谱和 $h_1(n)$ 的相同,那么 $h(n)$ 的群延迟 $-\Delta\frac{d\Phi_h(\omega)}{d\omega}$ 总是大于或等于 $h_1(n)$ 的群延迟 $-\Delta\frac{d\Phi_{h_1}(\omega)}{d\omega}$,即

$$-\Delta\frac{d\Phi_h(\omega)}{d\omega} \geqslant -\Delta\frac{d\Phi_{h_1}(\omega)}{d\omega}, \tag{9-3-22}$$

§3 相位延迟与群延迟的概念,最小相位信号   247

或
$$\frac{d\Phi_h(\omega)}{d\omega} \leqslant \frac{d\Phi_{h_1}(\omega)}{d\omega} \tag{9-3-23}$$

(其中 $\Phi_{h_1}(\omega), \Phi_h(\omega)$ 分别为 $h_1(n), h(n)$ 的相位谱).

下面我们给出一个信号为最小相位信号的充分必要条件.

定理 1 设 $h_1(n)$ 是能量有限的物理可实现信号,它的振幅谱为 $|H(\omega)|$,则 $h_1(n)$ 为最小相位信号的充分必要条件是

$$h_1(n) = e^{i\beta} h_0(n), \tag{9-3-24}$$

其中 β 为实常数, $h_0(n)$ 是相应于 Z 变换 $H_0(Z)$ (见(9-2-9)式)的信号.

证明 **充分性** 对任何一个振幅谱为 $|H(\omega)|$ 的物理可实现信号 $h(n)$,它的 Z 变换为 $H(Z)=G(Z)H_0(Z)$ (见(9-2-7)式). 设相应的频谱为

$$H(\omega) = |H(\omega)| e^{i\Phi_h(\omega)}, \quad G(\omega) = e^{i\Phi_g(\omega)}, \quad H_0(\omega) = |H(\omega)| e^{i\Phi_{h_0}(\omega)},$$

因此有

$$\Phi_h(\omega) = \Phi_g(\omega) + \Phi_{h_0}(\omega). \tag{9-3-25}$$

根据(9-3-20)式知

$$\frac{d\Phi_h(\omega)}{d\omega} \leqslant \frac{d\Phi_{h_0}(\omega)}{d\omega}. \tag{9-3-26}$$

由于 $h_1(n)=e^{i\beta}h_0(n)$ 的相位谱为 $\Phi_{h_1}(\omega)=\beta+\Phi_{h_0}(\omega)$,因此 $\frac{d\Phi_{h_1}(\omega)}{d\omega} = \frac{d\Phi_{h_0}(\omega)}{d\omega}$. 根据(9-3-26)式有

$$\frac{d\Phi_h(\omega)}{d\omega} \leqslant \frac{d\Phi_{h_1}(\omega)}{d\omega}.$$

按照(9-3-23)式,$h_1(n)=e^{i\beta}h_0(n)$ 为最小相位信号.

必要性 设 $h_1(n)$ 是最小相位信号,因此对 $h_0(n)$ 而言,有

$$\frac{d\Phi_{h_0}(\omega)}{d\omega} \leqslant \frac{d\Phi_{h_1}(\omega)}{d\omega}.$$

另外,对任何振幅谱为 $|H(\omega)|$ 的信号 $h(n)$,(9-3-26)式总是成立的,所以对 $h_1(n)$ 也成立,即

$$\frac{d\Phi_{h_1}(\omega)}{d\omega} \leqslant \frac{d\Phi_{h_0}(\omega)}{d\omega},$$

比较上面两个关系式便得

$$\frac{d\Phi_{h_1}(\omega)}{d\omega} = \frac{d\Phi_{h_0}(\omega)}{d\omega}.$$

由这关系式知 $\Phi_{h_1}(\omega)=\beta+\Phi_{h_0}(\omega)$，$\beta$ 为实常数，因此 $h_1(n)$ 的频谱为

$$H_1(\omega) = |H(\omega)| e^{i[\beta+\Phi_{h_0}(\omega)]} = e^{i\beta} H_0(\omega),$$

这说明 $h_1(n) = e^{i\beta} h_0(n)$。定理证毕。

§4 全通滤波器的能量延迟性质、最小延迟信号

在上一节，我们是从相位角度来研究全通滤波器和信号，在这一节，我们从能量角度来研究全通滤波器的能量延迟性质和最小延迟信号。

1. 全通滤波器的能量延迟性质

全通滤波器的滤波因子 g_n 满足(9-2-10)式，即

$$\begin{cases} g_n = 0, & \text{当 } n<0 \text{ 时}, \\ |G(\omega)| = \left| \sum_{n=0}^{+\infty} g_n e^{-in\omega} \right| = 1, \end{cases} \quad (9\text{-}4\text{-}1)$$

根据(9-2-10)′式，g_n 的能量为1，即

$$\sum_{n=0}^{+\infty} |g_n|^2 = 1. \quad (9\text{-}4\text{-}2)$$

我们首先给出关于全通滤波器的定理。

定理1 (1) 设 g_n 为全通滤波因子，则 $|g(0)| \leqslant 1$。特别地，当 $|g(0)|=1$ 时，则有 $g(n)=0 (n>1)$。

(2) 设 $G_j(Z)$ $(1\leqslant j\leqslant N)$ 为全通滤波器的 Z 变换，若 $\prod_{j=1}^{N} G_j(Z) = e^{i\beta}$ (β 为实数)，则 $G_j(Z)=e^{i\beta_j}$，其中 β_j 为实数，并且

$$\sum_{j=1}^{N} \beta_j = \beta + 2k\pi, \quad k \text{ 为整数}.$$

证明 (1) 由(9-4-2)式可直接得到我们的结论。

(2) Z 变换 $G_j(Z)$ 在 $Z=0$ 的值为 $g_j(0)$，因此有 $\prod_{j=1}^{N} |g_j(0)| = 1$.

根据(1)，$|g_j(0)|\leqslant 1$，所以$|g_j(0)|=1$，并且当$n>0$时$g_j(n)=0$. 于是$G_j(Z)=g_j(0)=\mathrm{e}^{\mathrm{i}\beta_j}$，$\beta_j$为实数，且有$\mathrm{e}^{\mathrm{i}(\beta_1+\beta_2+\cdots+\beta_N)}=\mathrm{e}^{\mathrm{i}\beta}$，因此$\sum_{j=1}^{N}\beta_j=\beta+2k\pi$，$k$为整数，定理证毕.

全通滤波器有重要的能量传递性质：总能量不变性质，部分能量延迟（简称能量延迟）性质. 下面我们讨论这些性质.

定理 2（全通滤波器的总能量不变性质） 物理可实现滤波因子g_n为全通滤波因子的充分必要条件是：任何信号经过g_n滤波后总能量不变，即对任何输入信号x_n，输出信号为$y_n=g_n*x_n=\sum_{k=0}^{+\infty}g_k x_{n-k}$，必有

$$\sum_{n=0}^{+\infty}|x_n|^2=\sum_{n=0}^{+\infty}|y_n|^2. \qquad (9\text{-}4\text{-}3)$$

证明 设x_n, g_n, y_n的频谱分别为$X(\omega), G(\omega), Y(\omega)$，它们的关系为$Y(\omega)=G(\omega)X(\omega)$，根据总能量和频谱的关系（见(9-2-6)式），关系式(9-4-3)等价于

$$\frac{1}{2\pi}\int_{-\pi}^{\pi}|X(\omega)|^2\mathrm{d}\omega=\frac{1}{2\pi}\int_{-\pi}^{\pi}|G(\omega)|^2|X(\omega)|^2\mathrm{d}\omega, \qquad (9\text{-}4\text{-}4)$$

把上式写为

$$\int_{-\pi}^{\pi}(1-|G(\omega)|^2)|X(\omega)|^2\mathrm{d}\omega=0,$$

要求对任何$|X(\omega)|^2$上式都成立，根据高等数学中函数积分理论，其充分必要条件是

$$1-|G(\omega)|^2=0,$$

即

$$|G(\omega)|=1.$$

这就证明了定理 2.

全通滤波器除了具有总能量不变性质外，还具有部分能量延迟性质. 我们先定义信号的部分能量：对物理可实现信号x_n，我们称

$$\sum_{n=0}^{N}|x_n|^2$$

为信号x_n的**部分能量**.

定理 3 对任何$N+1$个数$(x_0, x_1, \cdots, x_N)$和全通滤波因子g_n，有

关系式
$$\sum_{n=0}^{N}|x_n|^2 = \sum_{n=0}^{+\infty}|\tilde{y}_n|^2, \tag{9-4-5}$$
其中
$$\tilde{y}_n = \sum_{\tau=0}^{N}x_\tau g_{n-\tau}. \tag{9-4-6}$$

证明 把信号$(x_0,x_1,\cdots,x_N,0,0,\cdots)$作为输入信号,由定理2的(9-4-3)式即可得(9-4-5)式.证毕.

由(9-4-5)式直接得到不等式
$$\sum_{n=0}^{N}|x_n|^2 \geqslant \sum_{n=0}^{N}|\tilde{y}_n|^2. \tag{9-4-7}$$

当物理可实现信号x_n为输入信号,滤波因子为全通滤波因子g_n时,输出
$$y_n = \sum_{\tau=0}^{+\infty}g_\tau x_{n-\tau} = \sum_{\tau=0}^{n}g_\tau x_{n-\tau} = \sum_{\tau=0}^{n}x_\tau g_{n-\tau}.$$

当$n \leqslant N$时,
$$\tilde{y}_n = \sum_{\tau=0}^{n}x_\tau g_{n-\tau},$$

由此可得
$$\tilde{y}_n = y_n, \quad \text{当} n \leqslant N \text{时}. \tag{9-4-8}$$

由(9-4-7)式和(9-4-8)式可得到下面的重要定理.

定理4(全通滤波器的能量延迟性质) 设输入为物理可实现信号x_n,滤波因子为全通滤波因子g_n,输出为y_n,则对一切N($N \geqslant 0$),有
$$\sum_{n=0}^{N}|x_n|^2 \geqslant \sum_{n=0}^{N}|y_n|^2. \tag{9-4-9}$$

定理4说明了全通滤波器具有部分能量延迟性质,由(9-4-9)式知,经全通滤波器滤波后的部分能量$\sum_{n=0}^{N}|y_n|^2$比滤波前的相应部分能量$\sum_{n=0}^{N}|x_n|^2$要小,所差的能量被延迟到输出信号的后面部分去了,这是因为信号在滤波前和滤波后总能量相等的缘故(见定理2).

在(9-4-9)式中,如果对某个N取等号,则全通滤波因子g_n必有特殊的结构.下面的定理回答了这个问题.

定理 5 在定理 4 的条件下,对某个 N,等式

$$\sum_{n=0}^{N} |x_n|^2 = \sum_{n=0}^{N} |y_n|^2 > 0 \qquad (9\text{-}4\text{-}10)$$

成立的充分必要条件是:全通滤波因子 g_n 的 Z 变换为

$$G(Z) = \frac{y_0 + y_1 Z + \cdots + y_N Z^N}{x_0 + x_1 Z + \cdots + x_N Z^N}, \qquad (9\text{-}4\text{-}11)$$

其中 $G(Z)$ 的分母多项式在单位圆内和单位圆上无零点.

证明 必要性 由 (9-4-8) 式知,当 $n \leqslant N$ 时,有 $\tilde{y}_n = y_n$. 再由 (9-4-10) 式便得

$$\sum_{n=0}^{N} |x_n|^2 = \sum_{n=0}^{N} |\tilde{y}_n|^2,$$

将此式与 (9-4-5) 式比较,可得 $\tilde{y}_n = 0$ (当 $n \geqslant N+1$ 时). 因此 $\tilde{y}_n$ (见 (9-4-6) 式) 的 Z 变换为

$$Y_N(Z) = \tilde{y}_0 + \tilde{y}_1 Z + \cdots + \tilde{y}_N Z^N$$
$$= y_0 + y_1 Z + \cdots + y_N Z^N.$$

又由于输入信号 $(x_0, x_1, \cdots, x_N)$ 的 Z 变换

$$X_N(Z) = x_0 + x_1 Z + \cdots + x_N Z^N,$$

根据 $Y_N(Z) = G(Z) X_N(Z)$,可得 (9-4-11) 式. 因为 g_n 是能量有限的物理可实现滤波因子,根据本章 §1 定理 3,所以 $G(Z)$ 的分母多项式的根不在单位圆内和单位圆上.

充分性 设输入信号的 Z 变换为 $X(Z) = \sum_{n=0}^{N} x_n Z^n$. 于是输出信号的 Z 变换为

$$Y(Z) = G(Z) X(Z) = \sum_{n=0}^{N} y_n Z^n,$$

由定理 2 知 (9-4-10) 式成立,证毕.

推论 1 在定理 4 的条件下,若 $x_N \neq 0$,

$$\sum_{n=0}^{N-1} |x_n|^2 = \sum_{n=0}^{N-1} |y_n|^2 \quad \text{与} \quad \sum_{n=0}^{N} |x_n|^2 = \sum_{n=0}^{N} |y_n|^2 \qquad (9\text{-}4\text{-}12)$$

同时成立的充分必要条件是:

$$G(Z) = e^{i\beta}, \quad \text{其中 } \beta \text{ 为实数}.$$

证明 必要性 若 (9-4-12) 式成立,按定理 5,$G(Z)$ 为

$$G(Z) = \frac{\sum_{n=0}^{N-1} y_n Z^n}{\sum_{n=0}^{N-1} x_n Z^n} = \frac{\sum_{n=0}^{N} y_n Z^n}{\sum_{n=0}^{N} x_n Z^n}.$$

因为当 $\frac{A}{B} = \frac{A+C}{B+D}$ $(D \neq 0)$ 时,有 $\frac{A}{B} = \frac{C}{D}$,所以

$$G(Z) = \frac{y_N Z^N}{x_N Z^N} = \frac{y_N}{x_N}.$$

由于 $|G(\omega)|=1$,所以 $\left|\frac{y_N}{x_N}\right|=1$,因而 $G(Z)=e^{i\beta}$,其中 β 为实数.

充分性 设 $G(Z)=e^{i\beta}$,则 $g_0=G(0)=e^{i\beta}$,根据定理 1,$g_n=0$(当 $n \neq 0$ 时),这时

$$y_n = g_n * x_n = g_0 x_n = e^{i\beta} x_n.$$

对任何 N,(9-4-12)式都成立. 证毕.

推论 2 在定理 4 的条件下,若 $x_0 \neq 0$,则 $|x_0|^2 = |y_0|^2$ 成立的充分必要条件是 $G(Z)=e^{i\beta}$,β 为实数.

证明 在定理 5 中,令 $N=0$ 就可得到本推论.

为了说明定理 5 和推论 1,我们举一个例子.

例 1 设滤波器为 $G(Z) = \frac{b+aZ}{a+bZ}$(其中 a,b 为实数,$|a|>|b|>0$),输入为

$$X(Z) = \sum_{n=0}^{+\infty} x_n Z^n = (a+bZ) + Z^4(a+bZ),$$

则输出为

$$Y(Z) = \sum_{n=0}^{+\infty} y_n Z^n = G(Z)X(Z)$$
$$= (b+aZ) + Z^4(b+aZ),$$

输入和输出的部分能量情况为

$$|x_0|^2 = |a|^2 > |y_0|^2 = |b|^2,$$
$$\sum_{n=0}^{N} |x_n|^2 = \sum_{n=0}^{N} |y_n|^2 = |a|^2 + |b|^2, \quad 1 \leqslant N \leqslant 3,$$
$$\sum_{n=0}^{4} |x_n V|^2 = |a|^2 + |b|^2 + |a|^2 > \sum_{n=0}^{4} |y_n|^2$$

$$= |a|^2 + |b|^2 + |b|^2,$$
$$\sum_{n=0}^{N} |x_n|^2 = \sum_{n=0}^{N} |y_n|^2, \quad N \geq 5.$$

这个例子说明推论 1 的条件 $x_N \neq 0$ 是必要的. 在这个例子中, 当 $N=3$ 时, (9-4-12)式是成立的, 但 $G(Z) \neq e^{i\beta}$, 原因就是 $x_3 = 0$.

定理 4 说明了全通滤波器具有部分能量延迟性质. 下面定理指出, 部分能量延迟性质是全通滤波器的实质性质.

定理 6 设 g_n 为物理可实现滤波因子, 具有单位能量, 即 $\sum_{n=0}^{+\infty} |g_n|^2 = 1$, 则 g_n 为全通滤波因子. 即 g_n 的频谱 $G(\omega)$ 满足 $|G(\omega)| = 1$ 的充分必要条件是: 对任何能量有限物理可实现输入信号 x_n, 经 g_n 滤波后输出信号 $y_n = g_n * x_n$ 的部分能量被延迟了, 即
$$\sum_{n=0}^{N} |x_n|^2 \geq \sum_{n=0}^{N} |y_n|^2, \quad N \geq 0. \tag{9-4-13}$$

证明 必要性 由定理 4 即知.

充分性 用反证法. 假定 $|G(\omega)| \neq 1$. 设输入信号的频谱 $X(\omega)$ 满足
$$|X(\omega)|^2 = \begin{cases} 2, & \text{当 } |G(\omega)|^2 - 1 > 0, \\ 1, & \text{当 } |G(\omega)|^2 - 1 \leq 0. \end{cases}$$

由于 g_n 具有单位能量, 即
$$\frac{1}{2\pi} \int_{-\pi}^{\pi} |G(\omega)|^2 d\omega = 1,$$

而 $\frac{1}{2\pi} \int_{-\pi}^{\pi} d\omega = 1$, 所以有
$$\frac{1}{2\pi} \int_{-\pi}^{\pi} (|G(\omega)|^2 - 1) d\omega = 0.$$

函数 $|G(\omega)|^2 - 1$ 的值有正有负, 当我们把正值放大两倍、负值不变时, 积分值必大于 0, 即
$$\frac{1}{2\pi} \int_{-\pi}^{\pi} (|G(\omega)|^2 - 1) |X(\omega)|^2 d\omega > 0,$$

也即
$$\frac{1}{2\pi} \int_{-\pi}^{\pi} |G(\omega)|^2 |X(\omega)|^2 d\omega > \frac{1}{2\pi} \int_{-\pi}^{\pi} |X(\omega)|^2 d\omega.$$

写成能量形式就是

我们总可选取某个 N_0，使
$$\sum_{n=0}^{+\infty}|y_n|^2 > \sum_{n=0}^{+\infty}|x_n|^2,$$

$$\sum_{n=0}^{N_0}|y_n|^2 > \sum_{n=0}^{N_0}|x_n|^2,$$

而这与(9-4-13)式矛盾，因此必有 $|G(\omega)|=1$. 定理证毕.

2. 最小延迟信号

在分析了全通滤波器的能量延迟性质以后，我们就很容易了解最小延迟信号的性质，首先我们给出最小延迟信号的定义.

一个能量有限但不为 0 的物理可实现信号 $h_1(n)$ 称为**最小能量延迟信号**（简称**最小延迟信号**），如果对任何物理可实现信号 $h(n)$，只要 $h(n)$ 和 $h_1(n)$ 的振幅谱相同，都有

$$\sum_{n=0}^{N}|h_1(n)|^2 \geqslant \sum_{n=0}^{N}|h(n)|^2, \quad N \geqslant 0, \qquad (9\text{-}4\text{-}14)$$

下面我们给出两个关于最小延迟信号的定理.

定理 7　设 $h_1(n)$ 为最小延迟信号，g_n 为全通滤波因子，$h(n)$ 为物理可实现信号，且 $h_1(n)=g_n * h(n)$（即 $H_1(Z)=G(Z)\cdot H(Z)$），则 $G(Z)=\mathrm{e}^{\mathrm{j}\beta}$（$\beta$ 为实数），$h(n)$ 也为最小延迟信号.

证明　根据定理 4，有 $\sum_{n=0}^{N}|h(n)|^2 \geqslant \sum_{n=0}^{N}|h_1(n)|^2$. 又由于 $h_1(n)$ 是最小延迟信号，关系式 (9-4-14) 成立，比较这两个关系式，我们得 $\sum_{n=0}^{N}|h_1(n)|^2 = \sum_{n=0}^{N}|h(n)|^2$ ($N \geqslant 0$). 这说明 $h(n)$ 也是最小延迟信号. 根据推论 1，有 $G(Z)=\mathrm{e}^{\mathrm{j}\beta}$（$\beta$ 为实数）. 证毕.

定理 8　设 $h_0(n)$ 是与 Z 变换 $H_0(Z)$（见(9-2-9)式）相应的信号，则振幅谱为 $|H(\omega)|$ 的物理可实现信号 $h_1(n)$ 是最小延迟信号的充分必要条件是

$$h_1(n) = \mathrm{e}^{\mathrm{j}\beta}h_0(n), \quad \beta \text{ 为实数}. \qquad (9\text{-}4\text{-}15)$$

证明　**必要性**　按照 (9-2-7) 式，$h_1(n)$ 的 Z 变换为 $H_1(Z)=G(Z)H_0(Z)$. 根据定理 7，知 $G(Z)=\mathrm{e}^{\mathrm{j}\beta}$，亦即 (9-4-15) 式成立.

充分性　任何一个振幅谱为 $|H(\omega)|$ 的物理可实现信号 $h(n)$，它

的 Z 变换皆可表示为(9-2-7)式,根据定理 4,有

$$\sum_{n=0}^{N}|h_0(n)|^2\geqslant\sum_{n=0}^{N}|h(n)|^2,\quad N\geqslant 0,$$

这说明 $h_0(n)$ 是最小延迟信号. 又因为 $h_1(n)=e^{i\beta}h_0(n)$ 与 $h_0(n)$ 的部分能量完全一样,因此,$h_1(n)$ 为最小延迟信号. 证毕.

对照本章§3 定理 1 和本节定理 8,即对照(9-3-24)式和(9-4-15)式,我们看到最小相位信号或最小延迟信号皆为 $e^{i\beta}h_0(n)$ 的形式,它们实质上是一回事,只不过最小相位概念是从时间延迟角度(用相位谱)考虑问题,最小能量延迟概念是从能量延迟角度考虑问题.

最后,我们指出一个重要的事实:经全通滤波器滤波前后的信号具有能量延迟性质,但是具有能量延迟性质的两个信号并不一定是经全通滤波器滤波前后的信号. 后面这句话的意思是:设 x_n, y_n 为能量有限的物理可实现信号,它们的振幅谱相同,且 y_n 的部分能量被延迟了,即

$$\sum_{n=0}^{N}|x_n|^2\geqslant\sum_{n=0}^{N}|y_n|^2,\quad N\geqslant 0, \qquad (9\text{-}4\text{-}16)$$

则不一定存在全通滤波器 g_n,使 $y_n=g_n*x_n$. 为了说明这个问题,我们只需举一例就行了.

例 2 设

$$X(Z)=\frac{\frac{1}{4}-Z}{1-\frac{1}{4}Z}=\sum_{n=0}^{+\infty}x_n Z^n,$$

$$F(Z)=\frac{\frac{1}{2}-Z}{1-\frac{1}{2}Z}=\sum_{n=0}^{+\infty}f_n Z^n,$$

$$Y(Z)=F(Z)F(Z)=\sum_{n=0}^{+\infty}y_n Z^n.$$

由本章§2 例 2(见(9-2-11)式)可知,$X(Z), F(Z), Y(Z)$ 都是纯相位 Z 变换,它们的振幅谱相同,且为 1. 为了讨论它们的部分能量,我们先给出一般的公式:对 $-1<\alpha<1$,有

$$\frac{\alpha-Z}{1-\alpha Z}=\sum_{n=0}^{+\infty}\alpha_n Z^n,\quad \alpha_n=\begin{cases}\alpha, & n=0,\\ \alpha^{n+1}-\alpha^{n-1}, & n>0.\end{cases}$$

按照这个公式，x_n 的部分能量为

$$\sum_{n=0}^{N} |x_n|^2 = \begin{cases} \dfrac{1}{2^4}, & N=0, \\ 1 - \dfrac{1}{2^{4N}} \cdot \dfrac{15}{2^4}, & N>0. \end{cases}$$

f_n 的部分能量为

$$\sum_{n=0}^{N} |f_n|^2 = \begin{cases} \dfrac{1}{2^2}, & N=0, \\ 1 - \dfrac{1}{2^{2N}} \cdot \dfrac{3}{2^2}, & N>0. \end{cases}$$

y_n 的部分能量有如下关系：

$$|y_0|^2 = |f_0^2|^2 = \frac{1}{2^4},$$

$$\sum_{n=0}^{N} |y_n|^2 \leqslant \sum_{n=0}^{N} |f_n|^2$$

(这是因为 $Y(Z)$ 是 $F(Z)$ 经全通滤波器 $F(Z)$ 滤波的结果，由定理 4 即得此不等式).

当 $N=0$ 时，

$$|x_0|^2 = \frac{1}{2^4} = |y_0|^2.$$

当 $N>1$ 时，

$$1 - \frac{1}{2^{4N}} \cdot \frac{15}{2^4} > 1 - \frac{1}{2^{2N}} \cdot \frac{3}{2^2},$$

也即有

$$\sum_{n=0}^{N} |x_n|^2 > \sum_{n=0}^{N} |f_n|^2 \geqslant \sum_{n=0}^{N} |y_n|^2.$$

这说明 y_n 的部分能量比 x_n 的相应部分能量要小，即(9-4-16)式成立. 但是，不存在全通滤波器 $G(Z)$ 使 $Y(Z)=G(Z)X(Z)$，因为 $X(Z)$ 在 $Z=1/4$ 时为 0，所以 $G(Z)X(Z)$ 在 $Z=1/4$ 时为 0，然而 $Y(Z)$ 在 $Z=1/4$ 时不为 0.

关于全通滤波器的能量延迟问题，文献[6]进行过研究，但那里的方法较繁，而且论证不全. 我们这里直接从能量传递角度进行讨论，方法直观而简明.

§5 Z变换为多项式和有理分式时的最小相位性质

信号与 Z 变换是一一对应的关系. 在工程应用中,一类重要的 Z 变换是多项式

$$H(Z) = a_0 + a_1 Z + \cdots + a_n Z^n \quad (9\text{-}5\text{-}1)$$

和有理分式

$$H(Z) = \frac{a_0 + a_1 Z + \cdots + a_n Z^n}{b_0 + b_1 Z + \cdots + b_m Z^m}. \quad (9\text{-}5\text{-}2)$$

在这一节,我们要从理论上讨论它们的最小相位性质.

1. Z 变换为多项式时的最小相位性质

定理 1 设有限长度信号 $x_n = (x_0, x_1, \cdots, x_k)$,它的频谱为 $X(\omega) = \sum_{n=0}^{k} x_n e^{-in\omega}$,则振幅谱为 $X(\omega)$ 的最小相位信号 h_n 必满足

$$h_n = 0, \quad n > k. \quad (9\text{-}5\text{-}3)$$

证明 由于 x_n 和 h_n 的振幅谱相同,因此二者的总能量相等,即 $\sum_{n=0}^{k} |x_n|^2 = \sum_{n=0}^{+\infty} |h_n|^2$. 又因为 h_n 是最小相位信号,也即最小延迟信号,因此 $\sum_{n=0}^{k} |h_n|^2 \geqslant \sum_{n=0}^{k} |x_n|^2$. 综合上两式便得 $\sum_{n=k+1}^{+\infty} |h_n|^2 = 0$, 这说明 (9-5-3)式成立. 证毕.

定理 2 $H(Z) = a_0 + a_1 Z + \cdots + a_n Z^n = a_n \prod_{j=1}^{n}(Z - \alpha_j)$ (其中 $a_n \neq 0$)是最小相位信号的 Z 变换,其充分必要条件是:多项式 $a_0 + a_1 Z + \cdots + a_n Z^n$ 在单位圆内没有根,即 $|\alpha_j| \geqslant 1$.

证明 必要性 设 $H(Z)$ 是最小相位 Z 变换. 假定 $H(Z)$ 在单位圆内有根,不妨设 $|\alpha_1| < 1$. 于是

$$H(Z) = (Z - \alpha_1) a_n \prod_{j=2}^{n}(Z - \alpha_j)$$

$$= \frac{Z - \alpha_1}{\bar{\alpha}_1 Z - 1} \cdot a_n (\bar{\alpha}_1 Z - 1) \prod_{j=2}^{n}(Z - \alpha_j). \quad (9\text{-}5\text{-}4)$$

令

$$G(Z) = \frac{Z - \alpha_1}{\bar{\alpha}_1 Z - 1}, \qquad (9\text{-}5\text{-}5)$$

$$H_1(Z) = a_n(\bar{\alpha}Z - 1)\prod_{j=2}^{n}(Z - \alpha_j). \qquad (9\text{-}5\text{-}6)$$

显然 $G(Z)$ 是纯相位 Z 变换(参看(9-2-11)式). 由(9-5-4)~(9-5-6)式知, $H(Z) = G(Z)H_1(Z)$. 根据 §4 定理 7, $G(Z) = e^{j\beta}$. 这与(9-5-5)式矛盾. 说明多项式 $H(Z)$ 在单位圆内无根.

充分性 已知 $H(Z)$ 在单位圆内没有根, 设 h_1 是振幅谱为 $|H(\omega)|$ 的最小相位信号, 根据定理 1, 当 $l > n$ 时 $h_l = 0$, 因此 h_l 的 Z 变换为 $H_1(Z) = h_0 + h_1 Z + \cdots + h_n Z^n$, 由于 $|H(\omega)| = |H_1(\omega)|$, 所以多项式 $H(Z)$ 和 $H_1(Z)$ 在单位圆周 $|Z| = 1$ 上的 0 点完全相同, 不妨设有 s 个, 且为 $\alpha_1, \cdots, \alpha_s$, 即当 $1 \leqslant j \leqslant s$ 时 $|\alpha_j| = 1$, 而当 $s+1 \leqslant j \leqslant n$ 时 $|\alpha_j| > 1$. 于是 $H_1(Z)$ 可表示为

$$\prod_{j=1}^{s}(Z - \alpha_j) \cdot (\beta_0 + \beta_1 Z + \cdots + \beta_{n-s} Z^{n-s}).$$

令

$$G(Z) = \frac{H_1(Z)}{H(Z)} = \frac{\beta_0 + \beta_1 Z + \cdots + \beta_{n-s} Z^{n-s}}{a_n \prod_{j=s+1}^{n}(Z - \alpha_j)}.$$

$G(Z)$ 的分母多项式的根全在单位圆外, 且 $|G(\omega)| = 1$, 因此 $G(Z)$ 是纯相位 Z 变换, 由于

$$H_1(Z) = \frac{H_1(Z)}{H(Z)} H(Z) = G(Z) H(Z),$$

根据 §4 定理 7, $H(Z)$ 是最小相位 Z 变换. 证毕.

定理 2 从理论上严格地证明了: 有限长度信号 $(a_0, a_1, \cdots, a_n)$ 是最小相位信号的充分必要条件是多项式 $H(Z) = a_0 + a_1 Z + \cdots + a_n Z^n$ 在单位圆内(即 $|Z| < 1$) 无根. 从上可看出, 有限长度最小相位信号, 允许多项式 $H(Z)$ 在单位圆上(即 $|Z| = 1$) 有根.

2. Z 变换为有理分式时的最小相位性质

定理 3 能量有限物理可实现信号 $h(n)$ 的 Z 变换 $H(Z)$ 为有理

分式
$$H(Z) = \frac{B(Z)}{A(Z)}, \tag{9-5-7}$$

其中 $A(Z)$ 与 $B(Z)$ 为没有公因子的多项式，$A(0)=1$. 则 $h(n)$ 为最小相位信号的充分必要条件是：$B(Z)$ 在单位圆内无根，$A(Z)$ 在单位圆内及其上无根.

证明 **必要性** 由于 $h(n)$ 为能量有限的物理可实现信号，由本章 §1 定理 3 知，$A(Z)$ 在单位圆内及其上皆无根. 假设 $B(Z)$ 在单位圆内有一个根 α_1，即 $|\alpha_1|<1$. 由定理 2 的证明知 $H(Z)$ 可表示为
$$H(Z) = G(Z)H_1(Z),$$
其中
$$G(Z) = \frac{Z-\alpha_1}{\alpha_1 Z - 1}, \quad H_1(Z) = \frac{B_1(Z)}{A(Z)}.$$

$G(Z)$ 为纯相位物理可实现滤波器，且 $|G(0)|=|\alpha_1|<1$. 因此，$H_1(Z)$ 为振幅谱与 $H(Z)$ 相同的物理可实现信号 $h_1(n)$ 的 Z 变换. 因此有
$$|h(0)| = |H(0)| = |G(0)||H_1(0)| < |H_1(0)| = |h_1(0)|.$$
这与 $h(n)$ 有最小能量延迟性质相矛盾. 必要性成立.

充分性 由定理 2 知，$A(Z)$ 与 $B(Z)$ 皆为最小相位信号. 由最小相位 Z 变换的表示性定理知
$$A(Z) = e^{i\alpha} A_0(Z) = e^{i\alpha} \exp \frac{1}{2\pi}\int_{-\pi}^{\pi} \ln|A(\varphi)| \frac{e^{-i\varphi}+Z}{e^{-i\varphi}-Z} d\varphi,$$
$$B(Z) = e^{i\beta} B_0(Z) = e^{i\beta} \exp \frac{1}{2\pi}\int_{-\pi}^{\pi} \ln|B(\varphi)| \frac{e^{-i\varphi}+Z}{e^{-i\varphi}-Z} d\varphi,$$
因此
$$H(Z) = \frac{B(Z)}{A(Z)} = e^{i(\beta-\alpha)} \exp \frac{1}{2\pi}\int_{-\pi}^{\pi} \ln\left|\frac{\beta(\varphi)}{A(\varphi)}\right| \frac{e^{-i\varphi}+Z}{e^{-i\varphi}-Z} d\varphi$$
$$= e^{i(\beta-\alpha)} H_0(Z).$$
这表明，$h(n)$ 为最小相位信号. 证毕.

我们知道，在有理函数 $H(Z)$（见(9-5-7)式）中，$B(Z)$ 的零点称为 $H(Z)$ 的零点，$A(Z)$ 的零点称为 $H(Z)$ 的极点. 定理 3 告诉我们，当 $H(Z)$ 为最小相位时，零点可以在单位圆上. 然而，在文献[19]（见第五章第 5、第 6 节）中，在对最小相位有理系统的定义中，不允许在单位圆上有零点. 由这个定义导不出[19]中的最小相位和全通分解公式

(5.100),即对任何有理系统函数都能表示成
$$H(Z) = H_{\min}(Z)H_{ap}(Z), \tag{9-5-8}$$
其中$H_{\min}(Z)$为最小相位系统,$H_{ap}(Z)$为全通系统.由于在文献[19]中公式(9-5-8)中的$H_{\min}(Z)$不允许在单位圆上有零点,因此,对有理系统函数$H(Z) = Z - 1$不可能有(9-5-8)形式的分解.这表明文献[19]关于最小相位有理系统的定义和非最小相位有理系统的分解公式是矛盾的,也即文献[19]关于最小相位有理系统不允许零点在单位圆上的定义是错误的.这个错误始于文献[18],24年后几乎原封不动地出现在文献[19]上.由于这两本书及其作者比较有名,许多国内外著作也都延用了他们的错误.如文献[20](第359～363页)犯有同样错误.产生上述错误的原因,是没有深入地分析信号或系统相位的群延迟性质,没有按照最小相位信号或系统是相位具有最小群延迟的信号或系统这一物理概念进行分析研究,同时,缺乏解析函数的边界性质或H^p空间理论这一数学工具[9,10],也是产生错误的重要原因.在31年前,我们早就给出了有理系统为最小相位的充要条件[5].

3. Z变换为多项式时的信号分类

有限长物理可实现信号的Z变换为多项式,反之亦然,Z变换为多项式的信号为有限长物理可实现信号.

从最小相位或最小延迟信号的分析可知,有限长物理可实现信号的性质与多项式的根有关系.实际上,有限长物理可实现信号的波形和它的Z变换多项式的根的分布也有密切关系.

设$m+1$项信号$b_n = (b_0, b_1, \cdots, b_m)$的$Z$变换为
$$B(Z) = b_0 + b_1 Z + \cdots + b_m Z^m, \quad b_m \neq 0,$$
它是Z的m次多项式,有m个根.根据根的位置不同,对b_n进行分类:

若$B(Z)$在单位圆内无根,则称b_n为**最小延迟信号**,或**最小相位信号**;

若$B(Z)$在单位圆外无根,但至少在单位圆内有一个根,则称b_n为**最大延迟信号**或**最大相位信号**;

若$B(Z)$在单位圆内、外都有根,则称b_n为**混合延迟信号**或**混合相位信号**.

以上三类信号在图形上的特点是(参见图 9-1)：
最小延迟信号的能量集中在前部(见图 9-1(a))；
最大延迟信号的能量集中在后部(见图 9-1(b))；
混合延迟信号的能量集中在中部(见图 9-1(c)).

图 9-1 $m+1$ 项信号的分类及信号的特点

在工程实践中出现的信号,基本上都是最小延迟信号和混合延迟信号,一般都不是最大延迟信号. 图 9-2 给出混合延迟信号的一个例子,它是海上勘探的蒸汽枪子波.

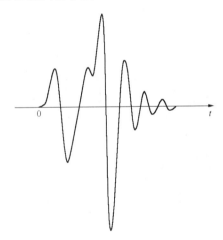

图 9-2 混合延迟信号的一个例子(海上勘探的蒸汽枪子波)

4. 多项式 Z 变换的分解

任何能量有限物理可实现信号 Z 变换总可以分解为全通滤波器 Z 变换与最小相位信号 Z 变换的乘积(参看(9-2-7)式). 对多项式 Z 变换,可采用类似(9-2-11)式的全通 Z 变换来进行这种分解.

例 1 设 $H(Z)=(Z-\alpha)(Z-\beta)$,其中 $|\alpha|<1, |\beta|\geqslant 1$. 试对 $H(Z)$ 进行分解 $H(Z)=G(Z)H_{\min}(Z)$,其中 $G(Z)$ 为全通 Z 变换,$H_{\min}(Z)$ 为最小相位 Z 变换.

解 按照(9-2-11)式,对 $H(Z)$ 作如下分解:

$$H(Z)=(Z-\alpha)(Z-\beta)=\frac{Z-\alpha}{\bar{\alpha}Z-1}(\bar{\alpha}Z-1)(Z-\beta)$$
$$=G(Z)H_{\min}(Z),$$

其中 $G(Z)=\dfrac{Z-\alpha}{\bar{\alpha}Z-1}$, $H_{\min}(Z)=(\bar{\alpha}Z-1)(Z-\beta)$.

由(9-2-11)式知,$G(Z)$ 为全通 Z 变换. 由于 $H_{\min}(Z)$ 在单位圆内无根,因此 $H_{\min}(Z)$ 确实为最小相位 Z 变换.

§6 最小相位信号和柯氏谱

从最小相位信号的 Z 变换表达式可以知道,最小相位信号完全由它的对数谱或对数 Z 变换所确定,而且可以用振幅谱表示出来. 柯尔莫廓洛夫早指出了这一点[16]. 最小相位信号的频谱取对数后,仍然对应一个物理可实现信号或序列,我们把它称为柯氏谱(注意,它是时间域的信号或序列,而不是频率域的频谱). 在这一节,我们研究柯氏谱,以及最小相位信号和柯氏谱相互递推关系.

1. 最小相位信号和柯氏谱

如何由振幅谱求最小相位信号? 柯尔莫廓洛夫于1939年提出了解决的方法[16].

由(9-2-9)式知,最小相位信号 $h_0(n)$ 的 Z 变换为

$$H_0(Z)=\sum_{n=0}^{\infty}h_0(n)Z^n=\exp\left\{\frac{1}{2\pi}\int_{-\pi}^{\pi}\ln|H(\varphi)|\frac{e^{-i\varphi}+Z}{e^{-i\varphi}-Z}d\varphi\right\}.$$

$$(9\text{-}6\text{-}1)$$

令

$$C(Z)=\sum_{n=0}^{\infty}c_n Z^n=\frac{1}{2\pi}\int_{-\pi}^{\pi}\ln|H(\varphi)|\frac{e^{-i\varphi}+Z}{e^{-i\varphi}-Z}d\varphi, \quad (9\text{-}6\text{-}2)$$

$C(Z)$ 是单位圆内解析函数. 我们要通过 $|H(\omega)|$ 计算 c_n.

由于
$$\frac{e^{-i\varphi}+Z}{e^{-i\varphi}-Z} = \frac{2}{1-e^{i\varphi}Z} - 1 = 1 + 2(e^{i\varphi}Z + e^{i2\varphi}Z^2 + \cdots),$$

所以
$$\frac{1}{2\pi}\int_{-\pi}^{\pi}\ln|H(\varphi)|\frac{e^{-i\varphi}+Z}{e^{-i\varphi}-Z}d\varphi$$
$$= \frac{1}{2\pi}\int_{-\pi}^{\pi}\ln|H(\varphi)|d\varphi + \sum_{n=1}^{\infty}\frac{1}{\pi}\int_{-\pi}^{\pi}\ln|H(\varphi)|e^{in\varphi}d\varphi Z^n.$$

将上式和(9-6-2)比较, 得
$$\begin{cases} c_0 = \dfrac{1}{2\pi}\displaystyle\int_{-\pi}^{\pi}\ln|H(\varphi)|d\varphi, \\ c_n = \dfrac{1}{\pi}\displaystyle\int_{-\pi}^{\pi}\ln|H(\varphi)|e^{in\varphi}d\varphi, \quad n \geqslant 1. \end{cases} \tag{9-6-3}$$

由(9-6-1)式和(9-6-2)式知
$$H_0(Z) = e^{C(Z)}, \tag{9-6-4}$$

即
$$\sum_{n=0}^{\infty}h_0(n)Z^n = e^{\sum_{n=0}^{\infty}c_n Z^n}.$$

我们称上式为**柯尔莫廓洛夫方程**, 序列 c_n 为**柯氏谱**(关于柯氏谱的定义与文献[17]的第 61 页的定义稍有差别, 现在的定义更为方便), 英文为 Kepstrum.

2. 柯氏谱和最小相位信号的递推关系

在(9-6-4)式两边对 Z 取微商得
$$\frac{dH_0(Z)}{dZ} = e^{C(Z)}\frac{dC(Z)}{dZ} = H_0(Z)\frac{dC(Z)}{dZ}. \tag{9-6-5}$$

由于
$$\frac{dH_0(Z)}{dZ} = \frac{d}{dZ}\Big(\sum_{n=0}^{\infty}h_0(n)Z^n\Big) = \sum_{n=0}^{\infty}nh_0(n)Z^{n-1}$$
$$= \sum_{n=0}^{\infty}(n+1)h_0(n+1)Z^n,$$
$$\frac{dC(Z)}{dZ} = \sum_{n=0}^{\infty}(n+1)c_{n+1}Z^n,$$

所以(9-6-5)式为

$$\sum_{n=0}^{\infty}(n+1)h_0(n+1)Z^n = H_0(Z)\sum_{n=0}^{\infty}(n+1)c_{n+1}Z^n.$$

按照褶积公式,上式两边系数的关系为

$$(n+1)h_0(n+1) = \sum_{k=0}^{n}(k+1)c_{k+1}h_0(n-k)$$
$$= \sum_{k=0}^{n}(n+1-k)c_{n+1-k}h_0(k). \quad (9\text{-}6\text{-}6)$$

在(9-6-4)式中令 $Z=0$,得 $h_0(0)=e^{c_0}$. 综合(9-6-6)式,我们得到两组递推公式:

由 c_n 求 $h_0(n)$ 的递推公式:

$$\begin{cases} h_0(0) = e^{c_0}, \\ h_0(n+1) = \dfrac{1}{n+1}\sum_{k=0}^{n}(n+1-k)c_{n+1-k}h_0(k), \quad n \geqslant 0, \end{cases}$$
$$(9\text{-}6\text{-}7)$$

和由 $h_0(n)$ 求 c_n 的递推公式:

$$\begin{cases} c_0 = \ln h_0(0), \\ c_{n+1} = \dfrac{1}{(n+1)h_0(0)}\Big[(n+1)h_0(n+1) \\ \qquad - \sum_{k=0}^{n-1}(k+1)c_{k+1}h_0(n-k)\Big], \quad n \geqslant 0. \end{cases} \quad (9\text{-}6\text{-}8)$$

上述两个推递公式,在理论上和应用上都有重要的意义,它们是柯氏谱和最小相位信号的基本关系式.

3. 由振幅谱确定最小相位信号

由振幅谱 $|H(\omega)|$ 确定最小相位信号 $h_0(n)$ 的步骤是:首先由(9-6-3)利用 FFT 计算 c_n,再由(9-6-7)式计算 $h_0(n)$.

在计算中,如果振幅谱 $|H(\omega)|$ 有零点,则给计算 $\ln|H(\omega)|$ 带来困难. 为此,采用 ε 扰动法:取 $\varepsilon>0$,用 $|H(\omega)|+\varepsilon$ 代替 $|H(\omega)|$. 设 $h_0(n)$ 是对应 $|H(\omega)|$ 的最小相位信号(见(9-6-1)式), c_n 是对应 $|H(\omega)|$ 的柯氏谱(见(9-6-3)式), $h_0(n,\varepsilon)$ 和 $c_n(\varepsilon)$ 分别是对应振幅谱 $|H(\omega)|$ $+\varepsilon$ 的最小相位信号和柯氏谱. ε 扰动法在理论上是可行的,因为有下

列极限式：

$$c_n(\varepsilon) \longrightarrow c_n, \quad \varepsilon \to 0,$$

$$h_0(n,\varepsilon) \longrightarrow h_0(n), \quad \varepsilon \to 0,$$

$$\sum_{n=0}^{\infty} |h_0(n,\varepsilon) - h_0(n)|^2 \to 0, \quad \varepsilon \to 0.$$

上式表明，当 ε 比较小时，$h_0(n,\varepsilon)$ 近似 $h_0(n)$. 关于上述各个极限的证明，可参看文献[22]（第 443～444 页）.

问　　题

1. 证明 §1 的定理 2.

2. 指出下列 Z 变换对应的信号是否为能量有限的物理可实现信号：

(1) $H(Z) = \dfrac{1}{2-3Z+Z^2}$;　　(2) $H(Z) = \dfrac{1}{1-Z+\dfrac{1}{4}Z^2}$;

(3) $H(Z) = \dfrac{1}{1-\dfrac{5}{2}Z+Z^2}$;　　(4) $H(Z) = \dfrac{1}{1-\dfrac{5}{6}Z+\dfrac{1}{6}Z^2}$.

3. 设 $a_n = (a_0, a_1, \cdots, a_N)$ 的 Z 变换为

$$A(Z) = a_0 + a_1 Z + \cdots + a_N Z^N,$$
$$b_n = (b_0, b_1, \cdots, b_N) = (a_N, a_{N-1}, \cdots, a_0),$$
$$B(Z) = b_0 + b_1 Z + \cdots + b_N Z^N.$$

证明：(1) $B(Z) = Z^N A\left(\dfrac{1}{Z}\right)$;

(2) 在 $a_0 \neq 0, a_N \neq 0$ 的条件下，设 $A(Z)$ 的根为 λ_j ($1 \leqslant j \leqslant N$). 证明：$B(Z)$ 的根为 $\dfrac{1}{\lambda_j}$ ($1 \leqslant j \leqslant N$).

4. 设

$$x_n = \begin{cases} a^n \sin nb, & n \geqslant 0, \\ 0, & n < 0, \end{cases} \qquad y_n = \begin{cases} a^n \cos nb, & n \geqslant 0, \\ 0, & n < 0, \end{cases}$$

其中 a,b 为实常数，$|a|<1$.

(1) 求 x_n 和 y_n 的 Z 变换 $X(Z)$ 和 $Y(Z)$；

(2) 判断 x_n 和 y_n 是不是最小相位信号.

5. 证明下列论断的正确性：

(1) 两个最小相位信号的褶积仍为最小相位信号，即：设 $H_1(Z)$，$H_2(Z)$ 为最小相位信号 Z 变换，则 $H_1(Z)H_2(Z)$ 也为最小相位信号 Z 变换.

(2) 设 $H_1(Z)=Z-2.5$，$H_2(Z)=Z+2$，证明：$H_1(Z)$ 和 $H_2(Z)$ 为最小相位信号 Z 变换，$H_1(Z)+H_2(Z)$ 为非最小相位信号 Z 变换.

提示：(1) 利用(9-2-7)式和(9-3-24)式.

(2) 该例说明：两个最小相位信号之和不一定是最小相位信号.

6. 用求根的方法指出信号 $b_n=(b_0,b_1,b_2)$ 是最小相位、混合相位还是最大相位：

(1) $b_n=(1,2,3)$；   (2) $b_n=(1,5,6)$；   (3) $b_n=(2,5,2)$.

7. 设 $a_n=(a_0,a_1,\cdots,a_N)$ 为实最大相位信号 $(a_0\neq 0, a_N\neq 0)$，则
$$b_n=(b_0,b_1,\cdots,b_N)=(a_N,a_{N-1},\cdots,a_0)$$
为最小相位信号，且 b_n 的振幅谱 $|B(e^{-i\omega})|$ 与 a_n 的振幅谱 $|A(e^{-i\omega})|$ 相等. 提示：参考第 3 题.

8. 设 $h_n=(h_0,h_1,h_2)$ 的 Z 变换 $H(Z)=h_0+h_1Z+h_2Z^2$ 可以分解为 $H(Z)=G(Z)H_{\min}(Z)$，其中 $G(Z)$ 为全通滤波器，$H_{\min}(Z)$ 为最小相位信号 Z 变换. 对以下的 h_n 的 Z 变换进行分解：

(1) $H(Z)=1-2.5Z+Z^2$；   (2) $H(Z)=1-4Z+4Z^2$；

(3) $H(Z)=1-3Z+2Z^2$.

提示：参看本章 §5 例 1.

参 考 文 献

[1] Claerbout J F. Fundamentals of Geophysical Data Processing. McGaw-Hill, 1976.

[2] Blinchikoff H J and Zverev A. Filter in The Time and Frequency Domans. John Wiley & Sons, 1976.

[3] Stanley W D. Digital Signal Processing. Reston Publishing Company, 1975.

[4] 北京大学数学力学系等编.地震勘探数字技术(第二册).北京:科学出版社,1974.
[5] 程乾生.信号数字处理的数学原理.北京:石油工业出版社,1979.
[6] Robinson E A. Random Wavelets and Cybernetic Systems. London: Charles Griffin and Co. Ltd. , 1962.
[7] 舒立华.纯相位序列的能量传递性质.数学学报,1974,**17**(1):20—27.
[8] 樊映川编.高等数学讲义(上册).北京:高等教育出版社,1965.
[9] N•N•普里瓦洛夫.解析函数的边界性质.北京:科学出版社,1956.
[10] Duren P L. Theory of H^p Spaces. Academic Press,1976.
[11] A•拉尔斯登,H•S•维尔夫.数字计算机上用的数学方法(第二卷).上海人民出版社,1975.
[12] Berkhout A J. Related properties of minimum-phase and zero-phase time function. Geophysical Prospecting,Vol. 22,No. 4,1974.
[13] 程乾生.信号的褶积分解及其在地震勘探中的应用.石油物探,1981,**20**(4):118—124.
[14] Papoulis A. Signal Analysis. New York:McGraw-Hill,1977.
[15] 程乾生.褶积型矩阵和复l_2空间的性质.中国科学,1981,7:795—805.
[16] Kolmogorov A N. Sur l'interpolation et l'extrapolation des suites Stationnaires. Acad C R,Sci. ,Paris:1939,208:2043—2045.
[17] M•T•西尔亚和E•A•鲁宾逊著.油气勘探中地球物理时间序列的反褶积.甘章泉,程乾生译.北京:石油工业出版社,1982.
[18] Oppenheim A V and Schafer R W. Digital Signal Processing. Prentice-Hall,1975.
[19] Oppenheim A V and Schafer R W. Discrete-time Signal Processing. Prentice-Hall,Inc,1999.(中译本:刘树棠、黄建国译.离散时间信号处理.西安交通大学出版社,2001.)
[20] Proakis J G and Dimitris D G. Digital Signal Processing. Principles,Algorithms,and Appllications,Prentice-Hall,Inc,1996.
[21] 程乾生.信号数字处理的数学原理(第二版).北京:石油工业出版社,1993.

第十章 有限长脉冲响应滤波器和窗函数

在理论上,理想滤波器有重要的意义,然而在应用上却有严重的问题.为了设计比较好的有限长脉冲响应滤波器,除了窗函数法以外,还有其他方法,如频率抽样法、误差最大最小优化法.在有限长脉冲响应滤波器中,广义线性相位滤波器是重要的一类.在这一章,我们将讨论上述问题.

§1 理想滤波器及其存在的问题

在这一节,我们介绍六种理想滤波器,并指出它们在应用中所存在的问题.

1. 理想滤波器

我们先给出四种理想滤波器.我们知道,当离散信号的抽样间隔 Δ 确定之后,只要在频率范围 $[-1/(2\Delta), 1/(2\Delta)]$ 之内讨论问题就行了,设计滤波器,也只要在 $[-1/(2\Delta), 1/(2\Delta)]$ 之内给出滤波器的频谱就行了(参看第二章和第三章).理想滤波器是在频率范围 $[-1/(2\Delta), 1/(2\Delta)]$ 内设计的滤波器.

1.1 理想低通滤波器

理想低通滤波器的频谱 $H_1(f)$ 为

$$H_1(f) = \begin{cases} 1, & |f| \leqslant f_1, \\ 0, & f_1 < |f| \leqslant \dfrac{1}{2\Delta}, \end{cases} \quad (10\text{-}1\text{-}1)$$

其中 f_1 称为高通频率. $H_1(f)$ 的图形见图 10-1(a).

相应于 $H_1(f)$ 的时间函数 $h_1(n)$ 为

$$h_1(n) = \int_{-1/(2\Delta)}^{1/(2\Delta)} H_1(f) e^{i2\pi n \Delta f} df$$

$$= \frac{\sin 2\pi f_1 n\Delta}{\pi n\Delta}, \quad -\infty < n < +\infty. \tag{10-1-2}$$

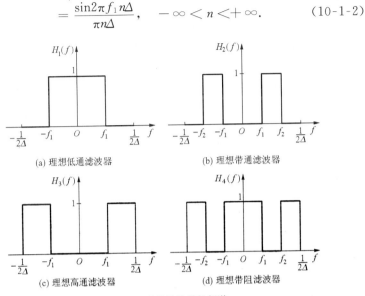

(a) 理想低通滤波器　　(b) 理想带通滤波器

(c) 理想高通滤波器　　(d) 理想带阻滤波器

图 10-1　理想滤波器的频谱

1.2　理想带通滤波器

理想带通滤波器的频谱 $H_2(f)$ 为

$$H_2(f) = \begin{cases} 1, & f_1 \leqslant |f| \leqslant f_2, \\ 0, & \text{其他}, \end{cases} \quad |f| \leqslant 1/(2\Delta), \tag{10-1-3}$$

其中 f_1 为低通频率；f_2 为高通频率. $H_2(f)$ 的图形见图 10-1(b).

相应于 $H_2(f)$ 的时间函数 $h_2(n)$ 为

$$\begin{aligned} h_2(n) &= \int_{-1/(2\Delta)}^{1/(2\Delta)} H_2(f) e^{i2\pi n\Delta f} df \\ &= \frac{2\sin[\pi(f_2 - f_1)n\Delta]\cos[\pi(f_1 + f_2)n\Delta]}{\pi n\Delta}, \tag{10-1-4} \end{aligned}$$

$$-\infty < n < +\infty.$$

1.3　理想高通滤波器

理想高通滤波器的频谱 $H_3(f)$ 为

$$H_3(f) = \begin{cases} 0, & |f| \leqslant f_1, \\ 1, & f_1 < |f| \leqslant 1/(2\Delta), \end{cases} \tag{10-1-5}$$

其中 f_1 为高截频率. $H_3(f)$ 的图形见图 10-1(c).

从图 10-1(a) 和 (c), 以及公式 (10-1-1) 和 (10-1-5) 可知, 理想高通滤波器 $H_3(f)$ 可通过理想低通滤波器 $H_1(f)$ 得到

$$H_3(f) = 1 - H_1(f), \quad |f| \leqslant 1/(2\Delta). \qquad (10\text{-}1\text{-}6)$$

由此可立即得到相应于 $H_3(f)$ 的时间函数 $h_3(n)$,

$$\begin{aligned} h_3(n) &= \int_{-1/(2\Delta)}^{1/(2\Delta)} H_3(f) e^{i2\pi n\Delta f} df \\ &= \int_{-1/(2\Delta)}^{1/(2\Delta)} e^{i2\pi n\Delta f} df - \int_{-1/(2\Delta)}^{1/(2\Delta)} H_1(f) e^{i2\pi n\Delta f} df \\ &= \frac{1}{\Delta}\delta(n) - \frac{\sin 2\pi f_1 n\Delta}{\pi n\Delta}, \quad -\infty < n < +\infty, \quad (10\text{-}1\text{-}7) \end{aligned}$$

其中

$$\delta(n) = \begin{cases} 1, & n = 0, \\ 0, & n \neq 0. \end{cases} \qquad (10\text{-}1\text{-}8)$$

1.4 理想带阻滤波器

理想带阻滤波器的频谱 $H_4(f)$ 为

$$H_4(f) = \begin{cases} 0, & f_1 \leqslant |f| \leqslant f_2, \\ 1, & \text{其他}, \end{cases} \quad |f| \leqslant 1/(2\Delta),$$

$$(10\text{-}1\text{-}9)$$

其中 f_1 为低截频率; f_2 为高截频率. $H_4(f)$ 的图形见图 10-1(d). 它可以通过理想带通滤波器 $H_2(f)$ 得到.

从图 10-1(b) 和 (d), 以及公式 (10-1-3) 和 (10-1-9) 知

$$H_4(f) = 1 - H_2(f), \quad |f| \leqslant 1/(2\Delta). \qquad (10\text{-}1\text{-}10)$$

由此可立即得到相应于 $H_4(f)$ 的时间函数 $h_4(n)$,

$$\begin{aligned} h_4(n) &= \int_{-1/(2\Delta)}^{1/(2\Delta)} H_4(f) e^{i2\pi n\Delta f} df \\ &= \frac{1}{\Delta}\delta(n) - \frac{2\sin\pi(f_2 - f_1)n\Delta \cos\pi(f_1 + f_2)n\Delta}{\pi n\Delta}, \\ &\quad -\infty < n < +\infty. \qquad (10\text{-}1\text{-}11) \end{aligned}$$

上述各种滤波器的频谱又称为滤波器的**频率响应**,滤波器的时间函数又称为滤波器的**脉冲响应**或**滤波因子**.

对实际上出现的各种信号(如地震记录、无线电信号等),当其中的有效信号成分和干扰信号成分的频谱完全分离时,设计上述类型的滤波器,通过滤波可以完全消除干扰,保留有效信号.但是,这只是一种简单的理想情况,因此把上述各种滤波器称为理想滤波器.虽然理想滤波器是一种简单的特殊的滤波器,在大多数情况下它不能起到完全消除干扰、保留有效信号的作用,但是,在许多情况下,它可以起到消弱干扰、突出有效信号的作用.所以,不论在理论上还是在实践上,对理想滤波器的研究仍然有着十分重要的意义.

现在再介绍两种理想滤波器:希尔伯特滤波器和理想微分滤波器.

在第六章,我们已讨论过希尔伯特变换.按照(6-3-13)式,离散希尔伯特滤波器的频谱为

$$H_5(f) = \begin{cases} -\mathrm{i}, & 0 < f \leqslant 1/(2\Delta), \\ \mathrm{i}, & -1/(2\Delta) \leqslant f < 0, \end{cases} \qquad (10\text{-}1\text{-}12)$$

相应的时间函数 $h_5(n)$ 为

$$h_5(n) = \int_{-1/(2\Delta)}^{1/(2\Delta)} H_5(f) \mathrm{e}^{\mathrm{i}2\pi n\Delta f} \mathrm{d}f = \frac{1-\cos\pi n}{\pi n\Delta}$$

$$= \begin{cases} 0, & n=0, \\ \dfrac{1-(-1)^n}{\pi n\Delta}, & n \neq 0. \end{cases} \qquad (10\text{-}1\text{-}13)$$

现在讨论理想微分滤波器.设信号 $x(t)$ 的频谱 $X(f)$ 在 $|f| \geqslant 1/(2\Delta)$ 时为 0,Δ 为抽样间隔,$x(t)$ 可表示为

$$x(t) = \int_{-1/(2\Delta)}^{1/(2\Delta)} X(f)\mathrm{e}^{\mathrm{i}2\pi ft} \mathrm{d}f,$$

对 t 微商得

$$x'(t) = \int_{-1/(2\Delta)}^{1/(2\Delta)} (\mathrm{i}2\pi f)X(f)\mathrm{e}^{\mathrm{i}2\pi ft} \mathrm{d}t.$$

令

$$H_6(f) = i2\pi f, \quad f \in [-1/(2\Delta), 1/(2\Delta)], \quad (10\text{-}1\text{-}14)$$

由上可知，$x'(t)$ 是 $x(t)$ 经过 $H_6(f)$ 滤波的结果．因此，称 $H_6(f)$ 为**理想微分滤波器**．

相应理想微分滤波器的时间函数 $h_6(n)$ 为

$$h_6(n) = \int_{-1/(2\Delta)}^{1/(2\Delta)} H_6(f) e^{i2\pi n\Delta f} df = \begin{cases} 0, & n = 0, \\ \dfrac{\cos n\pi}{n\Delta^2}, & n \neq 0. \end{cases}$$

上面两个理想滤波器，在理论上和应用上也有着重要的意义．

2. 理想滤波器存在的问题

由上面讨论知道，理想滤波器的时间函数 $h(n)$（例如，对带通滤波器，$h(n)$ 由 (10-1-4) 式表示），它的长度是无限的，即 n 从 $-\infty$ 变化到 $+\infty$．对应这无限长度的时间函数 $h(n)$，它的频谱才是理想滤波器频谱，见图 10-2(b) 和 (a)．

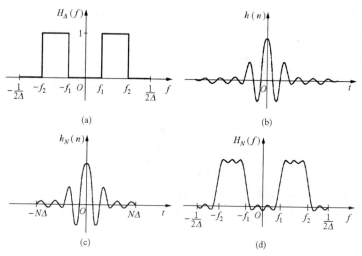

图 10-2　理想滤波器时间函数截尾的影响

然而在实际滤波中，我们只能取 $h(n)$ 的有限部分．由于 $h(n)$ 是偶函数，我们就取 n 在 $-N$ 到 N 之间的部分，而把 $|n| > N$ 的部分截掉，即取 $h(n)$ 的截尾函数 $h_N(n)$，

$$h_N(n) = \begin{cases} h(n), & -N \leqslant n \leqslant N, \\ 0, & 其他. \end{cases} \quad (10\text{-}1\text{-}15)$$

$h_N(n)$ 的图形见图 10-2(c). 对应于时间函数 $h_N(n)$ 的频谱为 $H_N(f)$, 它的图形见图 10-2(d). 从图 10-2(d) 可以看出, 在点 $f_1, f_2, -f_1$, $-f_2$ 左右, 曲线产生了较为严重的振动现象. 这种现象称为吉布斯现象. 产生吉布斯现象的原因有两个: 一是 $h(n)$ 的频谱 $H(f)$ 在点 f_1, $f_2, -f_1, -f_2$ 处产生突跳, 见图 10-2(a); 二是由截尾引起的. 把无限长时间函数 $h(n)$ 截尾成有限长度时间函数 $h_N(n)$, 在第一个原因的内在条件下, 有限与无限的矛盾就导致了吉布斯现象(在本章 §2 我们还要对吉布斯现象加以说明).

滤波器产生吉布斯现象, 造成滤波效果不好, 它不仅不能有效的压制干扰、突出有效信号, 而且还可能使有效信号的频谱产生畸变. 为了克服吉布斯现象, 可以从两方面入手: 一是在频率域, 避免理想滤波器频谱中出现的突跳现象, 把它改造成为一条连续甚至光滑的曲线, 所采用的方法就是镶边法; 二是在时间域, 对截尾函数 $h_N(n)$ 进行改造, 所采用的方法就是时窗函数法.

我们在下一节讨论时窗函数法. 关于频域镶边法, 请参看文献 [16], [17].

3. 近似理想滤波器的技术要求

由于理想滤波器在实际上不可能实现, 因此, 为了实际可行, 我们考虑近似理想滤波器, 即允许滤波器的频率响应可以有一定波动. 为叙述简便标准, 我们用频谱 $H(\omega)$, 其中 $\omega = 2\pi\Delta f$. 由于 $H(\omega)(|\omega| \leqslant \pi)$ 中不含参数抽样间隔 Δ, 更加简便. 一个近似理想低通滤波器的技术指标的典型形式为:

$$1 - \delta_p \leqslant |H(\omega)| \leqslant 1 + \delta_p, \quad 0 \leqslant |\omega| < \omega_p,$$
$$|H(\omega)| \leqslant \delta_s, \quad \omega_s \leqslant |\omega| < \pi,$$

参见图 10-3. 其中 ω_p 为低通截止频率, ω_s 为阻带起始频率, δ_p 为通带波动, δ_s 为阻带波动. 区间 $[\omega_p, \omega_s]$ 为过滤带. 波动 δ_p 和 δ_s 还可用分贝表示:

$$\alpha_p = 20 \lg(1 - \delta_p), \quad \alpha_s = 20 \lg \delta_s.$$

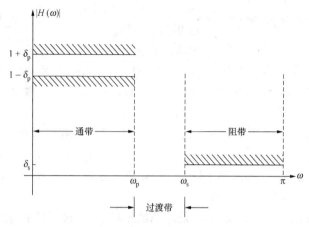

图 10-3 近似理想低通滤波器的技术指标

过渡带的中点 $\frac{1}{2}(\omega_p + \omega_s)$ 相当于理想低通滤波器的截频,参见后面的图 10-5.

§2 时窗函数

在这一节,我们讨论时窗函数和广义线性相位有限长脉冲响应滤波器.用时窗函数可以改造一个由无穷长度时间函数所产生的截尾时间函数,使其频谱更能反映原来频谱的特点.非线性相位对信号的波形有很大影响,即使当滤波器的振幅谱为常数时也是这样.因此,在很多情况下,希望设计具有线性或近似线性相位的滤波器.我们将讨论4种类型的广义线性有限长脉冲响应滤波器模型.

1. 由截尾所引起的时窗——矩形时窗

设有一个无穷长时间函数(或称时间序列)

$$x(n) = x(n\Delta), \quad -\infty < n < +\infty, \tag{10-2-1}$$

其中 Δ 为抽样间隔. $x(n)$ 的频谱为

$$X(f) = \sum_{n=-\infty}^{+\infty} x(n) e^{-i2\pi n\Delta f}. \tag{10-2-2}$$

考虑 $x(n)$ 的截尾函数(或截尾序列)
$$x_N(n) = \begin{cases} x(n), & -N \leqslant n \leqslant N, \\ 0, & \text{其他}. \end{cases} \quad (10\text{-}2\text{-}3)$$

实际上,截尾函数 $x_N(n)$ 是原始函数 $x(n)$ 与一矩形时窗 $g_N(n)$ 相乘的结果.

矩形时窗 $g_N(n)$ 为
$$g_N(n) = \begin{cases} 1, & -N \leqslant n \leqslant N, \\ 0, & \text{其他}, \end{cases} \quad (10\text{-}2\text{-}4)$$

因此,很容易看出
$$x_N(n) = x(n)g_N(n). \quad (10\text{-}2\text{-}5)$$

设 $g_N(n)$ 的频谱为 $G_N(f)$. 由第三章问题第 14 题知,$x_N(n)$ 的频谱 $X_N(f)$ 为

$$\begin{aligned} X_N(f) &= X(f) * G_N(f)_{[-1/(2\Delta),1/(2\Delta)]} \\ &= \Delta \int_{-1/(2\Delta)}^{1/(2\Delta)} X(\lambda) G_N(f-\lambda) d\lambda \\ &= \Delta \int_{-1/(2\Delta)}^{1/(2\Delta)} G_N(\lambda) X(f-\lambda) d\lambda. \end{aligned} \quad (10\text{-}2\text{-}6)$$

由上式知,截尾函数的频谱 $X_N(f)$ 与原始函数的频谱 $X(f)$,二者之间的差异完全由矩形时窗 $g_N(n)$ 的频谱 $G_N(f)$ 确定. 因此,我们必须研究 $G_N(f)$ 的特点.

由于
$$G_N(f) = \sum_{n=-N}^{N} e^{-i2\pi n\Delta f} = \frac{\sin 2\pi \left(N + \dfrac{1}{2}\right) \Delta f}{\sin \pi \Delta f}, \quad (10\text{-}2\text{-}7)$$

$G_N(f)$ 是以 $1/\Delta$ 为周期的函数,它的图形见图 10-4.

因为 $G_N(f)$ 是以 $1/\Delta$ 为周期的,因此我们只需在区间 $[-1/(2\Delta), 1/(2\Delta)]$ 内研究时窗频谱 $G_N(f)$.

时窗频谱 $G_N(f)$ 在靠近原点的两个 0 点之间的部分(即频谱的中间波峰)称为主瓣(在图 10-4 中,靠近原点的两个 0 点是 $-f_N$ 和 f_N,$G_N(f)$ 在 $[-f_N, f_N]$ 上的部分称为主瓣). 这两个 0 点之间的距离称为主瓣宽度(在图 10-4 中,主瓣宽度为 $2f_N$). 时窗频谱 $G_N(f)$ 在主瓣两旁的部分称为旁瓣(在图 10-4 中,$G_N(f)$ 在 $[-f_N, f_N]$ 以外的部分称

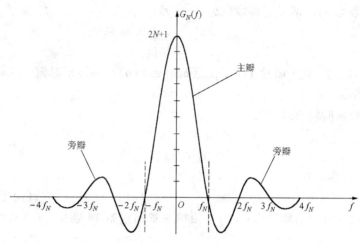

图 10-4　矩形时窗频谱 $G_N(f)$（(10-2-7)式）的图形，其中 $f_N=1/[(2N+1)\Delta]$

为旁瓣).

现在我们来分析一下时窗频谱 $G_N(f)$ 的主瓣和旁瓣在形成截尾函数 $x_N(n)$ 的频谱 $X_N(f)$ 的过程中所起的作用.

我们把(10-2-6)式改写为

$$X_N(f)=\Delta\int_{-1/(2\Delta)}^{1/(2\Delta)}G_N(\lambda)X(f-\lambda)\mathrm{d}\lambda$$

$$=\Delta\int_{-f_N}^{f_N}G_N(\lambda)X(f-\lambda)\mathrm{d}\lambda+\Delta\int_{-1/(2\Delta)}^{-f_N}G_N(\lambda)X(f-\lambda)\mathrm{d}\lambda$$

$$+\Delta\int_{f_N}^{1/(2\Delta)}G_N(\lambda)X(f-\lambda)\mathrm{d}\lambda. \qquad (10\text{-}2\text{-}8)$$

(10-2-8)式右端第一个积分是主瓣所起作用的结果. 从图 10-4 可以看出, 主瓣是一个宽度为 $2f_N$ 的正的波峰. 第一个积分

$$\Delta\int_{-f_N}^{f_N}G_N(\lambda)X(f-\lambda)\mathrm{d}\lambda=\Delta\int_{f-f_N}^{f+f_N}G_N(f-\mu)X(\mu)\mathrm{d}\mu,$$

它表示频谱 $X(\mu)$ 在范围 $[f-f_N, f+f_N]$ 内乘上正的权函数 $G_N(f-\mu)$ 之后积分的结果, 而积分实际上可以看成是一种求和平均, 因此, 第一个积分使原始频谱在宽度为 $2f_N$ 的范围内被主瓣平滑了. 在原始频谱有尖锐值的地方, 平滑以后的频谱与原始频谱有较大的差异. 因此, 要

使第一个积分接近于原始频谱,就要求主瓣宽度越窄越好.

(10-2-8)式右端的第二、第三个积分是旁瓣所起作用的结果. 我们把这两个积分改写为

$$\Delta \int_{-1/(2\Delta)}^{-f_N} G_N(\lambda) X(f-\lambda) \mathrm{d}\lambda + \Delta \int_{f_N}^{1/(2\Delta)} G_N(\lambda) X(f-\lambda) \mathrm{d}\lambda$$
$$= \Delta \int_{f+f_N}^{f+1/(2\Delta)} G_N(f-\mu) X(\mu) \mathrm{d}\mu + \Delta \int_{f-\frac{1}{2\Delta}}^{f-f_N} G_N(f-\mu) X(\mu) \mathrm{d}\mu.$$

(10-2-9)

上式积分是由原始频谱 $X(\mu)$ 在范围 $[f-f_N, f+f_N]$ 之外的值所确定的,它是原始频谱的旁瓣范围内产生的值. 我们要使截尾函数 $x_N(n)$ 的频谱 $X_N(f)$ 与原始频谱 $X(f)$ 接近,则原始频谱在旁瓣范围内所产生的值((10-2-9)式)只能起破坏作用. 因此我们把原始频谱在旁瓣范围内所产生的值((10-2-9)式)称为时窗泄漏. 为了使时窗泄漏小,我们希望时窗频谱旁瓣水平越低越好(使旁瓣的振幅值或能量越小越好). 现在我们来看看矩形时窗频谱 $G_N(f)$ 的旁瓣(见图 10-4). 旁瓣包含许多小瓣,波动起伏较大,在主瓣两边第一个负瓣的振幅值可以大到主瓣波峰的 1/5. 因此,矩形时窗的泄漏较大. 下面举一例说明.

设 $x(n)$ 的频谱为理想低通频谱 $X(f)$ (见图 10-5), f_0 为高通频率. $x(n)$ 的截尾函数 $x_N(n)$ 的频谱 $X_N(f)$,按(10-2-6)式、(10-2-7)式为

$$X_N(f) = \Delta \int_{-1/(2\Delta)}^{1/(2\Delta)} X(\lambda) G_N(f-\lambda) \mathrm{d}\lambda$$
$$= \Delta \int_{-f_0}^{f_0} G_N(f-\lambda) \mathrm{d}\lambda = \Delta \int_{f-f_0}^{f+f_0} G_N(\mu) \mathrm{d}\mu$$
$$= \Delta \int_{f-f_0}^{f+f_0} \frac{\sin 2\pi \left(N+\frac{1}{2}\right)\Delta\mu}{\sin \pi \Delta \mu} \mathrm{d}\mu, \quad (10\text{-}2\text{-}10)$$

取 $f_0 = 1/(4\Delta), N=5$ 时, $X_N(f)$ 与 $X(f)$ 的图形见图 10-5.

在图 10-5 中,原始频谱 $X(f)$ 在点 $-f_0, f_0$ 处发生突跳,截尾频谱 $X_N(f)$ 在点 $-f_0, f_0$ 处的变化则没有那样剧烈,而是以斜线形式单调上升或下降,单调上升或下降的频率范围都相当于矩形时窗频谱 $G_N(f)$ 主瓣的宽度 $2f_N = 2/(11\Delta)$ ($N=5$). 这说明 $X_N(f)$ 在 $-f_0, f_0$

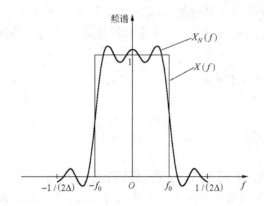

图 10-5 理想低通频谱 $X(f)$ 和截尾时间函数的频谱 $X_N(f)$，
其中高通截频 $f_0=1/(4\Delta)$, $N=5$

及其邻近区域的这种变化，主要是由时窗频谱 $G_N(f)$ 主瓣所引起的. 原始频谱 $X(f)$ 在点 $-f_0, f_0$ 之外，变化是平缓的，截尾频谱 $X_N(f)$ 在点 $-f_0, f_0$ 之外却产生了强烈的波动，这主要是由矩形时窗频谱 $G_N(f)$ 的旁瓣引起的，从图 10-4 可以看到，$G_N(f)$ 旁瓣水平较高，开始振幅值比较大，后来振幅衰减又较慢，再加之旁瓣中有一半是负的，在关系式(10-2-10)的作用下，更加引起了 $X_N(f)$ 图形中的波动现象. 总之，由于矩形时窗 $g_N(n)$ 的作用，截尾频谱 $X_N(f)$ 较之原始频谱有较大的畸变.

由以上分析知道，矩形时窗函数不是一个好的时窗函数. 对一个好的时窗函数，我们希望满足两条：(1) 主瓣宽度尽可能地小；(2) 旁瓣水平（指振幅值或能量）相对于主瓣来说也尽可能地小. 但是，这两个标准之间彼此也是有矛盾的，也就是说，只有主瓣宽度越大，旁瓣水平才可能越低. 因此，在实际上，我们只能在这两个标准之间作一权衡，针对具体问题，找出一个适当的时窗函数. 下面我们举出在应用中常见的几种时窗函数，在本节第 3 段（最佳时窗函数）我们在相当于给出主瓣宽度的条件下从振幅值和能量角度分别求出最佳时窗函数.

2. 几种时窗函数

为了方便，先给出连续时窗函数 $w(t)$（t 是连续变化的），即

$$w(t) = \begin{cases} w(t), & |t| \leqslant T, \\ 0, & |t| > T, \end{cases} \qquad (10\text{-}2\text{-}11)$$

式中 $2T$ 为时窗长度.

为了获得离散时窗函数 $w(n)$,我们只要把(10-2-11)式中的 t 换成 $n\Delta$, T 换成 $N\Delta$,于是由(10-2-11)式便可得

$$w(n) = \begin{cases} \omega(n\Delta), & |n| \leqslant N, \\ 0, & |n| > N. \end{cases} \qquad (10\text{-}2\text{-}12)$$

下面我们介绍几种常用的时窗函数.

2.1 矩形时窗

矩形时窗函数为

$$w_1(t) = \begin{cases} 1, & |t| \leqslant T, \\ 0, & |t| > T, \end{cases} \qquad (10\text{-}2\text{-}13)$$

它的频谱为

$$W_1(f) = \frac{\sin 2\pi f T}{\pi f}. \qquad (10\text{-}2\text{-}14)$$

2.2 三角形(Bartlett)时窗

三角形时窗函数为

$$w_2(t) = \begin{cases} 1 - \dfrac{|t|}{T}, & |t| \leqslant T, \\ 0, & \text{其他}, \end{cases} \qquad (10\text{-}2\text{-}15)$$

它的频谱为

$$W_2(f) = T\left(\frac{\sin \pi f T}{\pi f T}\right)^2. \qquad (10\text{-}2\text{-}16)$$

2.3 钟形(Gauss)时窗

钟形时窗函数为

$$w_3(t) = \begin{cases} e^{-\alpha\left(\frac{t}{T}\right)^2}, & |t| \leqslant T, \\ 0, & \text{其他}, \end{cases} \qquad (10\text{-}2\text{-}17)$$

它的频谱近似为

$$W_3(f) \approx \frac{\sqrt{\pi} T^2}{\alpha} e^{-\frac{\pi^2 T^4 f^2}{\alpha}}, \qquad (10\text{-}2\text{-}18)$$

其中参数 α 取值在 $4 \sim 7$ 之间. 一般来说,当要求频谱 $W_3(f)$ 的中间波

峰比较突出时，α 就取得小些，此时相当于要求主瓣的宽度窄一些. 反之，α 就要取大些，此时相当于要求旁瓣水平低一些.

2.4 哈宁(Hanning)时窗

哈宁时窗函数为

$$w_4(t) = \begin{cases} \dfrac{1}{2}\left(1 + \cos\dfrac{\pi t}{T}\right), & |t| \leqslant T, \\ 0, & \text{其他}, \end{cases} \quad (10\text{-}2\text{-}19)$$

它的频谱为

$$W_4(f) = \frac{1}{2}W_1(f) + \frac{1}{4}W_1\left(f - \frac{1}{2T}\right) + \frac{1}{4}W_1\left(f + \frac{1}{2T}\right)$$

$$= \frac{\sin 2\pi fT}{2\pi f} \cdot \frac{1}{1 - (2Tf)^2}. \quad (10\text{-}2\text{-}20)$$

2.5 汉明(Hamming)时窗

汉明时窗函数为

$$w_5(t) = \begin{cases} 0.54 + 0.46\cos\dfrac{\pi t}{T}, & |t| \leqslant T, \\ 0, & |t| > T, \end{cases} \quad (10\text{-}2\text{-}21)$$

它的频谱为

$$W_5(f) = 0.54 W_1(f) + 0.23\left[W_1\left(f - \frac{1}{2T}\right) + W_1\left(f + \frac{1}{2T}\right)\right]$$

$$= \frac{\sin 2\pi fT}{\pi f} \cdot \frac{0.54 - 0.08(2Tf)^2}{1 - (2Tf)^2}. \quad (10\text{-}2\text{-}22)$$

2.6 帕曾(Parzen)时窗

帕曾时窗函数为

$$w_6(t) = \begin{cases} 1 - 6\left(\dfrac{|t|}{T}\right)^2 + 6\left(\dfrac{|t|}{T}\right)^3, & |t| \leqslant T/2, \\ 2\left(1 - \dfrac{|t|}{T}\right)^3, & T/2 < |t| \leqslant T, \\ 0, & |t| > T, \end{cases}$$

$$(10\text{-}2\text{-}23)$$

它的频谱为

$$W_6(f) = \frac{3}{4}\left[\frac{\sin(\pi fT/2)}{\pi fT/2}\right]^4. \quad (10\text{-}2\text{-}24)$$

2.7 截尾丹尼尔(Daniell)时窗

截尾丹尼尔时窗函数为

$$w_7(t) = \begin{cases} \dfrac{\sin(\pi t/T)}{\pi t/T}, & |t| \leqslant T, \\ 0, & |t| > T, \end{cases} \quad (10\text{-}2\text{-}25)$$

它的频谱为

$$W_7(f) = W_1(f) * U(f), \quad (10\text{-}2\text{-}26)$$

其中

$$U(f) = \begin{cases} T, & |f| \leqslant \dfrac{1}{2T}, \\ 0, & |f| > \dfrac{1}{2T}. \end{cases}$$

2.8 布拉克曼(Blackman)时窗

布拉克曼时窗函数为

$$w_8(t) = \begin{cases} 0.42 + 0.5\cos\dfrac{\pi t}{T} + 0.08\cos\dfrac{2\pi t}{T}, & |t| \leqslant T, \\ 0, & |t| > T, \end{cases}$$
$$(10\text{-}2\text{-}27)$$

它的频谱为

$$W_8(f) = 0.42 W_1(f) + 0.25\left[W_1\left(f - \dfrac{1}{2T}\right) + W_1\left(f + \dfrac{1}{2T}\right)\right]$$
$$+ 0.04\left[W_1\left(f - \dfrac{1}{T}\right) + W_1\left(f + \dfrac{1}{T}\right)\right]. \quad (10\text{-}2\text{-}28)$$

2.9 凯苏(Kaiser)时窗

凯苏时窗函数为

$$w_9(t) = \dfrac{I_0(\theta\sqrt{1-(t/T)^2})}{I_0(\theta)}, \quad |t| \leqslant T, \quad (10\text{-}2\text{-}29)$$

它的频谱为

$$W_9(f) = \dfrac{2T\sin\sqrt{(2\pi fT)^2 - \theta^2}}{I_0(\theta)\sqrt{(2\pi fT)^2 - \theta^2}}, \quad (10\text{-}2\text{-}30)$$

其中 I_0 是修正的第一类零阶贝塞尔函数,θ 是参数.

实际上,θ 是形状参数,θ 越大,主瓣宽度就越大,旁瓣水平越小.

我们指出,当(10-2-30)式根号内出现负值时,则(10-2-30)式变为

$$W(f) = \dfrac{2T\,\text{sh}\sqrt{\theta^2 - (2\pi fT)^2}}{I_0(\theta)\sqrt{\theta^2 - (2\pi fT)^2}}, \quad (2\pi fT)^2 - \theta^2 < 0,$$
$$(10\text{-}2\text{-}31)$$

其中 sh 为双曲正弦.上述推导涉及复三角函数和复双曲函数,请参看文献[16]第十六章 §6.

关于上面介绍的许多时窗,可参看文献[3],[4],[5].三角形时窗 $w_2(t)$,在许多文献里又称巴特勒特(Bartlett)时窗.截尾丹尼尔时窗 $w_7(t)$,在某种意义下是最佳时窗(见文献[6]).凯苏所提出的凯苏时窗,在某种意义下是近似最佳的时窗函数(见文献[10]).

为了由连续时窗函数 $w(t)$（见(10-2-11)）得到物理可实现离散时窗函数 $w(n), 0 \leqslant n \leqslant M$,我们取

$$T = \frac{M}{2}, \quad t = -\frac{M}{2} + n, \quad 0 \leqslant n \leqslant M, \quad (10\text{-}2\text{-}32)$$

这样就得到离散时窗函数

$$w_n = w\left(-\frac{M}{2} + n\right), \quad 0 \leqslant n \leqslant M. \quad (10\text{-}2\text{-}33)$$

例如,对三角形时窗(10-2-15)式有

$$w_n = 1 - \left|\frac{2n}{M} - 1\right|, \quad 0 \leqslant n \leqslant M; \quad (10\text{-}2\text{-}34)$$

又如,对哈宁时窗(10-2-19)式有

$$w_n = \frac{1}{2}\left[1 + \cos\pi\left(-1 + \frac{2n}{M}\right)\right]$$

$$= \frac{1}{2}\left(1 - \cos\frac{2\pi n}{M}\right), \quad 0 \leqslant n \leqslant M; \quad (10\text{-}2\text{-}35)$$

对汉明时窗(10-2-21)式有

$$w_n = 0.54 - 0.46\cos\frac{2\pi n}{M}, \quad 0 \leqslant n \leqslant M; \quad (10\text{-}2\text{-}36)$$

对布拉克曼时窗(10-2-27)式有

$$w_n = 0.42 - 0.5\cos\frac{2\pi n}{M} + 0.08\cos\frac{4\pi n}{M}, \quad 0 \leqslant n \leqslant M;$$

$$(10\text{-}2\text{-}37)$$

对凯苏时窗(10-2-29)式有

$$w_n = \frac{I_0(\theta\sqrt{1-(1-(2n/M))^2})}{I_0(\theta)}, \quad 0 \leqslant n \leqslant M. \quad (10\text{-}2\text{-}38)$$

按照(10-2-33)形式,表 10.1 给出了几个常用时窗函数的几个性能参数.

表 10.1　几个常用时窗函数的性能参数

时窗函数	旁瓣峰值/dB	过渡带宽度 c	阻带衰减/dB
矩形	-13	$0.9/N$	-21
三角形	-25	$2.1/N$	-25
哈宁	-31	$3.1/N$	-44
汉明	-41	$3.3/N$	-53
布拉克曼	-57	$5.5/N$	-74

在表 10.1 中,旁瓣峰值的计算是按归一化频谱计算的,归一化频谱为 $20\lg|W(\omega)/W(0)|$,单位为 dB. 过渡带宽度 c 与滤波器 $H(\omega)$ 的过渡带宽度 $\Delta\omega$ 有如下关系

$$\frac{\Delta\omega}{2\pi} = c.$$

在表 10.1 中,阻带衰减与滤波器的长度 N 无关,用此参数可根据要设计的滤波器的阻带波动 $\alpha_s = 20\lg\delta_s$,(参看图 10-3)选择时窗函数. 过渡带宽度 c 与滤波器的长度 N 有关. 参数 c 的应用有两个方面:一是可根据要设计的滤波器的过渡带宽度 $\Delta\omega$ 确定滤波器的长度参数 N,二是在已知 N 时可计算要设计的滤波器的过渡带宽度 $\Delta\omega = 2\pi c$.

为了说明如何利用表 10.1 分析近似理想滤波器的性质,我们讨论几个例子.

例 1　用窗函数法设计一个阶数 $N=28$ 的近似理想低通滤波器,问滤波器的过渡带宽度 $\Delta\omega$ 是多少?

解　按表 10.1,滤波器 $H(\omega)$ 的过渡带宽度 $\Delta\omega$ 为

$$\Delta\omega = c2\pi.$$

不同的窗函数对应不同的 c,因此,具体地有:

对矩形窗,过渡带宽度 $\Delta\omega$ 为

$$\Delta\omega = \frac{0.9}{28} \cdot 2\pi = 0.064\pi.$$

对三角形窗,过渡带宽度 $\Delta\omega$ 为

$$\Delta\omega = \frac{2.1}{28} \cdot 2\pi = 0.15\pi.$$

对哈宁窗,过渡带宽度 $\Delta\omega$ 为

$$\Delta\omega = \frac{3.1}{28} \cdot 2\pi = 0.221\pi.$$

对汉明窗,过渡带宽度 $\Delta\omega$ 为

$$\Delta\omega = \frac{3.3}{28} \cdot 2\pi = 0.236\pi.$$

对布拉克曼窗,过渡带宽度 $\Delta\omega$ 为

$$\Delta\omega = \frac{5.5}{28} \cdot 2\pi = 0.393\pi.$$

对于$[0,\pi]$的范围来说,布拉克曼窗所产生的过渡带宽度是太大了.

利用表 10.1 选择窗函数和设计近似理想滤波器的步骤如下:

1) 按照滤波器设计技术指标的阻带波动 δ_s 的分贝 $\alpha_s = 20\ln\delta_s$ 和表 10.1 中的阻带衰减系数加以对比,选择小于或等于 α_s、且最接近 α_s 的阻带衰减系数,该系数对应的窗函数即为选择的窗函数.

2) 由滤波器设计技术指标中的过渡带宽度 $\Delta\omega$ 和表 10.1 中过渡带宽度 c 计算滤波器阶数

$$N = Nc\frac{2\pi}{\Delta\omega}.$$

3) 计算理想滤波器 $\hat{h}(n)$ 和窗函数 $w(n)$,得到近似滤波器

$$h(n) = \hat{h}(n)\omega(n).$$

4) 计算 $h(n)$ 的有限离散频谱,检验其是符合设计技术指标要求. 如果不符合,则需重新设计,无非是重新选择窗函数和阶数(或长度)N. 我们看到,上述步骤并未考虑到通带波动参数 δ_p. 这说明完全符合设计技术标准是很困难的.

例 2 一个近似理想低通滤波器的技术指标如下:

$$0.99 \leqslant |H(\omega)| \leqslant 1.01, \quad 0 \leqslant |\omega| \leqslant 0.19\pi,$$
$$|H(\omega)| \leqslant 0.01, \quad 0.21\pi \leqslant |\omega| \leqslant \pi.$$

问如何用窗函数法按上述指标设计一个低通滤波器.

解 由设计指标知,阻带波动 $\delta_s = 0.01$,$\alpha_s = 20\lg\delta_s = -40$ dB. 对比表 10.1 的阻带衰减参数,可选择哈宁窗. 由设计指标知,过渡带的宽度 $\Delta\omega = \omega_s - \omega_p = 0.21\pi - 0.19\pi = 0.02\pi$. 由表 10.1 知,哈宁窗的 $c = 3.1/N$,因此

$$N = Nc\frac{2\pi}{0.02\pi} = 3.1\frac{2}{0.02} = 310.$$

这样,窗函数的问题解决了,现在要确定理想低通滤波器. 由图 10-3 知,理想低通的截频 ω_c 应是过渡带的中点,即 $\omega_c = \dfrac{1}{2}(\omega_p + \omega_s) = 0.20\pi$. 为了得到物理可实现滤波因子,考虑延时 $d = N/2 = 155$,于是得到理想滤波器

$$\hat{h}(n) = \frac{\sin(0.2\pi(n-155))}{(n-155)\pi}.$$

最后得到要设计的滤波器 $h(n) = \hat{h}(n)w(n)$,$w(n)$ 为哈宁窗.

下面我们再讨论一个例子,主要是了解如何处理不同频段上的波动问题.

例 3 设一个带通滤波器的技术指标为:
$$|H(\omega)| \leqslant 0.01, \quad 0 \leqslant |\omega| \leqslant 0.2\pi,$$
$$0.95 \leqslant |H(\omega)| \leqslant 1.05, \quad 0.3\pi \leqslant |\omega| \leqslant 0.7\pi,$$
$$|H(\omega)| \leqslant 0.02, \quad 0.8\pi \leqslant |\omega| \leqslant \pi.$$

在上述设计标准下用汉明窗设计一个滤波器.

解 在 $[0, 0.2\pi]$,$[0.3\pi, 0.7\pi]$ 和 $[0.8\pi, \pi]$ 三个频段上,滤波器的波动分别为 $\delta_1 = 0.01, \delta_2 = 0.05, \delta_3 = 0.02$. 由于窗函数设计法在三个频段内产生的波动相同,因此在设计滤波器选取波动参数时必须选择最小的波动参数,即 $\delta_1 = 0.01$,它的分贝为 $20\lg\delta_1 = -40$. 汉明窗的阻带衰减系数为 -53 dB,小于 -40,满足要求. 频段 $[0, 0.2\pi]$ 与 $[0.3\pi, 0.7\pi]$ 之间过渡带的宽度为 $\Delta\omega = 0.1\pi$,频段 $[0.3\pi, 0.7\pi]$ 与 $[0.8\pi, \pi]$ 之间过渡带的宽度也为 $\Delta\omega = 0.1\pi$. 因此,在设计滤波器选取过渡带宽度 $\Delta\omega = 0.1\pi$. (若不同的过渡带的宽度不同,我们取最小宽度为设计宽度,这样能保证过渡带不至于偏大.) 由 $\Delta\omega$ 和汉明窗的参数 c (见表 10.1) 知

$$N = Nc\frac{2\pi}{\Delta\omega} = 3.3\frac{2\pi}{0.1\pi} = 66.$$

现在考虑理想带通滤波器. 理想滤波器的截频应该是设计技术标准中过渡带的中心,即为

$$\hat{H}(\omega) = \begin{cases} 1, & 0.25\pi \leqslant |\omega| \leqslant 0.75\pi, \\ 0, & \text{其他}. \end{cases}$$

相应有

$$\hat{h}(n) = \frac{\sin(0.75\pi n)}{n\pi} - \frac{\sin(0.25\pi n)}{n\pi}.$$

为了得到物理可实现因子,考虑延时 $d=N/2=33$,得到理想滤波器

$$\hat{h}(n) = \frac{\sin(0.75\pi(n-33))}{(n-33)\pi} - \frac{\sin(0.25\pi(n-33))}{(n-33)\pi}.$$

最后得到要设计的滤波器 $h(n)=\hat{h}(n)w(n)$.

3. 最佳时窗函数

上面介绍了几种常用的时窗函数,这里我们介绍两种最佳时窗函数,即最大振幅比时窗函数和最大能量比时窗函数.我们主要介绍最大振幅比和最大能量比的问题是什么,至于如何获得最佳解,请参看文献[16],[17].

3.1 最大振幅比时窗函数(切比雪夫时窗函数)

设离散时窗函数 h_n(取实值)为

$$h_n, \quad h_{-n} = h_n, \quad n = -N, -N+1, \cdots, 0, \cdots, N, \quad (10\text{-}2\text{-}39)$$

h_n 为偶函数,因此,h_n 的频谱 $H(f)$ 为

$$H(f) = \sum_{n=-N}^{N} h_n \cos 2\pi f n\Delta, \quad |f| \leqslant 1/(2\Delta), \quad (10\text{-}2\text{-}40)$$

式中 Δ 为抽样间隔. $H(f)$ 是一个偶函数.

我们给出一个参数 δ,

$$0 < \delta < 1/(2\Delta). \quad (10\text{-}2\text{-}41)$$

参数 δ 的直观意义,相当于要求 $(-\delta,\delta)$ 是时窗函数频谱的主瓣范围. 在 δ 给定以后,从振幅值角度考虑,衡量时窗函数好坏的一个标准,是 $H(f)$ 在 $(-\delta,\delta)$ 中心点的值 $|H(0)|$ 与在范围 $\delta \leqslant f \leqslant 1/(2\Delta)$ 内 $H(f)$ 的最大振幅值 $\max\limits_{\delta \leqslant f \leqslant 1/(2\Delta)} |H(f)|$ 之比,即

$$Q(h) = \frac{|H(0)|}{\max\limits_{\delta \leqslant f \leqslant 1/(2\Delta)} |H(f)|} = \frac{\left|\sum\limits_{n=-N}^{N} h_n\right|}{\max\limits_{\delta \leqslant f \leqslant 1/(2\Delta)} \left|\sum\limits_{n=-N}^{N} h_n \cos 2\pi f n\Delta\right|}.$$

$$(10\text{-}2\text{-}42)$$

振幅比 $Q(h)$ 越大,说明时窗函数性质越好.

最大振幅比问题:在条件(10-2-39)式之下,求 h_n ($|n| \leqslant N$) 使振

幅比 $Q(h)$（(10-2-42)式）达最大值. 我们称这样的时窗函数 h_n 为**最大振幅比时窗函数**, 记为 w_n.

我们要把问题进行转化. 我们不难知道, $\cos 2\pi f n\Delta$ 可以表示为 $\cos 2\pi f\Delta$ 的 $|n|$ 次多项式（见本章问题第 2 题）. 因此, (10-2-40)式中的 $H(f)$ 可以表示为 $\cos 2\pi f\Delta$ 的 N 次多项式. 令

$$x = \cos 2\pi f\Delta, \qquad (10\text{-}2\text{-}43)$$

则

$$H(f) = P(x) = \sum_{n=0}^{N} p_n x^n, \qquad (10\text{-}2\text{-}44)$$

其中 $P(x)$ 是 x 的 N 次多项式, p_n 是 x^n 项的系数.

由(10-2-43)式知

$$\sum_{n=-N}^{N} h_n = H(0) = P(1). \qquad (10\text{-}2\text{-}45)$$

令

$$a = \cos 2\pi\delta\Delta, \qquad (10\text{-}2\text{-}46)$$

由(10-2-41)式知, $a<1$. 由(10-2-43)式知, 当 $\delta \leqslant f \leqslant \dfrac{1}{2a}$ 时, x 的变化范围为

$$-1 \leqslant x \leqslant a. \qquad (10\text{-}2\text{-}47)$$

由(10-2-43)—(10-2-47)式知, (10-2-42)式变为

$$Q(p) = \frac{|P(1)|}{\max\limits_{-1 \leqslant x \leqslant a} |P(x)|}. \qquad (10\text{-}2\text{-}48)$$

满足上式的多项式称为**最佳多项式**. 最佳多项式为

$$P_N(x) = \cos\left(N\text{arccos}\,\frac{2x-a+1}{a+1}\right), \qquad (10\text{-}2\text{-}49)$$

其中 $\cos(N\text{arccos}y)$ 为 y 的 N 次切比雪夫多项式. 由最佳多项式 $P_N(x)$ 确定的时窗函数 w_n 称为**最大振幅比时窗函数**或**切比雪夫时窗函数**.

关于切比雪夫多项式的定义与性质, 为什么 $P_N(x)$ 为最佳多项式, 以及如何由 $P_N(x)$ 确定切比雪夫时窗函数, 请参看文献[16], [17].

3.2 最大能量比时窗函数

设离散时窗函数为(取实值)

$$h_n, \quad n = -N, -N+1, \cdots, 0, \cdots, N, \quad (10\text{-}2\text{-}50)$$

h_n 的频谱为

$$H(f) = \sum_{n=-N}^{N} h_n e^{-i2\pi fn\Delta}, \quad |f| \leqslant 1/(2\Delta). \quad (10\text{-}2\text{-}51)$$

参数 δ 满足条件

$$0 < \delta < 1/(2\Delta). \quad (10\text{-}2\text{-}52)$$

关于参数 δ 的直观意义,读者可参见(10-2-41)式后的说明. 从能量角度考虑,我们希望时窗频谱 $H(f)$ 的能量集中在区间 $(-\delta, \delta)$ 内. 因此,可给出一个衡量时窗好坏的能量比标准

$$Q(h) = \frac{\int_{-\delta}^{\delta} |H(f)|^2 df}{\int_{-1/(2\Delta)}^{1/(2\Delta)} |H(f)|^2 df}. \quad (10\text{-}2\text{-}53)$$

在条件(10-2-50)下,求 h_n 使能量比 $Q(h)$ 达最大值,这样的时窗函数 h_n 就是最大能量比离散时窗函数.

我们可用多元函数求极值的方法求出最大能量比离散时窗函数. 令

$$\begin{aligned} U &= \int_{-\delta}^{\delta} |H(f)|^2 df \\ &= \int_{-\delta}^{\delta} \left(\sum_{n=-N}^{N} h_n e^{-i2\pi fn\Delta} \right) \cdot \left(\sum_{n=-N}^{N} h_n e^{i2\pi fn\Delta} \right) df, \quad (10\text{-}2\text{-}54) \end{aligned}$$

则

$$\begin{aligned} \frac{\partial U}{\partial h_k} &= \int_{-\delta}^{\delta} \left(e^{-i2\pi fk\Delta} \sum_{n=-N}^{N} h_n e^{i2\pi fn\Delta} + e^{i2\pi fk\Delta} \sum_{n=-N}^{N} h_n e^{-i2\pi fn\Delta} \right) df \\ &= 2 \sum_{n=-N}^{N} h_n \int_{-\delta}^{\delta} e^{i2\pi f(n-k)\Delta} df \\ &= 2 \sum_{n=-N}^{N} h_n \frac{\sin 2\pi (n-k)\Delta\delta}{\pi (n-k)\Delta}. \quad (10\text{-}2\text{-}55) \end{aligned}$$

令

$$V = \int_{-1/(2\Delta)}^{1/(2\Delta)} |H(f)|^2 df = \frac{1}{\Delta} \sum_{n=-N}^{N} h_n^2, \quad (10\text{-}2\text{-}56)$$

则
$$\frac{\partial V}{\partial h_k} = \frac{2}{\Delta} h_k. \qquad (10\text{-}2\text{-}57)$$

由(10-2-53)式、(10-2-54)式、(10-2-56)式知
$$Q(h) = \frac{U}{V}.$$

按照求极值方法知道,最大能量比时窗函数 h_n 必须满足条件
$$\frac{\partial Q(h)}{\partial h_k} = \frac{\partial}{\partial h_k}\left(\frac{U}{V}\right) = \left(V\frac{\partial U}{\partial h_k} - U\frac{\partial V}{\partial h_k}\right)\bigg/V^2 = 0,$$

即
$$\frac{\partial U}{\partial h_k} = \frac{U}{V} \cdot \frac{\partial V}{\partial h_k} = Q(h)\frac{\partial V}{\partial h_k}.$$

把(10-2-55)式、(10-2-57)式代入,则有
$$\sum_{n=-N}^{N} h_n \frac{\sin 2\pi(n-k)\Delta\delta}{\pi(n-k)} = Q(h)h_k, \quad k = -N,\cdots,0,\cdots,N.$$
$$(10\text{-}2\text{-}58)$$

在上式中,$Q(h)$ 的物理意义是最大能量比.但是,从线性方程的角度来看,$Q(h)$ 是方程(10-2-58)的最大特征根,最大能量时窗函数 h_n 是方程(10-2-58)对应最大特征根的特征向量,最大特征向量仅依赖参数 Δ,δ 和 N.

§3 广义线性相位滤波器,有限长脉冲响应滤波器设计的其他方法

广义线性相位滤波器在应用中,是有限长脉冲响应滤波器中重要的一类,因此,在这一节我们先介绍广义线性相位滤波器的概念.有限长脉冲响应滤波器的设计方法,除了上节介绍的窗函数方法外,还有别的方法,在这一节我们将介绍频率抽样法和误差最大最小优化法.

1. 广义线性相位有限长脉冲响应滤波器

设滤波器的脉冲响应函数为 $h(n)$,$-\infty < n < \infty$,$h(n)$ 的 Z 变换为
$$H(Z) = \sum_{n=-\infty}^{\infty} h(n)Z^n,$$

滤波器的频率响应函数为 $H(e^{-i\omega})$,它可以表示为

$$H(e^{-i\omega}) = A(e^{-i\omega})e^{i\Phi(\omega)}, \tag{10-3-1}$$

其中 $A(e^{-i\omega})$ 与 $\Phi(\omega)$ 取实值.

如果 $A(e^{-i\omega}) \geqslant 0$,则 $A(e^{-i\omega}) = |H(e^{-i\omega})|$. 此时,称 $A(e^{-i\omega})$ 为**滤波器的振幅谱**,$\Phi(\omega)$ 为**滤波器的相位谱**.

如果

$$A(e^{-i\omega}) = |H(e^{-i\omega})|, \quad \Phi(\omega) = -i\alpha\omega, \tag{10-3-2}$$

则称 $h(n)$ 或 $H(Z)$ 为**线性相位滤波器**.

如果 $A(e^{-i\omega})$ 取实值(可取负值),而相位谱为

$$\Phi(\omega) = -i(\alpha\omega + \beta), \tag{10-3-3}$$

则称 $h(n)$ 或 $H(Z)$ 为**广义线性相位滤波器**.

我们考虑一种特殊的线性相位滤波器

$$H(e^{-i\omega}) = e^{-i\alpha\omega}, \tag{10-3-4}$$

这种滤波器的作用只是使信号产生一个时移,而不改变信号的波形(见本章问题第3题).然而,即使当振幅谱为常数时,非线性相位使信号的波形产生畸变.因此,在很多情况下,设计滤波器时,希望具有线性相位,做不到线性相位,也希望是有广义线性相位.

设有限长物理可实现(因果)滤波器为

$$h(n) = \begin{cases} h(n), & 0 \leqslant n \leqslant M, \\ 0, & 其他. \end{cases}$$

在四种情况下,依赖 $h(n)$ 和 M 的奇偶性,可以使 $h(n)$ 具有广义线性相位.下面分别讨论.

1.1 Ⅰ类有限长广义线性相位滤波器

Ⅰ类滤波器 $h(n)$ 满足下列条件:

$$h(n) = h(M-n), \quad 0 \leqslant n \leqslant M, \tag{10-3-5}$$

其中 M 为偶数. $h(n)$ 的频谱为

$$H(e^{-i\omega}) = e^{-i\omega M/2} \sum_{k=0}^{M/2} a(k)\cos k\omega, \tag{10-3-6}$$

其中

$a(0) = h(M/2),$
$a(k) = 2h((M/2)-k), \quad k = 1, 2, \cdots, M/2.$

1.2 Ⅱ类有限长广义线性相位滤波器

Ⅱ类滤波器 $h(n)$ 满足条件(10-3-5),而 M 为奇数.这时 $h(n)$ 的频谱为

$$H(\mathrm{e}^{-\mathrm{i}\omega}) = \mathrm{e}^{-\mathrm{i}\omega M/2} \sum_{k=1}^{(M+1)/2} b(k)\cos\left(k-\frac{1}{2}\right)\omega, \quad (10\text{-}3\text{-}7)$$

其中

$$b(k) = 2h[(M+1)/2-k], \quad k = 1,2,\cdots,(M+1)/2.$$

1.3 Ⅲ类有限长广义线性相位滤波器

Ⅲ类滤波器 $h(n)$ 满足下列条件:

$$h(n) = -h(M-n), \quad 0 \leqslant n \leqslant M, \quad (10\text{-}3\text{-}8)$$

其中 M 为偶数. $h(n)$ 的频谱为

$$H(\mathrm{e}^{-\mathrm{i}\omega}) = \mathrm{i}\mathrm{e}^{-\mathrm{i}\omega M/2} \sum_{k=1}^{M/2} c(k)\sin k\omega, \quad (10\text{-}3\text{-}9)$$

其中

$$c(k) = 2h[(M/2)-k], \quad k = 1,2,\cdots,M/2.$$

1.4 Ⅳ类有限长广义线性相位滤波器

Ⅳ类滤波器 $h(n)$ 满足条件(10-3-7),而 M 为奇数.其频谱为

$$H(\mathrm{e}^{-\mathrm{i}\omega}) = \mathrm{i}\mathrm{e}^{-\mathrm{i}\omega M/2} \sum_{k=1}^{(M+1)/2} d(k)\sin\left(k-\frac{1}{2}\right)\omega, \quad (10\text{-}3\text{-}10)$$

其中

$$d(k) = 2h[(M+1)/2-k], \quad k = 1,2,\cdots,(M+1)/2.$$

关于上述 4 个频谱的获得请看本章问题第 4 题.

2. 频率抽样法

如果我们知道滤波器脉冲响应函数 $h(n)$ 的频谱

$$H(\mathrm{e}^{-\mathrm{i}\omega}) = \sum_{n=-\infty}^{\infty} h(n)\mathrm{e}^{-\mathrm{i}n\omega}, \quad (10\text{-}3\text{-}11)$$

如何由 $H(\mathrm{e}^{-\mathrm{i}\omega})$ 求一个有限长脉冲响应滤波器呢?一个简单直接的方法就是频率抽样法.在第七章§1我们已讨论过这个问题.

设有限长脉冲响应滤波器的长度为 N,取 N 个频率点

$$\omega_k = \frac{2\pi k}{N}, \quad k = 0,1,\cdots,N-1. \quad (10\text{-}3\text{-}12)$$

如果实际信号的抽样间隔为 Δ,则实际信号的频率 f 与圆频率 ω 的关系为
$$\omega = 2\pi\Delta f.$$
因此,ω_k 对应的实际频率为 f_k,
$$f_k = \frac{1}{2\pi\Delta}\omega_k = \frac{k}{N\Delta}, \quad k = 0,1,\cdots,N-1. \quad (10\text{-}3\text{-}13)$$
按照有限离散傅氏变换中的反变换公式(7-1-10),有
$$h_N(n) = \frac{1}{N}\sum_{k=0}^{N-1} H(e^{-i\omega_k})e^{ikn\frac{2\pi}{N}}, \quad 0 \leqslant n \leqslant N-1.$$
$$(10\text{-}3\text{-}14)$$

按照有限离散频谱定理 1(见第七章 §1),$h_N(n)$ 和 $h(n)$ 有如下关系:
$$h_N(n) = \sum_{k=-\infty}^{\infty} h(n+kN), \quad 0 \leqslant n \leqslant N-1. \quad (10\text{-}3\text{-}15)$$
为了使 $h_N(n)$ 近似于 $h(n)$,希望 $h(n)$ 在 $n \leqslant -1$ 或 $n \geqslant N$ 时的值比较小(参见第七章 §1 有限离散频谱定理 2).为此可采取两个办法:一是把 $h(n)$ 的主要能量部分通过时移方法移至时间区间 $[0, N-1]$ 之内;二是使频谱 $H(e^{-i\omega})$ 变得更光滑,因为越光滑,当 n 趋向 $\pm\infty$ 时 $h(n)$ 衰减得越快.为使频谱变得光滑,可采用镶边法,该法又分直接镶边法和褶积镶边法,具体见文献[16],[17].

3. 误差最大最小优化法

我们以设计低通滤波器来说明这种方法.

设低通滤波器为
$$H_L(e^{-i\omega}) = \begin{cases} 1, & 0 \leqslant \omega \leqslant \omega_p, \\ 0, & \omega_s \leqslant \omega \leqslant \pi, \end{cases} \quad (10\text{-}3\text{-}16)$$
其中 ω_p 为通带截止频率,ω_s 为阻带截止频率.区间 (ω_p, ω_s) 为过渡带,低通滤波器在上面取什么值我们并不介意.

现在我们设计一个 I 类有限长广义线性相位滤波器,见(10-3-5)式.由(10-3-6)和(10-3-1)式知
$$A(e^{-i\omega}) = \sum_{k=0}^{M/2} a(k)\cos k\omega. \quad (10\text{-}3\text{-}17)$$

我们希望用 $A(\mathrm{e}^{-\mathrm{i}\omega})$ 近似于 $H_\mathrm{L}(\mathrm{e}^{-\mathrm{i}\omega})$，但是有一要求，即通带误差限为 δ_p，阻带误差为 δ_s，见图 10-6.

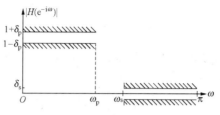

图 10-6 低通滤波器的误差限

由于只关心通带区间 $[0,\omega_\mathrm{p}]$ 和阻带区间 $[\omega_\mathrm{s},\pi]$，我们考虑两个区间之和

$$F = [0,\omega_\mathrm{p}] \cup [\omega_\mathrm{s},\pi], \qquad (10\text{-}3\text{-}18)$$

其中 $\cup$ 为集合并的符号.

为了归一化误差限，我们考虑加权函数

$$W(\mathrm{e}^{-\mathrm{i}\omega}) = \begin{cases} \dfrac{\delta_\mathrm{s}}{\delta_\mathrm{p}}, & 0 \leqslant \omega \leqslant \omega_\mathrm{p}, \\ 1, & \omega_\mathrm{s} \leqslant \omega \leqslant \pi. \end{cases} \qquad (10\text{-}3\text{-}19)$$

令误差函数为

$$E(\mathrm{e}^{-\mathrm{i}\omega}) = W(\mathrm{e}^{-\mathrm{i}\omega})[H_\mathrm{L}(\mathrm{e}^{-\mathrm{i}\omega}) - A(\mathrm{e}^{-\mathrm{i}\omega})]. \qquad (10\text{-}3\text{-}20)$$

误差最大最小优化设计问题就是求 $a(k)$，使得在频率区域 F 上误差 $E(\mathrm{e}^{-\mathrm{i}\omega})$ 的最大绝对值达最小

$$\min_{a(k)}(\max_{\omega\in F} |E(\mathrm{e}^{-\mathrm{i}\omega})|). \qquad (10\text{-}3\text{-}21)$$

这就是切比雪夫最佳逼近问题(参见文献[18]). 至于滤波器的具体设计，Parks-McClellan 算法为最佳设计的主要方法，因为该算法灵活有效(参看文献[14]，[19]，[20]).

问 题

1. 什么是吉布斯现象？产生吉布斯现象的原因是什么？
2. 利用等式 $\mathrm{e}^{\mathrm{i}2\pi fn\Delta} = (\mathrm{e}^{\mathrm{i}2\pi f\Delta})^n$，证明：$\cos 2\pi fn\Delta$ 可以表示为 $\cos 2\pi f\Delta$ 的 $|n|$ 次多项式.

提示：由于 $\cos 2\pi fn\Delta = \cos 2\pi f|n|\Delta$，因此只要对 $n>0$ 证明就行了。把 $(e^{i2\pi f\Delta})^n = [\cos 2\pi f\Delta + i\sin 2\pi f\Delta]^n$ 按二项式展开，并取实部即可。

3. 设离散信号 $x(n)$ 的频谱为 $X(e^{-i\omega}) = \sum_n x(n)e^{-in\omega}$. 若抽样间隔为 Δ，则离散信号 $x(n)$ 与频谱在 $[-1/(2\Delta), 1/(2\Delta)]$ 上的信号 $x(t)$ ——对应（见(3-4-4)和(3-4-1)式）

$$x(t) = \int_{-1/(2\Delta)}^{1/(2\Delta)} \Delta X(e^{-i\omega})\Big|_{\omega=2\pi\Delta f} e^{i2\pi ft} df.$$

设滤波器为(10-3-4)式的 $H(e^{-i\omega})$，则滤波器的作用仅是使信号产生一个时移，即要证明

$$\int_{-1/(2\Delta)}^{1/(2\Delta)} \Delta H(e^{-i\omega})X(e^{-i\omega})\Big|_{\omega=2\pi\Delta f} e^{i2\pi ft} df = x(t-\alpha\Delta).$$

4. 证明四类有限长广义线性相位滤波器的频谱公式(10-3-6)，(10-3-7)，(10-3-9)和(10-3-10)。

5. 设 h_n（$-\infty < n < +\infty$）的频谱为 $H(f) = \sum_n h_n e^{-i2\pi fn\Delta}$，$g_n$ 为 $2N+1$ 项信号，

$$g_n = \begin{cases} g_n, & |n| \leqslant N, \\ 0, & |n| > 0, \end{cases}$$

g_n 的频谱为 $G(f) = \sum_{n=-N}^{N} g_n e^{-i2\pi fn\Delta}$. 考虑误差

$$Q = \int_{-1/(2\Delta)}^{1/(2\Delta)} |H(f) - G(f)|^2 df,$$

使 Q 达到最小值的 $\widetilde{g}_n$ 称为 h_n 的最小平方 $2N+1$ 项逼近信号. 证明：$\widetilde{g}_n$ 为 h_n 的截尾信号，

$$\widetilde{g}_n = \begin{cases} h_n, & |n| \leqslant N, \\ 0, & |n| > N \end{cases}$$

（利用离散信号的能量等式来证明，参看第三章§3，§4）.

上述性质表明了截尾信号是一种最小平方逼近信号，但是截尾信号的频谱与原始频谱比较仍然有较大畸变.（参看本章§2，这说明最小平方逼近信号在应用中并非是好的信号，要看具体情况而定.）

6. 为了由连续时窗函数 $w(t)$（见(10-2-11)式）得到对称离散时

窗函数 $w(n)$, $|n| \leqslant N$, 我们取
$$T = N, \quad t = n, \quad -N \leqslant n \leqslant N,$$
这样就得到对称离散时窗函数
$$w_n = w(n), \quad -N \leqslant n \leqslant N.$$
由(10-2-21)和(10-2-27)式给出对称离散汉明时窗和对称离散布拉克曼时窗.

7. 用时窗法设计带通滤波因子. 设理想带通滤波器的两个参数为 $f_1 = 20$ Hz, $f_2 = 50$ Hz, 而 $1/(2\Delta) = 100$ Hz(见公式(10-1-3)). 用对称离散汉明时窗构造对称离散带通滤波因子.

提示：参看(10-1-4)式和第 6 题的对称离散汉明时窗.

8. 判断下面的滤波器是哪一型广义线性相位滤波器：
(1) $h(n) = (h(0), h(1), h(2), h(3), h(4)) = (5, 4, 3, 4, 5)$;
(2) $h(n) = (h(0), h(1), h(2), h(3)) = (5, 4, 4, 5)$;
(3) $h(n) = (h(0), h(1), h(2), h(3), h(4)) = (5, 4, 3, -4, -5)$;
(4) $h(n) = (h(0), h(1), h(2), h(3)) = (5, 4, -4, -5)$.

9. 设计低通滤波器的技术要求为：
$$0.99 \leqslant |H(\omega)| \leqslant 1.01, \quad 0 \leqslant |\omega| \leqslant 0.3\pi,$$
$$|H(\omega)| \leqslant 0.01, \quad 0.35\pi \leqslant |\omega| \leqslant \pi.$$
用时窗函数法在上述技术要求下设计一个低通滤波器.

10. 设计带阻滤波器的技术要求为：
$$0.95 \leqslant |H(\omega)| \leqslant 1.05, \quad 0 \leqslant |\omega| \leqslant 0.2\pi,$$
$$|H(\omega)| \leqslant 0.005, \quad 0.22\pi \leqslant |\omega| \; 0.75\pi,$$
$$0.95 \leqslant |H(\omega)| \leqslant 1.05, \quad 0.8\pi \leqslant |\omega| \leqslant \pi.$$
用时窗函数法在上述技术要求下设计一个带阻滤波器.

11. 设计带通滤波器的技术要求为：
$$|H(\omega)| \leqslant 0.0050, \quad |\omega| \leqslant 0.1\pi,$$
$$0.995 \leqslant |H(\omega)| \leqslant 1.0050, \quad 0.25\pi \leqslant |\omega| \leqslant 0.6\pi,$$
$$|H(\omega)| \leqslant 0.0025, \quad 0.8\pi \leqslant |\omega| \leqslant \pi.$$
用时窗函数法在上述技术要求下设计一个 II 型广义线性相位带通滤波器.

参 考 文 献

[1] 华罗庚. 高等数学引论(第一卷第二分册). 北京：科学出版社，1963.
[2] Γ·M·菲赫金哥尔茨. 微积分学教程(第三卷第三分册). 北京：高等教育出版社，1957.
[3] Stanley W D. Digital Signal Processing. Reston VA：Reston Publishing Company，1975.
[4] Koopmans L H. The Spectral Analysis of Time Series. New York：Academic Press，1974.
[5] Papoulis A. Signal Analysis. New York：McGraw-Hill Book Company，1977.
[6] 程乾生、谢衷洁，谱估计中的最佳高分辨时窗函数，应用数学学报，1979，**2**(2)：119—131.
[7] 北京大学计算数学教研室等. 计算方法. 北京：人民教育出版社，1961.
[8] Eberhard A. An optimal discrete window for the calculation of power spectra. IEEE.，1973，AV-**21**(1)：37—43.
[9] Cheng Qian-sheng and Xie Zhong-jie. Optimum high resolution window function for spectral estimates. Progress in Cybernetics and System research, R. Trappl ed.，Hemisphere，1982，8：351—355.
[10] Kaiser J F. Digital Filters//Kuo F F, Kaiser J F. System Analysis by Digital Computer. New York：Wiley，1966.
[11] Rabiner L R and Gold B. Theory and Application of Digital Signal Processing. Engwood Cliffs，NJ：Prentice-Hall，1975.
[12] Helms H D. Nonrecursive digital filters：design methods for achieving specifications on frequency response. IEEE.，1968，AV-16(Sept.)：336—342.
[13] Dolph C L. A current distribution for broadside arraye which optimizes the relationship between beam width and side-lobe level. Proc. IRE.，Vol. **35**，June，335—348，1946.
[14] Oppenheim A V and Schafer R W. Discrete-time Signal Processing. Upper Saddle River，NJ：Prentice-Hall，Inc.，1999.
[15] Hayes M H. Digital Signal Processing. New York：McGraw-Hill Companies，Inc.，1999.
[16] 程乾生. 信号数字处理的数学原理(第二版). 北京：石油工业出版社，1993.
[17] 程乾生. 信号数字处理的数学原理. 北京：石油工业出版社，1979.

[18] 王仁宏. 数值逼近. 北京：高等教育出版社，1999.
[19] Parks T W and McClellan J H. Chebyshev approximation for nonrecursive digital filters with linear phase. IEEE. Vol. CT-19，18—194，1972.
[20] Parks T W and McClellan J H. A program for the design of linear phase finite impulse response filters. IEEE. Vol. AU-20，No. 3，195—199，1972.
[21] Hayes M H. Digital Signal Processing. New York：McGraw-Hill Companies，Inc.，1999.（中译本：〔美〕海因斯著. 张建华等译. 数字信号处理. 北京：科学出版社，2002.）

第十一章 递归滤波器的设计

相对于有限长脉冲响应(FIR)滤波器,递归滤波器(recursive filter)又称为无限长脉冲响应(IIR)滤波器.递归滤波器相当于稳定的有理系统. §1讨论递归滤波及其稳定性.由于模拟滤波器的设计已比较成熟,而由模拟滤波器转换为数字递归滤波器的方法也比较简单,因此,我们在§2讨论模拟滤波器的设计,在§3讨论如何由模拟滤波器转化为数字递归滤波器.

§1 递归滤波及其稳定性

1. 递归滤波

从时域的角度看,当输入信号为 $x(t)$,滤波器时间响应函数为 $h(t)$ 时,输出信号 $y(t)$ 为

$$y(t) = h(t) * x(t) = \sum_{s=-\infty}^{\infty} h(s) x(t-s).$$

当 $h(t)$ 为无限长时,上式不能用计算机实现.若对 $h(t)$ 进行截取,长度太小,则误差较大,长度太长,精度提高了,但是计算量变大了.能否找到一种精度高、计算量小的时域滤波形式?递归滤波就能满足上述要求.递归滤波的基本思想是:输出 $y(t)$ 和已经计算出来的 $y(t-1)$, $y(t-2)$,…是有关联的,它们可用来计算 $y(t)$,递归滤波的形式如下:

$$y(t) = b_0 x(t) + b_1 x(t-1) + \cdots + b_n x(t-n) \\ - a_1 y(t-1) - \cdots - a_m y(t-m). \qquad (11\text{-}1\text{-}1)$$

设 $x(t)$, $y(t)$ 和滤波器的 Z 变换分别为 $X(Z)$, $Y(Z)$ 和 $H(Z)$.由 (11-1-1) 式得

$$Y(Z) = b_0 X(Z) + b_1 Z X(Z) + \cdots + b_n Z^n X(Z) \\ - a_1 Z Y(Z) - \cdots - a_m Z^m Y(Z),$$

由上式得
$$H(Z) = \frac{Y(Z)}{X(Z)} = \frac{B(Z)}{A(Z)}, \qquad (11\text{-}1\text{-}2)$$
其中
$$B(Z) = \sum_{k=0}^{n} b_k Z^k, \quad A(Z) = \sum_{k=0}^{m} a_k Z^k, \quad a_0 = 1. \quad (11\text{-}1\text{-}3)$$

由(11-1-1)和(11-1-2)式知,递归滤波就是一个有理系统.按(11-1-1)式递归滤波,输出 $y(t)$ 中的时间 t 是不断增加的,因此,(11-1-1)式的递归滤波称为正向滤波.

2. 递归滤波的稳定性

设已知初始值 $y(0), \cdots, y(m-1)$,递归滤波从 $t=m$ 开始,由(11-1-1)式得
$$y(t) = \sum_{i=0}^{n} b_i x(t-i) - \sum_{j=1}^{m} a_j y(t-j), \quad t \geqslant m. \quad (11\text{-}1\text{-}4)$$
如果所得的 $y(t)$ 的初始值有误差,设为 $\bar{y}(t)$,
$$\bar{y}(t) = y(t) + \varepsilon(t), \quad 0 \leqslant t \leqslant m-1. \quad (11\text{-}1\text{-}5)$$
由带有误差的初始值递归的结果为 $\bar{y}(t)$,$\bar{y}(t)$ 满足
$$\bar{y}(t) = \sum_{i=0}^{n} b_i x(t-i) - \sum_{j=1}^{m} a_j \bar{y}(t-j), \quad t \geqslant m. \quad (11\text{-}1\text{-}6)$$
令
$$e(t) = \bar{y}(t) - y(t). \qquad (11\text{-}1\text{-}7)$$
由(11-1-6)式减去(11-1-4)式,以及(11-1-5)式得
$$\begin{cases} e(t) = -\sum_{j=1}^{m} a_j e(t-j), & t \geqslant m, \\ e(t) = \varepsilon(t), & 0 \leqslant t \leqslant m-1. \end{cases} \quad (11\text{-}1\text{-}8)$$
在(11-1-8)式中,对任何 $\varepsilon(t)$,$0 \leqslant t \leqslant m-1$,当 $t \to +\infty$ 时,若有 $e(t) \to 0$,则称**递归滤波(11-1-4)是稳定的**.

稳定性的定义表明,在递归过程中,初始噪声 $\varepsilon(t)$ ($0 \leqslant t \leqslant m-1$) 的影响将趋于 0.

性质 1 递归滤波(11-1-4)是稳定的,其充分必要条件是:多项式

$$A(Z) = 1 + a_1 Z + \cdots + a_m Z^m \qquad (11\text{-}1\text{-}9)$$

的根全部在单位圆外.

分析 类似于第四章 §5 关于差分方程的单向序列解法的讨论，我们把(11-1-8)式改写为

$$\begin{cases} e(t) + \sum_{j=1}^{m} a_j e(t-j) = g(t), \quad t \geqslant m, \\ \text{已知 } e(t) = \varepsilon(t), 0 \leqslant t \leqslant m-1, g(t) = 0, t \geqslant m. \end{cases}$$
$$(11\text{-}1\text{-}10)$$

不妨假定

$$e(t) = 0 \quad \text{和} \quad g(t) = 0, \quad t < 0. \qquad (11\text{-}1\text{-}11)$$

在上述条件下，由(11-1-10)的第一个方程知

$$\begin{cases} g(0) = e(0), \\ g(1) = e(1) + a_1 e(0), \\ \cdots\cdots\cdots\cdots\cdots\cdots\cdots \\ g(m-1) = e(m-1) + a_1 e(m-2) + \cdots + a_{m-1} e(0). \end{cases}$$
$$(11\text{-}1\text{-}12)$$

上式表明，由 $e(0),\cdots,e(m-1)$ 可以算出 $g(0),\cdots,g(m-1)$. 反之，也可由 $g(0),\cdots,g(m-1)$ 算出 $e(0),\cdots,e(m-1)$，由(11-1-12)式可得

$$\begin{cases} e(0) = g(0), \\ e(1) = g(1) - a_1 e(0), \\ \cdots\cdots\cdots\cdots\cdots\cdots\cdots \\ e(m-1) = g(m-1) - a_1 e(m-2) - \cdots - a_{m-1} e(0). \end{cases}$$
$$(11\text{-}1\text{-}13)$$

由(11-1-10)~(11-1-12)式得

$$e(t) + \sum_{j=1}^{m} a_j e(t-j) = g(t). \qquad (11\text{-}1\text{-}14)$$

令

$$E(Z) = \sum_{t=0}^{\infty} e(t) Z^t, \quad G(Z) = \sum_{t=0}^{\infty} g(t) Z^t = \sum_{t=0}^{m-1} g(t) Z^t.$$
$$(11\text{-}1\text{-}15)$$

由(11-1-14)式知
$$E(Z) + \sum_{j=1}^{m} a_j Z^j E(Z) = G(Z),$$
即
$$E(Z) = \frac{G(Z)}{A(Z)}. \tag{11-1-16}$$

有了以上准备,我们现在来证明性质 1.

证明 **充分性** 设 $A(Z)$(见(11-1-9)式)的根全在单位圆外,α_j 为 $A(Z)$ 的根,则 $|\alpha_j| > 1$. 对 $E(Z)$(见(11-1-16)式)作有理分式分解(参见(4-4-5)和(4-4-6)两式),分解式由下列项的线性组合构成:
$$\frac{1}{(Z - \alpha_j)^{l_j}}.$$

由公式
$$\frac{1}{(1-p)^k} = \sum_{t=0}^{\infty} C_{t+k-1}^{k-1} p^t, \quad |p| < 1, k \geqslant 1$$

(见本章问题第 1 题)可得
$$\frac{1}{(Z-\alpha_j)^{l_j}} = \frac{1}{(-\alpha_j)^{l_j}} \cdot \frac{1}{\left(1-\dfrac{Z}{\alpha_j}\right)^{l_j}}$$

$$= \frac{1}{(-\alpha_j)^{l_j}} \sum_{t=0}^{\infty} C_{t+l_j-1}^{l_j-1} \frac{1}{(\alpha_j)^t} Z^t, \tag{11-1-17}$$

易知
$$C_{t+l_j-1}^{l_j-1} \frac{1}{(\alpha_j)^t} \to 0, \quad t \to +\infty.$$

因此在(11-1-16)式 $E(Z)$ 的正向幂级数展开式 $\sum_{t=0}^{\infty} e(t) Z^t$ 中,有 $e(t) \to 0$ ($t \to +\infty$). 这表明递归滤波(11-1-4)是稳定的. 充分性证毕.

必要性 设 $a_m \neq 0, \alpha$ 为 $A(Z)$ 的任一个根. 按(11-1-9)式,$\alpha \neq 0$. 由多项式分解性质知,$A(Z)$ 可表示为
$$A(Z) = (Z - \alpha) B(Z), \tag{11-1-18}$$

其中 $B(Z)$ 为 Z 的 $m-1$ 次多项式. 取 $g(0), \cdots, g(m-1)$ 使(参见(11-1-15)式)
$$G(Z) = \sum_{t=0}^{m-1} g(t) Z^t = B(Z). \tag{11-1-19}$$

由(11-1-13)式,可由 $g(0),\cdots,g(m-1)$ 得到一组初始误差值 $e(0)$, $\cdots,e(m-1)$. 针对这一组初始值 $\varepsilon(t)=e(t),0\leqslant t\leqslant m-1$, 由 (11-1-16)、(11-1-18)和(11-1-19)式得

$$E(Z)=\frac{G(Z)}{A(Z)}=\frac{1}{Z-\alpha}=\sum_{t=0}^{\infty}e(t)Z^t,$$

即
$$e(t)=\frac{-1}{\alpha}\frac{1}{\alpha^t}. \qquad (11\text{-}1\text{-}20)$$

由于已知递归滤波(11-1-4)是稳定的,因此 $e(t)\to 0\ (t\to +\infty)$. 由 (11-1-20)式知, $|\alpha|>1$. 这表明, $A(Z)$ 的根全在单位圆外. 必要性证毕.

3. 反向递归滤波

设已知 $y(-m+1),\cdots,y(0)$, 递归滤波从 $t=-m$ 开始向负方向进行,

$$y(t)=\sum_{i=0}^{n}b_i x(t+i)-\sum_{j=1}^{m}a_j y(t+j),\quad t\leqslant -m.$$

$$(11\text{-}1\text{-}21)$$

形如(11-1-21)式的递归滤波称为**反向递归滤波**. 和正向递归滤波一样,反向递归滤波也有稳定性问题. 我们可以把反向递归滤波化为正向递归滤波来研究.

令
$$g(t)=y(-t),\quad f(t)=x(-t), \qquad (11\text{-}1\text{-}22)$$

上述反向递归滤波就变为

$$g(t)=\sum_{i=0}^{n}b_i f(t-i)-\sum_{j=1}^{m}a_j g(t-j),\quad t\geqslant m. \quad (11\text{-}1\text{-}23)$$

初始值 $g(t)=y(-t),0\leqslant t\leqslant m-1$ 是已知的. 上述递归滤波和(11-1-4)式的正向递归滤波完全相同. 因此,由性质 2 即得反向递归滤波的稳定性性质.

性质 2 反向递归滤波(11-1-21)是稳定的,其充分必要条件是多项式 $A(Z)=1+a_1 Z+\cdots+a_m Z^m$ 的根全部在单位圆外.

我们指出,在实际应用中,在递归公式(11-1-4)和(11-1-21)中,从任何一个时间开始递归都可以,不一定要从 m 或 $-m$ 开始.

为了能在应用中正确地给出稳定的递归滤波公式,我们讨论两个例子.

例1 设输入信号为 $x(t)$,输出信号为 $y(t)$,滤波器的 Z 变换为
$$H(Z) = \frac{1}{1-\alpha Z}, \quad \alpha \neq 0, |\alpha| \neq 1, \quad (11\text{-}1\text{-}24)$$
试给出稳定的递归滤波公式.

解 分 $|\alpha|<1$ 和 $|\alpha|>1$ 两种情况讨论.设 $x(t)$ 和 $y(t)$ 的 Z 变换分别为 $X(Z)$ 和 $Y(Z)$.

当 $|\alpha|<1$ 时,$H(Z)$ 的分母多项式的根在单位圆外,这时适合正向递归滤波,即
$$Y(Z) = H(Z)X(Z),$$
也即
$$Y(Z)(1-\alpha Z) = X(Z).$$
时间域的递归公式为
$$y(t) = x(t) + \alpha y(t-1). \quad (11\text{-}1\text{-}25)$$

当 $|\alpha|>1$ 时,$H(Z)$ 的分母多项式的根在单位圆内,这时必须对分母多项式加以改造,即
$$H(Z) = \frac{1}{1-\alpha Z} = \frac{1}{1-\frac{1}{\alpha Z}} \cdot \frac{-1}{\alpha Z}.$$
由 $Y(Z) = H(Z)X(Z)$ 得
$$Y(Z)\left(1-\frac{1}{\alpha Z}\right) = \frac{-1}{\alpha Z}X(Z).$$
上式的时间域关系为
$$y(t) - \frac{1}{\alpha}y(t+1) = \frac{-1}{\alpha}x(t+1),$$
递归公式为
$$y(t) = \frac{-1}{\alpha}x(t+1) + \frac{1}{\alpha}y(t+1). \quad (11\text{-}1\text{-}26)$$
对照(11-1-21)式和性质2,可知(11-1-26)式是稳定的递归滤波公式.

例2 设输入信号为 $x(t)$,输出信号为 $y(t)$,滤波器的 Z 变换为
$$H(Z) = \frac{1}{(1-\alpha Z)(1-\beta Z)}, \quad 0<|\alpha|<1, |\beta|>1,$$
$$(11\text{-}1\text{-}27)$$
试给出稳定的递归滤波公式.

解 给出两种方式的递归公式.

串联方式 令
$$H(Z) = H_1(Z)H_2(Z),$$
$$H_1(Z) = \frac{1}{1-\alpha Z}, \quad H_2(Z) = \frac{1}{1-\beta Z},$$
$$Y_1(Z) = H_1(Z)X(Z),$$

因此
$$Y(Z) = H(Z)X(Z) = H_2(Z)[H_1(Z)X(Z)] = H_2(Z)Y_1(Z).$$

设 $Y_1(Z)$ 对应的信号为 $y_1(t)$. 由(11-1-25)式知
$$y_1(t) = x(t) + \alpha y_1(t-1), \tag{11-1-28}$$

由(11-1-26)式知
$$y(t) = \frac{-1}{\beta}y_1(t+1) + \frac{1}{\beta}y(t+1). \tag{11-1-29}$$

把(11-1-28)和(11-1-29)两式合起来,就得到稳定的递归公式.

并联方式 把 $H(Z)$（见(11-1-27)式）表示为
$$H(Z) = \frac{1}{\alpha-\beta}\left(\frac{\alpha}{1-\alpha Z} - \frac{\beta}{1-\beta Z}\right). \tag{11-1-30}$$

令
$$H_1(Z) = \frac{\alpha}{1-\alpha Z}, \quad H_2(Z) = \frac{\beta}{1-\beta Z},$$
$$Y_1(Z) = H_1(Z)X(Z), \quad Y_2(Z) = H_2(Z)X(Z),$$

由(11-1-30)式知
$$H(Z) = \frac{1}{\alpha-\beta}[H_1(Z) - H_2(Z)],$$
$$Y(Z) = H(Z)X(Z),$$
$$y(t) = \frac{1}{\alpha-\beta}[y_1(t) - y_2(t)]. \tag{11-1-31}$$

由(11-1-25)式知
$$y_1(t) = \alpha x(t) + \alpha y_1(t-1), \tag{11-1-32}$$

由(11-1-26)式知
$$y_2(t) = -x(t+1) + \frac{1}{\beta}y_2(t+1). \tag{11-1-33}$$

稳定的递归公式为(11-1-32)和(11-1-33),综合结果为(11-1-31)式.

由上面例子可知,对一个稳定的有理系统或滤波器,把分母多项式分解成两个多项式的乘积,一个多项式的根全在单位圆外,对这个多项式可通过正向递归方式实现,另一个多项式的根全在单位圆内,对这个多项式可通过反向递归方式实现.

§2 模拟滤波器的设计

在无线电工程中,已设计出许多电滤波器(由电阻、电容等无线电元件组成),它可以对连续信号进行低通、带通、带阻、高通等滤波.这种处理连续信号的电滤波器,我们称为**模拟滤波器**.对于模拟滤波器,在数学上已作过深入分析,根据这种分析,我们可以设计不同类型的电滤波器(可参看文献[5]).而由模拟滤波器又可以转化为数字递归滤波器.

模拟滤波器是时间 t 为连续的滤波器,它的脉冲响应为 $h(t)$,频率响应为

$$H(\omega) = \int_{-\infty}^{+\infty} h(t) e^{-i t \omega} dt.$$

我们这里讲设计滤波器,指的是确定滤波器的频率响应 $H(\omega)$.下面我们讨论低通、高通、带通和带阻模拟滤波器的设计.

1. 低通模拟滤波器的设计

我们知道,对理想低通滤波器的频谱 $H(\omega)$,应该满足

$$|H(\omega)|^2 = \begin{cases} 1, & |\omega| < \omega_c, \\ 0, & |\omega| > \omega_c, \end{cases}$$

其中 ω_c 为低通截止频率.

在设计模拟滤波器时,严格做到这点是办不到的,只能提出近似的要求.为了以后讨论方便,我们假定 $\omega_c = 1$.对低通模拟滤波器的频谱 $H(\omega)$,我们要求满足

$$|H(\omega)|^2 = \frac{1}{1 + g^2(\omega)}, \qquad (11\text{-}2\text{-}1)$$

其中 $g(\omega)$ 要满足：
$$\begin{cases} g(\omega) \text{ 为 } \omega \text{ 的实系数有理函数}, |g(-\omega)|=|g(\omega)|; \\ g(\omega) \approx \begin{cases} 0, & |\omega|<1, \\ \infty, & |\omega|>1. \end{cases} \end{cases}$$
(11-2-2)

在上式中，$g(\omega) \approx 0$ 的意思是要求 $|g(\omega)|$ 比较小，$g(\omega) \approx \infty$ 的意思是要求 $|g(\omega)|$ 比较大但不等于 $+\infty$。

现在我们讨论如何由 (11-2-1) 式确定频谱 $H(\omega)$。由于 $g(\omega)$ 为 ω 的有理函数，所以 $|H(\omega)|^2$ 也是 ω 的有理函数，它可表示为

$$|H(\omega)|^2 = \frac{P_1(\omega)}{P_2(\omega)}, \qquad (11\text{-}2\text{-}3)$$

其中 $P_1(\omega), P_2(\omega)$ 为 ω 的实系数多项式，而且当 ω 取实值时，$P_1(\omega)>0, P_2(\omega)>0$。

设 α_j 为 $P_1(\omega)$ 的虚部大于 0 的根，β_i 为 $P_2(\omega)$ 的虚部大于 0 的根，则 $|H(\omega)|^2$ 可表示为

$$|H(\omega)|^2 = k^2 \frac{(\omega-\alpha_1)(\omega-\bar{\alpha}_1)(\omega-\alpha_2)(\omega-\bar{\alpha}_2)\cdots}{(\omega-\beta_1)(\omega-\bar{\beta}_1)(\omega-\beta_2)(\omega-\bar{\beta}_2)\cdots},$$

我们取

$$H(\omega) = k \frac{(\omega-\alpha_1)(\omega-\alpha_2)\cdots}{(\omega-\beta_1)(\omega-\beta_2)\cdots}. \qquad (11\text{-}2\text{-}4)$$

$H(\omega)$ 在 ω 的下半平面内既无零点又无极点，是最小相位滤波器，并且可以通过模拟滤波器来实现。

在 (11-2-1) 式中，若取 $g(\omega)=\omega^n$，我们就可以得到巴特沃斯低通滤波器；若取 $g(\omega)$ 为切比雪夫多项式 $g(\omega)=\varepsilon T_n(\omega)=\varepsilon\cos(n\arccos\omega)$（其中 ε 为一小的常数），我们就可以得到切比雪夫低通滤波器。

由 (11-2-1) 式和 (11-2-2) 式所设计的低通滤波器，低通范围为 $[-1,1]$。

2. 高通模拟滤波器的设计

由 (11-2-1) 式确定的低通滤波器，低通范围为 $[-1,1]$。设高通滤波器的高通范围为 $(-\infty,-1)$ 和 $(1,+\infty)$。为了得到这样的高通滤波器，我们只要做一个由低通变高通的频率变换，就可以由低通滤波器转

换为高通滤波器.

令
$$\omega = -\frac{1}{\lambda}, \tag{11-2-5}$$

变换(11-2-5)式把 ω 轴上的区间 $[-1,1]$ 变为 λ 轴上的 $(-\infty,-1)$ 和 $(1,+\infty)$(见图 11-1).(11-2-5)式也可看成是一个复数到复数的变换.

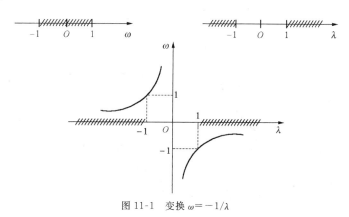

图 11-1 变换 $\omega=-1/\lambda$

把(11-2-5)式代入(11-2-4)式,就得到高通滤波器频谱(λ 表示频率).在变换(11-2-5)式中,我们取"一"号,是为了使 ω 的上半平面与 λ 的上半平面对应(例如,在变换(11-2-5)之下,ω 的上半平面的点 $\omega_0=i$ 与 λ 的上半平面的点 $\lambda_0=i$ 相对应),这样就能保证变换后的频谱,其零点和极点仍在上半平面内.

3. 带通模拟滤波器的设计

我们考虑频率变换
$$\omega = \lambda - \frac{q^2}{\lambda} \quad (q>0), \tag{11-2-6}$$

变换(11-2-6)把 ω 轴上的区间 $[-1,1]$ 变为 λ 轴上的区间 $[-\lambda_1,-\lambda_{-1}]$ 和 $[\lambda_{-1},\lambda_1]$(见图 11-2).其中 λ_{-1},λ_1 分别表示 $\omega=-1$ 和 $\omega=1$ 时方程(11-2-6)的两个正根,具体为

$$\begin{cases} \lambda_{-1} = \dfrac{-1+\sqrt{1+4q^2}}{2}, \\ \lambda_1 = \dfrac{1+\sqrt{1+4q^2}}{2} = 1+\lambda_{-1}, \end{cases} \quad (11\text{-}2\text{-}7)$$

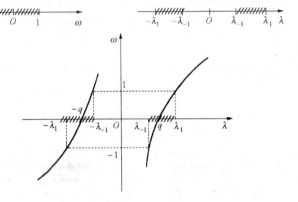

图 11-2　变换 $\omega = \lambda - q^2/\lambda$

代替变换(11-2-6),我们还可以用变换

$$\omega = \frac{1}{\delta}\left(\lambda - \frac{1}{\lambda}\right), \quad \delta > 0 \quad (11\text{-}2\text{-}8)$$

进行带通模拟滤波器的设计. 变换(11-2-6)和(11-2-8)都使得 ω 的上半平面与 λ 的上半平面相对应.

把(11-2-6)式代入(11-2-4)式,就得到带通滤波器频谱,带通范围为 $[-\lambda_1, -\lambda_{-1}]$ 和 $[\lambda_{-1}, \lambda_1]$.

4. 带阻模拟滤波器的设计

变换(11-2-6)可以把低通区间 $[-1,1]$ 变为带通区间 $[-\lambda_1, -\lambda_{-1}]$ 和 $[\lambda_{-1}, \lambda_1]$. 因此,把低通变成带阻的频率变换是(11-2-5)和(11-2-6)式的组合:

$$\omega = -\frac{1}{\lambda - \dfrac{q^2}{\lambda}} = \frac{1}{\dfrac{q^2}{\lambda} - \lambda}, \quad q > 0. \quad (11\text{-}2\text{-}9)$$

把(11-2-9)式代入(11-2-4)式,就得到带阻滤波器频谱. 带阻范围为$[-\lambda_1,-\lambda_{-1}]$和$[\lambda_{-1},\lambda_1]$,其中$\lambda_{-1},\lambda_1$由(11-2-7)式确定.

代替变换(11-2-9),我们还可以用变换

$$\omega=-\cfrac{1}{\cfrac{1}{\delta}\left(\lambda-\cfrac{1}{\lambda}\right)}=\cfrac{\delta}{\cfrac{1}{\lambda}-\lambda},\quad \delta>0 \qquad (11\text{-}2\text{-}10)$$

进行带阻模拟滤波器的设计.

5. 巴特沃斯低通模拟滤波器

这里我们讨论一个具体的低通模拟滤波器,即巴特沃斯低通模拟滤波器.

在(11-2-1)式中,我们取

$$g(\omega)=\omega^n \quad (n\text{ 为正整数}). \qquad (11\text{-}2\text{-}11)$$

按(11-2-1)式,我们得到

$$|H(\omega)|^2=\frac{1}{1+\omega^{2n}}. \qquad (11\text{-}2\text{-}12)$$

从上式我们看到,当$\omega=0$时$|H(0)|^2=1$,这是$|H(\omega)|^2$的最大值.当$\omega=1$时$|H(1)|^2=\dfrac{1}{2}$,它为最大值1的一半,因此我们称$\omega=1$为滤波器的半值点.滤波器$H(\omega)$(满足(11-2-12)式)的低通范围为$[-1,1]$.

(11-2-12)式的极点β满足

$$\beta^{2n}=-1=\mathrm{e}^{\mathrm{i}(2\pi k-\pi)},$$

因此(11-2-12)式的极点为

$$\beta_k=\mathrm{e}^{\mathrm{i}\frac{2\pi k-\pi}{2n}},\quad k=1,2,\cdots,2n. \qquad (11\text{-}2\text{-}13)$$

在上半平面的极点为

$$\beta_k,\quad k=1,2,\cdots,n,$$

按照(11-2-4)式,我们得到

$$H(\omega)=\frac{1}{(\omega-\beta_1)(\omega-\beta_2)\cdots(\omega-\beta_n)}. \qquad (11\text{-}2\text{-}14)$$

我们称$H(\omega)$(见(11-2-14)式)为巴特沃斯低通模拟滤波器或n阶巴特沃斯低通模拟滤波器.

下面我们写出几个具体的巴特沃斯低通模拟滤波器.

5.1 一阶巴特沃斯低通模拟滤波器

设 $n=1$. 根据(11-2-13)式, $\beta_1 = i$. 因此,一阶巴特沃斯低通模拟滤波器为

$$H(\omega) = \frac{1}{\omega - i}. \qquad (11\text{-}2\text{-}15)$$

5.2 二阶巴特沃斯低通模拟滤波器

设 $n=2$. 根据(11-2-13)式, $\beta_1 = e^{i\frac{\pi}{4}}$, $\beta_2 = e^{i\frac{3\pi}{4}}$, $(\omega - \beta_1)(\omega - \beta_2) = \omega^2 - i\sqrt{2}\omega - 1$. 因此,二阶巴特沃斯低通模拟滤波器为

$$H(\omega) = \frac{1}{\omega^2 - i\sqrt{2}\omega - 1}. \qquad (11\text{-}2\text{-}16)$$

5.3 三阶巴特沃斯低通模拟滤波器

设 $n=3$. 根据(11-2-13)式, $\beta_1 = e^{i\frac{\pi}{6}}$, $\beta_2 = e^{i\frac{3\pi}{6}} = i$, $\beta_3 = e^{i\frac{5\pi}{6}}$,

$$(\omega - \beta_1)(\omega - \beta_2)(\omega - \beta_3) = (\omega - \beta_2)(\omega - \beta_1)(\omega - \beta_3)$$
$$= (\omega - i)(\omega^2 - i\omega - 1).$$

因此,三阶巴特沃斯低通模拟滤波器为

$$H(\omega) = \frac{1}{(\omega - i)(\omega^2 - i\omega - 1)}. \qquad (11\text{-}2\text{-}17)$$

如果低通滤波器的截止频率为 ω_c,则 n 阶巴特沃斯低通滤波器振幅谱的平方为

$$|H(\omega)|^2 = \frac{1}{1 + \left(\dfrac{\omega}{\omega_c}\right)^{2n}}. \qquad (11\text{-}2\text{-}18)$$

由上知

$$|H(0)| = 1, \quad |H(\omega_c)| = \frac{1}{\sqrt{2}},$$

所以

$$20\lg \frac{|H(0)|}{|H(\omega_c)|} = 10\lg 2 = 3.0103 \text{ dB}.$$

所以,又称 ω_c 为 **3 dB 截止频率**. 当 $\omega_c = 1$ 时,巴特沃斯低通滤波器称为**归一化巴特沃斯低通滤波器**. 截频为 ω_c 的巴特沃斯低通滤波器可以通过归一化巴特沃斯低通滤波器求出来.

例 1 求 3 dB 截止频率 $\omega_c = 2$ 的三阶巴特沃斯低通滤波器.

解 用 $\dfrac{\omega}{\omega_c} = \dfrac{\omega}{2}$ 代替(11-2-17)式右边公式中的 ω,便得到所需要的滤波器

$$H(\omega) = \frac{1}{\left(\dfrac{\omega}{2} - i\right)\left(\dfrac{\omega^2}{4} - i\dfrac{\omega}{2} - 1\right)}$$

$$= \frac{8}{(\omega - 2i)(\omega^2 - 2i\omega - 4)}$$

$$= \frac{1}{\omega^3 - 4i\omega^2 - 8\omega + 8i}.$$

6. 低通模拟滤波的技术要求

模拟滤波器与理想滤波器之间总是有误差的,为了控制误差,我们要给出一定的技术要求. 最常用的一组技术要求见图 11-3(a).

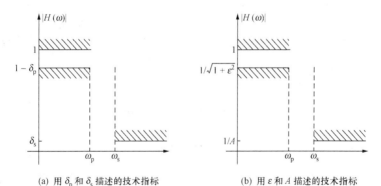

(a) 用 δ_p 和 δ_s 描述的技术指标　　(b) 用 ε 和 A 描述的技术指标

图 11-3　两种不同的对模拟低通滤波器通带和阻带波动的技术要求

在图 11-3(a)中,ω_p 为通带截止频率,ω_s 为阻带截止频率,δ_p 为通带波动幅度,δ_s 为阻带波动幅度.

另一种技术要求是用参数 ε 和 A 表示的,见图 11-3(b). δ_s 和 A 的关系为

$$\delta_s = \frac{1}{A}, \quad A = \frac{1}{\delta_s}.$$

δ_p 和 ε 的关系为

$$\delta_p = 1 - \frac{1}{\sqrt{1+\varepsilon^2}}, \quad \varepsilon = ((1-\delta_p)^{-2} - 1)^{1/2}.$$

现在我们讨论如何用上述技术要求设计巴特沃斯低通滤波器. 由(11-2-18)知,n 阶巴特沃斯低通滤波器振幅谱的平方为

$$|H(\omega)|^2 = \frac{1}{1+\left(\frac{\omega}{\omega_c}\right)^{2n}}.$$

$|H(\omega)|^2$ 是 ω 的单调下降函数,由图 11-3(a)知

$$|H(\omega_p)|^2 = \frac{1}{1+\left(\frac{\omega_p}{\omega_c}\right)^{2n}} \geqslant (1-\delta_p)^2. \tag{11-2-19}$$

而

$$|H(\omega_s)|^2 = \frac{1}{1+\left(\frac{\omega_s}{\omega_c}\right)^{2n}} \leqslant \delta_s^2, \tag{11-2-20}$$

由(11-2-19)知

$$\left(\frac{\omega_p}{\omega_c}\right)^{2n} \leqslant (1-\delta_p)^{-2} - 1, \tag{11-2-21}$$

由(11-2-20)得

$$\left(\frac{\omega_s}{\omega_c}\right)^{2n} \geqslant \delta_s^{-2} - 1. \tag{11-2-22}$$

将上两式相除得

$$\left(\frac{\omega_p}{\omega_s}\right)^{2n} \leqslant \frac{(1-\delta_p)^{-1} - 1}{\delta_s^{-2} - 1}. \tag{11-2-23}$$

令

$$d = \left(\frac{(1-\delta_p)^{-2} - 1}{\delta_s^{-2} - 1}\right)^{1/2} = \frac{\varepsilon}{\sqrt{A^2-1}}, \tag{11-2-24}$$

$$k = \frac{\omega_p}{\omega_s}. \tag{11-2-25}$$

我们称 d 为判别因子,k 为选择性因子.

由(11-2-24)和(11-2-25)式知,(11-2-23)可表示为

$$k^{2n} \leqslant d^2.$$

两边取对数得

$$n\lg k \leqslant \lg d.$$

由于 $\omega_p < \omega_s$,所以 $k = \omega_p/\omega_s < 1, \lg k < 0$. 于是有

$$n \geqslant \frac{\lg d}{\lg k}. \tag{11-2-26}$$

由(11-2-21)和(11-2-22)式知

$$\omega_p((1-\delta_p)^{-2}-1)^{-1/2n} \leqslant \omega_c \leqslant \omega_s(\delta_s^{-2}-1)^{-1/2n}. \tag{11-2-27}$$

由(7-2-18)式知,巴特沃斯低通模拟滤波器的设计依赖于 n 和 ω_c 两个参数,而 n 可由(11-2-26)式确定,ω_c 可由(11-2-27)式确定.因此,设计巴特沃斯滤波器的步骤如下:

1) 按照技术要求,计算判别因子 d 和选择性因子 k.
2) 确定滤波器阶数 n 使

$$n \geqslant \frac{\lg d}{\lg k}.$$

3) 确定 3 dB 截止频率 ω_c 使之满足(11-2-27)式.
4) 由 n 和 ω_c 确定巴特沃斯滤波器.

例 2 设计一个巴特沃斯低通模拟滤波器,它的技术要求是:$f_p = 6\,\mathrm{kHz}, f_s = 10\,\mathrm{kHz}, \delta_p = \delta_s = 0.1$.

解 由于 $\omega = 2\pi f$,所以 $\omega_p = 2\pi f_p, \omega_s = 2\pi f_s$.

由(11-2-24)和(11-2-25)式计算判别因子 d 和选择性因子 k,

$$d = 0.0487, \quad k = \frac{\omega_p}{\omega_s} = \frac{f_p}{f_s} = 0.6.$$

按(11-2-26)式,

$$n \geqslant \frac{\lg d}{\lg k} = 5.92.$$

取最小的滤波器阶数 $n=6$.

对(11-2-27)式中各式除以 2π,计算

$$f_p((1-\delta_p)^{-2}-1)^{-1/12} = 6770,$$
$$f_s(\delta_s^{-2}-1)^{-1/12} = 6819,$$

于是,3 dB 截止频率 f_c 可在下面区间内取值:

$$6770 \leqslant f_c \leqslant 6849.$$

由(11-2-14)式可求得 6 阶归一化巴特沃斯滤波器

$$H(\omega) = \frac{1}{\omega^6 - 3.8637\mathrm{i}\omega^5 - 7.4641\omega^4 + 9.1416\mathrm{i}\omega^3 + 7.4641\omega^2 - 3.837\mathrm{i}\omega - 1}.$$

将上式右边中的 ω 换成 $\omega/\omega_c = f/f_c$,就得到我们所需要的滤波器.

关于模拟滤波器,我们暂时介绍到这里.关于模拟滤波器,有三种重要的类型:巴特沃斯滤波器、切比雪夫滤波器、椭圆滤波器.正如奥本海姆指出的(见文献[13]),这几类滤波器已有详细讨论,并有许多计算机辅助设计程序可以利用(见文献[14],[15]).

§3 数字递归滤波器的设计

我们要用双线性变换把模拟滤波器的频谱 $H(\omega)$ 转换成数字递归滤波器的 Z 变换 $H(Z)$.

1. 双线性变换

取双线性变换

$$\omega = \frac{A}{i} \cdot \frac{1-Z}{1+Z}, \quad A > 0. \tag{11-3-1}$$

当 Z 在单位圆上取值时,则有

$$Z = e^{-i\varphi}, \tag{11-3-2}$$

$$\varphi = 2\pi\Delta f, \tag{11-3-3}$$

其中 Δ 为离散信号的抽样间隔,f 为我们实用的频率(以赫兹 Hz 为单位),$|f| \leqslant 1/(2\Delta)$.这时按照(11-3-1)式,相应的 ω 为

$$\omega = -iA\frac{1-e^{-i\varphi}}{1+e^{-i\varphi}} = -iA\frac{e^{-i\frac{\varphi}{2}}(e^{i\frac{\varphi}{2}} - e^{-i\frac{\varphi}{2}})}{e^{-i\frac{\varphi}{2}}(e^{i\frac{\varphi}{2}} + e^{-i\frac{\varphi}{2}})}$$

$$= A\tan\frac{\varphi}{2},$$

即

$$\omega = A\tan\frac{\varphi}{2}. \tag{11-3-4}$$

这表明,双线性变换(11-3-1)把 Z 平面的单位圆变成了 ω 平面的实轴.

由(11-3-1)式知,当 $Z = 0$ 时,$\omega = -iA$,$-iA$ 在 ω 的下半平面.这表明,双线性变换(11-3-1)使 ω 平面的下半平面与 Z 平面的单位圆内相对应,ω 平面的上半平面与 Z 平面的单位圆外相对应.

把双线性变换(11-3-1)代入到模拟滤波器频谱 $H(\omega)$ 中去得到 $H(Z)$. 由于 $H(\omega)$ 是 ω 的有理函数,因此 $H(Z)$ 是 Z 的有理函数. 由于 $H(\omega)$ 的零点、极点皆在上半平面,根据双线性变换(11-3-1)的性质,$H(Z)$ 的零点、极点皆在单位圆外,因此,递归滤波 $H(Z)$ 是稳定的.

2. 数字递归滤波器

2.1 低通数字递归滤波器

设低通数字递归滤波器的频率参数为 f_1,即要求低通区间为 $[-f_1,f_1]$.

根据式(11-3-2)、(11-3-3),f_1 对应于 Z 平面上的点

$$Z = e^{-i\varphi_1} \quad (\varphi_1 = 2\pi\Delta f_1). \tag{11-3-5}$$

由于低通模拟滤波器 $H(\omega)$((11-2-4)式)的低通区间为 $[-1,1]$,所以我们要求

$$Z\text{ 平面的 } e^{-i\varphi_1} \xleftrightarrow{\text{对应}} \omega \text{ 平面的 } 1.$$

因此,按照(11-3-4)式,可知

$$1 = A\tan\frac{\varphi_1}{2},$$

即

$$A = \frac{1}{\tan\dfrac{\varphi_1}{2}} = \frac{1}{\tan\pi\Delta f_1}. \tag{11-3-6}'$$

我们把变换(11-3-1)或

$$\omega = \frac{1}{i\tan\pi\Delta f_1} \cdot \frac{1-Z}{1+Z} \tag{11-3-6}$$

代入低通模拟滤波器频谱 $H(\omega)$(见(11-2-4)式),就得到我们所需要的低通数字递归滤波器 $H(Z)$.

2.2 带通数字递归滤波器

设带通数字递归滤波器的频率参数为 f_1, f_2 ($f_1<f_2$),即要求带通范围为 $[-f_2, -f_1]$ 和 $[f_1, f_2]$.

根据(11-3-3)式,令

$$\begin{cases} \varphi_1 = 2\pi\Delta f_1, \\ \varphi_2 = 2\pi\Delta f_2. \end{cases} \tag{11-3-7}$$

我们从前面知道,带通模拟滤波器是把变换(11-2-6)代入(11-2-4)式得到的,这时连续滤波器的频率是用 λ 表示的.因此我们应该考虑 λ 平面与 Z 平面的双线性变换

$$\lambda = \frac{A}{i} \cdot \frac{1-Z}{1+Z}, \quad A > 0. \qquad (11\text{-}3\text{-}8)$$

带通模拟滤波器的带通范围为 $[-\lambda_1, -\lambda_{-1}]$ 和 $[\lambda_{-1}, \lambda_1]$.因此我们要求

Z 平面的 $e^{-i\varphi_1}$ $\xleftrightarrow{\text{对应}}$ λ 平面的 λ_{-1},

Z 平面的 $e^{-i\varphi_2}$ $\xleftrightarrow{\text{对应}}$ λ 平面的 λ_1.

于是,根据(11-3-4)(公式中的 ω 现应换为 λ)和(11-2-7)式,得

$$\begin{cases} A\tan\dfrac{\varphi_1}{2} = \lambda_{-1} = \dfrac{-1+\sqrt{1+4q^2}}{2}, \\ A\tan\dfrac{\varphi_2}{2} = \lambda_1 = \dfrac{1+\sqrt{1+4q^2}}{2}, \end{cases} \qquad (11\text{-}3\text{-}9)'$$

把上两式相减可得

$$A = \frac{1}{\tan\dfrac{\varphi_2}{2} - \tan\dfrac{\varphi_1}{2}} = \frac{1}{\tan\pi\Delta f_2 - \tan\pi\Delta f_1}, \qquad (11\text{-}3\text{-}9)$$

把上两式相乘可得

$$q^2 = A^2 \tan\frac{\varphi_1}{2}\tan\frac{\varphi_2}{2} = A^2 \tan\pi\Delta f_1 \tan\pi\Delta f_2. \qquad (11\text{-}3\text{-}10)$$

我们把变换(11-2-6)和(11-3-8)结合在一起,便得

$$\omega = \lambda - \frac{q^2}{\lambda} = -iA\frac{1-Z}{1+Z} + \frac{q^2}{iA\dfrac{1-Z}{1+Z}} \qquad (11\text{-}3\text{-}11)'$$

$$= \frac{(A^2+q^2) + 2(q^2-A^2)Z + (A^2+q^2)Z^2}{iA(1-Z^2)}$$

$$= \frac{1+2\mu Z + Z^2}{i\nu(1-Z^2)}, \qquad (11\text{-}3\text{-}11)$$

其中

$$\mu = \frac{q^2-A^2}{A^2+q^2}, \quad \nu = \frac{A}{A^2+q^2}. \qquad (11\text{-}3\text{-}12)$$

由式(11-3-9)、(11-3-10)和(11-3-7)知

$$\mu = \frac{\tan\frac{\varphi_1}{2}\tan\frac{\varphi_2}{2} - 1}{\tan\frac{\varphi_1}{2}\tan\frac{\varphi_2}{2} + 1} = \frac{-\cos\frac{\varphi_1 + \varphi_2}{2}}{\cos\frac{\varphi_2 - \varphi_1}{2}}$$

$$= \frac{-\cos\pi\Delta(f_1 + f_2)}{\cos\pi\Delta(f_2 - f_1)},$$

$$\nu = \frac{1}{A} \cdot \frac{1}{1 + \tan\frac{\varphi_1}{2}\tan\frac{\varphi_2}{2}} = \frac{\tan\frac{\varphi_2}{2} - \tan\frac{\varphi_1}{2}}{\tan\frac{\varphi_1}{2}\tan\frac{\varphi_2}{2} + 1}$$

$$= \tan\frac{\varphi_2 - \varphi_1}{2} = \tan\pi\Delta(f_2 - f_1).$$

我们把上面两个式子和(11-3-11)式合在一起写为

$$\begin{cases} \omega = \dfrac{1 + 2\mu Z + Z^2}{i\nu(1 - Z^2)}, \\ \text{其中 } \mu = \dfrac{-\cos\pi\Delta(f_1 + f_2)}{\cos\pi\Delta(f_2 - f_1)}, \quad \nu = \tan\pi\Delta(f_2 - f_1). \end{cases}$$

(11-3-13)

把变换(11-3-13)或(11-3-11)′代入低通模拟滤波器频谱 $H(\omega)$ 的(11-2-4)式,就得到我们所需要的带通数字递归滤波器 $H(Z)$.

2.3 带阻数字递归滤波器

设带阻数字递归滤波器的频率参数为 $f_1, f_2\ (f_1 < f_2)$,即要求带阻范围为 $[-f_2, -f_1]$ 和 $[f_1, f_2]$.

类似于带通数字递归滤波器的讨论,我们把变换

$$\omega = \frac{-iA\dfrac{1-Z}{1+Z}}{q^2 + \left(A\dfrac{1-Z}{1+Z}\right)^2} \quad (A, q \text{ 由}(11\text{-}3\text{-}9)、(11\text{-}3\text{-}10) \text{ 式确定})$$

(11-3-14)′

或者

$$\begin{cases} \omega = \dfrac{-i\nu(1-Z^2)}{1 + 2\mu Z + Z^2}, \\ \text{其中 } \mu = \dfrac{-\cos\pi\Delta(f_1 + f_2)}{\cos\pi(f_2 - f_1)}, \quad \nu = \tan\pi\Delta(f_2 - f_1), \end{cases}$$

(11-3-14)

代入低通模拟滤波器频谱 $H(\omega)$（见(11-2-4)式），就得到我们所需要的带阻数字递归滤波器 $H(Z)$.

2.4 高通数字递归滤波器

设高通数字递归滤波器的频率参数为 f_1，即要求高通范围为 $[-1/(2\Delta),-f_1]$ 和 $[f_1,1/(2\Delta)]$.

类似于低通数字递归滤波器的讨论,我们把变换

$$\omega = \frac{1}{\mathrm{i}A}\frac{1+Z}{1-Z} = -\mathrm{itan}\left[\pi\Delta f_1 \frac{1+Z}{1-Z}\right] \qquad (11\text{-}3\text{-}15)$$

代入低通模拟滤波器频谱 $H(\omega)$（见(11-2-4)式），就得到我们所需要的高通数字递归滤波器 $H(Z)$.

从上面讨论可以知道,要得到低通、带通、带阻、高通数字递归滤波器 $H(Z)$,只要把变换 (11-3-6),(11-3-13),(11-3-14),(11-3-15) 分别代入低通模拟滤波器 $H(\omega)$（见(11-2-4)式）就行了.因此,用本节方法设计数字递归滤波器,关键是要先设计低通模拟滤波器 $H(\omega)$（见(11-2-4)式）.

如果我们想要设计零相位递归滤波器,那么只要取滤波器的 Z 变换为 $H(Z)H\left(\dfrac{1}{Z}\right)$ 就行了.具体滤波方式,见本章§1.

现在我们将给出一个由模拟滤波器转化为数字递归滤波器的例子,即简单巴特沃斯数字递归滤波器.

3. 简单巴特沃斯数字递归滤波器

简单巴特沃斯数字递归滤波器,就是一阶巴特沃斯数字递归滤波器.我们可以直接把它们的 Z 变换写出来.

3.1 低通递归滤波器

设低通范围为 $[-f_1,f_1]$,把式(11-3-7)代入式(11-2-15),则得（去掉常数 $-\mathrm{i}$）

$$H(Z) = \frac{1+Z}{(1+A)+(1-A)Z}, \qquad (11\text{-}3\text{-}16)$$

其中

$$A = \frac{1}{\tan\pi\Delta f_1}.$$

3.2 高通递归滤波器

设高通范围为$[-1/(2\Delta),-f_1]$和$[f_1,1/(2\Delta)]$. 把(11-3-15)式代入(11-2-15)式,则得(去掉常数$-i$)

$$H(Z) = \frac{1-Z}{(\tan\pi\Delta f_1 + 1) + (\tan\pi\Delta f_1 - 1)Z}. \qquad (11\text{-}3\text{-}17)$$

3.3 带通递归滤波器

设带通范围为$[-f_2,-f_1]$和$[f_1,f_2]$,把(11-3-13)式代入(11-2-15)式,去掉常数i,则得

$$H(Z) = \frac{\nu(1-Z^2)}{(1+\nu) + 2\mu Z + (1-\nu)Z^2}, \qquad (11\text{-}3\text{-}18)$$

其中μ,ν的意义见(11-3-13)式.

3.4 带阻递归滤波器

设带阻范围为$[-f_2,-f_1]$和$[f_1,f_2]$. 把(11-3-14)式代入(11-2-15)式,去掉常数$-i$,则得

$$H(Z) = \frac{1+2\mu Z + Z^2}{(1+\nu) + 2\mu Z + (1-\nu)Z^2}, \qquad (11\text{-}3\text{-}19)$$

其中μ,ν的意义见(11-3-14)式.

以上讨论的是用双线性变换方法进行数字递归滤波的设计. 下面我们要对一般的数字递归滤波设计作一说明.

4. 关于递归滤波器设计的说明

设计递归滤波器有三种方法,下面我们分别加以说明.

4.1 Z平面法

这种方法直观、简单,可用来设计简单递归滤波器. 将一些简单递归滤波器串联起来,可构成一个较复杂的递归滤波器. 参看文献[11],[12].

4.2 最优化法

如果我们希望的滤波器是已知的(即该滤波器的频谱或时间函数是已知的),要设计一个递归滤波器代替它,这两个滤波器之间有误差,给出衡量误差的误差标准,用使误差达到最小的原理设计递归滤波器,这种方法称之为最优化法.

最小平方法就是最优化法的一种,它把一个非线性最优化问题转换成线性最优化问题来处理.这在实际应用中,是一个有效的方法.

由于给出的衡量两个滤波器误差的标准不同,以及最优化技术的发展,设计递归滤波器的最优化法,还有非线性最优化法、线性规划法等多种方法,读者可参看文献[3],[11],[12].

4.3 转换法

这种方法是把模拟滤波器转换成数字递归滤波器.转换法有频率域转换法和时间域转换法.

1) 频率域转换法

把模拟滤波器的频谱 $H(\omega)$(它是 ω 的有理函数,零点和极点都在上半平面),通过变换 $\omega=g(Z)$ 转换为数字递归滤波器 Z 变换 $H(Z)=H(g(Z))$. 通常取变换为双线性变换 $\omega=-\mathrm{i}A\dfrac{1-Z}{1+Z}$,见(11-3-1)式.在本节我们详细讨论了这种转换法.

2) 时间域转换法——脉冲响应不变转换法

把模拟滤波器脉冲响应 $h(t)$,以 Δ 为抽样间隔直接抽样得 $h(n\Delta)$,由此可得数字递归滤波器 Z 变换 $H(Z)=\sum\limits_{n=0}^{+\infty}h(n\Delta)Z^n$. 下面具体分析.

设模拟滤波器脉冲响应 $h(t)$ 为

$$h(t)=\begin{cases} \mathrm{e}^{-\beta t}, & t\geqslant 0\ (\mathrm{Re}\beta>0),\\ 0, & t<0, \end{cases} \quad (11\text{-}3\text{-}20)$$

则

$$H(\omega)=\int_{-\infty}^{+\infty}h(t)\mathrm{e}^{-\mathrm{i}t\omega}\mathrm{d}\omega=\int_{0}^{+\infty}\mathrm{e}^{-\beta t}\mathrm{e}^{-\mathrm{i}t\omega}\mathrm{d}t$$

$$=\frac{1}{\mathrm{i}\omega+\beta}=\frac{-\mathrm{i}}{\omega-\mathrm{i}\beta}, \quad (11\text{-}3\text{-}21)$$

$$H(Z)=\sum_{n=0}^{+\infty}h(n\Delta)Z^n=\sum_{n=0}^{+\infty}(\mathrm{e}^{-\beta\Delta})^n Z^n$$

$$=\frac{1}{1-\mathrm{e}^{-\beta\Delta}Z}. \quad (11\text{-}3\text{-}22)$$

一般的模拟滤波器 $H(\omega)$(它为 ω 的有理函数,要求分子中 ω 的最高次数小于分母中 ω 的最高次数)可以表示为

$$H(\omega) = \sum_{k=1}^{K} a_k \frac{-\mathrm{i}}{\omega - \mathrm{i}\beta_k}, \quad \beta_k > 0, \ a_k \text{ 为常数}. \quad (11\text{-}3\text{-}23)$$

用脉冲响应不变转换法可以得到相应的数字递归滤波器 $H(Z)$,

$$H(Z) = \sum_{k=1}^{K} a_k \frac{1}{1 - e^{\beta_k \Delta} Z}. \quad (11\text{-}3\text{-}24)$$

脉冲响应不变转换法,实质上是把连续信号 $h(t)$ 以 Δ 间隔转换为离散信号 $h(n\Delta)$。由于连续信号 $h(t)$ 的频谱 $H(\omega)$ 在范围 $[-1/(2\Delta), 1/(2\Delta)]$ 之外并不为 0(从 $H(\omega) = -\mathrm{i}/(\omega - \mathrm{i}\beta)$ 就可看出这一点),因此,按照第三章的抽样定理知道,我们不能从连续频谱 $H(\omega)$ 来了解离散信号 $h(n\Delta)$ 的频谱 $\widetilde{H}(f) = H(Z)|_{Z=e^{-\mathrm{i}2\pi\Delta f}}$。这是脉冲响应不变转换法存在的根本问题,所以在设计较复杂的递归滤波器时,通常都不用脉冲响应不变转换法。

问　题

1. 已知

$$\frac{1}{1-p} = \sum_{t=0}^{+\infty} p^t, \quad |p| < 1,$$

用数学归纳法证明

$$\frac{1}{(1-p)^k} = \sum_{t=0}^{\infty} C_{t+k-1}^{k-1} p^t, \quad |p| < 1, \ k \geqslant 1,$$

其中 $\qquad C_n^m = \dfrac{n(n-1)\cdots(n-m+1)}{m(m-1)\cdots 2 \cdot 1}, \quad C_n^0 = 1.$

2. 设输入信号为 $x(t)$,输出信号为 $y(t)$。分别写出下列稳定递归滤波的递归滤波公式:

(1) $H(Z) = \dfrac{1}{1 - \dfrac{1}{3}Z}$;

(2) $H(Z) = \dfrac{1}{1 - 3Z}$;

(3) $H(Z) = \dfrac{2 + Z}{(1 - 2Z)(3 - Z)}.$

提示：参看§1的例1和例2.根据分母多项式的根是否在单位圆外,采用正向递归滤波方式或反向递归滤波方式.

3. 已知模拟滤波器的振幅谱平方$|H(\omega)|^2$为

(1) $|H(\omega)|^2 = \dfrac{9}{\omega^4 + 5\omega^2 + 1}$;

(2) $|H(\omega)|^2 = \dfrac{\omega^2 + 1}{2\omega^4 + 10\omega^2 + 2}$.

求出相应的模拟滤波器的频谱$H(\omega)$.

提示 参看(11-2-3)和(11-2-4)两式.

4. 确定巴特沃斯低通模拟滤波器的参数n.

巴特沃斯低通模拟滤波器的振幅谱平方为$|H(\omega)|^2$,见(11-2-12)式.我们给定一控制点ω_p和参数δ,使$|H(\omega_p)|^2 \leqslant \delta^2$(其中$\delta^2 < 1/2$).为了使这关系式成立,$n$应取多大？($\omega_p > 1$)

5. 确定巴特沃斯低通数字递归滤波器的参数n.

给定低通频率参数f_1之后,就可以确定巴特沃斯低通数字递归滤波器$H(Z)$,它的频谱为$\widetilde{H}(f) = H(Z)|_{Z=e^{-i2\pi\Delta f}}$. 给定控制点$f_p(f_p > f_1)$和参数$\delta$,要求$|\widetilde{H}(f_p)|^2 \leqslant \delta^2$,问$n$应取多大？

提示：找出与f_p对应的ω_p,再由问题第4题的方法确定n.参看式(11-3-3)、(11-3-4)和(11-3-6)′.

6. 已知模拟滤波器的频谱为

$$H(\omega) = \frac{1}{i\omega + 1}.$$

(1) 用双线性变换$\omega = \dfrac{A}{i} \cdot \dfrac{1-Z}{1+Z}$求递归滤波器$Z$变换$H_1(Z)$;

(2) 用脉冲不变转换法(设抽样间隔为Δ)求递归滤波器Z变换$H_2(Z)$;

(3) 试比较$H_1(Z)$与$H_2(Z)$的不同点,比较两个滤波器振幅谱的不同点.

提示：参看(11-3-20)～(11-3-22)式.

7. 设计巴特沃斯低通滤波器,它的3 dB截止频率为1.5 kHz,3 kHz处的衰减为40 dB.

8. 设计一个数字低通滤波器,通带截止频率$\varphi_p = 0.375\pi, \delta_p =$

0.01,阻带截止频率 $\varphi_s = 0.5\pi, \delta_s = 0.01$. 用双线性变换设计巴特沃斯滤波器.

9. 用双线性变换法设计一个一阶巴特沃斯低通滤波器,3 dB 截止频率 $\varphi_c = 0.2\pi$.

参 考 文 献

[1] Hamming R W. Digital Filters. Prentice Hall,1989.
[2] Oppenheim A V and Schafer R W. Digital Signal Processing. Prentice Hall, 1975.
[3] Rabiner L R and Gold B. Theory and Application of Digital Signal Processing. Pretice Hall,1975.
[4] Clearbout J F. Fundamentals of Geophysical Data Processing. McGraw-Hill,1976.
[5] Herrero J L and Willoner G. Synthesis of filters. Prentice Hall,1966.
[6] Cheney E W. Introduction to Approximation Theory. McGraw-Hill,1966. (中译本:E·W·切尼著. 徐献瑜等译. 逼近论导引. 上海科学技术出版社,1981.)
[7] Hastings-James R. Mehra S K. Extenation of the Padé-approximate technique for the design of recursive filters. IEEE Trans., Vol. ASSP-25,501—509,1977.
[8] 程乾生. 对三角级数的广义 Padé 有理逼近. 计算数学,第 2 期,182—193,1984.
[9] Cheng Q(程乾生). Modified-generalized Padè rational approximation. Kuxue Tongbao,1983,**28**(6):856—857.
[10] Hayes M H. Digital Signal Processing. McGraw-Hill Companies,Inc.,1999.
[11] 程乾生. 信号数字处理的数学原理. 北京:石油工业出版社,1979.
[12] 程乾生. 信号数字处理的数学原理(第二版). 北京:石油工业出版社,1993.
[13] Oppenheim A V and Schafer R W. Discrete-time Signal Processing. Upper Saddle River, NJ: Prentice-Hall, 1999.
[14] Parks T W and Burrus C S. Digital Filter Design. New York: Wiley, 1987.
[15] Mathworks. Signal Processing Toolbox Users Guide. New York: The Mathworks, Inc., 1998.

附录 A 切比雪夫递归滤波

在附录 A,我们根据第 11 章讨论的设计原理,具体讨论如何用切比雪夫多项式来设计切比雪夫滤波器. 为了使读者更好地了解切比雪夫多项式,我们先介绍一些准备知识.

1. 复三角函数、复双曲函数和切比雪夫多项式

切比雪夫多项式有各种各样表示法,例如可用复三角函数或复双曲函数来表示,而且这种表示法在许多情况下对讨论问题比较方便. 为此我们先介绍复三角函数和复双曲函数,然后再介绍切比雪夫多项式.

1.1 复三角函数

复三角函数定义为:

$$\sin Z = \frac{e^{iZ} - e^{-iZ}}{2i},$$

$$\cos Z = \frac{e^{iZ} + e^{-iZ}}{2},$$

$$\tan Z = \frac{\sin Z}{\cos Z}, \quad \cot Z = \frac{\cos Z}{\sin Z},$$

$$\sec Z = \frac{1}{\cos Z}, \quad \csc Z = \frac{1}{\sin Z}.$$

当 Z 为实变数时,三角函数以 2π 为周期,这时 $\sin Z, \cos Z$ 的模小于或等于 1.

当 Z 为复变数时,复三角函数仍以 2π 为周期. 但是,$\sin Z, \cos Z$ 的模可以大于 1,如

$$\cos i = \frac{e^{-1} + e^1}{2} \approx 1.543 > 1.$$

复三角函数有许多关系式,列举如下:

$$\sin(Z_1 \pm Z_2) = \sin Z_1 \cos Z_2 \pm \cos Z_1 \sin Z_2,$$
$$\cos(Z_1 \pm Z_2) = \cos Z_1 \cos Z_2 \mp \sin Z_1 \sin Z_2,$$
$$\cos^2 Z + \sin^2 Z = 1.$$

1.2 复双曲函数

复双曲函数定义如下：

$$\text{sh}Z = \frac{e^z - e^{-z}}{2},$$

$$\text{ch}Z = \frac{e^z + e^{-z}}{2},$$

$$\text{th}Z = \frac{\text{sh}Z}{\text{ch}Z}, \quad \text{cth}Z = \frac{\text{ch}Z}{\text{sh}Z},$$

$$\text{sch}Z = \frac{1}{\text{ch}Z}, \quad \text{csch}Z = \frac{1}{\text{sh}Z}.$$

复双曲函数和复三角函数有如下关系：

$$\begin{cases} \text{sh}Z = -\text{i}\sin\text{i}Z, \\ \text{ch}Z = \cos\text{i}Z \end{cases}$$

或

$$\begin{cases} \sin Z = \text{i}\,\text{sh}\,\text{i}Z, \\ \cos Z = \text{ch}\,\text{i}Z. \end{cases}$$

由于有上面关系，对于三角函数公式，相应的就有双曲函数公式，但形式有所区别。例如，相应于公式 $\cos^2 Z + \sin^2 Z = 1$，就有

$$\text{ch}^2 Z - \text{sh}^2 Z = 1.$$

1.3 切比雪夫多项式

在研究函数的逼近理论中，切比雪夫多项式起着重要作用。我们先给出它的定义，然后再介绍它的简单性质。

1) 定义

我们把切比雪夫多项式记为 $T_n(x)$，其中 n 为自然数，x 为实变量，x 的变化范围为 $(-\infty, +\infty)$。$T_n(x)$ 为 x 的 n 次多项式，有时我们称 $T_n(x)$ 为 n **阶切比雪夫多项式**。

为了以后应用方便，我们给出 $T_n(x)$ 的三种等价定义。

（1）用二项式方式定义：

$$T_n(x) = \frac{1}{2}[(x + \sqrt{x^2 - 1})^n + (x - \sqrt{x^2 - 1})^n],$$

$$-\infty < x < +\infty.$$

把上面的二项式展开，含 $\sqrt{x^2 - 1}$ 的项就消掉了，$T_n(x)$ 就表示为 x 的

n 次多项式.

(2) 用实三角函数和实双曲函数定义：

$$T_n(x) = \begin{cases} \cos(n\arccos x), & -1 \leqslant x \leqslant 1, \\ \text{ch}(n\,\text{arcch}\,x), & x > 1, \\ (-1)^n \text{ch}(n\,\text{arcch}\,x), & x < -1. \end{cases}$$

这个定义和第一个定义是等价的，我们以上面第一式来说明.

令 $x = \cos\theta, \theta = \arccos x, \sin\theta = \sqrt{1-x^2}, 0 \leqslant \theta \leqslant x$,

$$\cos(n\arccos x) = \cos n\theta$$

$$= \frac{1}{2}(e^{in\theta} + e^{-in\theta})$$

$$= \frac{1}{2}[(\cos\theta + i\sin\theta)^n + (\cos\theta - i\sin\theta)^n]$$

$$= \frac{1}{2}[(x + i\sqrt{1-x^2})^n + (x - i\sqrt{1-x^2})^n]$$

$$= \frac{1}{2}[(x + \sqrt{x^2-1})^n + (x - \sqrt{x^2-1})^n],$$

这就是第一个定义.

(3) 用复三角函数定义：

$$T_n(x) = \cos(n\arccos x), \quad -\infty < x < +\infty.$$

上式中的三角函数必须为复三角函数，因此对实三角函数而言，当 $|x| > 1$ 时，$\arccos x$ 就没有意义了.

2）性质

现在我们介绍切比雪夫多项式 $T_n(x)$ 的几个重要性质.

(1) $T_n(x)$ 最高次项 x^n 的系数为 2^{n-1}.

这因为 $\lim\limits_{x \to +\infty} \dfrac{T_n(x)}{x^n} = 2^{n-1}$. 通常也称 $\widetilde{T}_n(x) = \dfrac{1}{2^{n-1}} T_n(x)$ 为切比雪夫多项式.

(2) 当 n 为偶数时，$T_n(x)$ 为偶函数，即 $T_n(x) = T_n(-x)$；当 n 为奇数时，$T_n(x)$ 为奇函数，即 $T_n(-x) = -T_n(x)$.

总之有

$$T_n(-x) = (-1)^n T_n(x).$$

(3) $T_n(x)$ 的图形在区间 $[-1,1]$ 上振动于 -1 与 $+1$ 之间，在区间

之外,图形很快地上升或下降.见图 A-1.

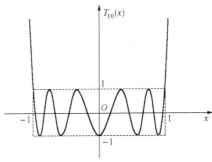

图 A-1　$T_{10}(x)$ 的图形

(4) 切比雪夫多项式有递推公式
$$T_{n+1}(x) = 2xT_n(x) - T_{n-1}(x).$$
这个公式是从三角公式
$$\cos(n+1)\theta + \cos(n-1)\theta = 2\cos\theta\cos n\theta,$$
即从
$$\cos(n+1)\theta = 2\cos\theta\cos n\theta - \cos(n-1)\theta$$
得来的.

由于 $T_0(x)=1, T_1(x)=x$,故可以推出以后所有的 $T_n(x)$.下面我们列出几个:
$$T_2(x) = 2x^2 - 1,$$
$$T_3(x) = 4x^3 - 3x,$$
$$T_4(x) = 8x^4 - 8x^2 + 1,$$
$$T_5(x) = 16x^5 - 20x^3 + 5x,$$
$$T_6(x) = 32x^6 - 48x^4 + 18x^2 - 1,$$
$$T_7(x) = 64x^7 - 112x^5 + 56x^3 - 7x.$$

2. 切比雪夫低通模拟滤波器

2.1　切比雪夫低通模拟滤波器

在(11-2-1)式中,我们取
$$g(\omega) = \varepsilon T_n(\omega), \tag{A-1}$$
其中 ε 为一正常数,$T_n(\omega)$ 为 n 阶切比雪夫多项式.按(11-2-1)式,我

们得到

$$|H(\omega)|^2 = \frac{1}{1+\varepsilon^2 T_n^2(\omega)}. \quad (A-2)$$

如果低通模拟滤波器 $H(\omega)$ 满足关系式(A-2)，我们就称 $H(\omega)$ 为**切比雪夫低通模拟滤波器**，或 n 阶切比雪夫低通模拟滤波器.

$|H(\omega)|^2$(见(A-2)式)的图形见图 A-2.

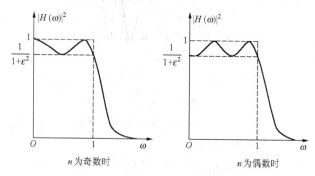

图 A-2　$|H(\omega)|^2$(见(A-2)式)的图形

2.2　逆切比雪夫低通模拟滤波器

我们把(A-1)式进行翻转倒置，取

$$g(\omega) = \frac{1}{\varepsilon T_n(\omega_s/\omega)}, \quad (A-3)$$

其中 ω_s 为截止频率参数，由(11-4-1)式我们得到

$$|H(\omega)|^2 = \frac{\varepsilon^2 T_n^2(\omega_s/\omega)}{1+\varepsilon^2 T_n^2(\omega_s/\omega)}. \quad (A-4)$$

$|H(\omega)|^2$ 的图形见图 A-3，从图形中我们可以看出 ω_s 的物理意义：它是控制低通滤波器截止带范围的. 比较图 A-2 和图 A-3，我们可以看出：$|H(\omega)|^2$(见(A-2)式)的曲线，在通过带($|\omega|<1$)起伏变化，在这范围以外，曲线变化是单调平滑的；而 $|H(\omega)|^2$(见(A-4)式)的曲线则相反，在截止带($|\omega|\geqslant\omega_s$)起伏变化，在这范围外曲线变化是单调平滑的.

如果低通模拟滤波器 $H(\omega)$ 满足关系式(A-4)，我们就称 $H(\omega)$ 为**逆切比雪夫低通模拟滤波器**，或 n 阶逆切比雪夫低通模拟滤波器.

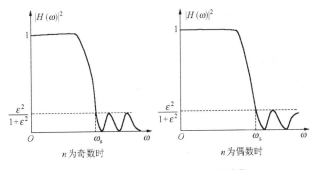

图 A-3　$|H(\omega)|^2$（见(A-4)式）的图形

有时,我们把切比雪夫低通滤波器(满足(A-2)式)称为**切比雪夫Ⅰ型低通滤波器**,把逆切比雪夫低通滤波器(满足(A-4)式)称为**切比雪夫Ⅱ型低通滤波器**.

2.3　切比雪夫低通模拟滤波器 $H(\omega)$ 的构造

由第十一章§2 的 $H(\omega)$ 的构造方法知道,我们必须先求出(A-2)式分母的极点.

使(A-2)式分母为 0,即 $1+\varepsilon^2\cos^2(n\arccos\omega)=0$,由此可得

$$\cos(n\arccos\omega)=\pm\frac{i}{\varepsilon}. \tag{A-5}$$

令

$$\arccos\omega=\varphi-i\psi,$$

其中 φ,ψ 为实数. 由(A-5)式得

$$\cos(n\varphi-in\psi)=\cos n\varphi\cos in\psi+\sin n\varphi\sin in\psi$$
$$=\cos n\varphi\,\mathrm{ch}\,n\psi+i\sin n\varphi\,\mathrm{sh}\,n\psi=\pm\frac{i}{\varepsilon}.$$

将等式两边的实部和虚部相比较,可得

$$\begin{cases}\varphi_m=\dfrac{2m-1}{n}\cdot\dfrac{\pi}{2}\quad(m=1,2,\cdots,2n),\\ \psi=\dfrac{1}{n}\mathrm{sh}^{-1}\dfrac{1}{\varepsilon}=\dfrac{1}{n}\ln\dfrac{1+\sqrt{1+\varepsilon^2}}{\varepsilon}.\end{cases} \tag{A-6}$$

因此,(A-2)式的极点为

$$\beta_m=\cos(\varphi_m-i\psi)=\cos\varphi_m\,\mathrm{ch}\,\psi+i\sin\varphi_m\,\mathrm{sh}\,\psi$$

$$= \cos\frac{2m-1}{2n}\pi\operatorname{ch}\psi + \mathrm{i}\sin\frac{2m-1}{2n}\pi\operatorname{sh}\psi$$

$$= r_m + \mathrm{i}\sigma_m, \quad m = 1, 2, \cdots, 2n. \tag{A-7}$$

在上半平面的极点为 β_m, $m = 1, 2, \cdots, n$。

由于 $\varphi_{n-k+1} = \pi - \varphi_k$，所以 $\cos\varphi_{n-k+1} = -\cos\varphi_k$，$\sin\varphi_{n-k+1} = \sin\varphi_k$。根据(A-7)式便有

$$\begin{cases} \operatorname{Re}\beta_{n-k+1} = -\operatorname{Re}\beta_k, \\ \operatorname{Im}\beta_{n-k+1} = \operatorname{Im}\beta_k. \end{cases} \quad \text{或} \quad \mathrm{i}\beta_{n-k+1} = \overline{\mathrm{i}\beta_k}. \tag{A-8}$$

我们指出，当 n 为奇数 $n = 2l+1$ 而取 $k = \left[\dfrac{n+1}{2}\right] = l+1$ 时，

$$\varphi_{\left[\frac{n+1}{2}\right]} = \frac{2l+1}{2n}\pi = \frac{\pi}{2},$$

所以由(A-7)式直接可得

$$\beta_{\left[\frac{n+1}{2}\right]} = \mathrm{i}\operatorname{sh}\psi. \tag{A-9}$$

我们由切比雪夫多项式的性质可以知道，$1 + \varepsilon^2\cos^2(n\arccos\omega)$ 的最高次项 ω^{2n} 的系数为 $(\varepsilon 2^{n-1})^2$。根据(11-2-4)式，我们可以构造切比雪夫低通模拟滤波器，其频谱为

$$H(\omega) = \frac{1}{\varepsilon 2^{n-1}} \cdot \frac{1}{(\omega - \beta_1)(\omega - \beta_2)\cdots(\omega - \beta_n)}$$

$$= \frac{1}{\varepsilon 2^{n-1}} \cdot \frac{1}{(\omega - \beta_{\left[\frac{n+1}{2}\right]})\prod_{k=1}^{[n/2]}(\omega - \beta_k)(\omega - \beta_{n-k+1})}. \tag{A-10}$$

当 n 为偶数时，在上式中没有 $\omega - \beta_{\left[\frac{n+1}{2}\right]}$ 这一项。

(4) 切比雪夫低通模拟滤波器 $H(\omega)$ 中参数 ε 和 n 的确定

从(A-2)式和(A-10)式我们知道，切比雪夫低通模拟滤波器 $H(\omega)$ 完全由参数 ε 和 n 确定。而在实际中，ε 和 n 是由控制 $|H(\omega)|^2$ 曲线的变化来确定的(见图 A-4)。

从图 A-4 可以看出，在通过带(区间 $[0,1]$)上曲线的波动起伏完全由 ε 控制，起伏范围为 $\dfrac{\varepsilon^2}{1+\varepsilon^2}$。

为了控制过渡带或截止带的大小，我们用控制点 ω_p 来控制，即要求

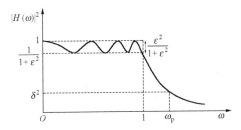

图 A-4 对 $|H(\omega)|^3$（见（A-2）式）的控制

$$|H(\omega_p)|^2 = \frac{1}{1+\varepsilon^2 T_n^2(\omega_p)} = \delta^2, \tag{A-11}$$

其中要求 δ 满足

$$\delta > 0, \quad \delta^2 < \frac{1}{1+\varepsilon^2}. \tag{A-12}$$

当 $\delta^2 = 1/2$ 时,我们称 ω_p 为半值点. 当 δ^2 很小时,我们称 ω_p 为截止点.

由（A-12）和（A-11）式可知

$$\omega_p > 1, \tag{A-13}$$

这个不等式从图 A-4 上也可直接看出来.

如果已经给定 $\varepsilon, \delta, \omega_p$,如何确定 n 呢?我们要从（A-11）中找出这些参数间的关系.

当 $\omega_p > 1$ 时,根据切比雪夫多项式的第二个定义,

$$T_n(\omega_p) = \text{ch}(n\,\text{arcch}\,\omega_p).$$

由（A-11）式可得

$$\text{ch}(n\,\text{arcch}\,\omega_p) = \frac{1}{\varepsilon}\sqrt{\frac{1}{\delta^2} - 1}. \tag{A-14}$$

令

$$q_p = \text{arcch}\,\omega_p, \tag{A-15}$$

则 $\text{ch}\,q_p = \omega_p$,由此可解出 q_p,

$$\text{arcch}\,\omega_p = q_p = \ln(\omega_p + \sqrt{\omega_p^2 - 1}). \tag{A-16}$$

根据式（A-15）,（A-16）,由（A-14）式可得

$$n = \frac{\ln(u + \sqrt{u^2 - 1})}{\ln(\omega_p + \sqrt{\omega_p^2 - 1})}, \tag{A-17}$$

其中

$$u = \frac{1}{\varepsilon}\sqrt{\frac{1}{\delta^2} - 1}. \qquad (A\text{-}18)$$

在(A-17)式中,右边不一定是整数,左边 n 在应用中要求为整数,因此,在实际中(A-17)式应改为

$$\frac{\ln(u + \sqrt{u^2 - 1})}{\ln(\omega_p + \sqrt{\omega_p^2 - 1})} \leqslant n < \frac{\ln(u + \sqrt{u^2 - 1})}{\ln(\omega_p + \sqrt{\omega_p^2 - 1})} + 1, \quad (A\text{-}19)$$

其中 u 见(A-18)式.

公式(A-19)就是确定 n 的公式.

如果已知 ε, n, δ,则根据(A-14)式可确定 ω_p,

$$\omega_p = \text{ch}\frac{\ln(u + \sqrt{u^2 - 1})}{n}, \qquad (A\text{-}20)$$

其中 u 见(A-18)式.

如果已知 ε, n, ω_p,则根据(A-11)式可确定 δ,

$$\delta^2 = \frac{1}{1 + \varepsilon^2 \text{ch}^2[n\ln(\omega_p + \sqrt{\omega_p^2 - 1})]}. \qquad (A\text{-}21)$$

3. 切比雪夫数字递归滤波器

现在我们根据第十一章 §3 的原理,从切比雪夫低通模拟滤波器 $H(\omega)$(见(A-10)式)出发,设计各种切比雪夫数字递归滤波器.

3.1 切比雪夫低通数字递归滤波器

设低通数字递归滤波器的低通范围为 $[-f_1, f_1]$.

把变换 $\omega = \frac{A}{i} \cdot \frac{1-Z}{1+Z}$ (见式(11-3-6)' 和 (11-3-6))代入(A-10)式,就得数字低通滤波器. 下面我们具体来计算.

$$(\omega - \beta_k)(\omega - \beta_{n-k+1})$$
$$= \left(\frac{A}{i} \cdot \frac{1-Z}{1+Z} - \beta_k\right)\left(\frac{A}{i} \cdot \frac{1-Z}{1+Z} - \beta_{n-k+1}\right)$$
$$= \frac{[A(1-Z) - i\beta_k(1+Z)][A(1-Z) - i\beta_{n-k+1}(1+Z)]}{-(1+Z)^2}.$$

由于 $i\beta_{n-k+1} = \overline{i\beta_k}$,$i\beta_k = ir_k - \sigma_k$(见式(A-7),(A-8)),上式分子为

$$[A(1-Z) - i\beta_k(1+Z)][A(1-Z) - \overline{i\beta_k}(1+Z)]$$

$$= A^2(1-Z)^2 + |\beta_k|^2(1+Z)^2 + 2\sigma_k A(1-Z^2)$$
$$= b_{k_2}Z^2 + b_{k_1}Z + b_{k_0},$$

其中

$$\begin{cases} b_{k_2} = (A-\sigma_k)^2 + r_k^2, \\ b_{k_1} = 2(\sigma_k^2 + r_k^2 - A^2), \\ b_{k_0} = (A+\sigma_k)^2 + r_k^2. \end{cases} \quad (A\text{-}22)$$

当 n 为奇数时，$\beta_{\left[\frac{n+1}{2}\right]} = \text{ish}\psi = \text{i}\sigma_{\left[\frac{n+1}{2}\right]}$（见(A-9)式），所以

$$\omega - \beta_{\left[\frac{n+1}{2}\right]} = \frac{A(1-Z)}{\text{i}(1+Z)} - \text{i}\sigma_{\left[\frac{n+1}{2}\right]}$$
$$= \frac{b_{\left[\frac{n+1}{2}\right]_1}Z + b_{\left[\frac{n+1}{2}\right]_0}}{\text{i}(1+Z)},$$

其中

$$\begin{cases} b_{\left[\frac{n+1}{2}\right]_1} = \sigma_{\left[\frac{n+1}{2}\right]} - A, \\ b_{\left[\frac{n+1}{2}\right]_0} = \sigma_{\left[\frac{n+1}{2}\right]} + A. \end{cases} \quad (A\text{-}23)$$

由上可知，数字低通滤波器为

$$H(Z) = \frac{1}{\varepsilon 2^{n-1}} \cdot \frac{1+Z}{b_{\left[\frac{n+1}{2}\right]_0} + b_{\left[\frac{n+1}{2}\right]_1}Z} \prod_{k=1}^{\left[\frac{n}{2}\right]} \frac{(1+Z)^2}{b_{k_0} + b_{k_1}Z + b_{k_2}Z^2}. \quad (A\text{-}24)$$

当 n 为偶数时，没有含 $\left[\dfrac{n+1}{2}\right]$ 的项. 上式中的参数见式(A-22)，(A-23)，以及式(A-7)和(11-3-6).

3.2 切比雪夫带通数字递归滤波器

设带通数字递归滤波器的频率参数为 $f_1, f_2(f_1 < f_2)$，即带通范围为 $[-f_2, -f_1]$ 和 $[f_1, f_2]$.

把变换

$$\omega = -\text{i}A\frac{1-Z}{1+Z} + \frac{q^2}{\text{i}A\dfrac{1-Z}{1+Z}} = \frac{\left(A\dfrac{1-Z}{1+Z}\right)^2 + q^2}{\text{i}A\dfrac{1-Z}{1+Z}}$$

（见式(11-3-9)′,(11-3-9),(11-3-10)）代入(A-10)式，就得到数字带通滤波器.

令

$$s = A\frac{1-Z}{1+Z},$$

则

$$\omega = \frac{s^2+q^2}{\mathrm{i}s},$$

$$(\omega-\beta_k)(\omega-\beta_{n-k+1}) = \frac{(s^2+q^2-\mathrm{i}\beta_k s)(s^2+q^2-\mathrm{i}\beta_{n-k+1}s)}{-s^2}.$$

把 $s^2+q^2-\mathrm{i}\beta_k s$ 作因式分解,

$$s^2+q^2-\mathrm{i}\beta_k s = (s-s_k^{(1)})(s-s_k^{(2)}).$$

由于 $\mathrm{i}\beta_{n-k+1} = \overline{\mathrm{i}\beta_k}$,故有

$$s^2+q^2-\mathrm{i}\beta_{n-k+1}s = (s-\overline{s_k^{(1)}})(s-\overline{s_k^{(2)}})①,$$

所以

$$(\omega-\beta_k)(\omega-\beta_{n-k+1}) = \frac{(s-s_k^{(1)})(s-\overline{s_k^{(1)}})(s-s_k^{(2)})(s-\overline{s_k^{(2)}})}{-s^2}.$$

于是,类似于低通滤波器的讨论,我们可以得到数字带通滤波器

$$H(Z) = \frac{1}{\varepsilon 2^{n-1}} \cdot \frac{A(1-Z^2)}{b_{\left[\frac{n+1}{2}\right]_0}+b_{\left[\frac{n+1}{2}\right]_1}Z+b_{\left[\frac{n+1}{2}\right]_2}Z}$$

$$\times \prod_{k=1}^{\left[\frac{n}{2}\right]} \frac{A(1-Z^2)}{b_{k_0}^{(1)}+b_{k_1}^{(1)}Z+b_{k_2}^{(1)}Z^2} \cdot \frac{A(1-Z^2)}{b_{k_0}^{(2)}+b_{k_1}^{(2)}Z+b_{k_2}^{(2)}Z^2}, \quad \text{(A-25)}$$

其中

$$\begin{cases} b_{\left[\frac{n+1}{2}\right]_0} = A^2 + \sigma_{\left[\frac{n+1}{2}\right]}A + q^2, \\ b_{\left[\frac{n+1}{2}\right]_1} = 2(q^2-A^2), \\ b_{\left[\frac{n+1}{2}\right]_2} = A^2 - \sigma_{\left[\frac{n+1}{2}\right]}A + q^2, \\ b_{k_0}^{(j)} = (A-\mathrm{Re}s_k^{(j)})^2 + (\mathrm{Im}s_k^{(j)})^2, \\ b_{k_1}^{(j)} = 2(|s_k^{(j)}|^2-A^2), \\ b_{k_2}^{(j)} = (A+\mathrm{Re}s_k^{(j)})^2 + (\mathrm{Im}s_k^{(j)})^2, \end{cases} \quad j=1,2. \quad \text{(A-26)}$$

---

① 设 λ 是多项式 $a_0+a_1s+a_2s^2+\cdots+a_ns^n$ 的根,即 $a_0+a_1\lambda+\cdots+a_n\lambda^n=0$,则 $\bar{a}_0+\bar{a}_1\bar{\lambda}+\cdots+\bar{a}_n\bar{\lambda}^n=0$. 因此, $\bar{\lambda}$ 是多项式 $\bar{a}_0+\bar{a}_1s+\bar{a}_2s^2+\cdots+\bar{a}_ns^n$ 的根,所以,当 $a_0+a_1s+\cdots+a_ns^n=a_n(s-s^{(1)})(s-s^{(2)})\cdots(s-s^{(n)})$ 时,有

$$\bar{a}_0+\bar{a}_1s+\cdots+\bar{a}_ns^n = \bar{a}_n(s-\overline{s^{(1)}})(s-\overline{s^{(2)}})\cdots(s-\overline{s^{(n)}}).$$

$s_k^{(1)}, s_k^{(2)}$ 是 $s^2 + q^2 - \mathrm{i}\beta_k s = 0$ 的根. β_k 由(A-7)式确定, $\sigma_{\left[\frac{n+1}{2}\right]} = \mathrm{sh}\psi$. ψ 由(A-6)式确定, A 由(11-3-9)式确定, q^2 由(11-3-10)式确定. 当 n 为偶数时, 没有含 $\left[\frac{n+1}{2}\right]$ 的项.

3.3 切比雪夫高通数字递归滤波器

设高通频率参数为 f_1, 即数字滤波器的高通范围为

$$f_1 \leqslant |f| \leqslant \frac{1}{2\Delta}.$$

把变换 $\omega = \dfrac{1+Z}{\mathrm{i}A(1-Z)}$ 代入(A-10)式就可得高通数字滤波器

$$H(Z) = \frac{1}{\varepsilon 2^{n-1}} \cdot \frac{1}{b_{\left[\frac{n+1}{2}\right]_0} + b_{\left[\frac{n+1}{2}\right]_1} Z}$$

$$\cdot \prod_{k=1}^{\left[\frac{n}{2}\right]} \frac{(1-Z)^2}{b_{k_0} + b_{k_1} Z + b_{k_2} Z^2}, \tag{A-27}$$

其中

$$\begin{cases} b_{\left[\frac{n+1}{2}\right]_0} = \sigma_{\left[\frac{n+1}{2}\right]} + \dfrac{1}{A}, \\ b_{\left[\frac{n+1}{2}\right]_1} = \sigma_{\left[\frac{n+1}{2}\right]} - A, \\ b_{k_0} = \left(\dfrac{1}{A} + \sigma_k\right)^2 + r_k^2, \\ b_{k_1} = 2\left(\dfrac{1}{A^2} - \sigma_k^2 - r_k^2\right), \\ b_{k_2} = \left(\dfrac{1}{A} - \sigma_k\right)^2 + r_k^2. \end{cases} \tag{A-28}$$

σ_k, r_k 由(A-7)式确定, $\sigma_{\left[\frac{n+1}{2}\right]} = \mathrm{sh}\psi$, ψ 由(A-6)式确定, 而

$$A = \frac{1}{\tan \pi \Delta f_1},$$

当 n 为偶数时, 没有含 $\left[\dfrac{n+1}{2}\right]$ 的项.

3.4 切比雪夫带阻数字递归滤波器

设带阻频率参数为 $f_1, f_2 (f_1 < f_2)$，即带阻范围为 $f_1 \leqslant |f| \leqslant f_2$. 把变换

$$\omega = \frac{-iA\dfrac{1-Z}{1+Z}}{\left(A\dfrac{1-Z}{1+Z}\right)^2 + q^2}$$

(见式(11-3-14)′)代入(A-10)式，就得到数字带阻滤波器.

令

$$s = A\frac{1-Z}{1+Z},$$

则

$$\omega = \frac{-is}{s^2 + q^2},$$

$$\omega - \beta_k = -\beta_k \frac{s^2 + q^2 + \dfrac{i}{\beta_k}s}{s^2 + q^2} = -\beta_k \frac{(s - s_k^{(1)})(s - s_k^{(2)})}{s^2 + q^2},$$

其中 $s_k^{(1)}, s_k^{(2)}$ 为方程 $s^2 + q^2 + \dfrac{i}{\beta_k}s = 0$ 的两个根.

由于 $i\beta_{n-k+1} = \overline{i\beta_k}$，可以得到

$$(\omega - \beta_k)(\omega - \beta_{n-k+1})$$

$$= -|\beta_k|^2 \frac{(s - s_k^{(1)})(s - \overline{s_k^{(1)}})(s - s_k^{(2)})(s - \overline{s_k^{(2)}})}{(s^2 + q^2)^2}.$$

把 $s = A\dfrac{1-Z}{1+Z}$ 代入上式，我们就可以得到数字带阻滤波器

$$H(Z) = \frac{1}{\varepsilon 2^{n-1}} \cdot \frac{a_0 + a_1 Z + a_2 Z}{b_{\left[\frac{n+1}{2}\right]_0} + b_{\left[\frac{n+1}{2}\right]_1} Z + b_{\left[\frac{n+1}{2}\right]_2} Z^2}$$

$$\times \prod_{k=1}^{\left[\frac{n}{2}\right]} \frac{1}{|\beta_k|^2} \cdot \frac{a_0 + a_1 Z + a_2 Z}{b_{k_0}^{(1)} + b_{k_1}^{(1)} Z + b_{k_2}^{(1)} Z^2} \cdot \frac{a_0 + a_1 Z + a_2 Z}{b_{k_0}^{(2)} + b_{k_1}^{(2)} Z + b_{k_2}^{(2)} Z^2},$$

(A-29)

其中

$$\begin{cases} a_0 = q^2 + A^2, \\ a_1 = 2(q^2 - A^2), \\ a_2 = q^2 + A^2, \\ b_{\left[\frac{n+1}{2}\right]_0} = A + \sigma_{\left[\frac{n+1}{2}\right]}(q^2 + A^2), \\ b_{\left[\frac{n+1}{2}\right]_1} = 2\sigma_{\left[\frac{n+1}{2}\right]}(q^2 - A^2), \\ b_{\left[\frac{n+1}{2}\right]_2} = \sigma_{\left[\frac{n+1}{2}\right]}(q^2 + A^2), \\ b_{k_0}^{(j)} = (A - \mathrm{Re}s_k^{(j)})^2 + (\mathrm{Im}s_k^{(j)})^2, \\ b_{k_1}^{(j)} = 2(|s_k^{(j)}|^2 - A^2), \\ b_{k_2}^{(j)} = (A + \mathrm{Re}s_k^{(j)})^2 + (\mathrm{Im}s_k^{(j)})^2, \end{cases} \quad j = 1, 2. \quad \text{(A-30)}$$

$s_k^{(1)}, s_k^{(2)}$ 是 $s^2 + q^2 + \dfrac{\mathrm{i}}{\beta_k}s = 0$ 的根. β_k 由(A-7)式确定, $\sigma_{\left[\frac{n+1}{2}\right]} = \mathrm{sh}\psi, \psi$ 由(A-6)式确定, A 由(11-3-9)式确定, q^2 由(11-3-10)式确定. 当 n 为偶数时, 没有含 $\left[\dfrac{n+1}{2}\right]$ 的项.

最后我们指出, 如果在切比雪夫低通模拟滤波器 $|H(\omega)|^2$ 中给定控制点 ω_p(见图 A-4), 则在切比雪夫低通、高通、带通、带阻数字滤波器 $|\widetilde{H}(f)|^2 = |H(Z)|^2\big|_{Z=\mathrm{e}^{-\mathrm{i}2\pi\Delta f}}$ 中, 相应于 ω_p 的控制点 f_p, 分别由参考文献[1]中的式(11-4-27)′,(11-4-29),(11-4-32),(11-4-36)确定.

参 考 文 献

[1] 程乾生. 信号数字处理的数学原理(第二版). 北京: 石油工业出版社, 1993.
[2] Parks T W and Burrus C S. Digital Filter Design. New York: Wiley, 1987.

附录 B　信号处理中的某些代数问题

信号处理的许多问题最后都归结到矩阵问题.奇异值分解已成为现代信号处理的一种重要的工具和方法.用奇异值分解方法可以深刻地了解解线性方程组的最小平方问题.我们将对奇异值分解及其与最小平方问题的关系,进行较深入详细的讨论.§1讨论豪斯霍尔德变换矩阵和矩阵的 QR 分解、正交分解.§2讨论矩阵的奇异值分解(SVD).§3借助奇异值分解研究广义逆矩阵问题.§4 到§6,讨论最小平方问题及有关的阻尼方法和奇异值分析.在最后一节,我们对矩阵的一些重要的基本概念、定义和性质,进行简明地介绍和分析.这些内容,对于研究信号处理也是必要的.

§1　豪斯霍尔德变换矩阵和矩阵的 QR 分解、正交分解

为了更好地了解矩阵的奇异值分解,我们先讨论豪斯霍尔德变换矩阵和矩阵的 QR 分解、正交分解.

1. 豪斯霍尔德变换矩阵

豪斯霍尔德变换矩阵是由一个向量构成的,它具有特殊的性质.
设 $\boldsymbol{u}=[u_1 \ \cdots \ u_m]^{\mathrm{T}}$ 是 m 维非 0 向量,$\boldsymbol{I}_m$ 是 m 阶单位矩阵.令

$$\boldsymbol{Q} = \boldsymbol{I}_m - \frac{2\boldsymbol{u}\boldsymbol{u}^{\mathrm{T}}}{\boldsymbol{u}^{\mathrm{T}}\boldsymbol{u}}, \tag{B-1-1}$$

其中符号 T 表示矩阵或向量的转置,$\boldsymbol{u}^{\mathrm{T}}\boldsymbol{u} = \sum_{i=1} u_i^2 = \|\boldsymbol{u}\|^2$ 为一标量,而 $\boldsymbol{u}\boldsymbol{u}^{\mathrm{T}}$ 为

$$\boldsymbol{u}\boldsymbol{u}^{\mathrm{T}} = \begin{bmatrix} u_1 \\ \vdots \\ u_m \end{bmatrix} [u_1 \ \cdots \ u_m] = (u_i u_j)_{m \times m}.$$

我们容易知道,$Q = Q^T$,而

$$QQ = \left(I_m - \frac{2uu^T}{u^T u}\right)\left(I_m - \frac{2uu^T}{u^T u}\right)$$

$$= I_m - \frac{2uu^T}{u^T u} - \frac{2uu^T}{u^T u} + 4\frac{u(u^T u)u^T}{(u^T u)^2} = I_m,$$

因此,Q 是对称正交矩阵.

我们称形如(B-1-1)式的矩阵 Q 为豪斯霍尔德变换矩阵,简记为 HTM.

豪斯霍尔德变换矩阵还有如下的性质:

(1) $Qu = -u$. 这是由于

$$Qu = u - \frac{2uu^T u}{u^T u} = u - 2u = -u.$$

(2) 若 m 维向量 v 与 u 正交,即 $u^T v = 0$,则 $Qv = v$. 这是由于

$$Qv = v - \frac{2uu^T v}{u^T u} = v.$$

下面给出关于豪斯霍尔德变换矩阵重要应用的定理.

定理 1 设 v 为 m 维非 0 向量. 令

$$\begin{cases} e_1 = (1\ 0\ \cdots\ 0)^T, \\ s = \text{sign}(v_1) = \begin{cases} 1, & v_1 \geqslant 0, \\ -1, & v_1 < 0, \end{cases} \\ u = v + s\|v\|e_1, \\ Q = I_m - \dfrac{2uu^T}{u^T u}, \end{cases} \quad \text{(B-1-2)}$$

则

$$Qv = -s\|v\|e_1, \quad \text{(B-1-3)}$$

其中 v_1 是 v 的第一个分量.

证明 由(B-1-2)式知

$$u^T u = (v^T + s\|v\|e_1^T)(v + s\|v\|e_1)$$

$$= \|v\|^2 + 2s\|v\|v_1 + \|v\|^2 = 2\|v\|(\|v\| + sv_1),$$

$$uu^T s\|v\|e_1 = s\|v\|uu_1 = s\|v\|(v + s\|v\|e_1)(v_1 + s\|v\|)$$

$$= \|v\|(sv_1 + \|v\|)(v + s\|v\|e_1),$$

因此

$$\frac{2\boldsymbol{uu}^\mathrm{T}s\|\boldsymbol{v}\|\boldsymbol{e}_1}{\boldsymbol{u}^\mathrm{T}\boldsymbol{u}} = \boldsymbol{v} + s\|\boldsymbol{v}\|\boldsymbol{e}_1,$$

$$Qs\|\boldsymbol{v}\|\boldsymbol{e}_1 = s\|\boldsymbol{v}\|\boldsymbol{e}_1 - \frac{2\boldsymbol{uu}^\mathrm{T}s\|\boldsymbol{v}\|\boldsymbol{e}_1}{\boldsymbol{u}^\mathrm{T}\boldsymbol{u}} = -\boldsymbol{v}.$$

所以

$$Q\boldsymbol{v} = Q(\boldsymbol{u} - s\|\boldsymbol{v}\|\boldsymbol{e}_1) = Q\boldsymbol{u} - Qs\|\boldsymbol{v}\|\boldsymbol{e}_1$$
$$= -\boldsymbol{u} + \boldsymbol{v} = -s\|\boldsymbol{v}\|\boldsymbol{e}_1.$$

定理证毕.

2. 矩阵的 QR 分解

对任何矩阵 $\boldsymbol{B}$,如果它在主对角线以下的元素皆为 0,则称矩阵 $\boldsymbol{B}$ 为**上三角矩阵**;如果它在主对角线以上的元素为 0,则称矩阵 $\boldsymbol{B}$ 为**下三角矩阵**. 上三角矩阵和下三角矩阵皆称为**三角矩阵**. 图 B-1 是上三角矩阵 $\boldsymbol{B}_{m\times n}$ 的三种情况.

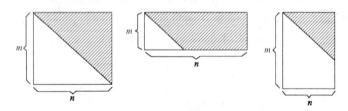

图 B-1 上三角矩阵的三种情况

下面给出一个矩阵分解的定理.

定理 2 设 $\boldsymbol{A}$ 为 $m\times n$ 矩阵,则存在 $m\times m$ 正交矩阵 $\boldsymbol{Q}$,使 $\boldsymbol{AQ}=\boldsymbol{R}$ 是上三角矩阵.

证明 当 $\boldsymbol{A}$ 的第一列为非 0 向量时,按照定理 1,可取一个 $m\times m$ 正交矩阵 $\boldsymbol{Q}_1$,使 $\boldsymbol{Q}_1\boldsymbol{A}$ 的第 1 列的第 2 个到第 m 个分量为 0. 当 $\boldsymbol{A}$ 的第一列为 0 向量时,可取 $\boldsymbol{Q}_1=\boldsymbol{I}_m$. 同样,可选取 $(m-1)\times(m-1)$ 正交矩阵 $\boldsymbol{P}_2$,当它作用到 $\boldsymbol{Q}_1\boldsymbol{A}$ 的第 2 列的第 2 个到第 m 个分量上时,使第 3 个分量到第 m 个分量为 0. 取 $\boldsymbol{Q}_2$ 为

$$Q_2 = \begin{bmatrix} 1 & 0 \\ 0 & P_2 \end{bmatrix},$$

显然 Q_2 是正交矩阵,且使 Q_2Q_1A 在主对角线以下前两列的元素为 0. 类似地作下去,一直得到 Q_k, $k = \min(m,n)$. 于是 $Q = Q_kQ_{k-1}\cdots Q_1$ 就是所要求的正交矩阵. 证毕.

由定理 2 知
$$A = Q^{\mathrm{T}}R,$$
其中 Q^{T} 仍为正交矩阵.

把一个矩阵分解为一个正交矩阵与一个上三角矩阵的乘积,这种分解称 **QR 分解**. 定理 2 不仅说明 QR 分解的存在,而且给出构造 Q 与 R 的方法.

3. 矩阵的正交分解

我们在矩阵 QR 分解的基础上,进一步讨论矩阵的正交分解.

首先我们介绍一下置换矩阵. 置换矩阵是一个方阵,它是对单位阵的列进行置换的结果,即把单位阵的各列进行重排的结果. 由于单位阵的各列是相互正交的单位向量,所以置换矩阵是正交矩阵. 例如,把 $n \times n$ 单位阵 I_n 的第 i 列与第 j 列 ($i < j$) 互换,就得到一个置换矩阵

$$P = \begin{bmatrix} 1 & & & & & & & & & \\ & \ddots & & & & & & & & \\ & & 1 & & & & & & & \\ & & & 0 & \cdots & 1 & & & & \\ & & & & 1 & & & & & \\ & & & \vdots & & \ddots & \vdots & & & \\ & & & & & & 1 & & & \\ & & & 1 & \cdots & 0 & & & & \\ & & & & & & & 1 & & \\ & & & & & & & & \ddots & \\ & & & & & & & & & 1 \end{bmatrix}.$$
$$\phantom{P = \begin{bmatrix}}\quad\quad\quad i \quad\quad\quad j$$

用这个矩阵 P 去右乘一个矩阵 A,就相当于把 A 的第 i 列与第 j 列互

换.一般地,用置换矩阵右乘一个矩阵,使该矩阵的列进行重排;用置换矩阵左乘一个矩阵,使该矩阵的行进行重排.

设 A 为 $m \times n$ 矩阵,其秩为 k ($k \leqslant \min(m,n)$).

我们取 $n \times n$ 置换矩阵 P 使 AP 的前 k 列向量是线性无关的.对矩阵 AP 应用定理 2,即取 $m \times m$ 正交矩阵 Q 使 QAP 为上三角矩阵.我们可把 QAP 写为

$$QAP = \begin{bmatrix} R_{k \times k} & T_{k \times (n-k)} \\ 0 & F_{(m-k) \times (n-k)} \end{bmatrix}. \qquad \text{(B-1-4)}$$

因为 Q,P 为正交矩阵,A 的秩为 k,$R_{k \times k}$ 为上三角矩阵且秩为 k,所以 F 必为零矩阵,否则 QAP 的秩就要大于 k,而这是不可能的.于是(B-1-4)式可写为

$$QAP = \begin{bmatrix} R_{k \times k} & T_{k \times (n-k)} \\ 0 & 0 \end{bmatrix}. \qquad \text{(B-1-5)}$$

对 $n \times k$ 矩阵 $(R_{k \times k} \ T_{k \times (n-k)})^\mathrm{T}$,由定理 2 知,存在 $n \times n$ 正交矩阵 W 使 $W(R_{k \times k} \ T_{k \times (n-k)})^\mathrm{T}$ 为上三角矩阵.由于 $k \leqslant n$,于是有

$$W(R_{k \times k} \ T_{k \times (n-k)})^\mathrm{T} = \begin{bmatrix} \widetilde{R}_{k \times k} \\ 0 \end{bmatrix},$$

即

$$(R_{k \times k} \ T_{k \times (n-k)})W^\mathrm{T} = (\widetilde{R}_{k \times 0}^\mathrm{T} \ 0), \qquad \text{(B-1-6)}$$

其中 $\widetilde{R}_{k \times k}$ 为上三角矩阵.

由(B-1-5)式和(B-1-6)式得

$$QAPW^\mathrm{T} = \begin{bmatrix} \widetilde{R}_{k \times k}^\mathrm{T} & 0 \\ 0 & 0 \end{bmatrix}. \qquad \text{(B-1-7)}$$

令

$$H = Q^\mathrm{T}, \quad K = PW^\mathrm{T}, \quad R_{11} = \widetilde{R}_{k \times k},$$

则有

$$A = H \begin{bmatrix} R_{11} & 0 \\ 0 & 0 \end{bmatrix} K^\mathrm{T}.$$

由上可得下面的定理.

定理 3 设 A 是 $m \times n$ 矩阵,秩为 k,则存在 $m \times m$ 正交矩阵 H 和

$n \times n$ 正交矩阵 K,使

$$A = HRK^T, \tag{B-1-8}$$

其中

$$R = \begin{bmatrix} R_{11} & 0 \\ 0 & 0 \end{bmatrix}, \tag{B-1-9}$$

R_{11} 为 $k \times k$ 三角矩阵,秩为 k.

现在给出矩阵正交分解的定义. $m \times n$ 矩阵 A 的任何一个分解 $A = HRK^T$,其中 H, K 为正交矩阵, R 形如(B-1-9)式, R_{11} 是秩为 k 的 $k \times k$ 矩阵,称为 A 的一个正交分解. 定理 3 表明,矩阵的正交分解总是存在的,而且还可要求 R_{11} 是三角矩阵.

§2 矩阵的奇异值分解

奇异值分解(SVD)已成为信号处理的一个有力工具. 这节将讨论矩阵的奇异值分解及重要性质.

1. 矩阵的奇异值分解

由 §1 定理 3 知,任何 $m \times n$ 矩阵 A 有正交分解

$$A = HRK^T, \tag{B-2-1}$$

其中

$$R = \begin{bmatrix} R_{11} & 0 \\ 0 & 0 \end{bmatrix}, \tag{B-2-2}$$

R_{11} 为 $k \times k$ 矩阵,秩为 k, H, K 为正交矩阵.

现在我们要在此基础上做进一步分解. 首先对满秩矩阵 R_{11} 做分解. 矩阵 $R_{11}^T R_{11}$ 是对称的正定矩阵,因此由它的特征值和特征向量可得到分解

$$R_{11}^T R_{11} = V_{11} D_{11} V_{11}^T, \tag{B-2-3}$$

其中 V_{11} 为正交矩阵, D_{11} 为对角矩阵,对角线上元素为正的并要求为不减的.

设 S_{11} 为对角矩阵,它对角线上的元素为 D_{11} 的相应元素的正平方根. 于是有

$$D_{11} = S_{11}^2, \quad S_{11}^{-1} D_{11} S_{11}^{-1} = I_k. \quad (B\text{-}2\text{-}4)$$

对 R_{11} 做分解

$$R_{11} = R_{11} V_{11} V_{11}^T = R_{11} V_{11} S_{11}^{-1} S_{11} V_{11}^T = U_{11} S_{11} V_{11}^T, \quad (B\text{-}2\text{-}5)$$

其中 $U_{11} = R_{11} V_{11} S_{11}^{-1}$. 由(B-2-3)式和(B-2-4)式知

$$U_{11}^T U_{11} = S_{11}^{-1} V_{11}^T R_{11}^T R_{11} V_{11} S_{11}^{-1} = S_{11}^{-1} D_{11} S_{11}^{-1} = I_k,$$

因此, U_{11} 为 $k \times k$ 正交矩阵.

由(B-2-5)和(B-2-2)式可知

$$R = \begin{bmatrix} R_{11} & 0 \\ 0 & 0 \end{bmatrix} = \begin{bmatrix} U_{11} S_{11} V_{11}^T & 0 \\ 0 & 0 \end{bmatrix}$$

$$= \begin{bmatrix} U_{11} & 0 \\ 0 & I_{m-k} \end{bmatrix} \begin{bmatrix} S_{11} & 0 \\ 0 & 0 \end{bmatrix} \begin{bmatrix} V_{11} & 0 \\ 0 & I_{n-k} \end{bmatrix}^T. \quad (B\text{-}2\text{-}6)$$

把(B-2-6)式代入(B-2-1)式得

$$A = H \begin{bmatrix} U_{11} & 0 \\ 0 & I_{m-k} \end{bmatrix} \begin{bmatrix} S_{11} & 0 \\ 0 & 0 \end{bmatrix} \begin{bmatrix} V_{11} & 0 \\ 0 & I_{n-k} \end{bmatrix}^T K^T. \quad (B\text{-}2\text{-}7)$$

由(B-2-7)式不难得到下面的定理.

定理 1 设 A 是秩为 k 的 $m \times n$ 矩阵, 则存在 $m \times m$ 正交矩阵 U, $n \times n$ 正交矩阵 V 和 $m \times n$ 对角矩阵 S 使

$$A = USV^T, \quad (B\text{-}2\text{-}8)$$

其中 S 的对角线上元素 S_{jj} 为非负, 且 $S_{11} \geqslant S_{22} \geqslant \cdots \geqslant S_{kk} > 0$, $S_{jj} = 0$ $(j > k)$.

为了证明(B-2-8)式, 我们只要在(B-2-7)式中令

$$U = H \begin{bmatrix} U_{11} & 0 \\ 0 & I_{m-k} \end{bmatrix}, \quad V = K \begin{bmatrix} V_{11} & 0 \\ 0 & I_{n-k} \end{bmatrix},$$

$$S = \begin{bmatrix} S_{11} & 0 \\ 0 & 0 \end{bmatrix} \quad (B\text{-}2\text{-}9)$$

就行了.

我们称分解式(B-2-8)为矩阵 A 的**奇异值分解**, 称 S 的对角线上的元素为矩阵 A 的**奇异值**.

在矩阵的奇异值分解式(B-2-8)中, 正交矩阵 U, V 和对角矩阵 S 都有具体意义.

由(B-2-8)式知
$$A^\mathrm{T}A = VS^\mathrm{T}U^\mathrm{T}USV^\mathrm{T} = VS^\mathrm{T}SV^\mathrm{T},$$
也即
$$(A^\mathrm{T}A)V = V(S^\mathrm{T}S). \tag{B-2-10}$$

由于 S 为对角矩阵,所以 $S^\mathrm{T}S$ 也为对角矩阵. 这样,(B-2-10)式说明了: V 的列向量为矩阵 $A^\mathrm{T}A$ 的特征向量,$S^\mathrm{T}S$ 中对角线上的元素为 $A^\mathrm{T}A$ 的特征值. 因此, S 中对角线上元素的平方为 $A^\mathrm{T}A$ 的特征值.

同理可知: U 的列向量为矩阵 AA^T 的特征向量,SS^T 中对角线上的元素为 AA^T 的特征值.

2. 奇异值分解的最佳逼近性质

我们考虑下面的最佳逼近问题: 给定一个 $m \times n$ 矩阵 A, 它的秩为 k, 和一个非负整数 $r < k$, 求一个秩为 r 的 $m \times n$ 矩阵 B, 使
$$\min \|B - A\|_E, \tag{B-2-11}$$
其 $\|\cdot\|_E$ 为矩阵的弗罗比纽斯模或欧几里得矩阵模
$$\|A\|_E = \left(\sum_{i=1}^m \sum_{j=1}^n a_{ij}^2 \right)^{1/2}. \tag{B-2-12}$$

为了求得问题(B-2-11)的解,我们先给出一个定理——奇异值摄动定理.

定理 2 设 A, B 是 $m \times n$ 矩阵, A 和 B 的奇异值分别为 s_i 和 β_i, $i = 1, 2, \cdots, l$, $l = \min(m, n)$. 则下面不等式成立
$$\sum_{i=1}^l (s_i - \beta_i)^2 \leqslant \|B - A\|_E^2. \tag{B-2-13}$$

这个定理的证明参看文献[1],[2].

下面的定理给出了最佳逼近问题的解.

定理 3 设 $m \times n$ 矩阵 A 的奇异值分解为 $A = USV^\mathrm{T}$, U, V 为正交矩阵, 奇异值为 $s_1 \geqslant \cdots \geqslant s_k > 0$. 则最佳逼近问题(B-2-11)的解为矩阵 $\hat{B}$,
$$\hat{B} = U \begin{bmatrix} s_1 & & & 0 \\ & \ddots & & \\ & & s_r & \\ 0 & & & 0 \end{bmatrix} V^\mathrm{T}. \tag{B-2-14}$$

证明 设 $m\times n$ 矩阵 $\boldsymbol{B}$ 的奇异值为 $\beta_1\geqslant\cdots\geqslant\beta_r>0$, $\beta_i=0$, $r<i\leqslant l=\min(m,n)$. 由定理 2 知

$$\|\boldsymbol{B}-\boldsymbol{A}\|_E^2 \geqslant \sum_{i=r+1}^{k} s_i^2. \tag{B-2-15}$$

对 (B-2-14) 式表示的 $\hat{\boldsymbol{B}}=\boldsymbol{U}\hat{\boldsymbol{S}}\boldsymbol{V}^\mathrm{T}$, 其中

$$\hat{\boldsymbol{S}} = \begin{bmatrix} s_1 & & & 0 \\ & \ddots & & \\ & & s_r & \\ 0 & & & 0 \end{bmatrix},$$

有

$$\|\hat{\boldsymbol{B}}-\boldsymbol{A}\|_E^2 = \|\hat{\boldsymbol{S}}-\boldsymbol{S}\|_E^2 = \sum_{i=r+1}^{k} s_i^2 \tag{B-2-16}$$

(参看本章问题第 1 题). 由 (B-2-15) 式和 (B-2-16) 式知

$$\|\hat{\boldsymbol{B}}-\boldsymbol{A}\|_E = \min\|\boldsymbol{B}-\boldsymbol{A}\|_E.$$

定理证毕.

关于定理 3 的最早文献是 [3].

3. 奇异值分解的展开式

在奇异值分解 (B-2-8) 式中, 我们用 $\boldsymbol{u}_j$ 表示矩阵 $\boldsymbol{U}$ 的第 j 个列向量, 用 $\boldsymbol{v}_j$ 表示 $\boldsymbol{V}$ 的第 i 个列向量. 因此, $\boldsymbol{U}=[\boldsymbol{u}_1\ \boldsymbol{u}_2\ \cdots\ \boldsymbol{u}_m]$, $\boldsymbol{V}=[\boldsymbol{v}_1\ \cdots\ \boldsymbol{v}_n]$. 将此代入 (B-2-8) 式得

$$\begin{aligned}
\boldsymbol{A} &= [\boldsymbol{u}_1\ \cdots\ \boldsymbol{u}_m]_{m\times m} \begin{bmatrix} s_1 & & & & \\ & \ddots & & & \\ & & s_k & & \\ & & & 0 & \\ & & & & \ddots \\ & & & & & 0 \end{bmatrix}_{m\times n} [\boldsymbol{v}_1\ \cdots\ \boldsymbol{v}_n]_{n\times n}^\mathrm{T} \\
&= [s_1\boldsymbol{u}_1\ \cdots\ s_k\boldsymbol{u}_k\ 0\ \cdots\ 0]_{m\times n} \begin{bmatrix} \boldsymbol{v}_1^\mathrm{T} \\ \vdots \\ \boldsymbol{v}_n^\mathrm{T} \end{bmatrix}_{n\times n} \\
&= s_1\boldsymbol{u}_1\ \boldsymbol{v}_1^\mathrm{T} + s_2\boldsymbol{u}_2\ \boldsymbol{v}_2^\mathrm{T} + \cdots + s_k\boldsymbol{u}_k\boldsymbol{v}_k^\mathrm{T}. \tag{B-2-17}
\end{aligned}$$

我们称(B-2-17)式为 A 的**奇异值分解展开式**.

类似地,秩为 $r(<k)$ 的最佳逼近矩阵 $\hat{B}$(见(B-2-14)式)有展开式
$$\hat{B} = s_1\boldsymbol{u}_1\boldsymbol{v}_1^T + s_2\boldsymbol{u}_2\boldsymbol{v}_2^T + \cdots + s_r\boldsymbol{u}_r\boldsymbol{v}_r^T. \tag{B-2-18}$$

我们注意, $\boldsymbol{u}_i\boldsymbol{v}_i^T$ 是秩为 1 的简单 $m \times n$ 矩阵,需要存贮单元 $m+n$ 个. 由(B-2-18)式知,按这种存贮法, $\hat{B}$ 需要存贮单元 $r \times (m+n)$. A 的存贮单元为 $m \times n$ 个. 当 r 很小时, $r \times (m+n)$ 比 $m \times n$ 小得多. 因此,用最佳逼近矩阵 $\hat{B}$ 代替 A,可以极大地节省存贮量. 但是,更重要的是 $\hat{B}$ 反映了 A 中重要的信息,这在二维数据处理中已获得重要应用.

§3 广义逆矩阵

广义逆矩阵的概念在近代文献中经常出现,现在我们介绍一种最常用的广义逆矩阵 A^+,它和矩阵 A 的奇异值分解有密切关系. Moore 于 1920 年首先提出这种广义逆矩阵,但当时并未引起重视. Penrose 于 1955 年提出四个条件,更明确地给出这种广义逆矩阵的定义. 有关广义逆矩阵的一般情况,参看文献[4].

1. 广义逆矩阵 A^+ 的定义

设 A 为 $m \times n$ 矩阵. 如果 $n \times m$ 矩阵 H 满足庞路希条件:
$$\begin{cases} ① \ AHA = A, \\ ② \ HAH = H, \\ ③ \ (AH)^T = AH, \\ ④ \ (HA)^T = HA, \end{cases} \tag{B-3-1}$$
则称 H 是 A 的**广义加号逆矩阵**,简称**广义逆**,记为 A^+. 有时也称 A^+ 为**穆尔-庞路希逆**.

广义逆 A^+ 是否存在唯一?它的构造如何?下面加以讨论.

2. 广义逆 A^+ 的存在性与唯一性,广义逆 A^+ 的奇异值分解

设 A 的奇异值分解为
$$A = USV^T, \tag{B-3-2}$$
其中 U, S, V 的定义见(B-2-8)式和(B-2-9)式.

令

$$S^{-1} = \begin{bmatrix} S_{11}^{-1} & 0 \\ 0 & 0 \end{bmatrix}, \tag{B-3-3}$$

$$\hat{A}^+ = VS^{-1}U^T, \tag{B-3-4}$$

其中 S^{-1} 为 $n \times m$ 矩阵.

由(B-3-2)~(B-3-4)式,很容易验证 $\hat{A}^+$ 满足(B-3-1)中的四个关系式. 以①为例:

$$A\hat{A}^+A = USV^T VS^{-1}U^T USV^T$$
$$= USS^{-1}SV^T = USV^T.$$

关于关系式②,③和④,请读者自行验证. 以上说明,广义逆 A^+ 是存在的,$\hat{A}^+$ 就是一个.

现在证明广义逆是唯一的.

设 H_1 和 H_2 都是 A 的广义逆,即都满足(B-3-1)式. 反复利用关系式(B-3-1)可得

$$H_1 \stackrel{②}{=\!=\!=} H_1(A)H_1 \stackrel{①}{=\!=\!=} (H_1A)(H_2A)H_1$$
$$\stackrel{④}{=\!=\!=} (A^T H_1^T A^T)H_2^T H_1 \stackrel{①}{=\!=\!=} (A^T H_2^T)H_1 \stackrel{④}{=\!=\!=} H_2AH_1,$$
$$H_2 \stackrel{②}{=\!=\!=} H_2(AH_2) \stackrel{③}{=\!=\!=} H_2 H_2^T(A^T) \stackrel{①}{=\!=\!=} H_2(H_2^T A^T)(H_1^T A^T)$$
$$\stackrel{③}{=\!=\!=} H_2(AH_2A)H_1 \stackrel{①}{=\!=\!=} H_2AH_1,$$

因此,$H_1 = H_2$. 这说明广义逆 A^+ 是唯一的.

由(B-3-4)式,令

$$A^+ = VS^{-1}U^T. \tag{B-3-4}'$$

(B-3-4)′被称为广义逆 A^+ 的奇异值分解.(B-3-4)表明,由矩阵 A 的奇异值分解可直接写出广义逆 A^+ 的奇异值分解. 由于广义逆是唯一的,因而由 U,V 和 S 就直接构造出广义逆. 利用广义逆的奇异值分解可容易地证明广义逆的性质. 如

$$(A^+)^+ = (VS^{-1}U^T)^+ = USV^T = A,$$
$$(A^T)^+ = ((USV^T)^T)^+ = (VS^T U^T)^+$$
$$= U(S^T)^{-1}V^T = (VS^{-1}U^T)^T = (A^+)^T,$$

即

$$(A^+)^+ = A, \quad (A^T)^+ = (A^+)^T.$$

广义逆的其他一些性质见本章问题第 3 题.

3. 广义逆 A^- 和 $A^{(1,2)}$

我们再简单介绍两种广义逆,它们都是建立在庞路希条件之上的.

如果矩阵 H 满足庞路希条件①,则称矩阵 H 为广义减号逆,记为 A^-.

如果矩阵 H 满足庞路希条件①和②,则称 H 为 A 的自反广义逆,记为 $A^{(1,2)}$.

利用奇异值分解(B-3-2)式和(B-3-3)式,容易求出 A^- 和 $A^{(1,2)}$

$$A^- = V \begin{bmatrix} S_{11}^{-1} & G_{12} \\ G_{21} & G_{22} \end{bmatrix} U^T, \tag{B-3-5}$$

$$A^{(1,2)} = V \begin{bmatrix} S_{11}^{-1} & G_{12} \\ G_{21} & G_{21}G_{12} \end{bmatrix} U^T, \tag{B-3-6}$$

其中 G_{12}, G_{21}, G_{22} 为任意的矩阵.

(B-3-5)式和(B-3-6)式满足相应的庞路希条件,见本章问题第 8 题.

4. 复矩阵 A 的广义逆 A^+

对复矩阵 A,庞路希条件为

$$\begin{cases} ⑤ \ AHA = A, \\ ⑥ \ HAH = H, \\ ⑦ \ (AH)^* = AH, \\ ⑧ \ (HA)^* = HA, \end{cases} \tag{B-3-7}$$

其中 A^* 表示 A 的共轭转置(见本章第七节).

满足庞路希条件(B-3-7)的矩阵 H 称为 A 的广义加号逆,记为 A^+.满足庞路希条件⑤的矩阵 H 称为 A 的广义减号逆,记为 A^-.满足庞路希条件⑤和⑥的矩阵 H 称为 A 的自反广义逆 $A^{(1,2)}$.

对复矩阵 A,它的奇异值分解为

$$A = USV^*, \tag{B-3-8}$$

其中 U, V 为酉阵. 类似(B-3-4)式有
$$A^+ = VS^{-1}U^*. \tag{B-3-9}$$

类似地,可表示出 A^- 和 $A^{(1,2)}$. 实际上,在有关实矩阵的所有讨论中,只要把正交矩阵改为酉阵,把转置符号"T"改成共轭转置符号"*",所有讨论就适合于复矩阵了.

§4 最小平方问题

在工程中要遇到大量最小平方问题. 在这一节,我们将用矩阵的正交分解和广义逆给出最小平方问题的通解和最小长度解.

1. 最小平方问题

最小平方问题:给定 $m \times n$ 矩阵 A,其秩为 $k \leqslant \min(m, n)$,再给定一个实的 m 维向量 b,求实 n 维向量 x_0 使 $\|Ax - b\|^2$ 达最小值
$$\min \|Ax - b\|^2.$$

我们用 $Ax \cong b$ 表示最小平方问题. 我们先用矩阵的正交分解分析最小平方问题.

设 A 的正交分解为
$$A = HRK^T, \tag{B-4-1}$$
$$R = \begin{bmatrix} R_{11} & 0 \\ 0 & 0 \end{bmatrix}, \tag{B-4-2}$$

其中 H 为 $m \times m$ 正交矩阵,K 为 $n \times n$ 正交矩阵,R 为 $m \times n$ 矩阵,R_{11} 为满秩的 $k \times k$ 矩阵.

由 $Ax \cong b$ 知
$$RK^T x \cong H^T b. \tag{B-4-3}$$
令
$$y = K^T x = \begin{bmatrix} y_1 \\ y_2 \end{bmatrix} \begin{matrix} \}k \\ \}n-k \end{matrix}, \tag{B-4-4}$$
$$d = H^T b = \begin{bmatrix} d_1 \\ d_2 \end{bmatrix} \begin{matrix} \}k \\ \}n-k \end{matrix}, \tag{B-4-5}$$

上式中，y_1 和 d_1 为 k 维向量，y_2 和 d_2 为 $n-k$ 维向量.

由(B-4-2)式和(B-4-4)式知
$$RK^T x = Ry = \begin{bmatrix} R_{11} y_1 \\ 0 \end{bmatrix}, \tag{B-4-6}$$

由(B-4-1)式及(B-4-4)~(B-4-6)式知
$$\begin{aligned} \|Ax - b\|^2 &= \|HRK^T x - b\|^2 \\ &= \|RK^T x - H^T b\|^2 \\ &= \|Ry - d\|^2 \\ &= \|R_{11} y_1 - d_1\|^2 + \|d_2\|^2. \end{aligned} \tag{B-4-7}$$

取
$$y_1 = R_{11}^{-1} d_1, \tag{B-4-8}$$

由上两式得
$$\min \|Ax - b\|^2 = \|d_2\|^2. \tag{B-4-9}$$

由(B-4-4)式及(B-4-7)~(B-4-9)式知，最小平方问题的全部解（或称通解）为
$$x = Ky = K \begin{bmatrix} y_1 \\ y_2 \end{bmatrix} = K \begin{bmatrix} y_1 \\ 0 \end{bmatrix} + K \begin{bmatrix} 0 \\ y_2 \end{bmatrix}, \tag{B-4-10}$$

其中 y_1 由(B-4-8)式确定，y_2 是任意的. 由(B-4-4)式知，当 $n-k=0$ 时，不出现 y_2，即最小平方解是唯一的.

因为 K 是正交矩阵，所以从(B-4-10)式知
$$\|x\|^2 = \|Ky\|^2 = \|y\|^2 = \|y_1\|^2 + \|y_2\|^2, \tag{B-4-10}'$$

这表明，在全部解(B-4-10)式中，长度最小的唯一解是
$$x = K \begin{bmatrix} y_1 \\ 0 \end{bmatrix}. \tag{B-4-11}$$

我们把上面的结果写成下面的定理.

定理 1 在使 $\|Ax - b\|^2$ 最小化的问题中
$$\min \|Ax - b\|^2 = \|d_2\|^2,$$
最小平方问题的通解为
$$x = Ky = K \begin{bmatrix} y_1 \\ y_2 \end{bmatrix},$$

长度最小的唯一的最小平方解为

$$x = K \begin{bmatrix} y_1 \\ 0 \end{bmatrix},$$

其中 d_2 和 y_1 的意义见(B-4-5)和(B-4-8)式,y_2 为任意的 $n-k$ 维向量.当 $n=k$ 时,最小平方问题有唯一解.

现在我们用 A 的广义逆表示最小平方解.

令 $n \times m$ 矩阵 R^{-1} 为

$$R^{-1} = \begin{bmatrix} R_{11}^{-1} & 0 \\ 0 & 0 \end{bmatrix}, \quad \text{(B-4-12)}$$

由(B-4-8)和(B-4-5)式知

$$x = K \begin{bmatrix} y_1 \\ 0 \end{bmatrix} = K \begin{bmatrix} R_{11}^{-1} d_1 \\ 0 \end{bmatrix}$$

$$= KR^{-1}d = KR^{-1}H^T b = A^+ b. \quad \text{(B-4-13)}$$

关于等式 $A^+ = KR^{-1}H^T$,见本章问题第 4 题.

我们注意

$$A^+ A = KR^{-1}H^T HRK^T = KR^{-1}RK^T = K \begin{bmatrix} I_k & 0 \\ 0 & 0 \end{bmatrix} K^T,$$

于是有

$$I_n - A^+ A = K \begin{bmatrix} 0 & 0 \\ 0 & I_{n-k} \end{bmatrix} K^T. \quad \text{(B-4-14)}$$

记

$$\begin{bmatrix} 0 \\ y_2 \end{bmatrix} = \begin{bmatrix} 0 & 0 \\ 0 & I_{n-k} \end{bmatrix} K^T u, \quad \text{(B-4-15)}$$

在上式中,我们只要取 u 使 $K^T u = \begin{bmatrix} 0 \\ y_2 \end{bmatrix}$ 就行了.但是,对任意 u,(B-4-15)式右端总可表示成左端的形式,即右端为一个 n 维向量,它的前 k 个分量为 0.因此,我们取 u 为任意 n 维向量.

由(B-4-15)和(B-4-14)式得

$$K \begin{bmatrix} 0 \\ y_2 \end{bmatrix} = (I_n - A^+ A) u. \quad \text{(B-4-16)}$$

由(B-4-10)式、(B-4-13)式、(B-4-16)式和定理 2 得到下面的定理.

定理 2 在 $\min \|Ax-b\|^2$ 问题中,最小平方解的通解为
$$x = A^+ b + (I - A^+ A)u, \quad u \text{ 为任意 } n \text{ 维向量}, \quad \text{(B-4-17)}$$
长度最小的最小平方解为
$$x = A^+ b, \quad \text{(B-4-18)}$$
$\|Ax-b\|^2$ 的最小值为
$$\min \|Ax - b\|^2 = \|(AA^+ - I_m)b\|^2, \quad \text{(B-4-19)}$$
当 $n=k$ 时,最小平方问题有唯一解.

关于这个定理,要说明的是:只要把 $x = A^+ b$ 代入 $\|Ax-b\|^2$ 就得到了(B-4-19)式.

现在我们来说明相容方程 $Ax=b$ 的问题. 如果有 x_0 使 $Ax_0 = b$ 成立,则称 $Ax=b$ 为**相容方程**. 因此,相容方程就是使 $\min \|Ax-b\| = 0$ 的方程. 所以,相容方程的通解就是最小平方问题 $\|Ax-b\|^2$ 的通解,而通解已在定理 1 中给出.

2. 线性约束下的最小平方问题

设 A 为 $m_1 \times n$ 矩阵,秩为 k,b 为 m_1 维向量,B 为 $m_2 \times n$ 矩阵,d 为 m_2 维向量.

线性约束下的最小平方问题是:在 n 维向量 x 满足
$$Ax = b \quad \text{(B-4-20)}$$
的条件下,求 x 使得最小化
$$\|Bx - d\|^2. \quad \text{(B-4-21)}$$

设 A 的正交分解为 $A = HRK^T$,H 为 $m_1 \times m_1$ 正交矩阵,K 为 $n \times n$ 正交矩阵.

我们假设方程(B-4-20)是相容的. 按照(B-4-10)式,它的通解为
$$x = K \begin{bmatrix} y_1 \\ 0 \end{bmatrix} + K \begin{bmatrix} 0 \\ y_2 \end{bmatrix}, \quad \text{(B-4-22)}$$
其中 y_1 是 k 维向量,y_2 是 $n-k$ 维向量.

把 K 做一分解

$$K = [\underbrace{K_1}_{k}, \underbrace{K_2}_{n-k}]\}n. \tag{B-4-23}$$

由(B-4-13)式、(B-4-22)式和(B-4-23)式得

$$x = A^+ b + K_2 y_2, \tag{B-4-24}$$

其中 y_2 是任意的。线性约束下的最小平方问题就是要求出 y_2 使(B-4-21)式达最小。把(B-4-24)式代入(B-4-21)式

$$\|BA^+ b + BK_2 y_2 - d\|^2 = \|BK_2 y_2 - (d - BA^+ b)\|^2. \tag{B-4-25}$$

由定理 2 知，上式长度最小的最小平方解为

$$y_2 = (BK_2)^+ (d - BA^+ b), \tag{B-4-26}$$

将上式代入(B-4-24)式得

$$x = A^+ b + K_2 (BK_2)^+ (d - BA^+ b). \tag{B-4-27}$$

由(B-4-10)′式知，(B-4-27)式即为线性约束下最小平方问题（见(B-4-20)和(B-4-21)式）的长度最小的最小平方解。

3. 加权最小平方问题

设 $A = [a_{ij}]$ 是 $m \times n$ 矩阵，$b = (b_1, \cdots, b_m)^T$ 是 m 维向量，$w_i \geqslant 0$ ($1 \leqslant i \leqslant m$) 是权系数。加权最小平方问题是求 $x = (x_1, \cdots, x_n)^T$ 使得最小化

$$Q = \sum_{i=1}^{m} w_i^2 \Big(\sum_{j=1}^{n} a_{ij} x_j - b_i \Big)^2. \tag{B-4-28}$$

注意，Q 可以写为

$$Q = \sum_{i=1}^{m} \Big(\sum_{j=1}^{n} w_i a_{ij} x_j - w_i b_i \Big)^2. \tag{B-4-29}$$

令 $m \times m$ 矩阵 W 为

$$W = \begin{bmatrix} w_1 & & 0 \\ & \ddots & \\ 0 & & w_m \end{bmatrix},$$

则(B-4-29)式又可写为

$$Q = \|WAx - Wb\|^2. \tag{B-4-30}$$

这样，加权最小平方问题就转化为一般的最小平方问题。

设 W 为任一 $m \times m$ 矩阵.（B-4-30）式的长度最小的最小平方解为

$$x = (WA)^+ Wb, \tag{B-4-31}$$

上式即为要求的加权最小平方解.

§5 阻 尼 方 法

现在我们讨论解最小平方问题的阻尼方法,它是获得稳定的最小平方解的一个重要方法.这一节,我们用矩阵奇异值分解给出阻尼方法解的结构并分析它的性质.

在最小平方滤波中所用的白噪化方法就是阻尼方法.现在我们对最小平方问题中的阻尼方法进行较细致地讨论.

设 A 为 $m \times n$ 矩阵,秩为 k, b 为 m 维向量.最小平方问题是求 n 维向量 x 使 $\|Ax - b\|^2$ 达最小.对 x 求 $\|Ax - b\|^2$ 的微商得

$$A^T A x = A^T b, \tag{B-5-1}$$

上式称为**最小平方正则方程**.它可以通过对向量 x 的微商得到,具体求微商的方法见本章§7.

$A^T A$ 的性能可能不好（即条件数大,见下面两节）,因此,为了更好地解方程（B-5-1）,我们把方程（B-5-1）修改为

$$(A^T A + \lambda^2 I) x = A^T b, \tag{B-5-2}$$

其中 λ^2 为阻尼因子, I 为 $n \times n$ 单位矩阵.我们把方程（B-5-2）的解记为 x_λ.

我们利用 A 的奇异值分解给出（B-5-2）式的解.由本章的§2知, A 的奇异值分解为

$$\begin{cases} A = USV^T, \\ S = \begin{bmatrix} S_{11} & 0 \\ 0 & 0 \end{bmatrix}, \\ S_{11} = \begin{bmatrix} s_1 & & 0 \\ & \ddots & \\ 0 & & s_k \end{bmatrix}_{k \times k}, \end{cases} \tag{B-5-3}$$

于是

$$A^\mathrm{T}A = VS^\mathrm{T}U^\mathrm{T}USV^\mathrm{T} = V\begin{bmatrix} s_1^2 & & & & & & \\ & \ddots & & & & 0 & \\ & & s_k^2 & & & & \\ & & & 0 & & & \\ & 0 & & & \ddots & & \\ & & & & & & 0 \end{bmatrix}_{n\times n} V^\mathrm{T}.$$

这样，(B-5-2)式变为

$$V\begin{bmatrix} s_1^2+\lambda^2 & & & & & & \\ & \ddots & & & 0 & & \\ & & s_k^2+\lambda^2 & & & & \\ & & & \lambda^2 & & & \\ & 0 & & & \ddots & & \\ & & & & & & \lambda^2 \end{bmatrix}_{n\times n} V^\mathrm{T}x_\lambda = VS^\mathrm{T}U^\mathrm{T}b.$$

(B-5-4)

由上式得

$$V^\mathrm{T}x_\lambda = \begin{bmatrix} \dfrac{1}{s_1^2+\lambda^2} & & & & & & \\ & \ddots & & & 0 & & \\ & & \dfrac{1}{s_k^2+\lambda^2} & & & & \\ & & & \dfrac{1}{\lambda^2} & & & \\ & 0 & & & \ddots & & \\ & & & & & & \dfrac{1}{\lambda^2} \end{bmatrix}_{n\times n}$$

$$\cdot \begin{bmatrix} s_1 & & & & & \\ & \ddots & & & 0 & \\ & & s_k & & & \\ & & & 0 & & \\ & 0 & & & \ddots & \\ & & & & & 0 \end{bmatrix}_{n\times m} U^\mathrm{T}b,$$

因此

$$x_\lambda = V \begin{bmatrix} \frac{s_1}{s_1^2+\lambda^2} & & & & & 0 \\ & \ddots & & & & \\ & & \frac{s_k}{s_k^2+\lambda^2} & & & \\ & & & 0 & & \\ & & & & \ddots & \\ 0 & & & & & 0 \end{bmatrix}_{n\times m} U^T b. \quad \text{(B-5-5)}$$

由本章 §4 定理 1 知，方程(B-5-1)的最小长度解为

$$x_0 = A^+ b = V \begin{bmatrix} \frac{1}{s_1} & & & & & 0 \\ & \ddots & & & & \\ & & \frac{1}{s_k} & & & \\ & & & 0 & & \\ & & & & \ddots & \\ 0 & & & & & 0 \end{bmatrix} U^T b. \quad \text{(B-5-6)}$$

记

$$d = U^T b = \begin{bmatrix} d_1 \\ \vdots \\ d_m \end{bmatrix}, \quad \text{(B-5-7)}$$

由(B-5-5)式和(B-5-7)式知

$$\|x_\lambda\|^2 = \sum_{j=1}^k \left(\frac{s_j}{s_j^2+\lambda^2}\right)^2 d_j^2, \quad \text{(B-5-8)}$$

$$\|Ax_\lambda - b\|^2 = \|USV^T x_\lambda - b\|^2 = \|SV^T x_\lambda - U^T b\|^2$$
$$= \sum_{j=1}^k \left(\frac{\lambda^2}{s_j^2+\lambda^2}\right)^2 d_j^2 + \sum_{j=k+1}^n d_j^2. \quad \text{(B-5-9)}$$

阻尼最小平方方程(B-5-2)可以由下面的最小平方问题得到

$$\begin{bmatrix} A \\ \lambda I \end{bmatrix} x \cong \begin{bmatrix} b \\ 0 \end{bmatrix}. \quad \text{(B-5-10)}$$

由于

$$\left\| \begin{bmatrix} A \\ \lambda I \end{bmatrix} x - \begin{bmatrix} b \\ 0 \end{bmatrix} \right\|^2 = \|Ax - b\|^2 + \lambda^2 \|x\|^2, \quad \text{(B-5-11)}$$

对 x 求微商就得到方程(B-5-2).

由上面的讨论可得到下面的定理.

定理 1 设最小平方问题(B-5-1)式的最小长度解为 x_0(见(B-5-6)),阻尼最小平方问题(B-5-2)式的解为 x_λ. 则 x_λ 由(B-5-5)式确定,$\|x_\lambda\|^2$ 和 $\|Ax_\lambda - b\|^2$ 分别由(B-5-8)式,(B-5-9)式确定,而且

$$\lim_{\lambda \to 0} x_\lambda = x_0, \quad \text{(B-5-12)}$$

$$\|Ax_\lambda - b\|^2 = \min_{\|x\| \leqslant \|x_\lambda\|} \|Ax - b\|^2. \quad \text{(B-5-13)}$$

证明 只须证明(B-5-12)和(B-5-13)式. 由(B-5-5)和(B-5-6)式直接可得(B-5-12)式. 现在证明(B-5-13)式. 假设有某个 y 使

$$\|y\| \leqslant \|x_\lambda\| \quad \text{且} \quad \|Ay - b\| < \|Ax_\lambda - b\|,$$

于是 $\|Ay-b\|^2 + \lambda^2 \|y\|^2 < \|Ax_\lambda - b\|^2 + \lambda^2 \|x_\lambda\|^2$. 但是,这与 x_λ 是(B-5-11)式的最小平方解相矛盾. 证毕.

(B-5-12)式表明,当阻尼因子 $\lambda^2 \to 0$ 时,阻尼方程(B-5-2)的解趋向正则方程(B-5-1)的最小长度解.

(B-5-13)式在实际上解决了模约束条件下最小平方问题的解. 考虑模约束最小平方问题

$$\min_{\|x\| \leqslant \mu} \|Ax - b\|^2, \quad \text{(B-5-14)}$$

其中 $\mu > 0$.

由(B-5-8)式知,$\|x_\lambda\|^2$ 是 $\lambda \in [0, +\infty)$ 的单调下降连续函数. 由(B-5-13)式可得到(B-5-14)式的解:

当 $\mu \geqslant \|x_0\|^2$ 时,解为 x_0;

当 $\mu < \|x_0\|^2$ 时,解为 x_λ,其中 λ 由下面方程确定:

$$\|x_\lambda\|^2 = \mu,$$

上面方程的解 λ 存在且唯一.

类似(B-5-10)式,我们考虑更一般的阻尼最小平方问题

$$\begin{bmatrix} A \\ \lambda G \end{bmatrix} x \cong \begin{bmatrix} b \\ \lambda c \end{bmatrix}, \quad \text{(B-5-15)}$$

其中 G 为 $n \times n$ 矩阵，$\det G \neq 0$，c 为 n 维向量．

尽管（B-5-15）式比（B-5-10）式更一般，但它仍然可转化成（B-5-10）式的形式．

令
$$x = G^{-1}y + G^{-1}c, \tag{B-5-16}$$
则
$$\begin{bmatrix} A \\ \lambda G \end{bmatrix} x = \begin{bmatrix} AG^{-1} \\ \lambda I \end{bmatrix} y + \begin{bmatrix} AG^{-1}c \\ \lambda c \end{bmatrix},$$
于是（B-5-15）式变为
$$\begin{bmatrix} \widetilde{A} \\ \lambda I \end{bmatrix} y \cong \begin{bmatrix} \widetilde{b} \\ 0 \end{bmatrix}, \tag{B-5-17}$$
其中
$$\widetilde{A} = AG^{-1}, \quad \widetilde{b} = b - AG^{-1}c. \tag{B-5-18}$$

先解（B-5-17）式得到 y，再将 y 代入（B-5-16）式，就得到（B-5-15）式的解 x．

§6　奇异值分析

奇异值分析是围绕着解线性方程组的最小平方问题进行的．奇异值分析包括矩阵的广义条件数、奇异值的摄动分析、广义逆的摄动分析、最小平方解的摄动分析、解最小平方问题的奇异值截除方法等等．由于本章§2的定理2已给出奇异值的摄动分析，这里就不再讨论了．

1. 矩阵的广义条件数

设 A 为 $m \times n$ 矩阵．我们考虑矩阵的从属模（参见本章§7）．在 n 维向量 x 的模 $\|x\|$ 确定以后，我们定义 A 的模为
$$\|A\| = \max\{\|Ax\| : \|x\| = 1\}. \tag{B-6-1}$$
在本章里，向量的模都取为 $\|x\|_2 = (x_1^2 + \cdots + x_n^2)^{1/2}$．这时，（B-6-1）式定义的模 $\|A\|$ 也称为矩阵 A 的**谱模**．

对于方阵 $A_{n \times n}$，矩阵的条件数定义为
$$\text{cond}(A) = \|A^{-1}\| \cdot \|A\|$$

(参见本章§7). 对任意 $m \times n$ 矩阵 A，我们用广义逆 A^+ 代替上式中的 A^{-1}，定义矩阵 A 的广义条件数为

$$\text{cond}(A) = \|A^+\| \cdot \|A\|. \tag{B-6-2}$$

定理 1 设 A 为 $m \times n$ 矩阵，秩为 k，s_1 为 A 的最大奇异值，s_k 为 A 的最小非 0 奇异值．则

$$\text{cond}(A) = \frac{s_1}{s_k}. \tag{B-6-3}$$

证明 先证明 $\|A\| = s_1$．设 A 的奇异值分解为

$$A = USV^\mathrm{T} = U \begin{bmatrix} s_1 & & 0 \\ & \ddots & \\ & & s_k \\ 0 & & 0 \end{bmatrix} V^\mathrm{T}, \tag{B-6-4}$$

向量 x 的模 $\|x\| = 1$．令 $y = V^\mathrm{T} x$．由于 V 为正交矩阵，所以 $\|y\| = 1$．在以上记号基础上，我们有

$$\|Ax\|^2 = \|USV^\mathrm{T} x\|^2 = \|USy\|^2$$
$$= (USy)^\mathrm{T} USy = y^\mathrm{T} S^\mathrm{T} Sy$$
$$= \sum_{i=1}^{k} s_i^2 y_i^2 \leqslant s_1^2 \sum_{i=1}^{n} y_i^2 = s_1^2.$$

另一方面，若取 $\hat{y} = (1, 0, \cdots, 0)^\mathrm{T}$，即取 $\hat{x} = V\hat{y}$，则由上式可得

$$\|A\hat{x}\|^2 = \sum_{i=1}^{k} s_i^2 \hat{y}_i^2 = s_1^2,$$

因此可得 $\|A\| = s_1$．由 (B-3-4)′ 式，同理可证明 $\|A^+\| = 1/s_k$．再由 (B-6-2) 式即得 (B-6-3) 式．证毕．

由定理 1 容易得到矩阵广义条件数的性质：

1) $1 \leqslant \text{cond}(A) < +\infty$; \hfill (B-6-5)

2) 对任何非 0 常数 a 有

$$\text{cond}(aA) = \text{cond}(A); \tag{B-6-6}$$

3) $\text{cond}(A^\mathrm{T} A) = \text{cond}(AA^\mathrm{T}) = (\text{cond}(A))^2$. \hfill (B-6-7)

在以后的讨论中我们将会看到，矩阵的广义条件数对最小平方解的稳定性非常重要，广义条件数越小，解的稳定性就越好．

最后我们指出：由于 $(A^+)^+ = A$，为区别通常的矩阵条件数，我们

可把矩阵 A 的广义条件数记为 $\mathrm{cond}(A^+)$.

2. 广义逆的摄动分析

一般说来,广义逆的摄动分析是非常复杂的. 我们举一个例子.

例 设 A 为原始矩阵,δA 为一小扰动,扰动后的矩阵为 $A+\delta A$. A 和 δA 分别为

$$A = \begin{bmatrix} 1 & 0 \\ 0 & 0 \end{bmatrix}, \quad \delta A = \begin{bmatrix} 0 & 0 \\ 0 & \varepsilon \end{bmatrix},$$

于是,A 和 $A+\delta A$ 的广义逆分别为

$$A^+ = \begin{bmatrix} 1 & 0 \\ 0 & 0 \end{bmatrix}, \quad (A+\delta A)^+ = \begin{bmatrix} 1 & 0 \\ 0 & \dfrac{1}{\varepsilon} \end{bmatrix}.$$

应该说,当 $\varepsilon \to 0$ 时,扰动 δA 也趋向 0. 但是,$\|A^+\|=1$,而当 $\varepsilon \to 0$ ($\varepsilon \neq 0$)时 $\|(A+\delta A)^+\| \to \infty$. 这说明:矩阵的小小摄动,会引起广义逆的巨大变化.

上例也说明,只有在一定条件下才能分析广义逆摄动的上界.

定理 2 设 A 和 δA 为 $m \times n$ 矩阵,$\delta A^+ = (A+\delta A)^+ - A^+$. 假设

$$\|\delta A\| \cdot \|A^+\| < 1, \quad \mathrm{rank}(A+\delta A) \leqslant \mathrm{rank}(A).$$

则 $\mathrm{rank}(A+\delta A) = \mathrm{rank}(A)$,且

$$\|\delta A^+\| \leqslant \frac{c\|\delta A\| \cdot \|A^+\|^2}{1-\|\delta A\| \cdot \|A^+\|}, \tag{B-6-8}$$

其中

$c = \dfrac{1+\sqrt{5}}{2} \approx 1.618$,当 $\mathrm{rank}(A) < \min(m,n)$ 时;

$c = \sqrt{2} \approx 1.414$,当 $\mathrm{rank}(A) = \min(m,n) < \max(m,n)$;

$c = 1$,当 $\mathrm{rank}(A) = m = n$.

关于定理的证明,请参看文献[2]第 41~48 页.

3. 最小平方解的摄动分析

设 A 为 $m \times n$ 矩阵,b 为 m 维向量,x 为 n 维向量. 考虑下面的线性方程

$$Ax = b, \tag{B-6-9}$$

由本章§4知,上面方程的最小长度解为

$$x = A^+ b. \tag{B-6-9}'$$

由这个公式知,当 b 有摄动时要引起解 x 的摄动,当 A 有摄动时也要引起解的摄动.下面按这两种情况进行解的摄动分析.

3.1 当 b 有摄动时解的摄动分析

设 b 经摄动后变为 $b + \delta b$. 按(B-6-9)式,解 x 也要摄动为 $x + \delta x$,即

$$x + \delta x = A^+ (b + \delta b), \tag{B-6-10}$$

由(B-6-9)式和(B-6-10)式知解的变化量 δx 为

$$\delta x = A^+ \delta b. \tag{B-6-11}$$

令

$$b_1 = AA^+ b, \quad \delta b_1 = AA^+ \delta b. \tag{B-6-12}$$

由于 $\|AA^+\| = 1$(见本章问题第7题),所以

$$\|b_1\| \leqslant \|b\|, \|\delta b_1\| \leqslant \|\delta b\|.$$

由(B-6-12)式和(B-6-9)'式得 $b_1 = Ax$,所以

$$\|b_1\| \leqslant \|A\| \|x\|. \tag{B-6-13}$$

由广义逆性质 $A^+ = A^+ AA^+$ (见(B-3-1)式②)和(B-6-11)式、(B-6-12)式知 $\delta x = A^+ AA^+ \delta b = A^+ (AA^+ \delta b) = A^+ \delta b_1$,因而

$$\|\delta x\| \leqslant \|A^+\| \cdot \|\delta b_1\|. \tag{B-6-14}$$

由(B-6-13)式和(B-6-14)式直接得到

$$\frac{\|\delta x\|}{\|x\|} \leqslant \|A\| \cdot \|A^+\| \cdot \frac{\|\delta b_1\|}{\|b_1\|}. \tag{B-6-15}$$

我们把上面结果写成下面的定理.

定理 3 设 $x = A^+ b, \delta x = A^+ \delta b$,则

$$\frac{\|\delta x\|}{\|x\|} \leqslant \text{cond}(A^+) \cdot \frac{\|\delta b_1\|}{\|b_1\|}, \tag{B-6-16}$$

其中 b_1 和 δb_1 由(B-6-12)式确定.

如果 $Ax = b$ 是相容方程,由本章§4知,$x = A^+ b$ 满足 $Ax = b$,于是有

$$\|b\| \leqslant \|A\| \cdot \|x\|. \tag{B-6-17}$$

由 $\delta x = A^+ \delta b$ 直接得到

$$\|\delta x\| \leqslant \|A^+\| \cdot \|\delta b\|. \tag{B-6-18}$$

由(B-6-17)式和(B-6-18)式得到下面的定理.

定理 4 设 $Ax=b$ 为相容方程. 令 $x=A^+b, \delta x=A^+\delta b$, 则

$$\frac{\|\delta x\|}{\|x\|} \leqslant \mathrm{cond}(A^+) \frac{\|\delta b\|}{\|b\|}. \tag{B-6-19}$$

定理 3 和定理 4 给出了解的相对误差 $\|\delta x\|/\|x\|$ 的一个上界,这个上界依赖于矩阵 A 的广义条件数 $\mathrm{cond}(A^+)$ 的大小. 广义条件数 $\mathrm{cond}(A^+)$ 越小,解的相对误差的变化范围就越小,反之就越大. 因此,广义条件数 $\mathrm{cond}(A^+)$ 刻画了解 $x=A^+b$ 的稳定程度.

3.2 当矩阵 A 有摄动时解的摄动分析

在本节第 2 部分,我们已经指出:矩阵 A 有微小摄动,都可能引起广义逆的巨大变化. 因此,只能在一定条件下给出解的相对误差上界.

定理 5 设 $x=A^+b, x+\delta x=(A+\delta A)^+b$. 假定 $\|\delta A\| \cdot \|A^+\| < 1$, $\mathrm{rank}(A+\delta A) \leqslant \mathrm{rank}(A)$, 则

$$\frac{\|\delta x\|}{\|x\|} \leqslant (\mathrm{cond}(A^+))^2 \frac{\|\delta A\|}{\|A\|} \cdot \frac{c}{1-\|\delta A\| \cdot \|A^+\|} \cdot \frac{b}{\|b_1\|}, \tag{B-6-20}$$

其中 $b_1 = AA^+b$, c 已在定理 2 中确定.

证明 令 $\delta A^+ = (A+\delta A)^+ - A^+$. 由假设知

$$\delta x = \delta A^+ b,$$

于是有

$$\|\delta x\| \leqslant \|\delta A^+\| \cdot \|b\|. \tag{B-6-21}$$

由 $x=A^+b$ 和 $b_1=AA^+b$ 知 $Ax=b_1$, 于是有

$$\|b_1\| \leqslant \|A\| \cdot \|x\|, \tag{B-6-22}$$

因此

$$\frac{\|\delta x\|}{\|x\|} \leqslant \|A\| \cdot \|\delta A^+\| \cdot \frac{\|b\|}{\|b_1\|},$$

由上式和定理 2 立即得(B-6-20)式. 证毕.

4. 奇异值截除方法

在 A 的奇异值分解(B-5-3)式中，奇异值满足

$$s_1 \geqslant s_2 \geqslant \cdots \geqslant s_k. \quad \text{(B-6-23)}$$

最小平方问题 $Ax \cong b$ 的最小长度解为 $x_0 = A^+ b$（见(B-5-6)式）. 在 (B-5-8)式和(B-5-9)式中令 $\lambda = 0$，得到

$$\|x_0\|^2 = \sum_{j=1}^{k} \frac{1}{s_j^2} d_j^2, \quad \text{(B-6-24)}$$

$$\|Ax_0 - b\|^2 = \sum_{j=k+1}^{n} d_j^2. \quad \text{(B-6-25)}$$

现在我们来研究奇异值 s_l（$1 \leqslant l \leqslant k$）对解的影响. 如果我们在解 x_0（见(B-5-6)式）中把 $1/s_l$ 这项换为 0，则得

$$x_0(s_l) = V \begin{bmatrix} \frac{1}{s_1} & & & & & & & & 0 \\ & \ddots & & & & & & & \\ & & \frac{1}{s_{l-1}} & & & & & & \\ & & & 0 & & & & & \\ & & & & \frac{1}{s_{l+1}} & & & & \\ & & & & & \ddots & & & \\ & & & & & & \frac{1}{s_k} & & \\ & & & & & & & 0 & \\ 0 & & & & & & & & \ddots \\ & & & & & & & & & 0 \end{bmatrix} U^T b, $$

$$\text{(B-6-26)}$$

于是有

$$\|x_0(s_l)\|^2 = \sum_{\substack{j=1 \\ j \neq l}}^{k} \frac{1}{s_j^2} d_j^2, \quad \text{(B-6-27)}$$

$$\|\boldsymbol{A}\boldsymbol{x}_0(s_l) - \boldsymbol{b}\|^2 = d_l^2 + \sum_{j=k+1}^{n} d_j^2, \qquad \text{(B-6-28)}$$

其中 $\boldsymbol{d} = \boldsymbol{U}^\mathrm{T}\boldsymbol{b}$.

比较(B-6-28)式和(B-6-25)式可知,在 $\boldsymbol{x}_0$ 中去掉 $1/s_l$ 这一项(即换为0)之后,平方误差增加了 d_l^2.

从计算角度考虑,当 s_l 很小时,计算 $1/s_l$ 就会产生较大误差;而舍弃 s_l 时,平方误差就比最小平方误差增加 d_l^2. 综合两者,当 s_l 和 d_l 皆很小时,就可以舍弃奇异值 s_l 而得到近似的最小平方解 $\boldsymbol{x}_0(s_l)$,见(B-6-26)式.

一般地,我们取奇异值截尾解 $\boldsymbol{x}_0^{(l)}$ 为

$$\boldsymbol{x}_0^{(l)} = \boldsymbol{V} \begin{bmatrix} \frac{1}{s_1} & & & & & \\ & \ddots & & & 0 & \\ & & \frac{1}{s_l} & & & \\ & & & 0 & & \\ & 0 & & & \ddots & \\ & & & & & 0 \end{bmatrix} \boldsymbol{U}^\mathrm{T}\boldsymbol{b}, \quad 1 \leqslant l \leqslant k,$$

(B-6-29)

此时有

$$\|\boldsymbol{x}_0^{(l)}\|^2 = \sum_{j=1}^{l} \frac{1}{s_j^2} d_j^2, \qquad \text{(B-6-30)}$$

$$\|\boldsymbol{A}\boldsymbol{x}_0^{(l)} - \boldsymbol{b}\|^2 = \sum_{i=l+1}^{k} d_i^2 + \sum_{j=k+1}^{n} d_j^2. \qquad \text{(B-6-31)}$$

当我们取近似解 $\boldsymbol{x}_0^{(l)}$ 时,要分析(B-6-31)中 $\sum_{i=l+1}^{k} d_i^2$ 的大小.

在实际问题中,奇异值 s_j 和相应的 d_j 都有一定的意义. 因此,在取奇异值截尾解 $\boldsymbol{x}_0^{(l)}$ 时不要只考虑奇异值 s_j 的大小,也必须考虑误差项 d_j^2 的大小.

5. 奇异值阻尼方法

我们在本附录§5讨论了阻尼方法,在本节第4部分讨论了奇异

值截除方法. 现在我们提出一种奇异值阻尼方法, 它具有灵活的优点, 而以前讨论的阻尼方法和奇异值截除方法仅是它的特例.

令

$$\alpha_j(\lambda_j) = \frac{1}{s_j + \lambda_j}, \quad 1 \leqslant j \leqslant k, \lambda_j \geqslant 0, \quad \text{(B-6-32)}$$

其中 λ_j 可取 $+\infty$. 由上知

$$\alpha_j(0) = \frac{1}{s_j}, \quad \alpha_j(\infty) = 0, \quad 1 \leqslant j \leqslant k. \quad \text{(B-6-33)}$$

令

$$\hat{\boldsymbol{x}}(\lambda) = \boldsymbol{V} \begin{bmatrix} \alpha_1(\lambda_1) & & & 0 \\ & \ddots & & \\ & & \alpha_k(\lambda_k) & \\ 0 & & & 0 \end{bmatrix} \boldsymbol{U}^\mathrm{T} \boldsymbol{b}, \quad \text{(B-6-34)}$$

我们称 $\hat{\boldsymbol{x}}(\lambda)$ 为**奇异值阻尼解**.

由(B-6-34)式, (B-5-7)式和(B-5-3)式知

$$\|\hat{\boldsymbol{x}}(\lambda)\|^2 = \sum_{j=1}^{k} \alpha_j^2(\lambda_j) d_j^2, \quad \text{(B-6-35)}$$

$$\|\boldsymbol{A}\hat{\boldsymbol{x}}(\lambda) - \boldsymbol{b}\|^2 = \sum_{i=1}^{k} (\alpha_i(\lambda_i) s_i - 1)^2 d_i^2 + \sum_{j=k+1}^{n} d_j^2$$

$$= \sum_{i=1}^{k} \left(\frac{\lambda_i}{s_i + \lambda_i}\right)^2 d_i^2 + \sum_{j=k+1}^{n} d_j^2. \quad \text{(B-6-36)}$$

由(B-6-33)式知, 当 λ_j 取 0 或 ∞ 时, 就得到奇异值截除方法的解, 当取 λ_j 在 $(0, +\infty)$ 中时, 就得到类似阻尼方法的解. 此方法的特点是, 阻尼因子 λ_j 随着 j 不同而不同, 它根据 s_j 和 d_j 的大小来确定. 比如说, 对 s_1 总可取 $\lambda_1 = 0$, 对 s_k 可取 λ_k 满足 $0 < \lambda_k \leqslant \infty$.

§7 矩阵的模、条件数和分解, 矩阵的微商

在这一节将介绍矩阵的基本概念、定义和性质, 这对于我们了解和使用矩阵这一数学工具是很有用的. 有关内容可参看文献[1]~[10].

1. 矩阵的概念和秩

1.1 矩阵的概念

矩阵 $A=(a_{ij})_{m\times n}$ 是由 m 行和 n 列元素组成的矩形阵列

$$A = \begin{bmatrix} a_{11} & a_{12} & \cdots & a_{1n} \\ a_{21} & a_{22} & \cdots & a_{2n} \\ \vdots & \vdots & & \vdots \\ a_{m1} & a_{m2} & \cdots & a_{mn} \end{bmatrix}, \qquad \text{(B-7-1)}$$

其中 a_{ij} 为第 i 行、第 j 列的元素. a_{ij} 可以是复数,也可以是实数.

矩阵 A 的维数是 $m\times n$. 当 $m=n$ 时,A 是一方阵,n 称为方阵 A 的阶,A 的对角元素是 a_{ii} $(i=1,2,\cdots,n)$. 当 $n=1$ 时,A 是一个列矩阵或列向量. 当 $m=1$ 时,A 是一个行矩阵或行向量. 当 A 的所有元素 $a_{ij}=0$ 时,A 为 0 矩阵. A 的子矩阵是指从 A 中去掉若干行和若干列后所剩下的矩阵.

用 $\bar{a}_{ij}$ 表示 a_{ij} 的复共轭.

A 的转置是 $A^{\mathrm{T}}=(a'_{ij})_{n\times m}$,其中 $a'_{ij}=a_{ji}$,$1\leqslant i\leqslant n$,$1\leqslant j\leqslant m$.

A 的共轭是 $\bar{A}=(\bar{a}_{ij})_{m\times n}$.

A 的共轭转置是 $A^*=\bar{A}^{\mathrm{T}}$. 显然有 $(AB)^*=B^*A^*$.

1.2 矩阵的秩(rank)

一个矩阵 A 的秩是行列式不为 0 的最大方子矩阵的阶数,记为 $\mathrm{rank}(A)$. $\mathrm{rank}(A)$ 也等于 A 中独立列向量的个数或独立行向量的个数. 由秩的定义直接可得

$$\mathrm{rank}(A) = \mathrm{rank}(A^{\mathrm{T}}) = \mathrm{rank}(A^*). \qquad \text{(B-7-2)}$$

对矩阵的和有下面不等式:

$$\begin{cases} \mathrm{rank}(A+B) \leqslant \mathrm{rank}(A) + \mathrm{rank}(B), \\ \mathrm{rank}(A+B) \geqslant |\mathrm{rank}(A) - \mathrm{rank}(B)|. \end{cases} \qquad \text{(B-7-3)}$$

对矩阵的积有弗罗比纽斯不等式:

$$\mathrm{rank}(AB) + \mathrm{rank}(BC) \leqslant \mathrm{rank}(B) + \mathrm{rank}(ABC). \qquad \text{(B-7-4)}$$

由弗罗比纽斯不等式可导出西尔威斯特不等式:

$$\mathrm{rank}(A) + \mathrm{rank}(B) - n \leqslant \mathrm{rank}(AB)$$

$$\leqslant \min(\mathrm{rank}(\boldsymbol{A}), \mathrm{rank}(\boldsymbol{B})), \qquad (\text{B-7-5})$$

其中 n 是 $\boldsymbol{A}$ 的列数.

一个方阵 $\boldsymbol{A}_{n\times n}$ 的秩 $\mathrm{rank}(\boldsymbol{A}) = n$,或者说,它的行列式 $\det(\boldsymbol{A}) \neq 0$,则称 $\boldsymbol{A}$ 为**非奇异**的. 否则称为**奇异**的.

一个矩阵与一非奇异方阵相乘,其秩不改变.

2. 方阵的定义、迹、特征值和逆矩阵

2.1 方阵的定义

设 $\boldsymbol{A}$ 是 n 阶方阵 $(a_{ij})_{n\times n}$.

如果 $\boldsymbol{A} = \boldsymbol{A}^\mathrm{T}$,则称 $\boldsymbol{A}$ 为**对称**的.

如果 $\boldsymbol{A} = -\boldsymbol{A}^\mathrm{T}$,则称 $\boldsymbol{A}$ 为**斜对称**的.

如果 $\boldsymbol{A} = \boldsymbol{A}^*$,则称 $\boldsymbol{A}$ 为**厄米特**.

如果 $\boldsymbol{A} = -\boldsymbol{A}^*$,则称 $\boldsymbol{A}$ 为**斜厄米特**.

如果当 $i \neq j$ 时 $a_{ij} = 0$,此时记 $\boldsymbol{A} = \mathrm{diag}\{a_{11}, a_{22}, \cdots, a_{nn}\}$,则称 $\boldsymbol{A}$ 为**对角**的.

如果 $\boldsymbol{A}$ 是对角阵且 $a_{ii} = 1, 1 \leqslant i \leqslant n$,则称 $\boldsymbol{A}$ 为**单位阵**. 单位阵记为 $\boldsymbol{I}_n$.

如果当 $i > j$ 时 $a_{ij} = 0$,则称 $\boldsymbol{A}$ 为**上三角阵**. 如果 $\boldsymbol{A}$ 是上三角阵且 $a_{ii} = 1, 1 \leqslant i \leqslant n$,则称 $\boldsymbol{A}$ 为**单位上三角阵**.

如果 $j > i$ 时 $a_{ij} = 0$,则称 $\boldsymbol{A}$ 为**下三角阵**. 如果 $\boldsymbol{A}$ 是下三角阵且 $a_{ii} = 1, 1 \leqslant i \leqslant n$,则称 $\boldsymbol{A}$ 为**单位下三角阵**.

如果 $\boldsymbol{A}\boldsymbol{A}^* = \boldsymbol{A}^*\boldsymbol{A} = \boldsymbol{I}_n$,则称 $\boldsymbol{A}$ 为**酉阵**.

如果 $\boldsymbol{A}$ 是实矩阵且为酉阵,即 $\boldsymbol{A}\boldsymbol{A}^\mathrm{T} = \boldsymbol{A}^\mathrm{T}\boldsymbol{A} = \boldsymbol{I}_n$,则称 $\boldsymbol{A}$ 为**正交阵**.

如果 $\boldsymbol{A}^2 = \boldsymbol{A}$,则称 $\boldsymbol{A}$ 为**幂等矩阵**.

如果 $\boldsymbol{A}$ 是厄米特阵并且是幂等矩阵,则称 $\boldsymbol{A}$ 为**投影矩阵**.

如果 $\boldsymbol{A}$ 是厄米特阵,且对任何非 0 n 维向量 $\boldsymbol{x}$ 有 $\boldsymbol{x}^\mathrm{T}\boldsymbol{A}\boldsymbol{x} > 0$,则称 $\boldsymbol{A}$ 是**正定**的,记为 $\boldsymbol{A} > 0$.

如果 $\boldsymbol{A}$ 是厄米特阵,且对任何 $\boldsymbol{x} \neq 0$ 有 $\boldsymbol{x}^\mathrm{T}\boldsymbol{A}\boldsymbol{x} \geqslant 0$,则称 $\boldsymbol{A}$ 是**非负定**的,记为 $\boldsymbol{A} \geqslant 0$.

我们注意,$\boldsymbol{A}$ 为实矩阵时,对称性和厄米特性是等价的.

有关矩阵的性质见本章问题第 9 题.

2.2 方阵的迹

方阵 A 的迹是所有对角线元素之和,记为 $\text{tr}A$,即 $\text{tr}A = \sum_{i=1}^{n} a_{ii}$。

设 $B = (b_{ij})_{n \times k}$,$C = (c_{ij})_{k \times n}$,则 $D = (d_{ij}) = BC$ 为 $n \times n$ 矩阵,$E = (e_{ij}) = CB$ 为 $k \times k$ 矩阵。显然有

$$d_{ij} = \sum_{s=1}^{k} b_{is} c_{sj}, \quad 1 \leqslant i, j \leqslant n,$$

$$\text{tr}BC = \sum_{i=1}^{n} d_{ii} = \sum_{i=1}^{n} \sum_{s=1}^{k} b_{is} c_{si},$$

$$e_{ij} = \sum_{s=1}^{n} c_{is} b_{sj}, \quad 1 \leqslant i, j \leqslant k,$$

$$\text{tr}CB = \sum_{i=1}^{k} e_{ii} = \sum_{i=1}^{k} \sum_{s=1}^{n} c_{is} b_{si},$$

由此得

$$\text{tr}BC = \text{tr}CB. \tag{B-7-6}$$

上式为迹的基本性质。

2.3 方阵的特征值

设 A 为 n 阶方阵,I 为 n 阶单位阵。称 $\lambda I - A$ 为 A 的特征矩阵,$\det(\lambda I - A)$ 为 A 的特征多项式。

若 n 维向量 $x \neq 0$ 满足 $Ax = \lambda x$,则称 λ 为 A 的一个**特征值**,x 为对应 λ 的**特征向量**。

A 的特征值是特征多项式的 n 个根。A 的所有特征值之积等于 $\det A$,所有特征值之和等于 $\text{tr}A$。所以,A 为非奇异,等价于所有特征值都不为 0。

如果 A 是厄米特矩阵,则 A 的特征值是实的,而且 A 有 n 个相互垂直的特征向量(两个向量 x_1 和 x_2 垂直是指 $x_1^* x_2 = 0$)。

2.4 逆矩阵和伴随矩阵

一个非奇异方阵 $A = (a_{ij})$ 有唯一的逆 $A^{-1} = (\alpha_{ij})$ 使 $A^{-1}A = AA^{-1} = I$,其中

$$\alpha_{ij} = (-1)^{i+j} \frac{\det A_{ji}}{\det A}, \tag{B-7-7}$$

A_{ij} 为 A 去掉第 i 行、第 j 列后的子矩阵。

称矩阵 $\widetilde{A}$

$$\widetilde{A} = (\beta_{ij}), \quad \beta_{ij} = (-1)^{i+j} \det A_{ji} \qquad \text{(B-7-8)}$$

为 A 的伴随矩阵. 我们有

$$A\widetilde{A} = (\det A) I. \qquad \text{(B-7-9)}$$

设 A 和 B 为 n 阶非奇异方阵,则

$$(AB)^{-1} = B^{-1} A^{-1}. \qquad \text{(B-7-10)}$$

3. 向量和矩阵的模

模相当于距离与长度,它要满足一定条件. 而满足这些条件的模,又可取不同的形式. 我们先介绍向量的模,然后是方阵的模,最后以从属模来定义一般矩阵的模.

3.1 向量的模

向量 x 的模 $\|x\|$ 是一个非负实数,满足以下条件:

(1) 正性: $\|x\| > 0$,当 $x \neq 0$ 时;$\|0\| = 0$;

(2) 正齐次性: 对任何常数 β 有

$$\|\beta x\| = |\beta| \cdot \|x\|;$$

(3) 三角不等式: $\|x + y\| \leqslant \|x\| + \|y\|$.

满足以上条件的向量模,通常有以下几种:

(1) 赫尔德模或 l_p 模: $\|x\|_p = \left(\sum_j |x_j|^p \right)^{1/p}, \ p \geqslant 1$;

(2) 欧几里得模,即 $\|x\|_2 = (x^* x)^{1/2}$;

(3) l_1 模,即 $\|x\|_1 = \sum_j |x_j|$;

(4) l_∞ 模,即 $\|x\|_\infty = \max_j |x_j|$.

关于 l_∞ 模,我们作一说明. 显然有

$$\max_j |x_j| \leqslant \|x\|_p = \left(\sum_{j=1}^n |x_j|^p \right)^{1/p} \leqslant n^{1/p} \max_j |x_j|.$$

我们注意,当 $p \to \infty$ 时, $n^{1/p} \to 1$. 因此

$$\|x\|_\infty = \lim_{p \to \infty} \|x\|_p = \max_j |x_j|.$$

3.2 方阵的模

方阵 $A = (a_{ij})_{n \times n}$ 的模 $\|A\|$ 满足以下条件:

(1) $\|A\| > 0$，$A \neq 0$ 矩阵，$\|\mathbf{0}\| = 0$；
(2) $\|\beta A\| = |\beta| \cdot \|A\|$，对任何常数 β；
(3) $\|A + B\| \leqslant \|A\| + \|B\|$；
(4) $\|AB\| \leqslant \|A\| \cdot \|B\|$.

通常有以下几种矩阵模：

(1) 赫尔德模或 l_p 模 $\|A\|_p = \left(\sum_{i,j} |a_{ij}|^p\right)^{1/p}$，$1 \leqslant p \leqslant 2$；

(2) 欧几里得模，即
$$\|A\|_E = (\mathrm{tr}(AA^*))^{1/2} = \left(\sum_{i,j} |a_{ij}|^2\right)^{1/2};$$

(3) 最大值模 $\|A\|_M = n \max_{i,j} |a_{ij}|$；

(4) 扩充模 $\|A\|_{\alpha,\beta} = \max_{\|x\|_\beta = 1} \|Ax\|_\alpha$.

对扩充模的说明. 扩充模是由向量模扩充而来. x 是一个向量，Ax 也是一个向量. 从以上讨论知，向量模有不同取法，我们用 $\|\cdot\|_\alpha$ 和 $\|\cdot\|_\beta$ 表示两种向量模，它们可以相同也可以不相同. 由这两种向量模就可得到上述矩阵的扩充模 $\|A\|_{\alpha,\beta}$.

3.3 从属模

对任意 $m \times n$ 矩阵 A，我们定义从属模 $\|A\|_\alpha$ 为

$$\|A\|_\alpha = \max_{\|x\|_\alpha = 1} \|Ax\|_\alpha = \max \frac{\|Ax\|_\alpha}{\|x\|_\alpha}, \quad \text{(B-7-11)}$$

其中 $\|\cdot\|_\alpha$ 为某种向量模. 从属模是扩充模的特殊情形.

取不同的向量模，可得到不同矩阵的从属模. 常用的有如下几种：

(1) 取向量模为欧几里得模，即 $\|x\|_2$，则

$$\|A\|_2 = \max \frac{\|Ax\|_2}{\|x\|_2} = \max \left(\frac{x^* A^* A x}{x^* x}\right)^{1/2} = s_1, \quad \text{(B-7-12)}$$

其中 s_1 为 A 的最大奇异值，或 A^*A 的最大特征值的正平方根. 因此，$\|A\|_2$ 也称为矩阵的**谱模**.

(2) 取向量模为 l_1 模，即 $\|x\|_1$，则

$$\|A\|_1 = \max_j \sum_i |a_{ij}|.$$

(3) 取向量模为 l_∞ 模，即 $\|x\|_\infty$，则

$$\|A\|_\infty = \max_i \sum_j |a_{ij}|.$$

由从属模的定义可知

$$\|Ax\|_\alpha \leqslant \|A\|_\alpha \cdot \|x\|_\alpha. \quad \text{(B-7-13)}$$

这是一个很重要的性质,称为**相容性质**.

对一般的矩阵模$\|A\|$和向量模(不一定是从属关系),如果

$$\|Ax\| \leqslant \|A\| \cdot \|x\|,$$

对任何 A 和 x 成立,则称矩阵模$\|A\|$同向量模$\|x\|$是**相容的**.

从属模具有方阵模的四条性质.

4. 矩阵的条件数

这里讨论方阵的条件数,对一般矩阵,见本章§6矩阵的广义条件数.

4.1 条件数的定义

方阵 A 的条件数 $\text{cond}(A)$ 定义为

$$\text{cond}(A) = \|A\| \cdot \|A^{-1}\|, \quad \text{(B-7-14)}$$

其中 A^{-1} 为 A 的逆矩阵. 如果 A 为奇异的,即 $\det A = 0$,则令

$$\text{cond}(A) = +\infty.$$

4.2 线性方程组的摄动分析

考虑线性方程组

$$Ax = b,$$

当 A 有摄动 δA,b 有摄动 δb 时,则解 x 有摄动 δx

$$(A + \delta A)(x + \delta x) = b + \delta b,$$

由上两式得

$$\delta x = -A^{-1}\delta A \delta x - A^{-1}\delta A x + A^{-1}\delta b.$$

假设矩阵的模同向量的模是相容的,则

$$\|\delta x\| \leqslant \|A^{-1}\|\|\delta A\|\|\delta x\|$$
$$+ \|A^{-1}\|\|\delta A\|\|x\|$$
$$+ \|A^{-1}\|\|\delta b\|.$$

将上式合并$\|\delta x\|$项,并除以$\|x\|$,注意$\|b\| = \|Ax\| \leqslant \|A\| \cdot \|x\|$,得

$$\left(1-\operatorname{cond}(A)\frac{\|\delta A\|}{\|A\|}\right)\frac{\|\delta x\|}{\|x\|} \leqslant \operatorname{cond}(A)\|\left(\frac{\|\delta A\|}{\|A\|}+\frac{\|\delta b\|}{\|b\|}\right).$$

当 $\operatorname{cond}(A)\dfrac{\|\delta A\|}{\|A\|} < 1$ 时，有

$$\frac{\|\delta x\|}{\|x\|} \leqslant \frac{\operatorname{cond}(A)}{1-\operatorname{cond}(A)\dfrac{\|\delta A\|}{\|A\|}}\left(\frac{\|\delta A\|}{\|A\|}+\frac{\|\delta b\|}{\|b\|}\right). \quad \text{(B-7-15)}$$

上面由矩阵 A 的条件数给出了方程解的相对误差的上界. 对方程组 $Ax=b$ 而言，如果 b 或 A 有微小变化则引起解 x 的很大变化，我们称该方程组是**病态的**. 因此，可认为条件数 $\operatorname{cond}(A)$ 是对该方程组病态程度的一种衡量. 条件数大，方程组就呈现病态，条件数小，方程组就呈现良态，即解比较稳定.

5. 矩阵的分解

把一个矩阵分解成几个特殊矩阵的乘积，对于了解矩阵的性质和解线性方程组都是十分重要的.

5.1 方阵的 LR 分解

当 $A=(a_{ij})_{n\times n}$ 的从 1 阶到 n 阶的主子式（即 $\det(a_{ij})_{k\times k}, k=1,\cdots,n$）皆不为 0 时，$A$ 有唯一的 LR 分解

$$A = LR,$$

其中，L 为单位下三角阵，R 为上三角阵，

$$L = \begin{bmatrix} 1 & & & \\ l_{21} & 1 & & 0 \\ \vdots & \vdots & \ddots & \\ l_{n1} & l_{n2} & \cdots & 1 \end{bmatrix}, \quad R = \begin{bmatrix} r_{11} & r_{12} & \cdots & r_{1n} \\ & r_{22} & \cdots & r_{2n} \\ & & \ddots & \vdots \\ 0 & & & r_{nn} \end{bmatrix},$$

L 和 R 的元素可直接从 A 算出.

对 $i=1,2,\cdots,n$，计算

$$\begin{cases} r_{ij} = a_{ij} - \sum_{k=1}^{i-1} l_{ik}r_{kj}, & j=i,i+1,\cdots,n, \\ l_{ji} = \left(a_{ji} - \sum_{k=1}^{i-1} l_{jk}r_{ki}\right)\Big/r_{ii}, & j=i+1,i+2,\cdots,n, \end{cases}$$

(B-7-16)

其中规定 $\sum_{k=1}^{0} = 0$。

从 LR 分解,可派生出:

LDR 分解 $A = LDR$,其中 L 为单位下三角阵,D 为对角阵,R 为单位上三角阵;

Cront 分解 $A = LR$,其中 L 为下三角阵,R 为单位上三角阵。

5.2 正定阵的乔里斯基(平方根)分解和 LDL^T 分解

设 A 为正定阵。为讨论简单计,假设 A 是实矩阵。

乔里斯基(平方根)分解 $A = LL^T$,其中 L 为下三角阵。容易直接得到 L 中元素计算公式

对 $i = 1, 2, \cdots, n$,计算

$$\begin{cases} l_{ii} = \left(a_{ii} - \sum_{k=1}^{i-1} l_{ik}^2\right)^{1/2}, \\ l_{ji} = \left(a_{ji} - \sum_{k=1}^{i-1} l_{jk} l_{ik}\right) \big/ l_{ii}, \quad j = i+1, \cdots, n. \end{cases} \tag{B-7-17}$$

从上面公式看出,为计算 l_{ii},需要开方。为避开开方,我们讨论下面的分解。

LDL^T 分解 $A = LDL^T$,其中 L 为单位下三角阵,D 为对角阵。容易得到 D 和 L 中元素的计算公式。

对 $i = 1, 2, \cdots, n$,计算

$$\begin{cases} d_{ii} = a_{ii} - \sum_{k=1}^{i-1} g_{ik} l_{ik}, \\ g_{ji} = a_{ji} - \sum_{k=1}^{i-1} g_{jk} l_{ik}, \quad j = i+1, \cdots, n, \\ l_{ji} = g_{ji} / d_{ii}, \end{cases} \tag{B-7-18}$$

上式中 g_{ik} 的意义是 $g_{ik} = l_{ik} d_k$。

5.3 实对称阵的谱分解(或特征值分解)

谱分解 $A = Q \Lambda Q^T$,其中 Q 为正交阵,Λ 为对角阵 $\text{diag}\{\lambda_1, \cdots, \lambda_n\}$。$\lambda_i$ 为 A 的特征值,Q 的第 i 列为对应 λ_i 的特征向量。

5.4 $m \times n$ 矩阵的分解

QR 分解 $A = QR$,其中 Q 为正交阵,R 为上三角阵(见图 B-1)。

正交分解 $A=HRK^T$,其中 H, K 为正交矩阵,R 形如(B-1-9)式.

SVD 分解(奇异值分解)$A=USV^T$,其中 U, V 为正交矩阵,S 为对角阵,见(B-2-8)式.

5.5 豪斯霍尔德变换矩阵和吉文斯变换矩阵

为了把一个矩阵变换为一个三角阵,或者为把一个矩阵进行 QR 分解,豪斯霍尔德于 1958 年提出了豪斯霍尔德变换矩阵,吉文斯于 1954 年提出了吉文斯变换矩阵. 这两个矩阵都是由一个向量构造出来的.

豪斯霍尔德变换矩阵. 设 $u=[u_1 \quad \cdots \quad u_m]^T$ 为 m 维非 0 向量,则豪斯霍尔德变换矩阵为

$$H = I_m - \frac{2uu^T}{u^T u}, \tag{B-7-19}$$

豪斯霍尔德变换矩阵的性质见本章§1.

吉文斯变换矩阵. 设 $u=(u_1,\cdots,u_m)^T$,考虑 u_k 和 u_l 两个元素,其中 $l>k$,设 $s=(u_k^2+u_l^2)^{1/2} \neq 0$. 则吉文斯变换矩阵为 $G_{lk}=(g_{ij})_{m\times m}$,其中

$$\begin{cases} g_{kk} = g_{ll} = u_k/s, \\ g_{kl} = u_l/s, \\ g_{lk} = -u_l/s, \\ g_{ii} = 1, i \neq k, l, \\ g_{ij} = 0, 其他, \end{cases} \tag{B-7-20}$$

写成矩阵形式为

$$G_{lk} = \begin{bmatrix} 1 & & & & & & & & & \\ & \ddots & & & & & & & & \\ & & 1 & & & & & & & \\ & & & g_{kk} & \cdots & g_{kl} & & & & \\ & & & & 1 & & & & & \\ & & & \vdots & & \ddots & \vdots & & & \\ & & & & & & 1 & & & \\ & & & g_{lk} & \cdots & g_{ll} & & & & \\ & & & & & & & 1 & & \\ & & & & & & & & \ddots & \\ & & & & & & & & & 1 \end{bmatrix}, \tag{B-7-21}$$

容易验证 G_{lk} 具有以下性质：

G_{lk} 是正交矩阵：

$$G_{lk}u = (u_1, \cdots, u_{k-1}, s, u_{k+1}, \cdots, u_{l-1}, 0, u_{l+1}, \cdots, u_m)^{\mathrm{T}},$$

由向量 $G_{lk}u$ 再构造一个吉文斯变换 $G_{l+1,k}$，则 $G_{l+1,k}(G_{lk}u)$ 的第 $l, l+1$ 个元素皆为 0。依此做下去，则 $G_{mk}(G_{m-1,k}\cdots(G_{lk}u)\cdots)$ 的第 $l, l+1, \cdots, m$ 个元素皆为 0。利用这个性质，通过 Givens 变换矩阵可以把一个矩阵化为三角阵。

6. 施瓦兹矩阵不等式和两个逆矩阵公式

6.1 施瓦兹矩阵不等式

设 A 和 B 是两个 $m \times n$ 矩阵，$m \geq n$，B 的秩为 n，则

$$A^{\mathrm{T}}A \geq (B^{\mathrm{T}}A)^{\mathrm{T}}(B^{\mathrm{T}}B)^{-1}(B^{\mathrm{T}}A), \qquad (\text{B-7-22})$$

其中等号当且仅当对任意 β 存在 α，使

$$B\alpha + A\beta = 0 \qquad (\text{B-7-23})$$

时才成立。

证明 对任意 n 维向量 α 和 β 有

$$(B\alpha + A\beta)^{\mathrm{T}}(B\alpha + A\beta) \geq 0, \qquad (\text{B-7-24})$$

由于 $B^{\mathrm{T}}B$ 是满秩的，所以对任意 β，取

$$\alpha = -(B^{\mathrm{T}}B)^{-1}B^{\mathrm{T}}A\beta, \qquad (\text{B-7-25})$$

将上式代入(B-7-24)式并展开，得

$$\beta^{\mathrm{T}}(A^{\mathrm{T}}A - (B^{\mathrm{T}}A)^{\mathrm{T}}(B^{\mathrm{T}}B)^{-1}(B^{\mathrm{T}}A))\beta \geq 0, \qquad (\text{B-7-26})$$

这表明(B-7-22)式成立。

现在证明(B-7-22)中等式成立的条件。若等式成立，则对任意向量 β 使(B-7-26)等式成立，按(B-7-25)式令 α，则(B-7-26)式的左端等于(B-7-24)式的左端，因等于 0，所以(B-7-23)式成立。反之，若(B-7-23)式成立，则(B-7-25)式成立，而且(B-7-24)式等号成立。将(B-7-25)式代入(B-7-24)式，得(B-7-26)等式成立。由于 β 是任意的，所以(B-7-22)等式成立。证毕。

6.2 一个逆矩阵公式

设 A, B, C 和 D 为方阵，$A, C, A + BCD$ 和 $C^{-1} + DA^{-1}B$ 为非奇异

的,则
$$(A+BCD)^{-1} = A^{-1} - A^{-1}B(C^{-1}+DA^{-1}B)^{-1}DA^{-1}. \tag{B-7-27}$$

证明 用矩阵乘法直接验证.
$$(A+BCD)(A^{-1} - A^{-1}B(C^{-1}+DA^{-1}B)^{-1}DA^{-1})$$
$$= I - B(C^{-1}+DA^{-1}B)^{-1}DA^{-1} + BCDA^{-1}$$
$$\quad - BCDA^{-1}B(C^{-1}+DA^{-1}B)^{-1}DA^{-1}$$
$$= I + BCDA^{-1} - BC(C^{-1}+DA^{-1}B)(C^{-1}+DA^{-1}B)^{-1}DA^{-1}$$
$$= I + BCDA^{-1} - BCDA^{-1} = I.$$
证毕.

6.3 分块矩阵求逆公式

设 W 为 $n\times n$ 非奇异矩阵,它可表示为分块矩阵
$$W = \begin{bmatrix} A & B \\ C & D \end{bmatrix}, \tag{B-7-28}$$
其中 A 是 $n_1\times n_1$ 非奇异矩阵,D 为 $n_2\times n_2$ 矩阵.

设 $E=D-CA^{-1}B$ 为非奇异矩阵.则
$$W^{-1} = \begin{bmatrix} A^{-1}(I_{n1}+BE^{-1}CA^{-1}) & -A^{-1}BE^{-1} \\ -E^{-1}CA^{-1} & E^{-1} \end{bmatrix}. \tag{B-7-29}$$
用矩阵乘法可直接验证这个求逆公式.

7. 矩阵的微商

所有关于矩阵微商的定义都建立在一个矩阵对一个标量微商的定义之上. 这里仅讨论这种情况. 设 A 和 B 是 $n\times m$ 矩阵, C 是 $m\times k$ 矩阵, β 是标量. $A=(a_{ij})_{n\times m}$ 对 β 的偏微商定义为
$$\frac{\partial A}{\partial \beta} = \left[\frac{\partial a_{ij}}{\partial \beta}\right], \tag{B-7-30}$$
由定义易知
$$\frac{\partial}{\partial \beta}(A+B) = \frac{\partial A}{\partial \beta} + \frac{\partial B}{\partial \beta}, \quad \frac{\partial}{\partial \beta}(AC) = \frac{\partial A}{\partial \beta}C + A\frac{\partial C}{\partial \beta}. \tag{B-7-31}$$
设 A 为方阵,且有逆矩阵 A^{-1}. 由 $AA^{-1}=I$ 知

$$\frac{\partial \boldsymbol{A}^{-1}}{\partial \beta} = -\boldsymbol{A}^{-1}\frac{\partial \boldsymbol{A}}{\partial \beta}\boldsymbol{A}^{-1}. \tag{B-7-32}$$

现在讨论对向量的微商.

设 $\boldsymbol{x} = [x_1 \ \cdots \ x_n]^T$，其中 T 表示转置，$Q$ 为一标量，Q 对 $\boldsymbol{x}$ 的微商定义为

$$\frac{\partial \boldsymbol{Q}}{\partial \boldsymbol{x}} = \begin{bmatrix} \frac{\partial Q}{\partial x_1} \\ \vdots \\ \frac{\partial Q}{\partial x_n} \end{bmatrix}.$$

现在举一个例子.

设 $Q = \boldsymbol{x}^T \boldsymbol{A} \boldsymbol{x}$，$\boldsymbol{A}$ 是 $n \times n$ 矩阵，求 $\frac{\partial \boldsymbol{Q}}{\partial \boldsymbol{x}}$.

先计算对标量 x_k 的微商.

$$\frac{\partial Q}{\partial x_k} = \frac{\partial}{\partial x_k}(\boldsymbol{x}^T \boldsymbol{A} \boldsymbol{x}) = \frac{\partial \boldsymbol{x}^T}{\partial x_k}\boldsymbol{A}\boldsymbol{x} + \boldsymbol{x}^T \boldsymbol{A}\frac{\partial \boldsymbol{x}}{\partial x_k}$$
$$= \boldsymbol{e}_k^T \boldsymbol{A}\boldsymbol{x} + \boldsymbol{x}^T \boldsymbol{A}\boldsymbol{e}_k = \boldsymbol{e}_k^T(\boldsymbol{A} + \boldsymbol{A}^T)\boldsymbol{x},$$

其中

$$\frac{\partial \boldsymbol{x}^T}{\partial x_k} = [\underbrace{0 \ \cdots \ 0 \ 1 \ 0}_{k} \ \cdots \ 0]^T = \boldsymbol{e}_k.$$

另外，我们注意，$\boldsymbol{x}^T \boldsymbol{A} \boldsymbol{e}_k$ 是一个标量，所以

$$\boldsymbol{x}^T \boldsymbol{A} \boldsymbol{e}_k = (\boldsymbol{x}^T \boldsymbol{A} \boldsymbol{e}_k)^T = \boldsymbol{e}_k^T \boldsymbol{A}^T \boldsymbol{x},$$

因此

$$\frac{\partial \boldsymbol{Q}}{\partial \boldsymbol{x}} = \begin{bmatrix} \frac{\partial Q}{\partial x_1} \\ \vdots \\ \frac{\partial Q}{\partial x_n} \end{bmatrix} = \begin{bmatrix} \boldsymbol{e}_1^T(\boldsymbol{A} + \boldsymbol{A}^T)\boldsymbol{x} \\ \vdots \\ \boldsymbol{e}_n^T(\boldsymbol{A} + \boldsymbol{A}^T)\boldsymbol{x} \end{bmatrix}$$
$$= \boldsymbol{I}(\boldsymbol{A} + \boldsymbol{A}^T)\boldsymbol{x} = (\boldsymbol{A} + \boldsymbol{A}^T)\boldsymbol{x}, \tag{B-7-33}$$

其中 $\boldsymbol{I}$ 为 $n \times n$ 单位矩阵. 若 $\boldsymbol{A} = \boldsymbol{A}^T$，则有

$$\frac{\partial \boldsymbol{Q}}{\partial \boldsymbol{x}} = 2\boldsymbol{A}\boldsymbol{x}. \tag{B-7-34}$$

问 题

1. 矩阵的模:

一个 $m \times n$ 矩阵 $A = (a_{ij})$ 的谱模被定义为
$$\|A\| = \max\{\|Av\| : \|v\| = 1\},$$
矩阵 A 的弗罗比纽斯模或欧几里得矩阵模为
$$\|A\|_E = \left(\sum_{i=1}^{m}\sum_{j=1}^{n} a_{ij}^2\right)^{1/2}.$$

设 A 的奇异值为 $s_1 \geqslant s_2 \geqslant \cdots \geqslant s_l$, $l = \min(m, n)$. 证明:

(1) $\|A\| = \max\{s_i\} = s_1$;

(2) $\|A\|_E = \left(\sum_{i=1}^{l} s_i^2\right)^{1/2}.$

提示: 利用 A 的奇异值分解式,并注意 $\|Av\|^2 = (Av)^T Av$, $\|A\|_E^2 = \mathrm{tr} AA^T$, 其中 tr 表示迹. 对 $m \times m$ 方阵 $C = (c_{ij})$, $\mathrm{tr} C = \sum_{i=1}^{m} c_{ii}$. 迹有性质: $\mathrm{tr} AB = \mathrm{tr} BA$.

2. 广义逆的存在性:

设矩阵 A 的奇异值分解为 $A = USV^T$. 令 $\hat{A}^+ = VS^{-1}U^T$, 参见 (B-3-2)~(B-3-3)式. 证明: $\hat{A}^+$ 满足(B-3-1)式, 即

① $A\hat{A}^+A = A$;   ② $\hat{A}^+A\hat{A}^+ = \hat{A}^+$;

③ $(A\hat{A}^+)^T = A\hat{A}^+$;   ④ $(\hat{A}^+A)^T = \hat{A}^+A$.

3. 广义逆 A^+ 的性质:

设 A 为 $m \times n$ 矩阵. 证明:

(1) $(A^+)^+ = A$, $(A^T)^+ = (A^+)^T$;

(2) $A^+ = (A^TA)^+A^T = A^T(AA^T)^+$;

(3) $(A^TA)^+ = A^+(A^+)^T$;

(4) $AA^+ \geqslant 0$, $A^+A \geqslant 0$;

(5) 若 P 为 $m \times k$ 矩阵, Q 为 $k \times n$ 矩阵, $\mathrm{rank}(A) = \mathrm{rank}(P) = \mathrm{rank}(Q) = k$, $A = PQ$, 则 $A^+ = Q^+P^+$;

(6) 若方阵 A 满足 $\det(A) \neq 0$, 则 $A^+ = A^{-1}$.

4. 设 R 为 $m \times n$ 矩阵,秩为 $k \leqslant \min(m,n)$,
$$R = \begin{bmatrix} R_{11} & 0 \\ 0 & 0 \end{bmatrix},$$
其中 R_{11} 为 $k \times k$ 矩阵,$\operatorname{rank}(R_{11}) = k$. 令 $n \times m$ 矩阵 R^{-1} 为
$$R^{-1} = \begin{bmatrix} R_{11}^{-1} & 0 \\ 0 & 0 \end{bmatrix}.$$
证明:(1) $R^+ = R^{-1}$;

(2) 设 H 为 $m \times m$ 正交矩阵,K 为 $n \times n$ 正交矩阵,则
$$(HRK^T)^+ = KR^+ H^T = KR^{-1} H^T.$$
说明:这题表明由矩阵的 QR 分解、正交分解都可给出广义逆.

提示:利用 R_{11} 和 R 的奇异值分解.

5. 设 $\boldsymbol{\Gamma}$ 为 $n \times n$ 正交矩阵,A 为
$$A = \boldsymbol{\Gamma} \begin{bmatrix} \lambda_1 & & 0 \\ & \ddots & \\ 0 & & \lambda_n \end{bmatrix} \boldsymbol{\Gamma}^T.$$
令
$$\lambda^+ = \begin{cases} \lambda^{-1}, & \lambda \neq 0, \\ 0, & \lambda = 0, \end{cases}$$
则
$$A^+ = \boldsymbol{\Gamma} \begin{bmatrix} \lambda_1^+ & & 0 \\ & \ddots & \\ 0 & & \lambda_n^+ \end{bmatrix} \boldsymbol{\Gamma}^T.$$
提示:直接验证 A^+ 满足关系式(B-3-1).

6. 证明矩阵的广义条件数具有性质(B-6-5)、(B-6-6)和(B-6-7).

7. 证明:$\|AA^+\| = 1$,$\operatorname{cond}(AA^+) = 1$.

提示:利用 A 的奇异值分解式写出 AA^+ 的分解式.

8. 证明:A^-(见(B-3-5)式)满足庞路希条件①;$A^{(1,2)}$(见(B-3-6)式)满足庞路希条件①和②.

9. 关于方阵的一些性质.

(1) 设 A 和 B 是下三角阵,证明:AB 也是下三角阵;

(2) 设 A 和 B 是上三角阵,证明: AB 也是上三角阵;

(3) 设 A 是厄米特阵,它可表示为 $R_1 + iR_2$,其中 R_1 和 R_2 为实矩阵. 证明: R_1 是对称阵,R_2 是斜对称阵;

(4) 证明:如果 A 是厄米特阵,则 iA 是斜厄米特阵. 如果 A 是斜厄米特阵,则 iA 是厄米特阵.

注意:利用有关定义(见附录 B 中 §7).

10. 设分块矩阵 W 由(B-7-28)式确定. 证明 W 的逆矩阵为(B-7-29)式.

11. 证明逆矩阵微商公式(B-7-32).

参 考 文 献

[1] Wilkinson J H. The Algebraic Eigenvalue Problem. Oxford: Clarendon Press, 1965.

[2] Lawson C L and Hanson R J. Solving Least Squares Problems. Prentice-Hall Inc., 1974.

[3] Eckart C and Young G. The approximation of one matrix by another of lower rank. Psychometrika, 1, 211~218, 1936.

[4] Rao C R and Mitra S K. Generalized Inrerse of Matrices and Its Applications. Wiley, 1971.

[5] Tse-Sun Chow. Watrices and Linear Algebra, In: Handbook of Applied Mathematics, edited by C. F. Pearson. New York: Van Nostrand Reinbold Company, 892—941, 1974.

[6] Halmos P R. Finite Dimensional Vector Spaces. Princeton: D. Van Nostrand Co., Inc., 1958.

[7] Maindonald J H. Statistical Computation. New York: John Willey & Sons, 1984.

[8] Kennedy W J, Jr. and Gentle J E. Statistical Computing. New York: Marcel Dekker, Inc., 1980.

[9] 冯康等编. 数值计算方法. 北京: 国防工业出版社, 1978.

[10] 北京大学数学力学系等编. 地震勘探数字技术(第一册). 北京: 科学出版社, 1973.

问 题 解 答

第一章问题解答

1. 解 当 $f=0$ 时,$s(t)=A\sin\varphi$. 取 $A=\dfrac{1}{2}$,$\varphi=\dfrac{\pi}{2}$. 当 $f=0$ 时,$s(t)=\dfrac{1}{2}\sin\dfrac{\pi}{2}=\dfrac{1}{2}$. 图形如下所示：

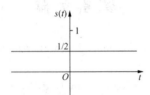

2. 解 将 $\sin\dfrac{2\pi}{T}t$ 表示为：$\sin\dfrac{2\pi}{T}t=\dfrac{1}{2i}(e^{i\frac{2\pi}{T}t}-e^{-i\frac{2\pi}{T}t})$，则

$$x(t)=\begin{cases} a\cdot\dfrac{1}{2i}(e^{i\frac{2\pi}{T}t}-e^{-i\frac{2\pi}{T}t}), & 0\leqslant t\leqslant\dfrac{T}{2}, \\ 0, & -\dfrac{T}{2}\leqslant t<0. \end{cases}$$

将 $x(t)$ 表示成傅氏级数为

$$x(t)=\sum_{n=-\infty}^{+\infty}c_n e^{i2\pi n f_0 t},\quad t\in\left[-\dfrac{T}{2},\dfrac{T}{2}\right],\quad \text{其中}\ f_0=\dfrac{1}{T},\ i=\sqrt{-1},$$

$$c_n=\dfrac{1}{T}\int_{-\frac{T}{2}}^{\frac{T}{2}}x(t)e^{-i\frac{2\pi}{T}nt}dt$$

$$=\dfrac{1}{T}\int_0^{\frac{T}{2}}a\cdot\dfrac{1}{2i}(e^{i\frac{2\pi}{T}t}-e^{-i\frac{2\pi}{T}t})\cdot e^{-i\frac{2\pi}{T}nt}dt$$

$$=\dfrac{a}{2Ti}\left[\int_0^{\frac{T}{2}}e^{i\frac{2\pi}{T}(1-n)t}dt-\int_0^{\frac{T}{2}}e^{-i\frac{2\pi}{T}(1+n)t}dt\right]$$

$$=\dfrac{a}{2Ti}\left[\dfrac{T}{i2\pi(1-n)}e^{i\frac{2\pi}{T}(1-n)t}\Big|_0^{\frac{T}{2}}+\dfrac{T}{i2\pi(1+n)}e^{-i\frac{2\pi}{T}(1+n)t}\Big|_0^{\frac{T}{2}}\right]$$

$$=-\dfrac{a}{4\pi(1-n)}\left[e^{i(1-n)\pi}-1\right]+\dfrac{a}{-4\pi(1+n)}\left[e^{-i(1+n)\pi}-1\right].$$

当 n 为奇数时，$c_n = 0$；当 n 为偶数时，$c_n = \dfrac{a}{\pi(1-n^2)}$.

综合以上有
$$x(t) = \sum_{n=-\infty}^{+\infty} \frac{a}{\pi(1-4n^2)} e^{i4\pi n f_0 t}, \quad t \in \left[-\frac{T}{2}, \frac{T}{2}\right], \ f_0 = \frac{1}{T}.$$

3. 解 我们有
$$c_n = \frac{1}{T}\int_{-\frac{T}{2}}^{\frac{T}{2}} x(t) e^{-i\frac{2\pi}{T}nt} dt = \frac{1}{T}\left[\int_0^{\frac{T}{2}} E e^{-i\frac{2\pi}{T}nt} dt + \int_{-\frac{T}{2}}^{0} -E e^{-i\frac{2\pi}{T}nt} dt\right]$$

$$= \frac{E}{T}\int_0^{\frac{T}{2}} \left[e^{-i\frac{2\pi}{T}nt} - e^{i\frac{2\pi}{T}nt}\right] dt$$

$$= \frac{E}{T}\int_0^{\frac{T}{2}} \left(-2i\sin\frac{2\pi nt}{T}\right) dt = \begin{cases} 0, & n = 2k, \\ \dfrac{-2Ei}{n\pi}, & n = 2k+1, \end{cases}$$

因此 $\quad x(t) = \displaystyle\sum_{n=-\infty}^{+\infty} \frac{-2Ei}{(2n+1)\pi} e^{i2\pi(2n+1)f_0 t}, t \in \left[-\frac{T}{2}, \frac{T}{2}\right], \quad f_0 = \frac{1}{T}.$

4. 解 我们有
$$c_n = \frac{1}{T}\int_0^T \frac{h}{T} t \cdot e^{-i2\pi f_0 nt} dt = \frac{h}{T^2}\int_0^T t e^{-i\frac{2\pi}{T}nt} dt$$

$$= \frac{h}{T^2}\left[\left(-\frac{T}{i2\pi n}\right)\left(t \cdot e^{-i\frac{2\pi}{T}nt}\Big|_0^T - \int_0^T e^{-i\frac{2\pi}{T}nt} dt\right)\right]$$

$$= -\frac{h}{i2\pi n}(n \neq 0), \quad c_0 = \frac{h}{2},$$

因此 $\quad x(t) = \dfrac{h}{2} + \displaystyle\sum_{\substack{n=-\infty \\ n \neq 0}}^{+\infty} \dfrac{-h}{i2\pi n} \cdot e^{i2\pi n f_0 t}, t \in [0, T], \quad f_0 = \dfrac{1}{T}.$

5. 解 $T = 2\pi, f_0 = \dfrac{1}{2\pi}$. 按公式有
$$c_n = \frac{1}{2\pi}\int_{-\pi}^{\pi} x(t) e^{-int} dt = \frac{1}{2\pi}\int_{-\pi}^{\pi} x(t) \cos nt\, dt - \frac{i}{2\pi}\int_{-\pi}^{\pi} x(t) \sin nt\, dt$$

$$= \frac{1}{\pi}\int_0^{\pi} x(t) \cos nt\, dt = \frac{1}{\pi}\left[\frac{t\sin nt}{n} + \frac{\cos nt}{n^2}\right]_0^{\pi}$$

$$= \frac{1}{\pi n^2}(\cos n\pi - 1) = \frac{1}{\pi n^2}((-1)^n - 1), \quad n \neq 0,$$

$$c_0 = \frac{1}{2\pi}\int_{-\pi}^{\pi} x(t) dt = \frac{1}{\pi}\int_0^{\pi} t\, dt = \frac{\pi}{2}.$$

$x(t)$ 的傅氏级数为
$$x(t) = \sum_{n=-\infty}^{+\infty} c_n e^{-int} = \frac{\pi}{2} + \sum_{m=-\infty}^{+\infty} c_{2m+1} e^{i(2m+1)t}$$

$$= \frac{\pi}{2} - \sum_{m=-\infty}^{+\infty} \frac{2}{\pi(2m+1)^2} e^{i(2m+1)t}.$$

6. 解 $x(t)$ 为奇函数，$T=2\pi$，$f_0 = \frac{1}{2\pi}$.

$$c_n = \frac{1}{2\pi}\int_{-\pi}^{\pi} x(t) e^{-int} dt = \frac{-i}{2\pi}\int_{-\pi}^{\pi} t\sin nt\, dt = \frac{-i}{\pi}\int_{0}^{\pi} t\sin nt\, dt$$

$$= \frac{-i}{\pi}\left[\frac{-t\cos nt}{n} + \frac{\sin nt}{n^2}\right]_0^\pi = \frac{-i}{n}\cos n\pi = \frac{i}{n}(-1)^n, \quad n \neq 0,$$

$$c_0 = \frac{1}{2\pi}\int_{-\pi}^{\pi} x(t) dt = 0.$$

$x(t)$ 的傅氏级数为
$$x(t) = \sum_{\substack{n=-\infty \\ n\neq 0}}^{+\infty} \frac{i}{n}(-1)^n e^{int}.$$

7. 证明 $s(t) = \int_{-\infty}^{+\infty} S(f) e^{i2\pi ft} df$,

$$s(0) = \int_{-\infty}^{+\infty} S(f) df = \int_{-\infty}^{+\infty} \frac{\sin 2\pi\delta f}{\pi f} df = 1 \quad (\delta > 0).$$

由上式得
$$\int_{-\infty}^{+\infty} \frac{\sin 2\pi\delta f}{\pi f} df = \begin{cases} 1, & \delta > 0, \\ 0, & \delta = 0, \\ -1, & \delta < 0. \end{cases}$$

8. 解 $S(f) = \int_{-\infty}^{+\infty} s(t) e^{-i2\pi ft} dt = \int_{0}^{+\infty} e^{-at} e^{-i2\pi ft} dt = \frac{1}{a+2\pi i f}$.

9. 解 $S(f) = \int_{-\infty}^{+\infty} s(t) e^{-i2\pi ft} dt$

$$= \int_{0}^{+\infty} e^{-at} e^{-i2\pi ft} dt + \int_{-\infty}^{0} e^{at} e^{-i2\pi ft} dt = \frac{2a}{a^2 + (2\pi f)^2}.$$

10.（1）证明 设 $ax_1(t)+bx_2(t)$ 的频谱为 $X(f)$，则有

$$X(f) = \int_{-\infty}^{+\infty} (ax_1(t)+bx_2(t)) \cdot e^{-i2\pi ft} dt$$

$$= a\int_{-\infty}^{+\infty} x_1(t) e^{-i2\pi ft} dt + b\int_{-\infty}^{+\infty} x_2(t) e^{-i2\pi ft} dt = aX_1(f)+bX_2(f).$$

这说明 $ax_1(t)+bx_2(t)$ 的频谱为 $aX_1(f)+bX_2(f)$. 证毕.

（2）**解** 图中信号是方波和三角波的线性组合. 设方波为

$$s_1(t) = \begin{cases} 1, & |t| < \delta, \\ 0, & |t| > \delta. \end{cases}$$

它的频谱为 $S_1(f) = \frac{\sin 2\pi\delta f}{\pi f}$. 设三角波为

$$s_2(t) = \begin{cases} 1 - \dfrac{|t|}{\delta}, & |t| < \delta, \\ 0, & |t| > \delta. \end{cases}$$

它的频谱为
$$S_2(f) = \frac{\sin^2 \pi \delta f}{\pi^2 \delta f^2}.$$

由(1)知,图中信号 $s(t) = as_1(t) + (b-a)s_2(t)$ 的频谱为
$$s(f) = a \cdot \frac{\sin 2\pi \delta f}{\pi f} + (b-a) \frac{\sin^2 \pi \delta f}{\pi^2 \delta f^2}.$$

11. 解 设信号 $x(t)$ 的频谱为 $X(f)$,则我们有以下频移定理:
$$s(t) = x(t)\cos 2\pi f_0 t \text{ 的频谱为 } \frac{1}{2}(X(f-f_0) + X(f+f_0)),$$
$$s(t) = x(t)\sin 2\pi f_0 t \text{ 的频谱为 } \frac{1}{2i}(X(f-f_0) - X(f+f_0)).$$

(1) 半余弦波 $s(t)$ 可以看做
$$s(t) = x(t) \cdot \cos 2\pi \cdot \frac{1}{4\delta} t,$$
其中 $x(t)$ 是方波
$$x(t) = \begin{cases} 1, & |t| < \delta, \\ 0, & |t| > \delta, \end{cases}$$
则由频移定理知,$s(t)$ 的频谱 $S(f)$ 为
$$S(f) = \frac{1}{2}(X(f-f_0) + X(f+f_0)),$$
其中 $X(f)$ 是 $x(t)$ 的频谱,$f_0 = \frac{1}{4\delta}$. 从而
$$S(f) = \frac{1}{2}\left\{\frac{\sin 2\pi\delta\left(f-\frac{1}{4\delta}\right)}{\pi\left(f-\frac{1}{4\delta}\right)} + \frac{\sin 2\pi\delta\left(f+\frac{1}{4\delta}\right)}{\pi\left(f+\frac{1}{4\delta}\right)}\right\}.$$

(2) 单边指数波为
$$x(t) = \begin{cases} e^{-at}, & t > 0, \\ 0, & t < 0, \end{cases} \quad (a > 0),$$
由频移定理可得
$$S(f) = \frac{1}{2i}\left(\frac{1}{a+2\pi i(f-f_0)} - \frac{1}{a+2\pi i(f+f_0)}\right).$$

(3) 钟形波为 $x(t) = e^{-\beta^2 t^2}$,按频移定理,$s(t)$ 的频谱为
$$S(f) = \frac{1}{2}\left(\frac{\sqrt{\pi}}{\beta}e^{-\frac{\pi^2(f-f_0)^2}{\beta^2}} + \frac{\sqrt{\pi}}{\beta}e^{-\frac{\pi^2(f+f_0)^2}{\beta^2}}\right).$$

12. 解 我们有
$$X(f) = \int_{-\infty}^{+\infty} x(t) e^{-i2\pi ft} dt, \tag{a}$$

$$x(t) = \int_{-\infty}^{+\infty} X(f) e^{i2\pi ft} df. \qquad (b)$$

(1) 证明　对(b)式两边求 n 次导数,得知 $\dfrac{d^n x(t)}{dt^n}$ 的频谱为 $(2\pi if)^n X(f)$.

(2) 证明　对(a)式两边求 n 次导数,得知 $\dfrac{d^n X(f)}{df^n}$ 对应的信号为

$$(-2\pi it)^n x(t).$$

(3) 令 $s(t) = \begin{cases} e^{-at}, & t>0, \\ 0, & t<0, \end{cases}$ 则 $x(t) = t^2 s(t)$.

由(2)知 $t^2 s(t)$ 的频谱为 $\dfrac{1}{-4\pi^2} \cdot \dfrac{d^2 S(f)}{df^2}$,即 $x(t)$ 的频谱为

$$X(f) = \frac{1}{-4\pi^2} \frac{d^2 S(f)}{df^2}.$$

而 $s(t)$ 的频谱为 $S(f) = \dfrac{1}{a+2\pi if}$,所以有

$$X(f) = -\frac{1}{4\pi^2} \cdot \frac{-8\pi^2}{(a+2\pi if)^3} = \frac{2}{(a+2\pi if)^3}.$$

(4) 由(1)直接可得

$$G(f) = a \cdot (2\pi if)^2 X(f) + b(2\pi if) X(f) + c X(f)$$
$$= (-4a\pi^2 f^2 + 2b\pi if + c) X(f).$$

第二章问题解答

1. 解　分 $n>0, n=0, n<0$ 三种情况代入 $x(n)$ 的表达式中,可得 $x(n) \equiv 1$.

2. 解　分 $n=0, n>0$ 和 $n<0$ 三种情况,得

$$x(n) = \begin{cases} 2, & n=0, \\ e^{-an}, & n>0, \\ e^{\beta n}, & n<0. \end{cases}$$

3. 解　(1) 设 $x(n)$ 以 N 为周期。由于正弦信号以 $2k\pi$ 为周期,所以由 $x(n+N) = x(n)$ 可得

$$0.4\pi(n+N) = 0.4\pi n + 2k\pi, \quad 0.4\pi N = 2k\pi, \quad N = 5k.$$

取 $k=1, x(n)$ 以 5 为周期.

(2) 设 $x(n)$ 以 N 为周期。由于余弦信号以 $2k\pi$ 为周期,所以由 $x(n+N) = x(n)$ 可得

$$0.3(n+N) + 0.5 = 0.3n + 0.5 + 2k\pi, \quad 0.3N = 2k\pi, \quad N = \frac{20}{3} \cdot k\pi.$$

由于上面的得数是无理数,所以 $x(n)$ 不是周期函数.

(3) 设 $\sin(n\pi/7)$ 的周期为 N_1,则有
$$(n+N_1)\pi/7 = n\pi/7 + 2k\pi, \quad N_1\pi/7 = 2k\pi, \quad N_1 = 14k.$$
取 $k=1, N_1=14$.

设 $\cos(n\pi/15)$ 的周期为 N_2,则有
$$(n+N_2)\pi/15 = n\pi/15 + 2k\pi, \quad N_2\pi/15 = 2k\pi, \quad N_2 = 30k.$$
取 $k=1, N_2=30$.

$N_1=14$ 和 $N_2=30$ 的最大公约数 $\gcd(N_1,N_2)=2$,由(2-1-8)式知,$x(n)$ 的周期为
$$N = \frac{N_1 N_2}{\gcd(N_1,N_2)} = \frac{14 \times 30}{2} = 210.$$

4. 解 $x(n)$ 的偶信号 $x_e(n)$ 为
$$x_e(n) = \frac{1}{2}(x(n)+x(-n)) = \frac{1}{2}(a^n u(n)+a^{-n}u(-n))$$
$$= \begin{cases} 1, & n=0, \\ a^n/2, & n>0, \\ a^{-n}/2, & n<0. \end{cases}$$

$x(n)$ 的奇信号 $x_o(n)$ 为
$$x_o(n) = \frac{1}{2}(x(n)-x(-n))$$
$$= \begin{cases} 0, & n=0, \\ a^n/2, & n>0, \\ a^{-n}/2, & n<0. \end{cases}$$

5. 解 由(2-1-17)和(2-1-18)知,共轭对称信号 $x_e(n)$ 为
$$x_e(n) = \frac{1}{2}(x(n)+x^*(-n)) = \frac{1}{2}(\mathrm{i}e^{in\omega}-\mathrm{i}e^{in\omega}) = 0,$$
$$x_o(n) = x(n).$$
这表明,$x(n)$ 为共轭反对称信号.

6. 解 由 $f_c < \dfrac{1}{2\Delta}$ 知,当 Δ 分别取 $1\,\mathrm{ms}, 2\,\mathrm{ms}, 4\,\mathrm{ms}, 8\,\mathrm{ms}$ 时,信号截止频率 f_c 应分别在 $500\,\mathrm{Hz}, 250\,\mathrm{Hz}, 125\,\mathrm{Hz}, 62.5\,\mathrm{Hz}$ 以内.

7. 解 $X(f)$ 对应的信号为 $x(t) = \dfrac{\sin 2\pi f_1 t}{\pi t}$. 当 $\Delta = \dfrac{1}{2f_1}$ 时,
$$x(n\Delta) = \frac{\sin 2\pi f_1 n\Delta}{\pi n\Delta} = \frac{\sin \pi n}{\pi n} 2f_1 = \begin{cases} 2f_1, & n=0, \\ 0, & n\neq 0 \end{cases} = 2f_1 \delta(n).$$
$$X_\Delta(f) = \Delta \sum_{n=-\infty}^{+\infty} x(n\Delta) e^{-i2\pi n\Delta f} = 1, \quad |f| \leqslant \frac{1}{2\Delta} = f_1.$$

8. 解 $\dfrac{1}{2\Delta} = \dfrac{400}{2} = 200 < 300$. 按图 2-5 的做法，便可得图 2-8(b).

9. 解 由(2-4-6)知 $X_\Delta(f) = \sum\limits_{m=-\infty}^{+\infty} X\left(f + \dfrac{m}{\Delta}\right)$，因此

$$\int_{\frac{-1}{2\Delta}}^{\frac{1}{2\Delta}} |X(f) - X_\Delta(f)| \, df = \int_{\frac{-1}{2\Delta}}^{\frac{1}{2\Delta}} \left| X(f) - \sum_{m=-\infty}^{+\infty} X\left(f + \dfrac{m}{\Delta}\right) \right| df$$

$$= \int_{\frac{-1}{2\Delta}}^{\frac{1}{2\Delta}} \left| \sum_{\substack{m=-\infty \\ m \neq 0}}^{+\infty} X\left(f + \dfrac{m}{\Delta}\right) \right| df$$

$$\leqslant \sum_{m=1}^{+\infty} \int_{\frac{-1}{2\Delta}}^{\frac{1}{2\Delta}} \left| X\left(f + \dfrac{m}{\Delta}\right) \right| df + \sum_{m=-\infty}^{-1} \int_{\frac{-1}{2\Delta}}^{\frac{1}{2\Delta}} \left| X\left(f + \dfrac{m}{\Delta}\right) \right| df$$

（令 $\theta = f + m/\Delta$）

$$= \sum_{m=1}^{+\infty} \int_{\frac{-1}{2\Delta}+\frac{m}{\Delta}}^{\frac{1}{2\Delta}+\frac{m}{\Delta}} |X(\theta)| d\theta + \sum_{m=-\infty}^{-1} \int_{\frac{-1}{2\Delta}+\frac{m}{\Delta}}^{\frac{1}{2\Delta}+\frac{m}{\Delta}} |X(\theta)| d\theta$$

$$= \int_{\frac{1}{2\Delta}}^{+\infty} |X(\theta)| d\theta + \int_{-\infty}^{\frac{-1}{2\Delta}} |X(\theta)| d\theta = \int_{|f|>\frac{1}{2\Delta}} |X(f)| df.$$

当 $X(f) = e^{-\alpha|f|}$ 时

$$\int_{|f|>\frac{1}{2\Delta}} |X(f)| df = 2\int_{\frac{1}{2\Delta}}^{+\infty} |X(f)| df = \dfrac{2}{\alpha} e^{-\frac{\alpha}{2\Delta}}.$$

请注意，当 $\Delta \to 0$ 时，上式也趋于 0，这表明，当 Δ 很小时，误差也可以很小.

10. 答 对以抽样间隔 Δ 抽样得到的信号 $x(n\Delta)$ 而言，原连续信号中大于 $\dfrac{1}{2\Delta}$ 的频率成分，称为假频. 这些假频成分在抽样过程中会混叠在频段 $\left[\dfrac{-1}{2\Delta}, \dfrac{1}{2\Delta}\right]$ 之中，致使离散信号 $x(n\Delta)$ 不能反映连续信号 $x(t)$ 的特征.

抽样中一定要防止假频的出现. 在正式抽样前，要用不同的抽样间隔试验，分析出原始连续信号的频带范围，并确定正式的抽样间隔 Δ. 在正式抽样前，对原始信号作低通滤波，以去掉大于 $\dfrac{1}{2\Delta}$ 的频率成分，防止假频的出现.

11. 解 （1）由于

$$g(t - m\Delta) = \begin{cases} 1, & |t - m\Delta| < \delta, \\ 0, & |t - m\Delta| > \delta, \end{cases}$$

其中 $\delta \leqslant \Delta/2$. 当 $n \neq m$ 时，区间 $\{t: |t - n\Delta| < \delta\}$ 与 $\{t: |t - m\Delta| < \delta\}$ 不重合，即 $(n\Delta - \delta, n\Delta + \delta) \cap (m\Delta - \delta, m\Delta + \delta) = \varnothing$，因此

$$\tilde{x}(t) = \sum_{n=-\infty}^{+\infty} x(n\Delta) g(t - n\Delta)$$

$$= \begin{cases} x(n\Delta), & |t-n\Delta|<\delta, n=0,\pm 1,\cdots, \\ 0, & \text{其他}. \end{cases}$$

(2) $\widetilde{X}(f) = \int_{-\infty}^{+\infty} \big(\sum_{n=-\infty}^{+\infty} x(n\Delta)g(t-n\Delta)e^{-i2\pi ft} dt \big)$

$= \sum_{n=-\infty}^{+\infty} x(n\Delta) \int_{-\infty}^{+\infty} g(t-n\Delta)e^{-i2\pi ft} dt$

$= \sum_{n=-\infty}^{+\infty} x(n\Delta)e^{-i2\pi n\Delta f} \int_{-\infty}^{+\infty} g(t)e^{-i2\pi ft} dt = \frac{1}{\Delta} X_\Delta(f) \frac{\sin 2\pi\delta f}{\pi f}.$

第三章问题解答

1. 证明 设输入信号为 $x_1(t)$ 和 $x_2(t)$,相应输出信号分别为 $y_1(t)$ 和 $y_2(t)$.
先证线性：我们有
$$[ax_1(t)+bx_2(t)]*h(t) = ax_1(t)*h(t)+bx_2(t)*h(t)$$
$$= ay_1(t)+by_2(t).$$

再证时不变. 我们有
$$x(t-t_0)*h(t) = \int_{-\infty}^{+\infty} h(\tau)x(t-t_0-\tau)d\tau = y(t-t_0).$$

2. 证明 令 $s(t) = \frac{\sin 2\pi f_1 t}{\pi t}$, $s(t)$ 的频谱 $S(f)$ 为

$$S(f) = \begin{cases} 1, & |f| \leqslant f_1, \\ 0, & |f| > f_1. \end{cases}$$

从而 $\qquad X(f) \cdot S(f) = X(f) \quad$ （由于 $f_1 \geqslant f_c$).
由卷积与频谱的关系知
$$x(t)*s(t) = x(t), \quad 即 \quad x(t)*\frac{\sin 2\pi f_1 t}{\pi t} = x(t).$$

3. 证明 我们已知

$s_1(t) = \frac{\sin 2\pi f_1 t}{\pi t}$ 的频谱为：$S_1(f) = \begin{cases} 1, & |f| \leqslant f_1, \\ 0, & |f| > f_1; \end{cases}$

$s_2(t) = \frac{\sin 2\pi f_2 t}{\pi t}$ 的频谱为：$S_2(f) = \begin{cases} 1, & |f| \leqslant f_2, \\ 0, & |f| > f_1; \end{cases}$

$s_3(t) = \frac{\sin 2\pi f_3 t}{\pi t}$ 的频谱为：$S_3(f) = \begin{cases} 1, & |f| \leqslant f_3, \\ 0, & |f| > f_1. \end{cases}$

显然有 $S_1(f) \cdot S_2(f) = S_3(f) \quad (f_1>0, f_2>0, f_3=\min\{f_1,f_2\})$. 由卷积和频谱的关系知
$$s_1(t)*s_2(t) = s_3(t),$$

即

$$\frac{\sin 2\pi f_1 t}{\pi t} * \frac{\sin 2\pi f_2 t}{\pi t} = \frac{\sin 2\pi f_3 t}{\pi t}.$$

4. 解 由 3 题知

$$\frac{\sin\frac{\pi}{\Delta}t}{\pi t} * \frac{\sin\frac{\pi}{\Delta}t}{\pi t} = \frac{\sin\frac{\pi}{\Delta}t}{\pi t},$$

即

$$\int_{-\infty}^{+\infty} \frac{\sin\frac{\pi}{\Delta}\tau}{\pi\tau} \cdot \frac{\sin\frac{\pi}{\Delta}(t-\tau)}{\pi(t-\tau)} d\tau = \frac{\sin\frac{\pi}{\Delta}t}{\pi t}.$$

对 $g_n(t)$ 有

$$\int_{-\infty}^{+\infty} g_m(t)g_n(t)dt = \int_{-\infty}^{+\infty} \frac{\sin\frac{\pi}{\Delta}(t-m\Delta)}{t-m\Delta} \cdot \frac{\sin\frac{\pi}{\Delta}(t-n\Delta)}{t-n\Delta} dt$$

$$\left(\frac{\sin\frac{\pi}{\Delta}(t-n\Delta)}{t-n\Delta} = \frac{\sin\frac{\pi}{\Delta}(n\Delta-t)}{n\Delta-t}\right)$$

$$= \int_{-\infty}^{+\infty} \frac{\sin\frac{\pi}{\Delta}(t-m\Delta)}{t-m\Delta} \cdot \frac{\sin\frac{\pi}{\Delta}(n\Delta-t)}{n\Delta-t} dt$$

(令 $\tau = t - m\Delta$)

$$= \pi^2 \int_{-\infty}^{+\infty} \frac{\sin\frac{\pi}{\Delta}\tau}{\pi\tau} \cdot \frac{\sin\frac{\pi}{\Delta}((n-m)\Delta-\tau)}{\pi((n-m)\Delta-\tau)} d\tau$$

$$= \pi^2 \frac{\sin\frac{\pi}{\Delta}(n-m)\Delta}{\pi(n-m)\Delta} = \frac{\pi^2}{\Delta} \cdot \frac{\sin\pi(n-m)}{\pi(n-m)} = \begin{cases} \frac{\pi^2}{\Delta}, & n-m=0, \\ 0, & n-m \neq 0. \end{cases}$$

5. 解 $y(t)$ 的频谱为

$$Y(f) = \int_{-\infty}^{+\infty} y(t)e^{-i2\pi ft} dt = \int_{-\infty}^{+\infty} \int_{-t_0}^{t_0} x(t-\tau) d\tau e^{-i2\pi ft} dt$$

$$= \int_{-t_0}^{t_0} \left(\int_{-\infty}^{+\infty} x(t-\tau) e^{-i2\pi ft} dt\right) d\tau$$

$$= \int_{-t_0}^{t_0} e^{-i2\pi f\tau} X(f) d\tau = \frac{\sin 2\pi t_0 f}{\pi f} X(f).$$

按(2-4-6)式, $y(n\Delta)$ 的频谱 $Y_\Delta(f)$ 为

$$Y_\Delta(f) = \Delta \sum_{n=-\infty}^{+\infty} y(n\Delta) e^{-i2\pi n\Delta f} = \sum_{m=-\infty}^{+\infty} Y\left(f + \frac{m}{\Delta}\right).$$

6. 解 我们注意到,当 $n<0$ 时, $x(n)=h(n)=0$. 由这个性质可得到

$$y(n) = h(n) * x(n) = \sum_{m=-\infty}^{+\infty} h(m)x(n-m) = \sum_{m=0}^{+\infty} h(m)x(n-m)$$

$$= \begin{cases} 0, & n < 0, \\ \sum_{m=0}^{n} h(m)x(n-m), & n \geq 0. \end{cases}$$

$$\sum_{m=0}^{n} h(m)x(n-m) = \sum_{m=0}^{n} \beta^m \alpha^{n-m} \quad (n \geq 0) = \alpha^n \sum_{m=0}^{n} \left(\frac{\beta}{\alpha}\right)^m$$

$$= \begin{cases} (n+1)\alpha^n, & \alpha = \beta, \\ \alpha^n \dfrac{1-(\beta/\alpha)^{n+1}}{1-\beta/\alpha}, & \alpha \neq \beta \end{cases} = \begin{cases} (n+1)\alpha^n, & \alpha = \beta, \\ \dfrac{\alpha^{n+1} - \beta^{n+1}}{\alpha - \beta}, & \alpha \neq \beta. \end{cases}$$

综上所述,得到以下结论:

当 $\alpha = \beta$ 时,$y(n) = \begin{cases} 0, & n < 0, \\ (n+1)\alpha^n, & n \geq 0; \end{cases}$

当 $\alpha \neq \beta$ 时,$y(n) = \begin{cases} 0, & n < 0, \\ \dfrac{\alpha^{n+1} - \beta^{n+1}}{\alpha - \beta}, & n \geq 0. \end{cases}$

7. 解 我们注意到,当 $n < 0$ 时 $x(n) = 0$. 另外,我们还注意到,由于 $r_{xx}(-n) = x(-n) * x(n) = r_{xx}(n)$,自相关信号 $r_{xx}(n)$ 是对称信号,我们只要知道 $r_{xx}(n)$ 在 $n \geq 0$ 或 $n \leq 0$ 时的值就行了.

我们用直接计算卷积和 Z 变换两种方法求解.

首先用直接计算卷积的方法求解.

$$r_{xx}(n) = x(n) * x(-n) = \sum_{m=-\infty}^{+\infty} x(m)x(-n+m)$$

$$= \sum_{m=0}^{+\infty} x(m)x(-n+m).$$

当 $n \leq 0$ 时,$-n+m \geq m \geq 0$,所以此时有

$$r_{xx}(n) = \sum_{m=0}^{+\infty} \alpha^m \alpha^{-n+m} = \alpha^{-n} \sum_{m=0}^{+\infty} \alpha^{2m} = \frac{\alpha^{-n}}{1-\alpha^2} = \frac{\alpha^{|n|}}{1-\alpha^2}.$$

由 $r_{xx}(n)$ 的对称性知 $r_{xx}(n) = \dfrac{\alpha^{|n|}}{1-\alpha^2}$.

再用 Z 变换方法求解. $x(n)$ 的 Z 变换为

$$X(Z) = \sum_{n=0}^{+\infty} \alpha^n Z^n = \frac{1}{1-\alpha Z}.$$

$x(-n)$ 的 Z 变换为 $X\left(\dfrac{1}{Z}\right)$. $r_{xx}(n)$ 的 Z 变换为

$$R_{xx}(Z) = X(Z)X\left(\frac{1}{Z}\right) = \frac{1}{1-\alpha Z} \cdot \frac{1}{1-\alpha \dfrac{1}{Z}} = \frac{Z}{(1-\alpha Z)(Z-\alpha)}$$

$$= \frac{1}{1-\alpha^2} \cdot \frac{1}{1-\alpha Z} + \frac{\alpha}{1-\alpha^2} \cdot \frac{1}{Z-\alpha}.$$

由于信号的频谱存在，Z 变换的展开必须要在单位圆上即 $Z = e^{-i\omega}$ 上展开，因此有

$$\frac{1}{1-\alpha^2} \cdot \frac{1}{1-\alpha Z} = \sum_{n=0}^{+\infty} \frac{\alpha^n}{1-\alpha^2} Z^n,$$

$$\frac{\alpha}{1-\alpha^2} \cdot \frac{1}{Z-\alpha} = \frac{1}{1-\alpha^2} \cdot \frac{\alpha}{Z} \cdot \frac{1}{1-\frac{\alpha}{Z}} = \sum_{m=1}^{+\infty} \frac{\alpha^m}{1-\alpha^2} Z^{-m}.$$

于是，相应于 $R_{xx}(Z)$ 的 $r_{xx}(n)$ 为 $r_{xx}(n) = \frac{\alpha^{|n|}}{1-\alpha^2}$.

8. 解 设 $\omega_0 = k\pi$，k 为整数，则 $\cos n\omega_0$ 的平均功率为

$$\frac{1}{2N+1} \sum_{n=-N}^{N} \cos^2 n\omega_0 = \frac{1}{2N+1} \sum_{n=-N}^{N} 1 = 1.$$

设 $\omega \neq k\pi$，

$$\sum_{n=-N}^{N} \cos^2 n\omega_0 = \frac{1}{4} \sum_{n=-N}^{N} (e^{in\omega_0} + e^{-in\omega_0})^2 = \frac{1}{4} \sum_{n=-N}^{N} (e^{i2n\omega_0} + e^{-i2n\omega_0} + 2)$$

$$= \frac{2N+1}{2} + \frac{1}{4} \cdot \frac{e^{-i2N\omega_0} - e^{i2(N+1)\omega_0}}{1-e^{i2\omega_0}} + \frac{1}{4} \cdot \frac{e^{i2N\omega_0} - e^{-i2(N+1)\omega_0}}{1-e^{-i2\omega_0}},$$

其中

$$\left| \frac{e^{-i2N\omega_0} - e^{i2(N+1)\omega_0}}{1-e^{i2\omega_0}} \right| \leqslant \frac{2}{((1-\cos 2\omega_0)^2 + \sin^2 2\omega_0)^{1/2}}$$

$$= \frac{2}{(2-2\cos 2\omega_0)^{1/2}} = \left(\frac{2}{1-\cos 2\omega_0} \right)^{1/2}.$$

同样有

$$\left| \frac{e^{i2N\omega_0} - e^{-i2(N+1)\omega_0}}{1-e^{-i2\omega_0}} \right| \leqslant \left(\frac{2}{1-\cos 2\omega_0} \right)^{1/2}.$$

我们注意到，由于 $\omega_0 \neq k\pi$，$2\omega_0 \neq 2k\pi$，所以 $\cos 2\omega_0 \neq 1$.

由上可知，当 $\omega_0 \neq k\pi$ 时，平均功率为

$$\lim_{N \to +\infty} \frac{1}{2N+1} \sum_{n=-N}^{N} \cos^2 n\omega_0 = \frac{1}{2}.$$

9. 解 令 $x(t) = \frac{\sin 2\pi f_1 t}{\pi t}$，$x(t)$ 的频谱为

$$X(f) = \begin{cases} 1, & |f| \leqslant f_1, \\ 0, & |f| > f_1. \end{cases}$$

由能量等式知

$$\int_{-\infty}^{+\infty} (x(t))^2 dt = \int_{-\infty}^{+\infty} |x(f)|^2 df = \int_{-f_1}^{f_1} 1 df = 2f_1.$$

10. 解 由延迟与滤波的关系知，$x(n-k)$ 前的系数就是滤波因子 $h(k)$.

(1) 由 $y(n)$ 和 $x(n)$ 的关系式直接得到
$$h(n) = \begin{cases} 1/2, & n = 0, \\ 1/4, & n = 1, -1, \\ 0, & \text{其他}. \end{cases}$$

(2) 由 $y(n)$ 和 $x(n)$ 的关系式直接得到
$$h(n) = \begin{cases} 1, & n = 0, \\ -2q, & n = \alpha, \\ q^2, & n = 2\alpha, \\ 0, & \text{其他}. \end{cases}$$

用 Z 变换方法，也可求出滤波器的 Z 变换 $H(Z)=Y(Z)/X(Z)$，然后由 $H(Z)$ 求出滤波因子 $h(n)$。

11. 解 信号 $x(n)$ 的频谱展式中 $e^{-i2\pi n\Delta f}$ 前的系数就是 $x(n)$，同样，信号 $x(n)$ 的 Z 变换展式中 Z^n 前的系数也是 $x(n)$。

(1) $H(f) = 1 + \left(\dfrac{-1}{2i}\left(Z - \dfrac{1}{Z}\right)\right)^2 = \dfrac{3}{2} - \dfrac{1}{4}Z^2 - \dfrac{1}{4}Z^{-2}$.
$$h(n) = \begin{cases} 3/2, & n = 0, \\ -1/4, & n = 2, -2, \\ 0, & \text{其他}. \end{cases}$$

(2) $H(f) = 1 + \left(\dfrac{-1}{2i}(Z - Z^{-1})\right)^{2N} = 1 + \left(\dfrac{-1}{4}\right)^N (Z - Z^{-1})^{2N}$

$= 1 + \left(\dfrac{-1}{4}\right)^N \sum\limits_{n=0}^{2N} C_{2N}^n Z^n (-Z^{-1})^{2N-n}$

$= 1 + \left(\dfrac{-1}{4}\right)^N \sum\limits_{n=0}^{2N} (-1)^n C_{2N}^n Z^{2n-2N}$ （令 $k = n - N$）

$= 1 + \left(\dfrac{-1}{4}\right)^N \sum\limits_{k=-N}^{N} (-1)^{k+N} C_{2N}^{k+N} Z^{2k}$

$= 1 + \dfrac{1}{4^N} \sum\limits_{k=-N}^{N} (-1)^k C_{2N}^{k+N} Z^{2k}$.

相应的信号为
$$h(n) = \begin{cases} 1 + \dfrac{1}{4^N} C_{2N}^N, & n = 0, \\ \dfrac{1}{4^N}(-1)^k C_{2N}^{k+N}, & n = 2k, -N \leqslant k \leqslant N, k \neq 0, \\ 0, & \text{其他}. \end{cases}$$

(3) $H(f) = \left(\dfrac{1}{2}(Z + Z^{-1})\right)^3 = \dfrac{1}{8}(Z^3 + 3Z + 3Z^{-1} + Z^{-3})$,

$$h(n) = \begin{cases} 3/8, & n = 1, -1, \\ 1/8, & n = 3, -3, \\ 0, & \text{其他}. \end{cases}$$

12. 解 离散信号与 Z 变换函数并不一一对应，而与 Z 变换函数的某个解析区域一一对应.

Z 变换 $H(Z) = \dfrac{1}{1-3Z}$ 有两个解析区域：$|Z| < \dfrac{1}{3}$ 和 $\dfrac{1}{3} < |Z|$.

当 $|Z| < \dfrac{1}{3}$ 时，

$$H(Z) = \frac{1}{1-3Z} = \sum_{n=0}^{+\infty} 3^n Z^n, \quad h(n) = \begin{cases} 3^n, & n \geqslant 0, \\ 0, & n < 0; \end{cases}$$

当 $\dfrac{1}{3} < |Z|$ 时，

$$H(Z) = \frac{1}{1-3Z} = \frac{-1}{3Z} \cdot \frac{1}{1-\dfrac{1}{3Z}} = \frac{1}{3Z} \sum_{n=0}^{+\infty} \left(\frac{1}{3Z}\right)^n = \sum_{n=1}^{+\infty} \frac{1}{3^n} Z^{-n},$$

$$h(n) = \begin{cases} 0, & n \geqslant 0, \\ \dfrac{1}{3^{|n|}}, & n \leqslant -1. \end{cases}$$

13. 解 (1) $X(Z) = \sum_{n=-\infty}^{+\infty} \cos n\omega_0 \, u(n) Z^n = \sum_{n=0}^{+\infty} \dfrac{1}{2}(e^{in\omega_0} + e^{-in\omega_0}) Z^n$，解析区域为 $|Z| < 1$. 因此，在 $|Z| < 1$ 时，

$$X(Z) = \frac{1}{2} \sum_{n=0}^{+\infty} e^{in\omega_0} Z^n + \frac{1}{2} \sum_{n=0}^{+\infty} e^{-in\omega_0} Z^n$$

$$= \frac{1}{2} \frac{1}{1-e^{i\omega_0}Z} + \frac{1}{2} \frac{1}{1-e^{-i\omega_0}Z} = \frac{1-\cos\omega_0 Z}{1-2\cos\omega_0 Z + Z^2}.$$

(2) $X(Z) = \sum_{n=-\infty}^{+\infty} \left(\dfrac{1}{3}\right)^n u(n+2) Z^n$

$(k = n+2, n = k-2)$

$$= \sum_{k=-\infty}^{+\infty} \left(\frac{1}{3}\right)^{k-2} u(k) Z^{k-2} = \sum_{k=0}^{+\infty} \left(\frac{1}{3}\right)^k Z^k \left(\frac{Z}{3}\right)^{-2} = \frac{9}{Z^2} \cdot \frac{1}{1-\dfrac{1}{3}Z}.$$

(3) $X(Z) = \sum_{n=-\infty}^{+\infty} 3^n u(-n-1) Z^n$

$(k = -n-1, n = -k-1)$

$$= \sum_{k=-\infty}^{+\infty} 3^{-k-1} u(k) Z^{-k-1}$$

$$= \sum_{k=0}^{+\infty} 3^{-k-1} Z^{-k-1} = (3Z)^{-1} \sum_{k=0}^{+\infty} ((3Z)^{-1})^k = \frac{(3Z)^{-1}}{1-(3Z)^{-1}}.$$

(4) $X(Z) = \sum_{n=-\infty}^{+\infty} a^{|n|} Z^n = \sum_{n=0}^{+\infty} a^{|n|} Z^n + \sum_{n=-\infty}^{-1} a^{|n|} Z^n$

$$= \sum_{n=0}^{+\infty} a^{|n|} Z^n + \sum_{n=1}^{+\infty} a^{|n|} Z^{-n}.$$

级数 $\sum_{n=0}^{+\infty} a^{|n|} Z^n$ 的收敛域为 $|aZ|<1$, $\sum_{n=1}^{+\infty} a^{|n|} Z^{-n}$ 的收敛性为 $|aZ^{-1}|<1$, 即要求 $|a|<|Z|<\frac{1}{|a|}$, 也即要求 $|a|^2<1$. 在此条件下, Z 变换为

$$X(Z) = \sum_{n=0}^{+\infty} a^n Z^n + \sum_{n=0}^{+\infty} a^n Z^{-n} - 1$$

$$= \frac{1}{1-aZ} + \frac{1}{1-aZ^{-1}} - 1 = \frac{1-a^2}{(1-aZ)(1-aZ^{-1})}.$$

(5) $X(Z) = \sum_{n=-\infty}^{+\infty} \left(\frac{1}{2}\right)^n \cos n\omega_0 \, u(n) Z^n$

$$= \sum_{n=0}^{+\infty} \left(\frac{1}{2}\right)^n \frac{1}{2} (e^{in\omega_0} + e^{-in\omega_0}) Z^n$$

$$= \frac{1}{2} \sum_{n=0}^{+\infty} \left(\frac{1}{2} e^{i\omega_0}\right)^n Z^n + \frac{1}{2} \sum_{n=0}^{+\infty} \left(\frac{1}{2} e^{-i\omega_0}\right)^n Z^n$$

$$= \frac{1}{2} \cdot \frac{1}{1-\frac{1}{2}e^{i\omega_0}Z} + \frac{1}{2} \cdot \frac{1}{1-\frac{1}{2}e^{-i\omega_0}Z}$$

$$= \frac{1-\frac{1}{2}\cos\omega_0 Z}{1-\cos\omega_0 Z + \frac{1}{4}Z^2}.$$

14. 证明 (1) 用频谱 $X(f)$ 表示 $x(t)$:

$$x(t) = \int_{-\infty}^{+\infty} X(f) e^{i2\pi ft} df.$$

$x(t)y(t)$ 的频谱为

$$\int_{-\infty}^{+\infty} x(t)y(t) e^{-i2\pi ft} dt = \int_{-\infty}^{+\infty} \left(\int_{-\infty}^{+\infty} X(\lambda) e^{i2\pi\lambda t} d\lambda\right) y(t) e^{-i2\pi ft} dt$$

$$= \int_{-\infty}^{+\infty} X(\lambda) \left(\int_{-\infty}^{+\infty} y(t) e^{-i2\pi(f-\lambda)t} dt\right) d\lambda$$

$$= \int_{-\infty}^{+\infty} X(\lambda) Y(f-\lambda) d\lambda = X(f) * Y(f).$$

(2) 用频谱 $X(\omega)$ 表示序列 $x(n)$:

$$x(n) = \frac{1}{2\pi}\int_{-\pi}^{\pi} X(\omega)e^{in\omega}\,d\omega.$$

$g(n)=x(n)y(n)$ 的频谱 $G(\omega)$ 为

$$G(\omega) = \sum_{n=-\infty}^{+\infty} g(n)e^{-in\omega} = \sum_{n=-\infty}^{+\infty}\Big(\frac{1}{2\pi}\int_{-\pi}^{\pi} X(\lambda)e^{in\lambda}\,d\lambda\Big)y(n)e^{-in\omega}$$

$$= \frac{1}{2\pi}\int_{-\pi}^{\pi} X(\lambda)\Big(\sum_{n=-\infty}^{+\infty} y(n)e^{-in(\omega-\lambda)}\Big)d\lambda$$

$$= \frac{1}{2\pi}\int_{-\pi}^{\pi} X(\lambda)Y(\omega-\lambda)\,d\lambda.$$

15. 解 令 $x(t)=\dfrac{\sin 2\pi f_1 t}{\pi t}$,$x(t)$ 的频谱为

$$X(f) = \begin{cases} 1, & |f|\leqslant f_1, \\ 0, & |f|> f_1. \end{cases}$$

按第 14 题(1)的结论,$x^2(t)$ 的频谱为

$$\int_{-\infty}^{+\infty} X(\lambda)X(f-\lambda)\,d\lambda = \begin{cases} 1-\dfrac{|f|}{2f_1}, & |f|\leqslant 2f_1, \\ 0, & |f|> 2f_1. \end{cases}$$

第四章问题解答

1. 解 由题设知,$x(n)$ 和 $y(n)$ 的 Z 变换分别为

$$X(Z) = 1-3Z, \quad Y(Z) = 1,$$

因此系统的 Z 变换为

$$H(Z) = \frac{Y(Z)}{X(Z)} = \frac{1}{1-3Z}.$$

当系统为物理可实现系统时,$H(Z)$ 可表示为

$$H(Z) = \frac{1}{1-3Z} = \sum_{n=0}^{+\infty} h(n)Z^n.$$

这表明 $H(Z)$ 的解析区域为包含零点的圆 $|Z|<\dfrac{1}{3}$. 这时按等比级数展开式有

$$\sum_{n=0}^{+\infty} h(n)Z^n = \frac{1}{1-3Z} = \sum_{n=0}^{+\infty} 3^n Z^n.$$

因此有
$$h(n) = 3^n u(n).$$

当系统为稳定系统时,$H(Z)$ 的解析区域为包含单位圆周的区域 $|Z|>\dfrac{1}{3}$,按照等比级数展开式有

$$H(Z) = \frac{1}{1-3Z} = \frac{-1}{3Z}\cdot\frac{1}{1-(3Z)^{-1}} = \frac{-1}{3Z}\sum_{m=0}^{+\infty}(3)^{-m}Z^{-m} = -\sum_{m=-\infty}^{-1} 3^m Z^m,$$

因此有
$$h(n) = -3^n u(-n-1).$$

2. 解 (1) 当 $|x(n)| \leqslant M$ 时，$|y(n)| \leqslant M^3$. 因此，该系统是稳定的.

(2) 由于 $|y(n)| \leqslant 1$，系统是稳定的.

(3) 由于当 $x(n)=0$ 时，$|y(n)| = |\ln|x(n)|| = +\infty$，该系统是不稳定的.

(4) 由一元微积分可知
$$\ln(1+|x(n)|) \leqslant |x(n)|,$$
其中 ln 以 e 为底. 因此，当 $|x(n)| \leqslant M$ 时，$|y(n)| \leqslant M$，所以该系统是稳定的.

3. 解 (1) 输入 $x(n)$ 和 $-x(n)$ 都对应同一个输出 $y(n)$，因此该系统是不可逆的.

(2) 因为 $\ln y(n) = x(n)$，输出 $y(n)$ 可以唯一地恢复输入 $x(n)$，所以该系统是可逆的.

(3) 因为输入 $x(n)$ 和 $x(n)+3$ 都对应同一个输出，所以该系统是不可逆的.

(4) 因为 $x(n) = y(n) - y(n-1)$，这表明输入 $x(n)$ 可唯一被输出 $y(n)$ 恢复出来，所以该系统是可逆的.

4. 证明 (1) 设系统 T 的输入 $x_1(n)$ 和 $x_2(n)$ 的输出分别为
$$y_1(n) = Tx_1(n), \quad y_2(n) = Tx_2(n).$$
由于 T 是线性时不变的，所以
$$T(ax_1(n) + bx_2(n)) = aTx_1(n) + bTx_2(n) = ay_1(n) + by_2(n),$$
$$Tx_1(n-m) = y_1(n-m),$$
其中 a,b 为常数，m 为整数. 由于 T 是可逆的，T^{-1} 为 T 的逆系统，因此有
$$T^{-1}(ay_1(n) + by_2(n)) = ax_1(n) + bx_2(n) = aT^{-1}y_1(n) + bT^{-1}y_2(n),$$
$$T^{-1}y(n-m) = x_1(n-m),$$
这表明，T^{-1} 是线性时不变系统.

(2) 设 T 的输入为 $x(n) = \delta(n)$，输出为
$$y(n) = Tx(n) = h(n) * x(n) = h(n) * \delta(n) = h(n).$$
对 T^{-1} 有
$$T^{-1}y(n) = x(n),$$
也即有
$$\hat{h}(n) * y(n) = \hat{h}(n) * h(n) = \delta(n).$$

5. 解 (1) $y(t) = g_1(t) - g_2(t)$
$$= h_1(t) * x(t) - h_2(t) * g_1(t)$$
$$= h_1(t) * x(t) - h_2(t) * h_1(t) * x(t).$$
上式的 Z 变换关系为
$$Y(Z) = H_1(Z)X(Z) - H_1(Z)H_2(Z)X(Z),$$
由此得到滤波器的 Z 变换

$$H(Z) = \frac{Y(Z)}{X(Z)} = H_1(Z) - H_1(Z)H_2(Z).$$

(2) $y(t) = h_1(t) * g_1(t) = h_1(t) * (x(t) - g_2(t))$
$= h_1(t) * x(t) - h_1(t) * h_2(t) * y(t).$

上式的 Z 变换关系为

$$Y(Z) = H_1(Z)X(Z) - H_1(Z)H_2(Z)Y(Z),$$

由此得到滤波器的 Z 变换

$$H(Z) = \frac{Y(Z)}{X(Z)} = \frac{H_1(Z)}{1 + H_1(Z)H_2(Z)}.$$

6. 解 相应的 Z 变换关系为

$$Y(Z) = \frac{1}{4}Z^2 Y(Z) + \frac{1}{8}X(Z),$$

因此系统的 Z 变换为

$$H(Z) = \frac{Y(Z)}{X(Z)} = \frac{1/8}{1 - \frac{1}{4}Z^2}.$$

由于系统是稳定的，故 $H(Z)$ 的解析域包含单位圆周，将 $H(Z)$ 在单位圆上展开有

$$H(Z) = \frac{1}{8}\sum_{n=0}^{+\infty}\left(\frac{1}{2}Z\right)^{2n}.$$

相应的时间响应函数为

$$h(n) = \begin{cases} \dfrac{1}{2^{n+3}}, & n = 2k, k \geqslant 0, \\ 0, & \text{其他.} \end{cases}$$

7. 解 由于系统是稳定的，将 $H(Z)$ 在单位圆上展开得

$$H(Z) = \frac{1}{(1-\alpha Z)(1-\beta Z)} = \frac{1}{\alpha - \beta}\left(\frac{\alpha}{1-\alpha Z} - \frac{\beta}{1-\beta Z}\right)$$

$$= \frac{1}{\alpha - \beta}\left[\frac{\alpha}{1-\alpha Z} + \frac{1}{Z} \cdot \frac{1}{1-\dfrac{1}{\beta Z}}\right]$$

$$= \frac{1}{\alpha - \beta}\left[\alpha \cdot \sum_{n=0}^{+\infty}(\alpha Z)^n + Z^{-1}\sum_{n=0}^{+\infty}\left(\frac{1}{\beta Z}\right)^n\right]$$

$$= \frac{1}{\alpha - \beta}\sum_{n=0}^{+\infty}\alpha^{n+1}Z^n + \frac{1}{\alpha - \beta}\sum_{n=-1}^{-\infty}\beta^{n+1}Z^n,$$

因此系统的时间响应函数为

$$h(n) = \begin{cases} \dfrac{\alpha^{n+1}}{\alpha - \beta}, & n \geqslant 0, \\ \dfrac{\beta^{n+1}}{\alpha - \beta}, & n \leqslant -1. \end{cases}$$

8. **解** 由于系统是稳定的,将 $H(Z)$ 在单位圆上展开得

$$H(Z) = \frac{1}{(1-\alpha Z)(1-\beta Z)} = \frac{1}{\alpha-\beta}\left(\frac{\alpha}{1-\alpha Z} - \frac{\beta}{1-\beta Z}\right)$$

$$= \frac{\alpha}{\alpha-\beta}\sum_{n=0}^{+\infty}\alpha^n Z^n - \frac{\beta}{\alpha-\beta}\sum_{n=0}^{+\infty}\beta^n Z^n,$$

因此,系统的时间函数为

$$h(n) = \begin{cases} \dfrac{\alpha^{n+1}-\beta^{n+1}}{\alpha-\beta}, & n \geqslant 0, \\ 0, & n < 0. \end{cases}$$

9. **解** $x(n)$ 和 $y(n)$ 的 Z 变换关系为

$$Y(Z) - \frac{5}{2}ZY(Z) + Z^2 Y(Z) = X(Z),$$

因此,系统的 Z 变换为

$$H(Z) = \frac{Y(Z)}{X(Z)} = \frac{1}{1-\dfrac{5}{2}Z+Z^2} = \frac{1}{\left(1-\dfrac{1}{2}Z\right)(1-2Z)}.$$

在第 7 题中,令 $\alpha=\dfrac{1}{2}, \beta=2$,则系统的时间响应函数为

$$h(n) = \begin{cases} -\dfrac{1}{3 \cdot 2^n}, & n \geqslant 0, \\ -\dfrac{2^{n+2}}{3}, & n \leqslant -1. \end{cases}$$

10. **解** 相应的 Z 变换关系为

$$2Y(Z) - 5ZY(Z) + 2Z^2 Y(Z) = 3X(Z) - 3ZX(Z),$$

因此系统的 Z 变换为

$$H(Z) = \frac{Y(Z)}{X(Z)} = \frac{3-3Z}{2-5Z+2Z^2} = \frac{3}{2} \cdot \frac{1-Z}{\left(1-\dfrac{1}{2}Z\right)(1-2Z)}.$$

按照第 9 题,$\dfrac{1}{\left(1-\dfrac{1}{2}Z\right)(1-2Z)}$ 所对应的时间响应函数为

$$h_1(n) = \begin{cases} -\dfrac{1}{3 \cdot 2^n}, & n \geqslant 0, \\ -\dfrac{2^{n+2}}{3}, & n \leqslant -1, \end{cases}$$

$\dfrac{Z}{\left(1-\dfrac{1}{2}Z\right)(1-2Z)}$ 所对应的时间响应函数 $h_2(n)$ 为

$$h_2(n) = h_1(n-1) = \begin{cases} -\dfrac{1}{3 \cdot 2^{n-1}}, & n \geq 1, \\ -\dfrac{2^{n+1}}{3}, & n \leq 0, \end{cases}$$

因此,整个系统的时间响应函数 $h(n)$ 为

$$h(n) = \frac{3}{2}(h_1(n) - h_2(n)) = \begin{cases} \dfrac{1}{2^{n+1}}, & n \geq 0, \\ -2^n, & n \leq -1. \end{cases}$$

11. 解 差分方程为

$$y(n) - 0.9y(n-1) = x(n) = 0.5, \quad n \geq 0.$$

由于 $y(-1)=0$,当 $n \leq -2$ 时 $y(n)$ 的值以及当 $n<0$ 时 $x(n)$ 的值与差分方程无关,因此我们可设 $n<0$ 时 $y(n)=0, x(n)=0$. 这表明 $x(n)$ 和 $y(n)$ 是物理可实现的,因此,$x(n)$ 和 $y(n)$ 的单边 Z 变换和 Z 变换是相同的. 由差分方程得到 Z 变换

$$Y(Z) - 0.9ZY(Z) = X(Z) = \frac{1}{2}\sum_{n=0}^{+\infty} Z^n = \frac{1}{2} \cdot \frac{1}{1-Z},$$

由此得

$$Y(Z) = \frac{1}{2} \cdot \frac{1}{(1-Z)(1-0.9Z)} = 5\left(\frac{1}{1-Z} - \frac{0.9}{1-0.9Z}\right)$$

$$= \sum_{n=0}^{-\infty} 5 \cdot (1 - 0.9^{n+1}) Z^n,$$

$$y(n) = 5(1 - 0.9^{n+1}), \quad n \geq 0.$$

12. 解 设 $y(n)$ 的单边 Z 变换为 $Y(Z) = \sum\limits_{n=0}^{+\infty} y(n) Z^n$,于是有

$$\sum_{n=0}^{+\infty} y(n-1) Z^n = y(-1) + \sum_{n=1}^{+\infty} y(n-1) Z^n = y(-1) + ZY(Z).$$

由差分方程得

$$\sum_{n=0}^{+\infty} (y(n) - 0.9y(n-1)) Z^n = 0.5 \sum_{n=0}^{+\infty} Z^n,$$

$$Y(Z) - 0.9ZY(Z) - 0.9y(-1) = 0.5 \cdot \frac{1}{1-Z},$$

$$Y(Z) = \left(\frac{1}{2} \cdot \frac{1}{1-Z} + 0.9\right) \frac{1}{1-0.9Z}$$

$$= \frac{1}{2} \cdot \frac{1}{(1-Z)(1-0.9Z)} + 0.9 \frac{1}{1-0.9Z}$$

$$= 5\left(\frac{1}{1-Z} - \frac{0.9}{1-0.9Z}\right) + \frac{0.9}{1-0.9Z}$$

$$= \frac{5}{1-Z} - 4\frac{0.9}{1-0.9Z} = \sum_{n=0}^{+\infty} (5 - 4 \cdot 0.9^{n+1}) Z^n,$$

因此 $\qquad y(n) = 5 - 4 \cdot 0.9^{n+1}, \quad n \geqslant 0.$

13. 解 设 $y(n)$ 的单边 Z 变换为 $Y(Z) = \sum_{n=0}^{+\infty} y(n)Z^n$,因此有

$$\sum_{n=0}^{+\infty} y(n-1)Z^n = y(-1) + ZY(Z),$$

$$\sum_{n=0}^{+\infty} y(n-2)Z^n = y(-2) + y(-1)Z + Z^2 Y(Z).$$

由差分方程可得

$$Y(Z) - 0.8(y(-1) + ZY(Z)) + 0.15(y(-2) + y(-1)Z + Z^2 Y(Z)) = 1,$$

$$Y(Z) - 0.8(0.2 + ZY(Z)) + 0.15(0.5 + 0.2Z + Z^2 Y(Z)) = 1,$$

$$Y(Z) - 0.82ZY(Z) + 0.15Z^2 Y(Z) = 1.085 - 0.03Z,$$

$$Y(Z) = \frac{1.085 - 0.03Z}{1 - 0.8Z + 0.15Z^2}$$

$$= (5.425 - 0.15Z)\left(\frac{0.5}{1 - 0.5Z} - \frac{0.3}{1 - 0.3Z}\right)$$

$$= (5.425 - 0.15Z)\sum_{n=0}^{+\infty}((0.5)^{n+1} - (0.3)^{n+1})Z^n$$

$$= 5.425 \times 0.2 + \sum_{n=1}^{+\infty}(5.425((0.5)^{n+1} - (0.3)^{n+1})$$

$$\quad - 0.15((0.5)^n - (0.3)^n))Z^n$$

$$= 1.085 + \sum_{n=1}^{+\infty}(2.5625 \times (0.5)^n - 1.4775 \times (0.3)^n)Z^n,$$

因此 $\qquad y(n) = 2.5625 \times (0.5)^n - 1.4775 \times (0.3)^n, \quad n \geqslant 0.$

14. 解 设 $y(n)$ 的单边 Z 变换为 $Y(Z) = \sum_{n=0}^{+\infty} y(n)Z^n$. 用 $Y(Z)$ 可表示 $\sum_{n=0}^{+\infty} y(n-1)Z^n$ 和 $\sum_{n=0}^{+\infty} y(n-2)Z^n$(见上题).

由差分方程可得

$$Y(Z) = 0.25(y(-2) + y(-1)Z + Z^2 Y(Z)) + X(Z).$$

把已知条件代入,得

$$Y(Z) = \frac{1}{4} \cdot \frac{1 + 5Z}{1 - \frac{1}{4}Z^2} = \frac{11}{8} \cdot \frac{1}{1 - \frac{1}{2}Z} - \frac{9}{8} \cdot \frac{1}{2 + \frac{1}{2}Z},$$

因此 $\qquad y(n) = \frac{11}{8}\left(\frac{1}{2}\right)^n - \frac{9}{8}\left(\frac{-1}{2}\right)^n, \quad n \geqslant 0.$

15. 解 设 $y(n)$ 的单边 Z 变换为 $Y(Z)$.对差分方程的每一边求单边 Z 变

换得

$$Y(Z) = y(-1) + ZY(Z) - (y(-2) + y(-1)Z + Z^2 Y(Z))$$
$$+ 0.5X(Z) + 0.5ZX(Z).$$

由 $y(-2) = 0.25, y(-1) = 0.75$,以及 $X(Z) = \dfrac{1}{1-\dfrac{1}{2}Z}$,得到

$$Y(Z)(1 - Z + Z^2) = \frac{1}{2} - \frac{3}{4}Z + \frac{1}{2}(1+Z)\frac{1}{1-\dfrac{1}{2}Z}.$$

通过简化,得到

$$Y(Z) = \frac{\dfrac{1}{2}}{1-\dfrac{1}{2}Z} + \frac{\dfrac{1}{2}+\dfrac{1}{4}Z}{1-Z+Z^2}.$$

我们注意到,$1 - Z + Z^2 = 0$ 的根为 $\dfrac{1}{2}(1 \pm \sqrt{3}\mathrm{i}) = \mathrm{e}^{\pm \mathrm{i}\pi/3}$,因此

$$\frac{1}{1-Z+Z^2} = \frac{1}{\mathrm{i}2\sin\pi/3}\left(\frac{\mathrm{e}^{\mathrm{i}\pi/3}}{1-\mathrm{e}^{\mathrm{i}\pi/3}Z} - \frac{\mathrm{e}^{-\mathrm{i}\pi/3}}{1-\mathrm{e}^{-\mathrm{i}\pi/3}}\right)$$
$$= \frac{1}{\mathrm{i}2\sin\pi/3}\sum_{n=0}^{+\infty}(\mathrm{e}^{\mathrm{i}(n+1)\pi/3} - \mathrm{e}^{-\mathrm{i}(n+1)\pi/3})Z^n$$
$$= \frac{2\sqrt{3}}{3}\sum_{n=0}^{+\infty}\sin(n+1)\pi/3 Z^n.$$

最后得

$$y(n) = \left(\frac{1}{2}\right)^{n+1} + \frac{\sqrt{3}}{6}\sin\frac{n\pi}{3} + \frac{\sqrt{3}}{3}\sin\frac{(n-1)\pi}{3}, n \geqslant 0.$$

第五章问题解答

1. (1) **解** 我们已知三角波及其频谱(见第一章表 1.1),按照频谱的对称性质(见第一章表 1.2),我们知道 $G_\lambda(f)$ 相应的信号

$$g_\lambda(t) = \frac{1}{2\lambda}\left(\frac{\sin 2\pi\lambda t}{\pi t}\right)^2.$$

(2) **证明** 用频域公式(5-1-7)来证明.

设 $\varphi(t)$ 为试验函数,它的频谱为 $\Phi(f)$. 由(5-1-7)式,计算

$$\lim_{\lambda \to +\infty}\int_{-\infty}^{+\infty} G_\lambda(-f)\Phi(f)\mathrm{d}f = \lim_{\lambda \to +\infty}\int_{-2\lambda}^{2\lambda}\left(1-\frac{|f|}{2\lambda}\right)\Phi(f)\mathrm{d}f$$
$$= \lim_{\lambda \to +\infty}\int_{-2\lambda}^{2\lambda}\Phi(f)\mathrm{d}f - \lim_{\lambda \to +\infty}\int_{-2\lambda}^{2\lambda}\frac{|f|}{2\lambda}\Phi(f)\mathrm{d}f$$
$$= \int_{-\infty}^{+\infty}\Phi(f)\mathrm{d}f = \varphi(0).$$

按(5-1-7)式,要证明的等式成立.证毕.

注释 上面的证明,依赖下面的式子
$$\lim_{\lambda \to +\infty} \int_{-2\lambda}^{2\lambda} \frac{|f|}{2\lambda} \Phi(f) \mathrm{d}f = 0.$$
从直观上看,上式是成立的.严格地说,上式是要证明的.为节省篇幅,我们不再给出证明了.

2. 解 按定义或变换来做.

(1) $\int_0^{+\infty} (1 - 2t + 7t^2) \delta(t-1) \mathrm{d}t = (1 - 2t + 7t^2) \big|_{t=1} = 6.$

(2) 按公式(5-2-2),
$$\int_0^{+\infty} (5 + 4t + 9t^2 + t^3) \delta^{(3)}(t-1) \mathrm{d}t = (-1)^3 (5 + 4t + 9t^2 + t^3)''' \big|_{t=1} = -6.$$

(3) 用变换
$$\int_0^{+\infty} \delta(t/2 - 1)(1 + 3t^2 + t^4) \mathrm{d}t \quad (\diamondsuit\ t/2 = s, t = 2s)$$
$$= \int_0^{+\infty} 2\delta(s-1)(1 + 12s^2 + 16s^4) \mathrm{d}s$$
$$= 2(1 + 12s^2 + 16s^4) \big|_{s=1} = 58.$$

(4) 按公式(5-2-1),
$$\int_{-\infty}^{+\infty} \frac{\sin at}{at} \delta'(t) \mathrm{d}t = -1 \cdot \left(\frac{\sin at}{at} \right)' \bigg|_{t=0} = -1 \cdot \lim_{t \to 0} \left(\frac{\sin at}{at} \right)' = 0.$$

3. 解 下面的函数在有限区间处皆为0,因此可用公式(5-3-13)来做.为节省篇幅,我们就不像图 5-4 那样绘图了.

(1) 由图 1-4(a)知
$$s'(t) = \delta(t+\delta) - \delta(t-\delta).$$
对上式两边取频谱则有
$$\mathrm{i} 2\pi f S(f) = \mathrm{e}^{\mathrm{i}2\pi f \delta} - \mathrm{e}^{-\mathrm{i}2\pi f \delta},$$
$$S(f) = \frac{1}{\mathrm{i}2\pi f} (\mathrm{e}^{\mathrm{i}2\pi f \delta} - \mathrm{e}^{-\mathrm{i}2\pi f \delta}) = \frac{\sin 2\pi f \delta}{\pi f}.$$

(2) 由图 1-5(a)知
$$s'(t) = \begin{cases} 1/\delta, & -\delta < t < 0, \\ -1/\delta, & 0 < t < \delta, \\ 0, & \text{其他}, \end{cases}$$
$$s''(t) = \frac{1}{\delta} \delta(t+\delta) + \frac{1}{\delta} \delta(t-\delta) - \frac{2}{\delta} \delta(t).$$

对上式两边取频谱，有

$$(i2\pi f)^2 S(f) = \frac{1}{\delta}(e^{i2\pi f\delta} + e^{-i2\pi f\delta} - 2)$$

$$= \frac{1}{\delta}(2\cos 2\pi f\delta - 2) = \frac{-4}{\delta}\sin^2 \pi f\delta,$$

$$S(f) = \frac{\sin^2 \pi f\delta}{\pi^2 \delta f^2}.$$

(3) 由 $g(t)$ 表达式知

$$g'(t) = \begin{cases} 1, & 0 < t < 1, \\ -\delta(t-1), & t = 1, \\ 0, & \text{其他}, \end{cases}$$

$$g''(t) = \delta(t) - \delta(t-1) - \delta^{(1)}(t-1).$$

相应的频谱为

$$(i2\pi f)^2 G(f) = 1 - e^{-i2\pi f} - i2\pi f e^{-i2\pi f},$$

$$G(f) = \frac{-1}{4\pi^2 f^2}(1 - e^{-i2\pi f} - i2\pi f e^{-i2\pi f}).$$

第六章问题解答

1. 证明 设 $x(t)$ 的频谱为 $X(f)$，$\tilde{x}(t)$ 为 $x(t)$ 的希尔伯特变换，$\tilde{x}(t)$ 的频谱为 $\tilde{X}(f)$。由(6-1-15)知

$$\tilde{X}(f) = H(f)X(f), \quad \text{其中} \quad H(f) = \begin{cases} -i, & f > 0, \\ i, & f < 0. \end{cases}$$

由于 $x(t)$ 为实连续信号，由共轭性质(见表 1.2)知

$$\overline{X(-f)} = X(f), \quad |X(-f)| = |X(f)|.$$

(1) 由能量等式(3-3-4)知

$$\int_{-\infty}^{+\infty} x^2(t)dt = \int_{-\infty}^{+\infty} |X(f)|^2 df, \quad \int_{-\infty}^{+\infty} \tilde{x}^2(t)dt = \int_{-\infty}^{+\infty} |\tilde{X}(f)|^2 df.$$

由于 $|\tilde{X}(f)| = |H(f)| \cdot |X(f)| = |X(f)|$，所以 $x(t)$ 与 $\tilde{x}(t)$ 的能量相等。

(2) 按照(3-3-2)式，用频谱表示积分

$$\int_{-\infty}^{+\infty} x(t)\tilde{x}(t)dt = \int_{-\infty}^{+\infty} X(-f)\tilde{X}(f)df$$

$$= \int_{-\infty}^{+\infty} \overline{X(f)} H(f)X(f)df = \int_{-\infty}^{+\infty} H(f)|X(f)|^2 df.$$

由于 $H(f)$ 是奇函数，$|X(f)|^2$ 为偶函数，所以上式为 0。

(3) 我们计算 $\tilde{x}(-t)$：

$$\tilde{x}(-t) = \frac{1}{\pi}\int_{-\infty}^{+\infty} \frac{x(\tau)}{-t-\tau}d\tau \quad (\diamondsuit \; \tau = -s)$$

$$= \frac{1}{\pi}\int_{-\infty}^{+\infty}\frac{x(-s)}{-t+s}\mathrm{d}s \quad (\text{取 } s=\tau) = \frac{-1}{\pi}\int_{-\infty}^{+\infty}\frac{x(-\tau)}{t-\tau}\mathrm{d}\tau.$$

若 $x(t)$ 为偶函数,则

$$\widetilde{x}(-t) = \frac{-1}{\pi}\int_{-\infty}^{+\infty}\frac{x(\tau)}{t-\tau}\mathrm{d}\tau = -\widetilde{x}(t).$$

若 $x(t)$ 为奇函数,则

$$\widetilde{x}(-t) = \frac{-1}{\pi}\int_{-\infty}^{+\infty}\frac{-x(\tau)}{t-\tau}\mathrm{d}\tau = \frac{1}{\pi}\int_{-\infty}^{+\infty}\frac{x(\tau)}{t-\tau}\mathrm{d}\tau = \widetilde{x}(t).$$

这题也可用频域来做.

设 $x(t)$ 的频谱为 $X(f)$,则 $x(-t)$ 的频谱为

$$\int_{-\infty}^{+\infty}x(-t)\mathrm{e}^{-\mathrm{i}2\pi ft}\mathrm{d}f \xrightarrow{\text{令 } t=-s} \int_{-\infty}^{+\infty}x(s)\mathrm{e}^{\mathrm{i}2\pi fs}\mathrm{d}s = X(-f).$$

因为信号与频谱是一一对应的,所以

$x(-t)=x(t)$ 的充分必要条件是 $X(-f)=X(f)$;

$x(-t)=-x(t)$ 的充分必要条件是 $X(-f)=-X(f)$.

当 $x(-t)=x(t)$ 时,$X(-f)=X(f)$. $\widetilde{x}(t)$ 的频谱为 $\widetilde{X}(f)=H(f)X(f)$,于是有 $\widetilde{X}(-f)=H(-f)X(-f)=-H(f)X(f)=-\widetilde{X}(f)$,这表明 $\widetilde{x}(-t)=-\widetilde{x}(t)$.

当 $x(-t)=-x(t)$ 时,$X(-f)=-X(f)$. 此时 $\widetilde{X}(-f)=H(-f)X(-f)=(-H(f))(-X(f))=H(f)X(f)=\widetilde{X}(f)$,这表明 $x(-t)=x(t)$. 证毕.

2. 证明 设解析信号 $q_1(t)$ 和 $q_2(t)$ 的频谱分别为 $Q_1(f)$ 和 $Q_2(f)$. 易知,$q_2(-t)$ 的频谱为 $Q_2(-f)$,$\overline{q_2(t)}$ 的频谱为

$$\int_{-\infty}^{+\infty}\overline{q_2(t)}\mathrm{e}^{-\mathrm{i}2\pi ft}\mathrm{d}t = \overline{\int_{-\infty}^{+\infty}q_2(t)\mathrm{e}^{\mathrm{i}2\pi ft}\mathrm{d}t} = \overline{Q_2(-f)}.$$

(1) $y(t)=q_1(t)*\overline{q_2(t)}$ 的频谱为 $Y(f)=Q_1(f)\overline{Q_2(-f)}$,由 $Q_1(f)$ 和 $Q_2(f)$ 具有单边性可知,$Y(f)=0$,因而 $y(t)=0$.

(2) $y(t)=q_1(t)*q_2(-t)$ 的频谱为 $Y(f)=Q_1(f)Q_2(-f)$,由 $Q_1(f)$ 和 $Q_2(f)$ 的单边性知,$Y(f)=0$,因而 $y(t)=0$.

(3) $y(t)=\overline{q_1(t)}*\overline{q_2(-t)}$ 的频谱为 $Y(f)=\overline{Q_1(-f)}\cdot\overline{Q_2(f)}$,由 $Q_1(f)$ 和 $Q_2(f)$ 的单边性知,$Y(f)=0$,因而 $y(t)=0$.

3. 证明 $h(n\Delta)$ 的频谱为 $H_\Delta(f)$(见(6-3-13)).

(1) 令 $y(n\Delta)=h(n\Delta)*h(n\Delta)$. $y(n\Delta)$ 的频谱为

$$Y_\Delta(f) = H_\Delta(f)H_\Delta(f).$$

按(6-3-13),

$$H_\Delta(f) = \begin{cases} -\mathrm{i}, & 0<f\leqslant 1/(2\Delta), \\ \mathrm{i}, & -1/(2\Delta)\leqslant f<0. \end{cases}$$

我们有

$$Y_\Delta(f) = -1, \quad -\frac{1}{2\Delta} \leqslant f \leqslant \frac{1}{2\Delta},$$

$$y(n\Delta) = \Delta \int_{-1/(2\Delta)}^{1/(2\Delta)} Y_\Delta(f) e^{i2\pi n \Delta f} df = \Delta \int_{-1/(2\Delta)}^{1/(2\Delta)} e^{i2\pi n \Delta f} df = \begin{cases} -1, & n = 0, \\ 0, & n \neq 0. \end{cases}$$

(2) 按能量等式(3-4-5),再由(6-3-13)和(6-3-15)知,

$$\sum_{m=-\infty}^{\infty} \frac{4}{\pi^2} \frac{1}{(2m-1)^2} = \Delta \int_{\frac{-1}{2\Delta}}^{\frac{1}{2\Delta}} df = 1.$$

在上式中,取 $m=k+1$,则得到要求的等式. 证毕.

4. 解 设 $x(n)$ 为物理可实现信号,其频谱为 $X(e^{-i\omega})$. 令

$$\alpha(n) = \frac{1}{2\pi} \int_{-\pi}^{\pi} \text{Re} X(e^{-i\omega}) e^{in\omega} d\omega, \quad -\infty < n < +\infty;$$

$$\beta(n) = \frac{1}{2\pi} \int_{-\pi}^{\pi} \text{Im} X(e^{-i\omega}) e^{in\omega} d\omega, \quad -\infty < n < +\infty.$$

由(6-4-15)和(6-4-16)知

$$x(n) = 2u(n)\alpha(n) + [x(0) - 2\alpha(0)]\delta(n),$$
$$x(n) = 2iu(n)\beta(n) + [x(0) - 2i\beta(0)]\delta(n).$$

由于

$$x(0) = \alpha(0) + i\beta(0)$$

由 $\alpha(0)$ 和 $\beta(0)$ 两个数确定,因此,由上三式知,仅由 $\alpha(n)$ 或仅由 $\beta(n)$ 不能确定 $x(n)$,而通解上面 $x(n)$ 的两个表达式已给出,通解中的参数由 $x(0)$ 给出.

5. 解 $\text{Im} x(0)=0$,即 $\beta(0)=0$,也即 $x(0)=\alpha(0)$. 由(6-4-15)知

$$x(n) = 2u(n)\alpha(n) - \alpha(0)\delta(n).$$

这表明,由 $\alpha(n)$ 完全确定 $x(n)$. 由(6-4-16)知

$$x(n) = 2iu(n)\beta(n) + \alpha(0)\delta(n),$$

这就是由 $\beta(n)$ 确定 $x(n)$ 的通解,参数为 $\alpha(0)$.

6. 解

$$\text{Im} X(e^{-i\omega}) = 3\sin 2\omega = \frac{3}{2i}(e^{i2\omega} - e^{-i2\omega})$$

所对应的信号为

$$\beta(n) = \begin{cases} -3/(2i), & n = 2, \\ 3/(2i), & n = -2, \\ 0, & \text{其他}. \end{cases}$$

按(6-4-16)知

$$x(n) = \begin{cases} a(0), & n=0, \\ -3, & n=2, \\ 0, & \text{其他}, \end{cases}$$

其中实数 $a(0)$ 为通解的参数.

7. 解

$$\text{Im}X(\mathrm{e}^{-\mathrm{i}\omega}) = \sin^2 2\omega = \left[\frac{1}{2\mathrm{i}}(\mathrm{e}^{\mathrm{i}2\omega} - \mathrm{e}^{-\mathrm{i}2\omega})\right]^2$$

$$= \frac{1}{2} - \frac{1}{4}\mathrm{e}^{-\mathrm{i}4\omega} - \frac{1}{4}\mathrm{e}^{\mathrm{i}4\omega},$$

对应的信号为

$$\beta(n) = \begin{cases} 1/2, & n=0, \\ -1/4, & n=\pm 4, \\ 0, & \text{其他}. \end{cases}$$

按公式(6-4-16)知

$$x(n) = \begin{cases} a(0) + \dfrac{1}{2}\mathrm{i}, & n=0, \\ -\dfrac{1}{2}\mathrm{i}, & n=4, \\ 0, & \text{其他}, \end{cases}$$

其中实数 $a(0)$ 为通解的参数.

8. 证明

$$\frac{1}{1-\mathrm{e}^{-\mathrm{i}\omega}} = \frac{\mathrm{e}^{\mathrm{i}\omega/2}}{\mathrm{e}^{\mathrm{i}\omega/2} - \mathrm{e}^{-\mathrm{i}\omega/2}} = \frac{-\mathrm{i}}{2}\frac{\mathrm{e}^{\mathrm{i}\omega/2}}{\sin\omega/2}$$

$$= \frac{1}{2}\frac{\sin\dfrac{\omega}{2} - \mathrm{i}\cos\dfrac{\omega}{2}}{\sin\dfrac{\omega}{2}} = \frac{1}{2} - \mathrm{i}\frac{1}{2}\frac{\cos\dfrac{\omega}{2}}{\sin\dfrac{\omega}{2}} = \frac{1}{2} - \mathrm{i}\frac{1}{2}\cot\frac{\omega}{2}.$$

9. 解 (1) 比较(6-4-24)式两边的实部,得

$$\sum_{n=0}^{+\infty}\cos n\omega = \pi\delta(\omega) + \frac{1}{2}.$$

(2) 比较(6-4-24)式两边的虚部,得

$$\sum_{n=0}^{+\infty}\sin n\omega = \frac{1}{2}\cot\frac{\omega}{2}.$$

(3) $x_n = 1$ 的频谱为

$$X(\mathrm{e}^{-\mathrm{i}\omega}) = \sum_{n=-\infty}^{+\infty}\mathrm{e}^{-\mathrm{i}n\omega} = \sum_{n=0}^{+\infty}\mathrm{e}^{-\mathrm{i}n\omega} + \sum_{n=0}^{+\infty}\mathrm{e}^{\mathrm{i}n\omega} - \mathrm{e}^{-\mathrm{i}0\omega}$$

$$= \pi\delta(\omega) + \frac{1}{2} - \mathrm{i}\frac{1}{2}\cot\frac{\omega}{2} + \pi\delta(-\omega) + \frac{1}{2} - \mathrm{i}\frac{1}{2}\cot\frac{-\omega}{2} - 1$$

$$= 2\pi\delta(\omega).$$

(4) $x_n = \cos\omega_0 n$ 的频谱

$$X(e^{-i\omega}) = \sum_{n=-\infty}^{+\infty}\cos\omega_0 n e^{-in\omega} = \sum_{n=-\infty}^{+\infty}\frac{1}{2}(e^{i\omega_0 n}+e^{-i\omega_0 n})e^{-in\omega}$$

$$= \frac{1}{2}\sum_{n=-\infty}^{+\infty}e^{-in(\omega-\omega_0)} + \frac{1}{2}\sum_{n=-\infty}^{+\infty}e^{-in(\omega+\omega_0)}$$

$$= \pi\delta(\omega-\omega_0) + \pi\delta(\omega+\omega_0).$$

(5) 用上题相同的方法,可得 $x_n = \sin\omega_0 n$ 的频谱

$$X(e^{-i\omega}) = -i\pi[\delta(\omega-\omega_0) - \delta(\omega+\omega_0)].$$

10. 解 (1) 由(6-4-10)式知,$h(n)$的频谱为

$$H(e^{-i\omega}) = \sum_{n=-\infty}^{+\infty}h(n)e^{-in\omega} = \sum_{n=0}^{+\infty}h(n)e^{-in\omega} + \sum_{n=-\infty}^{0}h(n)e^{-in\omega}$$

$$= i\sum_{n=0}^{+\infty}h(n)e^{-in\omega} - i\sum_{n=0}^{+\infty}e^{in\omega}$$

$$= i\left[\pi\delta(\omega) + \frac{1}{2} - i\frac{1}{2}\cot\frac{\omega}{2}\right] - i\left[\pi\delta(\omega) + \frac{1}{2} - i\frac{1}{2}\cot\frac{-\omega}{2}\right]$$

$$= \cot\frac{\omega}{2}.$$

(2) 由上题知,$h(n)$的频谱为 $H(e^{-i\omega}) = \cot\frac{\omega}{2}$. 设频谱 $\text{Re}X(e^{-i\omega})$ 对应的信号为 $\alpha(n)$,$\text{Im}X(e^{-i\omega})$ 对应的信号为 $\beta(n)$(见(6-4-3)). 由于信号的乘积对应于频谱的褶积(见第三章问题 14),由(6-4-11)直接得到(6-4-25)式和(6-4-26)式.

11. 解 仿照本章 §2 的例 1 来做.

(1) 不妨假定 $\omega_0 > 0$. 由第 9 题(4)知,$x_n = \cos\omega_0 n$ 的频谱为 $X(e^{-i\omega}) = \pi\delta(\omega-\omega_0) + \pi\delta(\omega+\omega_0)$. 经希尔伯特变换后的频谱为

$$\widetilde{X}(e^{-i\omega}) = H(e^{-i\omega})X(e^{-i\omega})$$

$$= \begin{cases} -i\pi[\delta(\omega-\omega_0) + \delta(\omega+\omega_0)], & \omega > 0, \\ i\pi[\delta(\omega-\omega_0) + \delta(\omega+\omega_0)], & \omega < 0 \end{cases}$$

$$= \begin{cases} -i\pi\delta(\omega-\omega_0), & \omega > 0, \\ i\pi\delta(\omega+\omega_0), & \omega < 0 \end{cases}$$

$$= i\pi[\delta(\omega+\omega_0) - \delta(\omega-\omega_0)].$$

x_n 的希尔伯特变换为

$$x_n = \frac{1}{2\pi}\int_{-\pi}^{\pi}\widetilde{X}(e^{-i\omega})e^{in\omega}d\omega$$

$$= \frac{i\pi}{2\pi}\int_{-\pi}^{\pi}[\delta(\omega+\omega_0) - \delta(\omega-\omega_0)]e^{in\omega}d\omega$$
$$= \frac{i}{2}[e^{-in\omega_0} - e^{in\omega_0}] = \sin\omega_0 n.$$

(2) 根据希尔伯特的变换公式(参见(6-3-22)),$\sin\omega_0 n$ 的希尔伯特变换为 $-\cos\omega_0 n$.

第七章问题解答

1. 证明 将(7-2)式代入(7-1)式的右边得

$$\frac{1}{2N-1}\sum_{m=-N+1}^{N-1}\Big(\sum_{k=-N+1}^{N-1}c_k W_{2N-1}^{-mk}\Big)W_{2N-1}^{mn}$$

$$= \frac{1}{2N-1}\sum_{k=-N+1}^{N-1}c_k\Big(\sum_{m=-N+1}^{N-1}W_{2N-1}^{m(n-k)}\Big)$$

$$\Big(\sum_{m=-N+1}^{N-1}W_{2N-1}^{(n-k)m} = (W_{2N-1}^{(n-k)})^{-N+1}\sum_{M=-N+1}^{N-1}(W_{2N-1}^{n-k})^{m-(-N+1)}$$

$$= (W_{2N-1}^{(n-k)})^{-N+1}\sum_{l=0}^{2N-2}(W_{2N-1}^{(n-k)})^l$$

$$= (W_{2N-1}^{(n-k)})^{-N+1}\frac{1-W_{2N-1}^{(n-k)(2N-1)}}{1-W_{2N-1}^{(n-k)}}$$

$$= \begin{cases}2N-1, & n-k = l(2N-1), \\ 0, & n-k \neq l(2N-1),\end{cases} l \text{为整数}\Big)$$

$$= \frac{1}{2N-1}c_n(2N-1)c_n.$$

这表明(7-1)式成立. 同理可证明由(7-1)式可推出(7-2)式.

2. 证明 要证明(7-4)式,关键是求出(7-3)式中的 c_n. 在(7-3)式中,令 $t = \frac{mT}{2N-1}$, $|m| \leqslant N-1$, 得到(7-2)式. 因此有(7-1)式. 把(7-1)式代入(7-3)式,得

$$g(t) = \sum_{n=-N+1}^{N-1}\Big(\frac{1}{2N-1}\sum_{m=-N+1}^{N-1}g\Big(\frac{mT}{2N-1}\Big)W_{2N-1}^{mn}\Big)e^{i2\pi n\frac{t}{T}}$$

$$= \sum_{m=-N+1}^{N-1}g\Big(\frac{mT}{2N-1}\Big)\Big(\frac{1}{2N-1}\sum_{n=-N+1}^{N-1}e^{-imn\frac{2\pi}{2N-1}}e^{i2\pi n\frac{t}{T}}\Big)$$

$$= \sum_{m=-N+1}^{N-1}g\Big(\frac{mT}{2N-1}\Big)\frac{\sin\big((2N-1)\pi\big(\frac{t}{T}-\frac{m}{2N-1}\big)\big)}{(2N-1)\sin\big(\pi\big(\frac{t}{T}-\frac{m}{2N-1}\big)\big)}.$$

这样定理就证毕了.

下面解释一下上述的求和过程. 设

$$a = e^{i\alpha}, \quad \alpha = 2\pi\left(\frac{t}{T} - \frac{m}{2N-1}\right).$$

$$\sum_{n=-N+1}^{N-1} a^n = a^{-N+1}\sum_{n=-N+1}^{N-1} a^{n-(-N+1)} = a^{-N+1}\sum_{k=0}^{2N-2} a^k = a^{-N+1}\frac{1-a^{2N-1}}{1-a}$$

$$= \frac{a^N - a^{-N+1}}{a-1} = \frac{a^{1/2}(a^{N-1/2} - a^{-N+1/2})}{a^{1/2}(a^{1/2} - a^{-1/2})}$$

（注意 $a = e^{i\alpha}$）

$$= \frac{e^{i(N-1/2)\alpha} - e^{-i(N-1/2)\alpha}}{e^{i\alpha/2} - e^{-i\alpha/2}}$$

$$= \frac{\sin\left(N - \dfrac{1}{2}\right)\alpha}{\sin\dfrac{1}{2}\alpha}$$

（注意 $\alpha = 2\pi\left(\dfrac{t}{T} - \dfrac{m}{2N-1}\right)$）

$$= \frac{\sin(2N-1)\pi\left(\dfrac{t}{T} - \dfrac{m}{2N-1}\right)}{\sin\pi\left(\dfrac{t}{T} - \dfrac{m}{2N-1}\right)}.$$

3. 解 将 x_n 表示成反变换形式（见(7-1-10)式），然后根据由有限离散信号 x_n 和有限离散频率 X_m 表达式的唯一性确定 X_m.

$$x_n = 3 + \left(\cos n\frac{2\pi}{N}\right)^2 = 3 + \frac{1}{4}(e^{in\frac{2\pi}{N}} + e^{-in\frac{2\pi}{N}})^2$$

$$= 3 + \frac{1}{4}e^{in2\frac{2\pi}{N}} + \frac{1}{2} + \frac{1}{4}e^{-in2\frac{2\pi}{N}} = \frac{7}{2} + \frac{1}{4}e^{in2\frac{2\pi}{N}} + \frac{1}{4}e^{in(N-2)\frac{2\pi}{N}}.$$

对照(7-1-10)或(7-1-14)式，得

$$X_m = \begin{cases} \dfrac{7}{2}N, & m = 0, \\ \dfrac{1}{4}N, & m = 2, N-2, \\ 0, & \text{其他}. \end{cases}$$

4. 解 $X_1(m)$ 和 $X_2(m)$ 分别为

$$X_1(m) = \sum_{n=0}^{N-1} x(n)e^{-imn\frac{2\pi}{N}},$$

$$X_2(m) = \sum_{n=0}^{2N-1} x(n)e^{-imn\frac{2\pi}{2N}}$$

$$= \sum_{n=0}^{N-1} x(n)e^{-imn\frac{2\pi}{2N}} + \sum_{n=N}^{2N-1} x(n)e^{-imn\frac{2\pi}{2N}}$$

$$= \sum_{n=0}^{N-1} x(n) e^{-imn\frac{2\pi}{2N}} + \sum_{k=0}^{N-1} x(k+N) e^{-im(k+N)\frac{2\pi}{2N}}$$

$$= \sum_{n=0}^{N-1} x(n) e^{-imn\frac{2\pi}{2N}} + \sum_{n=0}^{N-1} x(n) e^{-im(n+N)\frac{2\pi}{2N}}$$

$$= \sum_{n=0}^{N-1} x(n) e^{-imn\frac{2\pi}{2N}} (1 + e^{-im\pi}).$$

当 m 为偶数时，$1+e^{-im\pi}=2$；当 m 为奇数时，$1+e^{-im\pi}=0$. 因此

$$X_2(m) = \begin{cases} 2X_1\left(\dfrac{m}{2}\right), & m=0,2,\cdots,2N-2, \\ 0, & m=1,3,\cdots,2N-1. \end{cases}$$

5. 解 （1）$x(n)$ 的 4 点信号表示为

$$x(n) = (x(0), x(1), x(2), x(3)) = (1, 0, 2, 1).$$

$x(n)$ 的 4 点离散傅氏变换为

$$X(k) = \sum_{n=0}^{3} x(n) W_4^{nk} = 1 + 2W_4^{2k} + W_4^{3k}.$$

（2）把 $Y(k)$ 展成(7-1-13)的形式，然后由展式的唯一性求出 $y(n)$.

$$Y(k) = X^2(k) = 1 + 4W_4^{2k} + 2W_4^{3k} + 4W_4^{5k} + W_4^{6k}.$$

由于

$$W_4^{4k} = 1, \quad W_4^{5k} = W_4^k, \quad W_4^{6k} = W_4^{2k},$$

所以

$$Y(k) = 5 + 4W_4^k + 5W_4^{2k} + 2W_4^{3k}.$$

由展式的唯一性知

$$y(n) = (y(0), y(1), y(2), y(3)) = (5, 4, 5, 2),$$

或者表示为

$$y(n) = 5\delta(n) + 4\delta(n-1) + 5\delta(n-2) + 2\delta(n-3).$$

6. 解 （1）$X(\omega) = \displaystyle\sum_{n=-\infty}^{+\infty} x(n) e^{-in\omega} = \sum_{n=0}^{+\infty} \left(\frac{1}{5}\right)^n e^{-in\omega} = \dfrac{1}{1-\dfrac{1}{5}e^{-i\omega}}.$

（2）按照有限离散频谱定理中的(7-1-20)式，$x_N(n)$ 为

$$x_N(n) = \sum_{k=-\infty}^{+\infty} x(n+kN) \quad (0 \leqslant n \leqslant N-1)$$

$$= \sum_{k=0}^{+\infty} \left(\frac{1}{5}\right)^{n+kN} = \left(\frac{1}{5}\right)^n \sum_{k=0}^{+\infty} \left(\frac{1}{5}\right)^{kN} = \left(\frac{1}{5}\right)^n \dfrac{1}{1-\left(\dfrac{1}{5}\right)^N}.$$

7. 解 （1）$Z_n = x_n * y_n = (Z_0, Z_1, Z_2, Z_3, Z_4),$

$$Z_n = \sum_{k=0}^{2} x_k y_{n-k}, n = 0,1,2,3,4,$$
$$Z_n = (1,3,4,3,1).$$

(2) 按图 7-4 方式计算得
$$\widetilde{Z}_n = \widetilde{x}_n * \widetilde{y}_n[3] = (4,4,4).$$

(3) 按图 7-4 方式计算得
$$\widetilde{Z}_n = \widetilde{x}_n * \widetilde{y}_n[5] = (1,3,4,3,1),$$

此时 $\widetilde{Z}_n = Z_n$.

8. **证明** $Z_m = \sum_{n=0}^{N-1} Z_n e^{-imn\frac{2\pi}{N}} = \sum_{n=0}^{N-1} x_n y_n e^{-imn\frac{2\pi}{N}}$

$= \sum_{n=0}^{N-1} x_n \left(\frac{1}{N}\sum_{k=0}^{N-1} Y_k e^{ikn\frac{2\pi}{N}}\right) e^{-imn\frac{2\pi}{N}} = \frac{1}{N}\sum_{k=0}^{N-1} Y_k \sum_{n=0}^{N-1} x_n e^{-i(m-k)n\frac{2\pi}{N}}$

$= \frac{1}{N}\sum_{k=0}^{N-1} Y_k X_{m-k}$ (X_m, Y_m 都是以 N 为周期的周期信号)

$= \frac{1}{N}\sum_{l=0}^{N-1} X_l Y_{m-l}.$

在上式中令 $m=0$, 即得到(7-6).

9. **证明** $Y_m = \sum_{n=0}^{N-1} y_n e^{-imn\frac{2\pi}{N}} = \sum_{n=0}^{N-1} \bar{x}_n e^{-imn\frac{2\pi}{N}} = \overline{\sum_{n=0}^{N-1} x_n e^{imn\frac{2\pi}{N}}} = \overline{X_{-m}}.$

10. **证明** 令 $y_n = \bar{x}_n$, 由 (7-6),(7-7)直接得(7-8).

11. **解** 由于信号的有限离散频谱比较简单,因此我们用先求频谱后求相应的循环褶积或循环相关.

$$x(n) = \cos n\frac{2\pi}{N} = \frac{1}{2}(e^{in\frac{2\pi}{N}} + e^{-in\frac{2\pi}{N}}) = \frac{1}{2}e^{in\frac{2\pi}{N}} + \frac{1}{2}e^{i(N-1)n\frac{2\pi}{N}}.$$

因此 $x(n)$ 的离散频谱 $X(m)$ 为

$$X(m) = \begin{cases} \frac{1}{2}N, & m = 1, N-1, \\ 0, & \text{其他}. \end{cases}$$

$$y(n) = \sin n\frac{2\pi}{N} = \frac{1}{2i}(e^{in\frac{2\pi}{N}} - e^{-in\frac{2\pi}{N}})$$
$$= \frac{1}{2i}e^{in\frac{2\pi}{N}} - \frac{1}{2i}e^{i(N-1)n\frac{2\pi}{N}},$$

相应的频谱为

$$Y(m) = \begin{cases} \frac{1}{2i}N, & m = 1, \\ \frac{-1}{2i}N, & m = N-1, \\ 0, & \text{其他}. \end{cases}$$

(1) 由于

$$X(m)Y(m) = \begin{cases} \dfrac{1}{4i}N^2, & m = 1, \\ \dfrac{-1}{4i}N^2, & m = N-1, \\ 0, & \text{其他}, \end{cases}$$

它对应的信号为(见(7-1-14)式或(7-3-4)式)

$$x(n) * y(n)[N] = \frac{1}{N}\left(\frac{1}{4i}N^2 e^{in\frac{2\pi}{N}} - \frac{1}{4i}N^2 e^{i(N-1)n\frac{2\pi}{N}}\right) = \frac{1}{2}N\sin n\frac{2\pi}{N}.$$

(2) 由于

$$X(m)\overline{Y(m)} = \begin{cases} \dfrac{-1}{4i}N^2, & m = 1, \\ \dfrac{1}{4i}N^2, & m = N-1, \\ 0, & \text{其他}, \end{cases}$$

相应的信号为循环相关

$$R_{xy}(n) = \frac{1}{N}\left(\frac{-1}{4i}N^2 e^{in\frac{2\pi}{N}} + \frac{1}{4i}N^2 e^{i(N-1)n\frac{2\pi}{N}}\right) = -\frac{1}{2}N\sin n\frac{2\pi}{N}.$$

12. 证明 此题解法类似上题.

$$x(n) = \cos k_1 n \frac{2\pi}{N} = \frac{1}{2}(e^{ik_1 n\frac{2\pi}{N}} + e^{-ik_1 n\frac{2\pi}{N}})$$

$$= \frac{1}{2}e^{ik_1 n\frac{2\pi}{N}} + \frac{1}{2}e^{i(N-k_1)n\frac{2\pi}{N}}.$$

$x(n)$ 的离散频谱 $X(m)$ 为(参见(7-1-14)式)

$$X(m) = \begin{cases} \dfrac{1}{2}N, & m = k_1, N-k_1 \left(k_1 \neq \dfrac{1}{2}N\right), \\ 0, & \text{其他}. \end{cases}$$

$$X(m) = \begin{cases} N, & m = k_1 = \dfrac{N}{2}, \\ 0, & \text{其他}. \end{cases}$$

$$y(n) = \sin k_2 n \frac{2\pi}{N} = \frac{1}{2i}(e^{ik_2 n\frac{2\pi}{N}} - e^{-ik_2 n\frac{2\pi}{N}})$$

$$= \frac{1}{2i}e^{ik_2 n\frac{2\pi}{N}} - \frac{1}{2i}e^{i(N-k_2)n\frac{2\pi}{N}}.$$

$y(n)$ 的离散频谱 $Y(m)$ 为

$$Y(m) = \begin{cases} \dfrac{1}{2i}, & m = k_2 \neq \dfrac{1}{2}N, \\ \dfrac{-1}{2i}, & m = N-k_2, \\ 0, & \text{其他}. \end{cases}$$

$Y(m)=0, 0 \leqslant m \leqslant N-1$，当 $k_2 = \dfrac{N}{2}$ 时。

关于两个信号相乘之和的计算，可利用(7-6)式。

$$\sum_{n=0}^{N-1} \cos k_1 n \frac{2\pi}{N} \sin k_2 n \frac{2\pi}{N} = \frac{1}{N} \sum_{l=0}^{N-1} X(l) Y(-l)$$

$$= \frac{1}{N} \sum_{l=0}^{N-1} X(l) Y(N-l)$$

（当 $k_1 \neq \dfrac{1}{2} N$ 时，$X(l)$ 只在 k_1 和 $N-k_1$ 两点不为零）

$$= \frac{1}{N} X(k_1) Y(N-k_1) + \frac{1}{N} X(N-k_1) Y(k_1)$$

$$= \frac{1}{2} (Y(N-k_1) + Y(k_1))$$

（当 $k_1 \neq k_2$ 和 $N-k_2$ 时，或当 $k_1 = k_2$ 或 $N-k_2$ 时，上式皆为 0）

$$= 0.$$

当 $k_1 = \dfrac{1}{2} N$ 时，

$$\frac{1}{N} \sum_{l=0}^{N-1} X(l) Y(N-l) = \frac{1}{N} X\left(\frac{N}{2}\right) Y\left(\frac{N}{2}\right) = Y\left(\frac{N}{2}\right) = 0.$$

13. 解 （1）最小记录长度 $T_{\min}$ 为

$$T_{\min} = N\Delta > 1/f_\delta = 1(\text{s}).$$

（2）抽样间隔 Δ 应满足

$$\Delta < \frac{1}{2f_c} = 2.5 \times 10^{-3}(\text{s}).$$

（2）抽样点数 N 应满足：$N > \dfrac{2f_c}{f_\delta} = 400.$

14. 解 按有限离散频谱定理，见(7-1-20)式，有

$$x_d(n\Delta) = \sum_{k=-\infty}^{+\infty} x[(n+kN)\Delta].$$

15. 证明 $\tilde{x}(n\Delta) = \tilde{x}\left(2n \cdot \dfrac{\Delta}{2}\right) = \dfrac{1}{2N} \sum_{m=0}^{2N-1} \tilde{X}_m e^{i2mn\frac{2\pi}{2N}}$

$$= \frac{1}{2N} \sum_{m=0}^{2N-1} \tilde{X}_m e^{i2mn\frac{2\pi}{N}}$$

$$= \frac{1}{2N} \sum_{m=0}^{N/2} 2 X_m e^{imn\frac{2\pi}{N}} + \frac{1}{2N} \sum_{m=\frac{N}{2}+1}^{2N-1} 2 X_{m-N} e^{imn\frac{2\pi}{N}}$$

$$= \frac{1}{N} \sum_{m=0}^{N/2} X_m e^{imn\frac{2\pi}{N}} + \frac{1}{N} \sum_{k=\frac{N}{2}+1}^{N-1} X_k e^{ikn\frac{2\pi}{N}}$$

$$= \frac{1}{N} \sum_{m=0}^{N-1} X_m e^{imn\frac{2\pi}{N}} = x(n\Delta).$$

上式用到 $e^{i(k+N)n\frac{2\pi}{N}} = e^{ikn\frac{2\pi}{N}}$.

17. 关于 4 点 FFT 程序的说明

我们用矩阵形式说明 4 点 FFT 算法,以这种简明方式加深对 FFT 的理解.

设 4 点信号为 $x(n)=(x(0),x(1),x(2),x(3))$,它的有限离散傅氏变换为(见(7-2-3)式)

$$X(m) = \sum_{n=0}^{3} x(n) W_4^{mn}, \quad 0 \leqslant m \leqslant 3, \quad W_4 = e^{-i\frac{2\pi}{4}} = -i.$$

可用矩阵形式表示上式

$$\begin{bmatrix} X(0) \\ X(1) \\ X(2) \\ X(3) \end{bmatrix} = \begin{bmatrix} W_4^0 & W_4^0 & W_4^0 & W_4^0 \\ W_4^0 & W_4^1 & W_4^2 & W_4^3 \\ W_4^0 & W_4^2 & W_4^4 & W_4^6 \\ W_4^0 & W_4^3 & W_4^6 & W_4^9 \end{bmatrix} \begin{bmatrix} x(0) \\ x(1) \\ x(2) \\ x(3) \end{bmatrix}.$$

由 W_4 的周期性知

$$W_4^0 = W_4^4 = 1, \quad W_4^1 = W_4^9 = -i,$$
$$W_4^2 = W_4^6 = -1, \quad W_4^3 = i.$$

上面的矩阵方程可写为

$$\begin{bmatrix} X(0) \\ X(1) \\ X(2) \\ X(3) \end{bmatrix} = \begin{bmatrix} 1 & 1 & 1 & 1 \\ 1 & -i & -1 & i \\ 1 & -1 & 1 & -1 \\ 1 & i & -1 & -i \end{bmatrix} \begin{bmatrix} x(0) \\ x(1) \\ x(2) \\ x(3) \end{bmatrix}.$$

利用对称性得到

$$X(0) = x(0) + x(1) + x(2) + x(3) = \underbrace{(x(0)+x(2))}_{g_1} + \underbrace{(x(1)+x(3))}_{g_2},$$

$$X(1) = x(0) - ix(1) - x(2) + ix(3) = \underbrace{(x(0)-x(2))}_{h_1} - i\underbrace{(x(1)-x(3))}_{h_2},$$

$$X(2) = x(0) - x(1) + x(2) - x(3) = \underbrace{(x(0)+x(2))}_{g_1} - \underbrace{(x(1)+x(3))}_{g_2},$$

$$X(3) = x(0) + ix(1) - x(2) - ix(3) = \underbrace{(x(0)-x(2))}_{h_1} + i\underbrace{(x(1)-x(3))}_{h_2}.$$

上面的计算分成两步,第一步计算

$$g_1 = x(0) + x(2), \quad g_2 = x(1) + x(3),$$
$$h_1 = x(0) - x(2), \quad h_2 = x(1) - x(3).$$

第二步计算

$$X(0) = g_1 + g_2, \quad X(1) = h_1 - ih_2,$$
$$X(2) = g_1 - g_2, \quad X(3) = h_1 + ih_2.$$

在上述算法中,只需 2 次复数乘法,已大大提高了计算速度.实际上,上述算法只是频域分解 FFT 算法的特例,在(7-2-10)和(7-2-11)公式中,只要以 $N=4$,就得到上述算法.

19. 证明 先对 $\cos\lambda$ 证明.令
$$g(\lambda) = \cos\lambda, \quad \varphi(\beta) = 2\cos\beta,$$
由和差化积公式得
$$\frac{\cos[(2k+2)\beta] + \cos(2k\beta)}{2\cos\beta} = \cos[(2k+1)\beta].$$

这表明 $\cos\lambda$ 满足(7-5-28)式,是广义中值函数.同样方法可以证明 $\sin\lambda,\cos\lambda$ 也是广义中值函数.由
$$e^{i\lambda} = \cos\lambda + i\sin\lambda$$
知 $e^{i\lambda}$ 也是广义中值函数.证毕.

20. 证明 由等比数列求和公式知
$$\sum_{m=0}^{N-1} e^{i(m+1/2)\beta} = \frac{e^{i\frac{\beta}{2}}[1-e^{iN\beta}]}{1-e^{i\beta}} = \frac{e^{i\frac{N}{2}\beta}(e^{-i\frac{N}{2}\beta} - e^{i\frac{N}{2}\beta})}{e^{-i\frac{\beta}{2}}(1-e^{i\beta})} = e^{i\frac{N}{2}\beta}\frac{\sin\frac{N\beta}{2}}{\sin\frac{\beta}{2}}.$$

两边取实部或虚部,就得到本问题的另两个公式.证毕.

第八章问题解答

1. 证明 我们只证明(8-2),原因见该题提示.

(2) 作变量 λ 的二次函数
$$u(\lambda) = \sum_{n=N_1}^{N_2} (a_n\lambda + b_n)^2 p_n$$
$$= \sum_{n=N_1}^{N_2} a_n^2 p_n \lambda^2 + \left(2\sum_{n=N_1}^{N_2} a_n b_n p_n\right)\lambda + \sum_{n=N_1}^{N_2} b_n^2 p_n.$$

由 $u'(\lambda)=0$ 计算出 $u(\lambda)$ 的最小值点 λ_0,再计算出 $u(\lambda)$ 的最小值 $u(\lambda_0)$.由
$$u'(\lambda) = 2\lambda\sum_{n=N_1}^{N_2} a_n^2 p_n + 2\sum_{n=N_1}^{N_2} a_n b_n p_n = 0$$
得
$$\lambda_0 = -\sum_{n=N_1}^{N_2} a_n b_n p_n \bigg/ \sum_{n=N_1}^{N_2} a_n^2 p_n.$$

这里假定了 $\sum_{n=N_1}^{N_2} a_n^2 p_n > 0$.若等于 0,则有 $a_n=0$,可写为 $a_n = kb_n = 0 \cdot b_n = 0$,(8-2)式成立且取等于 0.因此,在这里可假定大于 0.

具体计算 $u(\lambda_0)$ 得

$$u(\lambda_0) = \sum_{n=N_1}^{N_2} b_n^2 p_n - \left(\sum_{n=N_1}^{N_2} a_n b_n p_n \right)^2 \bigg/ \sum_{n=N_1}^{N_2} a_n^2 p_n.$$

由(8-5)式知,$u(\lambda_0) \geqslant 0$,于是得到(8-2)式. 如果(8-2)式等号成立,则表示 $u(\lambda_0)=0$,由(8-5)知,此时有 $a_n \lambda_0 + b_n = 0$,这就说明了(8-2)式中等号成立的条件.

2. 证明 对(8-6)式求偏微商得

$$\frac{\partial Q}{\partial \alpha} = \frac{1}{N} \sum_{n=1}^{N} 2[x_n - (\alpha y_n + \beta)](-y_n) = 0,$$

$$\frac{\partial Q}{\partial \beta} = \frac{1}{N} \sum_{n=1}^{N} 2[x_n - (\alpha y_n + \beta)](-1) = 0,$$

即

$$\sum_{n=1}^{N}(x_n - \alpha y_n - \beta)y_n = 0, \quad \sum_{n=1}^{N}(x_n - \alpha y_n - \beta_n) = 0.$$

由上解得

$$\alpha = \frac{\bar{x}\bar{y} - \dfrac{1}{N}\sum_{n=1}^{N}x_n y_n}{\bar{y}^2 - \dfrac{1}{N}\sum_{n=1}^{N}y_n^2}, \quad \beta = \bar{x} - \alpha\bar{y}.$$

将上面 α 与 β 代入 Q,整理后得

$$Q_{\min} = \frac{1}{N}\sum_{n=1}^{N}(x_n - \bar{x})^2(1 - \rho_{xy}^2),$$

此即(8-9)式. 证毕.

3. 解 直接计算得

$$r_{gg}(n) = \begin{cases} 1+q^2, & n=0, \\ q, & n=\pm\alpha, \\ 0, & \text{其他.} \end{cases}$$

4. 证明 由于 $y_n = g_n * x_n$,因此

$$r_{yy}(n) = y_n * y_{-n} = g_n * x_n * g_{-n} * x_{-n}$$
$$= g_n * g_{-n} * x_n * x_{-n} = r_{gg}(n) * r_{xx}(n).$$

证毕.

5. 证明 按照本章§2 定理1,只要证明 r_n 的频谱 $R(f) \geqslant 0$ 就行了.

由(8-12)式知 r_n 是偶函数,再由(8-11),可得

$$R(f) = \sum_{n=-\infty}^{\infty} r_n \mathrm{e}^{-\mathrm{i}2\pi n\Delta f} = r_0 + 2\sum_{n=1}^{+\infty} g_n \cos 2\pi n\Delta f$$

$$\geqslant 2\sum_{n=1}^{+\infty}|g_n| + 2\sum_{n=1}^{+\infty} g_n \cos 2\pi n\Delta f$$

$$= 2\sum_{n=1}^{+\infty}(|g_n|+g_n\cos2\pi n\Delta f) \geqslant 0.$$

上式和号中每一项都大于等于 0，所以 $R(f)\geqslant 0$。由自相关函数的判别定理知 r_n 为自相关函数。证毕。

6. 解 (1) 按(8-1-12)式有 $r_{xy}(n) = \sum\limits_{k=0}^{2} x_{n+k}y_k$，得

$$r_{xy}(n) = \begin{cases} 3, & n=0, \\ 1, & n=1, \\ 5, & n=-1, \\ 3, & n=-2, \\ 0, & 其他. \end{cases}$$

(2) 取 $N=4$。按(8-3-10)和(8-3-11)两式，或参见图 8-3，得

$$\tilde{r}_{\bar{x}\bar{y}}(n) = \begin{cases} 3, & n=0, \\ 1, & n=1, \\ 3, & n=2, \\ 5, & n=3. \end{cases}$$

(3) 循环相关的长度 $N=4$，x_n 的长度 $M=2$，y_n 的长度 $L=3$。当 $0\leqslant n\leqslant N-L=4-3=1$ 时，有

$$\tilde{r}_{\bar{x}\bar{y}}(0) = r_{xy}(0) = 3, \quad \tilde{r}_{\bar{x}\bar{y}}(1) = r_{xy}(1) = 1.$$

这说明循环相关定理中的(8-3-14)式是对的。

按照(8-3-14)′，

$$\tilde{r}_{\bar{x}\bar{y}}(2) = r_{xy}(2-4) = r_{xy}(-2) = 3,$$
$$\tilde{r}_{\bar{x}\bar{y}}(3) = r_{xy}(3-4) = r_{xy}(-1) = 5.$$

7. 证明 在本章问题 1 的公式(8-1)中，取 $N_1=1$，$N_2=M$，$b_n=1$，就得到本问题的证明。

第九章问题解答

1. 证明 设 $b_1(n)$，$b_2(n)$ 为物理可实现信号。

$$b_1(n) + b_2(n) = \begin{cases} 0, & n<0, \\ b_1(n)+b_2(n), & n\geqslant 0, \end{cases}$$

$$b_1(n) * b_2(n) = \sum_{\tau=-\infty}^{\infty} b_1(\tau)b_2(n-\tau).$$

当 $\tau<0$ 时，$b_1(\tau)=0$，因此上式可写为

$$b_1(n) * b_2(n) = \sum_{\tau=0}^{+\infty} b_1(\tau)b_2(n-\tau).$$

在上式求和中,当 $n<0$ 时,$n-\tau<0$,因而 $b_2(n-\tau)=0$,因此有
$$b_1(n) * b_2(n) = 0, \quad n < 0.$$
当 $n \geqslant 0$ 时,当 $n-\tau<0$,即 $\tau>n$ 时 $b_2(n-\tau)=0$,因此有
$$b_1(n) * b_2(n) = \sum_{\tau=0}^{+\infty} b_1(\tau)b_2(n-\tau) = \sum_{\tau=0}^{n} b_1(\tau)b_2(n-\tau), \quad n \geqslant 0.$$
于是,(9-1-4)式成立. 证毕.

2. 解 按照本章 §1 的定理 3,要求分母多项式在单位圆内及单位圆上皆无根.

(1) $2-3Z+Z^2=0$,根为 $Z_1=1, Z_2=3$. 由 $|Z_1|=1$,故不是.

(2) $1-Z+\dfrac{1}{4}Z^2=0$,根为 $Z=2$,由 $|Z|>1$,故是.

(3) $1-\dfrac{5}{2}Z+Z^2=0$,根为 $Z_1=2, Z_2=\dfrac{1}{2}$,由 $|Z_2|<1$,故不是.

(4) $1-\dfrac{5}{6}Z+\dfrac{1}{6}Z^2=0$,根为 $Z_1=2, Z_2=3$,由 $|Z_1|>1, |Z_2|>1$,故是.

3. 证明 (1) $Z^N A\left(\dfrac{1}{Z}\right) = Z^N \left(a_0 + a_1 \dfrac{1}{Z} + \cdots + a_N \dfrac{1}{Z^N}\right)$
$= a_0 Z^N + a_1 Z^{N-1} + \cdots + a_N$
$= b_N Z^N + b_{N-1} Z^{N-1} + \cdots + b_0$
$= B(Z).$

(2) 设 λ_j 为 $A(Z)$ 的根,在 $a_0 \neq 0$ 时,说明 $\lambda_j \neq 0$,在 $a_N \neq 0$ 时,说明 $A(Z)$ 的根有 N 个 $\lambda_j (1 \leqslant j \leqslant N)$. 由上题知
$$B\left(\dfrac{1}{\lambda_j}\right) = \dfrac{1}{\lambda_j^N} A(\lambda_j) = 0.$$
这表明 $B(Z)$ 的根为 $\dfrac{1}{\lambda_j} (1 \leqslant j \leqslant N)$. 证毕.

4. 解 (1) 设
$$X(Z) = \sum_{n=0}^{+\infty} a^n \sin nb Z^n, \quad Y(Z) = \sum_{n=0}^{+\infty} a^n \cos nb Z^n.$$
我们考虑
$$Y(Z) + \mathrm{i} X(Z) = \sum_{n=0}^{+\infty} a^n (\cos nb + \mathrm{i} \sin nb) Z^n$$
$$= \sum_{n=0}^{+\infty} a^n \mathrm{e}^{\mathrm{i} nb} Z^n = \dfrac{1}{1 - a\mathrm{e}^{\mathrm{i} b} Z} = \dfrac{1 - a\mathrm{e}^{-\mathrm{i} b} Z}{(1 - a\mathrm{e}^{\mathrm{i} b} Z)(1 - a\mathrm{e}^{-\mathrm{i} b} Z)}$$
$$= \dfrac{1 - a\cos b Z}{1 + a^2 Z^2 - 2a\cos b Z} + \mathrm{i} \dfrac{a\sin b Z}{1 + a^2 Z^2 - 2a\cos b Z},$$

从而

$$X(Z) = \frac{a\sin bZ}{1+a^2Z^2-2a\cos bZ}, \quad Y(Z) = \frac{1-a\cos bZ}{1+a^2Z^2-2a\cos bZ}.$$

(2) $X(Z)$ 和 $Y(Z)$ 的分母多项式为

$$1+a^2Z^2-2a\cos bZ = (1-ae^{ib}Z)(1-ae^{-ib}Z),$$

易知它的根为 $Z=\frac{1}{a}e^{\pm ib}$，显然有 $|Z|=\frac{1}{|a|}>1$。

$X(Z)$ 分子的根 $Z=0$，因此 x_n 不是最小相位信号。$Y(Z)$ 分子的根为 $Z=1/a\cos b$，它的模 $|Z|>1$，因此，$Y(Z)$ 分子分母的根都在单位圆外，y_n 是最小相位信号。

5. 证明 (1) 按照本章 §3 定理 1(见(9-3-24)式)，$H_1(Z)$ 和 $H_2(Z)$ 皆为最小相位信号 Z 变换，它们表示为

$$H_1(Z) = e^{i\beta_1}\exp\left\{\frac{1}{2\pi}\int_{-\pi}^{\pi}\ln|H_1(e^{-i\varphi})|\frac{e^{-i\varphi}+Z}{e^{-i\varphi}-Z}d\varphi\right\},$$

$$H_2(Z) = e^{i\beta_2}\exp\left\{\frac{1}{2\pi}\int_{-\pi}^{\pi}\ln|H_2(e^{-i\varphi})|\frac{e^{-i\varphi}+Z}{e^{-i\varphi}-Z}d\varphi\right\},$$

于是有

$$H_1(Z)H_2(Z) = e^{i(\beta_1+\beta_2)}\exp\left\{\frac{1}{2\pi}\int_{-\pi}^{\pi}\ln|H_1(e^{-i\varphi})H_2(e^{-i\varphi})|\frac{e^{-i\varphi}+Z}{e^{-i\varphi}-Z}d\varphi\right\}.$$

这个表达式本身表明(见(9-3-24)式)$H_1(Z)H_2(Z)$ 为最小相位信号 Z 变换。

(2) $H_1(Z)=Z-2.5$ 的根 $Z=2.5$，$|Z|>1$，因此 $H_1(Z)$ 为最小相位信号 Z 变换。$H_2(Z)=Z+2$ 的根 $Z=-2$，$|Z|>1$，因此 $H_2(Z)$ 为最小相位信号 Z 变换。

$H_1(Z)+H_2(Z)=2Z-0.5$ 的根 $Z=0.25$，$|Z|<1$，因此 $H_1(Z)+H_2(Z)$ 为非最小相位信号 Z 变换。

6. 解 (1) b_n 的 Z 变换为 $B(Z)=1+2Z+3Z^2$，$B(Z)$ 的根为

$$Z = \frac{-1\pm\sqrt{2}i}{3}.$$

由于 $|Z|=1/\sqrt{3}<1$，因此 b_n 为最大相位信号。

(2) b_n 的 Z 变换为 $B(Z)=1+5Z+6Z^2$，$B(Z)$ 的根为 $Z_1=-1/2, Z_2=-1/3$。由于 $|Z_1|<1, |Z_2|<1$，因此 b_n 为最大相位信号。

(3) b_n 的 Z 变换为 $B(Z)=2+5Z+2Z^2$，$B(Z)$ 的根为 $Z_1=-1/2, Z_2=-2$。由于 $|Z_1|<1, |Z_2|>1$，因此 b_n 为混合相位信号。

7. 证明 设 a_n 的 Z 变换为 $A(Z)=a_0+a_1Z+\cdots+a_NZ^N$。由于 $a_0\neq 0, a_N\neq 0$，$A(Z)$ 有 N 个根 $\lambda_j(1\leqslant j\leqslant N)$，且皆不为 0。由于 a_n 为最大相位信号，所以 $|\lambda_j|<1$，$1\leqslant j\leqslant N$。

设 b_n 的 Z 变换为 $B(Z)=b_0+b_1Z+\cdots+b_nZ^N$. 由本问题 3 知, $B(Z)$ 的根为 $1/\lambda_j, 1\leqslant j\leqslant N$. 由于 $1/|\lambda_j|>1, 1\leqslant j\leqslant N$, 所以 b_n 为最小相位信号. 由于 a_n 为实信号, 所以有

$$|B(e^{-i\omega})|=|e^{-iN\omega}||A(e^{i\omega})|=|\overline{A(e^{i\omega})}|=|A(e^{-i\omega})|.$$

证毕.

8. 解 (1) $H(Z)=1-2.5Z+Z^2=(Z-0.5)(Z-2)$

$$=\frac{Z-0.5}{0.5Z-1}\cdot(0.5Z-1)(Z-2),$$

$$G(Z)=\frac{Z-0.5}{0.5Z-1}, \quad H_{\min}(Z)=(0.5Z-1)(Z-2).$$

(2) $H(Z)=1-4Z+Z^2=(2Z-1)^2=4(Z-0.5)^2$

$$=\frac{(Z-0.5)^2}{(0.5Z-1)^2}\cdot 4(0.5Z-1)^2,$$

$$G(Z)=\frac{(Z-0.5)^2}{(0.5Z-1)^2}=\frac{4(Z-0.5)^2}{4(0.5Z-1)^2}=\frac{(2Z-1)^2}{(Z-2)^2},$$

$$H_{\min}(Z)=4(0.5Z-1)^2=(Z-2)^2.$$

(3) $H(Z)=1-3Z+2Z^2=2(Z-1)(Z-0.5)$

$$=\frac{Z-0.5}{0.5Z-1}\cdot 2(0.5Z-1)(Z-1),$$

$$G(Z)=\frac{Z-0.5}{0.5Z-1}=\frac{2Z-1}{Z-2},$$

$$H_{\min}(Z)=2(0.5Z-1)(Z-1)=(Z-2)(Z-1).$$

第十章问题解答

1. 答 吉布斯现象:如果滤波器时间函数 $h(n)$ 的长度是无限的,在实际滤波中只能取 $h(n)$ 的有限部分,得到 $h(n)$ 的截断信号 $h_N(n)$. 截断信号 $h_N(n)$ 的频谱在原滤波器频谱的突变处(如在截频)产生较为严重的振动现象. 这种现象称为吉布斯现象.

产生吉布斯现象的原因:(1) $h(n)$ 的频谱在某些频率点有突变,如在截频有突跳;(2) 把无限长的信号 $h(n)$ 截尾成有限长信号 $h_N(n)$.

2. 证明 由于 $\cos 2\pi\Delta f=\cos 2\pi|n|\Delta f$,因此只需对 $n>0$ 证明就可以了.

$$\cos 2\pi n\Delta f+i\sin 2\pi n\Delta f=e^{i2\pi n\Delta f}$$

$$=(\cos 2\pi\Delta f+i\sin 2\pi\Delta f)^n$$

$$=\sum_{k=0}^{n}\binom{k}{n}(\cos 2\pi\Delta f)^{n-k}(i\sin 2\pi\Delta f)^k.$$

在上式和号中,只有 k 取偶数的项方为实数项,因此

$$\cos 2\pi n\Delta f = \sum_{\substack{k=0 \\ k\text{为偶数}}}^{n} \binom{k}{n} (\cos 2\pi\Delta f)^{n-k} (\mathrm{i}\sin 2\pi\Delta f)^{k}.$$

上式右边 $\cos 2\pi\Delta f$ 的最高次项为 $(\cos 2\pi\Delta f)^n$. 因此上式为 $\cos 2\pi\Delta f$ 的一个 n 次多项式.

3. 证明 设滤波器频谱为 $H(\mathrm{e}^{-\mathrm{i}\omega}) = \mathrm{e}^{-\mathrm{i}\alpha\omega}$, 则输出信号为

$$\int_{-\frac{1}{2\Delta}}^{\frac{1}{2\Delta}} \Delta H(\mathrm{e}^{-\mathrm{i}\omega}) X(\mathrm{e}^{-\mathrm{i}\omega}) \mathrm{e}^{\mathrm{i}2\pi ft} \mathrm{d}f \quad (\omega = 2\pi\Delta f)$$

$$= \int_{-\frac{1}{2\Delta}}^{\frac{1}{2\Delta}} \Delta X(\mathrm{e}^{-\mathrm{i}2\pi\Delta f}) \mathrm{e}^{\mathrm{i}2\pi f(t-\alpha\Delta)} \mathrm{d}f = x(t-\alpha\Delta),$$

其中 $(t-\alpha\Delta)$ 是 $x(t)$ 的时移信号.

4. 证明 设滤波器为

$$h(n) = \begin{cases} h(n), & 0 \leqslant n \leqslant M, \\ 0, & \text{其他}. \end{cases}$$

(1) Ⅰ型有限长广义线性相位滤波器.

$h(n)$ 满足对称性, M 为偶数. $h(n) = (h(0), h(1), \cdots, h(M))$ 为 $M+1$ 长信号. 设 $g(n)$ 为

$$g(n) = \begin{cases} h\left(\dfrac{M}{2}+n\right), & -\dfrac{M}{2} \leqslant n \leqslant \dfrac{M}{2}, \\ 0, & \text{其他}. \end{cases}$$

易知, $h(n) = g\left(n - \dfrac{M}{2}\right)$. 因此, $h(n)$ 的频谱为

$$H(\mathrm{e}^{-\mathrm{i}\omega}) = \sum_n h(n) \mathrm{e}^{-\mathrm{i}n\omega} = \sum_n g\left(n - \dfrac{M}{2}\right) \mathrm{e}^{-\mathrm{i}n\omega}$$

$$= \mathrm{e}^{-\mathrm{i}\frac{M}{2}\omega} \sum_k g(k) \mathrm{e}^{-\mathrm{i}k\omega} = \mathrm{e}^{-\mathrm{i}\frac{M}{2}\omega} G(\mathrm{e}^{-\mathrm{i}\omega}).$$

$g(n)$ 有对称性, 所以 $g(n)$ 的频谱为

$$G(\mathrm{e}^{-\mathrm{i}\omega}) = \sum_{n=-M/2}^{M/2} g(n) \mathrm{e}^{-\mathrm{i}n\omega} = g(0) + 2\sum_{n=1}^{M/2} g(n) \cos n\omega$$

$$= h\left(\dfrac{M}{2}\right) + 2\sum_{n=1}^{M} h\left(\dfrac{M}{2}+n\right) \cos n\omega.$$

综上得

$$H(\mathrm{e}^{-\mathrm{i}\omega}) = \mathrm{e}^{-\mathrm{i}\frac{M}{2}\omega} \sum_{k=0}^{M/2} a(k) \cos k\omega,$$

其中 $a(0) = h\left(\dfrac{M}{2}\right), a(k) = 2h\left(\dfrac{M}{2}-k\right), k = 1, 2, \cdots, \dfrac{M}{2}$, 这就是 (10-3-6) 式.

(2) Ⅱ型有限长广义线性相位滤波器

$h(n)$ 满足对称性,M 为奇数. $h(n)=(h(0),h(1),\cdots,h(M))$ 为偶数 $M+1$ 项信号. 因此,我们不能像上面一样构造一个以原点为中心的对称信号. 但是,我们可以把 $h(n)$ 的频谱按照 $h(n)$ 的对称性分成两部分,下面具体分析.

$$H(e^{-i\omega}) = \sum_{n=0}^{M} h(n)e^{-in\omega} = e^{-i\frac{M}{2}\omega} \sum_{n=0}^{M} h(n)e^{-i\left(n-\frac{M}{2}\right)\omega}$$

$$= e^{-i\frac{M}{2}\omega} \left(\sum_{n=0}^{\frac{M-1}{2}} h(n)e^{-i\left(n-\frac{M}{2}\right)\omega} + \sum_{n=\frac{M+1}{2}}^{M} h(M-n)e^{-i\left(n-\frac{M}{2}\right)\omega} \right)$$

(在第二个和号中,令 $k=M-n$)

$$= e^{-i\frac{M}{2}\omega} \left(\sum_{n=0}^{\frac{M-1}{2}} h(n)e^{-i\left(n-\frac{M}{2}\right)\omega} + \sum_{k=0}^{\frac{M-1}{2}} h(k)e^{i\left(k-\frac{M}{2}\right)\omega} \right)$$

$$= e^{-i\frac{M}{2}\omega} \cdot 2 \sum_{n=0}^{\frac{M-1}{2}} h(n)\cos\left(\frac{M}{2}-n\right)\omega \quad \left(\text{令 } k=\frac{M+1}{2}-n\right)$$

$$= e^{-i\frac{M}{2}\omega} \cdot 2 \sum_{k=1}^{\frac{M+1}{2}} h\left(\frac{M+1}{2}-k\right)\cos\left(k-\frac{1}{2}\right)\omega,$$

这就是(10-3-7)式.

(3) Ⅲ型有限长广义线性相位滤波器

用(1)的方法可以证明(10-3-9)式.

(4) Ⅳ型有限长广义线性相位滤波器

用(2)的方法可以证明(10-3-10)式.

5. 证明 按能量等式(3-4-5),

$$\Delta Q = \Delta \int_{-\frac{1}{2\Delta}}^{\frac{1}{2\Delta}} |H(f)-G(f)|^2 \mathrm{d}f = \sum_{n=-\infty}^{+\infty} |h(n)-g(n)|^2$$

$$= \sum_{n=-N}^{N} |h(n)-g(n)|^2 + \sum_{n=N+1}^{+\infty} |h(n)|^2 + \sum_{n=-\infty}^{-N-1} |h(n)|^2.$$

为使 Q 达最小,当且仅当取 $g(n)=h(n),|n|\leqslant N$,即 $g(n)$ 为 $h(n)$ 的截尾信号.

6. 解 连续汉明时窗

$$W_H(t) = \begin{cases} 0.54 + 0.46\cos\dfrac{\pi t}{T}, & |t|\leqslant T, \\ 0, & |t|> T. \end{cases}$$

取 $T=N,t=n$,得到相应的对称离散汉明时窗

$$W_H(n) = \begin{cases} 0.54 + 0.46\cos\dfrac{n\pi}{N}, & |n|\leqslant N, \\ 0, & |n|> N. \end{cases}$$

连续布拉克曼时窗为

$$W_B(t) = \begin{cases} 0.42 + 0.5\cos\dfrac{\pi t}{T} + 0.08\cos\dfrac{2\pi t}{T}, & |t| \leqslant T, \\ 0, & |t| > T. \end{cases}$$

相应的对称离散布拉克曼时窗为

$$W_B(n) = \begin{cases} 0.42 + 0.5\cos\dfrac{n\pi}{N} + 0.08\cos\dfrac{2n\pi}{N}, & |n| \leqslant N, \\ 0, & |n| > N. \end{cases}$$

7. 解 由 $1/(2\Delta) = 100$ Hz 知 $\Delta = \dfrac{1}{200}$ s. 理想带通滤波器为

$$H(f) = \begin{cases} 1, & 20 \leqslant |f| \leqslant 50, \\ 0, & \text{其他}, \end{cases} \quad |f| \leqslant 100.$$

相应的时间函数为

$$h(n) = \int_{-\frac{1}{2\Delta}}^{\frac{1}{2\Delta}} H(f) e^{i 2\pi n \Delta f} df = \frac{2\sin\pi(f_2 - f_1)n\Delta \cos\pi(f_1 + f_2)n\Delta}{\pi n \Delta}$$

$$= \frac{400\sin\dfrac{3}{20}n\pi \cos\dfrac{7}{20}n\pi}{n\pi}, \quad -\infty < n < +\infty.$$

用对称离散汉明时窗构造的对称离散带通滤波因子为

$$\hat{h} = h(n) W_H(n)$$

$$= \begin{cases} \dfrac{400\sin\dfrac{3}{20}n\pi \cos\dfrac{7}{20}n\pi}{n\pi} \cdot \left(0.54 + 0.46\cos\dfrac{n\pi}{N}\right), & |n| \leqslant N, \\ 0, & |n| > N, \end{cases}$$

其中 N 的选择由具体问题而定.

8. 解 设滤波器为 $h(n) = (h(0), h(1), \cdots, h(M))$.

(1) $h(n)$ 具有对称性,且 $M = 4$ 为偶数,因此,$h(n)$ 为 Ⅰ 型有限广义线性相位滤波器.

(2) $h(n)$ 具有对称性,且 $M = 3$ 为奇数,因此,$h(n)$ 为 Ⅱ 型有限广义线性相位滤波器.

(3) $h(n)$ 具有反对称性,且 $M = 4$ 为偶数,因此,$h(n)$ 为 Ⅲ 型有限广义线性相位滤波器.

(4) $h(n)$ 具有反对称性,且 $M = 3$ 为奇数,因此,$h(n)$ 为 Ⅳ 型有限广义线性相位滤波器.

9. 解 按技术要求,阻带波动 $\delta_s = 0.01, \alpha_s = 20\lg\delta_s = -40$ dB. 对比表 10.1 的阻带衰减参数,可选择哈宁窗. 由设计要求知,过渡带的宽度 $\Delta\omega = \omega_s - \omega_p = 0.35\pi$

$-0.3\pi=0.05\pi$. 由表 10.1 知,哈宁窗的 $c=3.1/N$,因此

$$N = Nc\frac{2\pi}{\Delta\omega} = 3.1\frac{2}{0.05} = 124.$$

这样,窗函数的问题解决了,现在要确定理想低通滤波器. 理想低通的截频 ω_c 应是过渡带的中点,即

$$\omega_c = \frac{1}{2}(\omega_p + \omega_s) = \frac{1}{2}(0.3\pi + 0.35\pi) = 0.325\pi.$$

为了得到物理可实现滤波因子,考虑延时 $d=N/2=62$,于是得到理想低通滤波器

$$\hat{h}(n) = \frac{\sin(0.325\pi(n-62))}{\pi(n-62)},$$

所以要设计的滤波器为

$$h(\omega) = \hat{h}(n)W(n)$$
$$= \frac{\sin(0.325\pi(n-62))}{\pi(n-62)} \cdot \left(0.5 - 0.5\cos\frac{2\pi n}{124}\right), \quad 0 \leqslant n \leqslant 124.$$

10. 解 按技术要求,阻带波动比通带波动小,选取阻带波动 $\delta_s=0.005$,$\alpha_s=20\lg\delta_s=-46.0206$,对比表 10.1 的阻带衰减参数,可选汉明窗. 按技术要求,滤波器有两个过渡带 $\Delta_1\omega=0.22\pi-0.2\pi=0.02\pi$,$\Delta_2\omega=0.8\pi-0.75\pi=0.05\pi$. 选择小的过渡带宽 Δ_1,由表 10.1 的汉明窗的 c 值,求得滤波器的阶数为

$$N = Nc\frac{2\pi}{\Delta_1\omega} = 3.3\frac{2}{0.02} = 330.$$

阶数确定后汉明窗就确定了(见(10-2-36)).

带限滤波器的两个截频应是两个过渡带的中点,即 $\omega_{1c}=\frac{1}{2}(0.2\pi+0.22\pi)=0.21\pi$,$\omega_{2c}=\frac{1}{2}(0.75\pi+0.8\pi)=0.775\pi$. 考虑延时 $d=N/2=165$,于是得到理想带阻滤波器

$$\hat{h}(n) = \delta(n) - \frac{2\sin\dfrac{n}{2}(\omega_{2c}-\omega_{1c})\cos\dfrac{n}{2}(\omega_{1c}+\omega_{2c})}{\pi n}.$$

最后得所需的滤波器

$$h(n) = \hat{h}(n-165)W(n), \quad 0 \leqslant n \leqslant 330.$$

11. 解 按设计要求,在三个频带范围内波动最小的是一个阻带波动 $\delta_s=0.0025$,$\alpha_s=20\lg\delta_s=-52.04$ dB. 对比表 10.1 的阻带衰减参数,可选汉明窗. 过渡带有两个,两个带宽分别是 $\Delta_1\omega=0.25\pi-0.1\pi=0.15\pi$,$\Delta_2\omega=0.8\pi-0.6\pi=0.2\pi$. 取小的过渡带宽 $\Delta_1\omega=0.15\pi$,由表 10.1 的汉明窗的 c 值,可求得滤波器的阶数 $N=Nc\dfrac{2\pi}{\Delta_1\omega}=3.3\dfrac{2}{0.15}=44$. 由于Ⅱ型滤波器的阶数 N 必须为奇数,因此,取

$N=45$.

由于在获取阶数的过程中,我们取的过渡带宽度为 $\Delta_1\omega=0.15\pi$. 因此,可认为上下两个过渡带的宽度都是 $\Delta\omega=0.15\pi$. 所以,带通滤波器的两个截频分别为

$$\omega_{1c}=0.25\pi-\frac{\Delta\omega}{2}=0.175\pi, \quad \omega_{2c}=0.6\pi+\frac{\Delta\omega}{2}=0.675\pi.$$

考虑延时 $d=N/2=22.5$,得到延时的带通滤波器

$$\hat{h}(n)=\frac{\sin(0.675\pi(n-22.5))}{(n-22.5)\pi}-\frac{\sin(0.175\pi(n-22.5))}{(n-22.5)\pi}.$$

我们所要的滤波器为

$$h(n)=\hat{h}(n)W(n), \quad 0\leqslant n\leqslant 45,$$

其中 $W(n)$ 为汉明窗.

第十一章问题解答

1. 证明 对 $k=1$,公式显然成立.

设对 $k>1$ 时成立 $\dfrac{1}{(1-p)^k}=\sum\limits_{t=0}^{+\infty}C_{t+k-1}^{k-1}p^t$. 式两边对 p 取微商得

$$\frac{k}{(1-p)^{k+1}}=\sum_{t=1}^{+\infty}C_{t+k-1}^{k-1}tp^{t-1} \xrightarrow{l=t-1} \sum_{l=0}^{+\infty}C_{l+k}^{k-1}(l+1)p^l.$$

由上式得

$$\frac{1}{(1-p)^{k+1}}=\sum_{t=0}^{+\infty}C_{t+k}^{k-1}\frac{t+1}{k}p^t.$$

由于

$$C_{t+k}^{k-1}\frac{t+1}{k}=\frac{(t+k)\cdots(t+k-k+1+1)}{(k-1)!}\cdot\frac{t+1}{k}$$

$$=\frac{(t+k)\cdots(t+2)(t+1)}{k!}=C_{t+k}^{k},$$

于是有

$$\frac{1}{(1-p)^{k+1}}=\sum_{t=0}^{+\infty}C_{t+k}^{k}p^t.$$

这表明,公式对 $k+1$ 也成立. 由数学归纳法知公式成立.

2. 解 (1) 分母多项式的根在单位圆外,应为正向递归,按第十一章§1 例 1 中的公式(11-1-25),正向递归公式为 $y(t)=x(t)+\dfrac{1}{3}y(t-1)$.

(2) 分母多项式的根在单位圆内,应为反向递归,按第十一章§1 例 1 中的公式(11-1-26),反向递归公式为 $y(t)=\dfrac{-1}{3}x(t+1)+\dfrac{1}{3}y(t+1)$.

(3) $H(Z)=\dfrac{2+Z}{(1-2Z)(3-Z)}=\dfrac{1}{1-2Z}-\dfrac{1}{3-Z}=\dfrac{1}{1-2Z}-\dfrac{1/3}{1-Z/3}$.

令

$$H_1(Z)=\frac{1}{1-2Z}, \quad H_2(Z)=\frac{1/3}{1-Z/3},$$

$$Y_1(Z) = H_1(Z)X(Z), \quad Y_2(Z) = H_2(Z)X(Z),$$
$$Y(Z) = H(Z)X(Z) = (H_1(Z) - H_2(Z))X(Z)$$
$$= Y_1(Z) - Y_2(Z),$$

于是有 $y(t) = y_1(t) - y_2(t)$. 由(11-1-26)知

$$y_1(t) = \frac{-1}{2}x(t+1) + \frac{1}{2}y_1(t+1).$$

由(11-1-25)知
$$y_2(t) = \frac{1}{3}x(t) + \frac{1}{3}y_2(t-1).$$

3. 解 (1) $\omega^4 + 5\omega^2 + 1 = \omega^4 + 2 \cdot \frac{5}{2}\omega^2 + \left(\frac{5}{2}\right)^2 + 1 - \frac{25}{4}$

$$= \left(\omega^2 + \frac{5}{2}\right)^2 - \frac{21}{4} = 0,$$

$$\omega^2 + \frac{5}{2} = \pm\frac{\sqrt{21}}{2}, \quad \omega^2 = -\frac{\sqrt{21}}{2} - \frac{5}{2}, \quad \omega^2 = \frac{\sqrt{21}}{2} - \frac{5}{2}.$$

令 $\beta_1 = i\sqrt{\frac{\sqrt{21}+5}{2}}$, $\beta_2 = i\sqrt{\frac{5-\sqrt{21}}{2}}$, 相应的模拟滤波器的频谱为

$$H(\omega) = \frac{3}{(\omega - \beta_1)(\omega - \beta_2)}.$$

(2) $\omega^2 + 1$ 的虚部大于 0 的根 $\alpha_1 = i$.

$\omega^4 + 5\omega^2 + 1$ 的虚部大于 0 的根为 β_1 和 β_2(见上题). 因此,相应的模拟滤波器的频谱为

$$H(\omega) = \frac{\omega - \alpha_1}{\sqrt{2}(\omega - \beta_1)(\omega - \beta_2)}.$$

4. 解 由 $\frac{1}{1+\omega_p^{2n}} \leqslant \delta^2$ 解出 $\frac{1}{\delta^2} - 1 \leqslant \omega_p^{2n}$. 取对数得 $2n\lg\omega_p \geqslant \lg(\delta^{-2} - 1)$, 化简得

$$n \geqslant \frac{1}{2} \cdot \frac{\lg(\delta^{-2} - 1)}{\lg\omega_p}.$$

5. 解 数字低通滤波器由模拟滤波器经双线性变换(11-3-1)得到. 数字低通频率参数 f_1 决定参数 A(见(11-3-6)'): $A = \frac{1}{\tan\pi\Delta f_1}$. 由(11-3-3),(11-3-4)式, f_p 对应的 ω_p 为

$$\omega_p = A\tan\pi\Delta f_p = \frac{\tan\pi\Delta f_p}{\tan\pi\Delta f_1}.$$

有了 ω_p,可由上题给出 n 的范围.

6. 解 (1) $H_1(Z) = \dfrac{1}{A\dfrac{1-Z}{1+Z} + 1} = \dfrac{1+Z}{A(1-Z) + 1 + Z} = \dfrac{1+Z}{(1+A) + (1-A)Z}.$

(2) 由(11-3-21)和(11-3-22)式知,用脉冲不变法得到的 Z 变换 $H_2(Z)$ 为

$$H_2(Z) = \frac{1}{1-e^{-\Delta}Z}.$$

$H_1(Z)$ 和 $H_2(Z)$ 在形式上的区别很明显,$H_1(Z)$ 的分子、分母都是一次多项式,而 $H_2(Z)$ 的分母为一次多项式,而分子则为一常数. 若取 $Z=e^{-i\omega}$,$\omega \in [-\pi,\pi]$. 当 ω 从 0 变到 π 时,$|H_1(e^{-i\omega})|$ 的值从 1 变到 0,而 $|H_2(e^{-i\omega})|$ 的值从 $\frac{1}{1-e^{-\Delta}}$ 变到 $\frac{1}{1+e^{-\Delta}}$. 从振幅值看,$H_1(Z)$ 的性能比 $H_2(Z)$ 好.

7. 解 3 dB 截频 $\omega_c = 1.5$ kHz. 在 $\omega = 3.0$ kHz 处有

$$|H(\omega)|^2_{\omega=3.0\text{ kHz}} = \frac{1}{1+\left(\frac{\omega}{\omega_c}\right)^{2n}}\bigg|_{\omega=3.0\text{ kHz}} = \frac{1}{1+2^{2n}}.$$

在该点的衰减为

$$-20\lg\frac{1}{1+2^{2n}} = 40, \quad \lg(1+2^{2n}) = 2, \quad 1+2^{2n} = 10^2,$$

$$n = \frac{1}{2}\frac{\lg(10^2-1)}{\lg 2} = 3.32,$$

取滤波器的阶数 $n=4$.

8. 解 为了求所需滤波器的阶数,就要求模拟低通滤波器的判别因子和选择因子. 由于 $\delta_p = \delta_s = 0.01$,判别因子为

$$d = \left[\frac{(1-\delta_p)^{-2}-1}{\delta_s^{-2}-1}\right]^{1/2} = \left[\frac{(0.99)^{-2}-1}{(0.01)^{-2}-1}\right]^{1/2} = 1.425 \times 10^{-3}.$$

通过双线性变换得到关系式(11-3-4),其中 φ_p, φ_s 分别对应于 ω_p 和 ω_s:$\omega_p = A\tan\frac{\varphi_p}{2}$,$\omega_s = A\tan\frac{\varphi_s}{2}$. 选择因子 k 为

$$k = \frac{\omega_p}{\omega_s} = \frac{\tan(\varphi_p/2)}{\tan(\varphi_s/2)} = \frac{0.6682}{1} = 0.6682.$$

对巴特沃斯滤波器,所需阶数为 $N = \frac{\lg d}{\lg k} = 16.25$,取 $N=17$.

9. 解 由(11-3-6)′式确定双线变换(11-3-1)式中的参数 A:

$$A = \frac{1}{\tan(\varphi_c/2)} = \frac{1}{\tan 0.1\pi} = \frac{1}{0.3249} = 3.0776.$$

将双线性变换(11-3-1)代入归一化一阶巴特沃斯低通模拟滤波器(11-2-15),得(去掉常数 $-i$)

$$H(Z) = \frac{1+Z}{(1+A)+(1-A)Z} = \frac{1+Z}{4.078-2.078Z} = \frac{0.2452(1+Z)}{1-0.5095Z}.$$